Kulturlandschaft und Naturschutz

Kulturlandschaft und Naturschutz

Ulrich Hampicke

Kulturlandschaft und Naturschutz

Probleme – Konzepte – Ökonomie

Prof. Dr. Ulrich Hampicke
Universität Greifswald
Greifswald, Deutschland

ISBN 978-3-8348-1276-6   ISBN 978-3-8348-8236-3 (eBook)
DOI 10.1007/978-3-8348-8236-3

Die Deutsche Nationalbibliothek verzeichnet diese Publikation in der Deutschen Nationalbibliografie; detaillierte bibliografische Daten sind im Internet über http://dnb.d-nb.de abrufbar.

Springer Spektrum
© Springer Fachmedien Wiesbaden 2013

Freies Lektorat: Dr. Grit Zacharias

Gedruckt auf säurefreiem und chlorfrei gebleichtem Papier

Springer Spektrum ist eine Marke von Springer DE. Springer DE ist Teil der Fachverlagsgruppe Springer Science+Business Media.
www.springer-spektrum.de

Geleitwort von Dr. Michael Otto

Wer das Leben liebt, der wird auch besonders das Leben lieben, das ihn umgibt und uns in seinen unzähligen Erscheinungsformen in Flora und Fauna entgegentritt. Dieses Leben gibt uns täglich Zeugnis davon, dass die Erde mehr ist als nur die Heimat von uns Menschen mit unserem oft hektischen Streben nach individuellem Glück. Sie ist auch die Heimstatt aller Pflanzen und Tiere, die nach nichts anderem streben als nach dem puren Leben.

Dass sich zwischen Mensch und Natur Konflikte ergeben können, ist weltweit zunehmend seit Jahrzehnten gut zu beobachten. Das gilt nicht nur in den Tropen, wo artenreiche Regenwälder ökonomisch profitablen, aber ökologisch wertlosen Palmölplantagen weichen müssen. Es gilt auch in Deutschland. Durch die Umformung unserer traditionellen Kulturlandschaft in hochproduktive Agrarräume verdrängen wir Leben. Die Vielfalt der natürlichen Lebensformen geht dadurch auch bei uns teilweise dramatisch zurück.

Wir müssen uns daher in der Kunst üben, den zunehmenden Nutzungsdruck auf landwirtschaftliche Flächen mit den Bedürfnissen der Natur in Einklang zu bringen. Dafür ist eine Debatte erforderlich, die sachlich geführt und deshalb wissenschaftlich eng begleitet werden muss. Diese Debatte darf weder nur aus dem ökonomischen noch nur aus dem ökologischen Blickwinkel heraus geführt werden. Alle Gesichtspunkte einer nachhaltigen Landwirtschaft müssen gemeinsam betrachtet werden. Es ist deshalb unerlässlich, dass Naturschutz und Landwirtschaft gemeinsam Wege finden, die Vielfalt der deutschen Kulturlandschaft zu erhalten.

Prof. em. Ulrich Hampicke hat in diesem Sinne ein hervorragendes Buch verfasst, das sich dadurch auszeichnet, dass es die drängenden Probleme unserer modernen Landwirtschaft thematisiert, ohne jemanden dem Vorwurf unmoralischen Handelns auszusetzen. Von besonderer Bedeutung sind auch die marktwirtschaftlichen Ansätze. Es sei daher all jenen zur Lektüre empfohlen, die sich ohne Vorurteile dieser wichtigen Aufgabe stellen wollen: Die Artenvielfalt im ländlichen Raum zu erhalten.

Danksagungen

Statt eines Vorwortes des Autors wird dieses Buch mit einem Geleitwort eines der erfolgreichsten Unternehmer Deutschlands begonnen, der Natur und Umwelt in außergewöhnlicher Weise fördert. Dafür bin ich sehr dankbar. Es folgt als Prolog das Portrait einer westfälischen Kulturlandschaft vor 170 Jahren von einer Meisterin der deutschen Sprache, welches ohne Kommentar für sich selbst wirken soll. So verbleibt nur die angenehme Pflicht, allen, die zum Gelingen dieses Buches beitrugen, herzlich zu danken.

Frau Grit Zacharias lud mich vor Jahren ein, das Buch zu schreiben. Widrige Umstände verhinderten eine schnellere Fertigstellung, sodass ich meiner Lektorin vor allem für ihre Geduld und beständige Zusprache zu danken habe. Dank geht ebenso an ihren Ehemann Steffen Zacharias und an Sabine Ochsner für wichtige technische Hilfen. Dem Verlag Springer Spektrum, insbesondere Frau Kerstin Hoffmann, danke ich nicht nur für Geduld und wie immer perfekte Gestaltung des Buches, sondern auch dafür, dass einem Autor, der einen großen Teil seines Lebens mit der Schreibmaschine verbracht hat, Aufgaben im Umgang mit dem Computer erlassen wurden, die heute gewöhnlich von den Autoren verlangt werden.

Klaus Dierßen hat das ganze Manuskript akribisch gelesen, mich inhaltlich beflügelt, mir aber neben wertvollen Hinweisen auch manche Lektion in deutscher Satzlehre erteilt, die meine Lehrer vor langer Zeit offenbar versäumt hatten. Birgit Litterski las nicht weniger gründlich einzelne Kapitel und verlangte belangreiche Korrekturen, wofür ich zu danken habe. Stellvertretend auch für zahlreiche andere hilfreiche und auskunftsbereite Personen danke ich Bernhard Osterburg für wichtige Details aus seinem unerschöpflichen Kenntnisreichtum. Das Buch hätte ohne Jahrzehnte der Gespräche, des Meinungsaustausches, der Exkursionen und auch der Dispute mit Kollegen, Mitarbeitern, Studierenden und Fachleuten der verschiedensten Gebiete nicht entstehen können. Allen sei herzlich gedankt, auch denen, die hier und da ganz anderer Meinung sind.

Ich danke allen, die Illustrationen zur Verfügung gestellt haben, und ebenso den Inhabern von Rechten, die mir erlaubten, ihr Material zu reproduzieren. Selbstverständlich werden sie an den jeweiligen Stellen genannt.

Greifswald, im Januar 2013   Ulrich Hampicke

Inhaltsverzeichnis

Prolog

Aus „Landschaft in Westfalen",
Annette von Droste-Hülshoff 1840

... Allmählich bereiten sich indessen freundlichere Bilder vor – zerstreute Grasflächen in den Niederungen, häufigere und frischere Baumgruppen begrüßen uns als Vorposten nahender Fruchtbarkeit, und bald befinden wir uns im Herzen des Münsterlandes, in einer Gegend, die so anmutig ist, wie der gänzliche Mangel an Gebirgen, Felsen und belebten Strömen dieses nur immer gestattet, und die wie eine große Oase in dem sie von allen Seiten, nach Holland, Oldenburg, Kleve zu, umstäubenden Sandmeer liegt. In hohem Grade friedlich, hat sie doch nichts von dem Charakter der Einöde; vielmehr mögen wenige Landschaften so voll Grün, Nachtigallenschlag und Blumenflor angetroffen werden, und der aus minder feuchten Gegenden Einwandernde wird fast betäubt vom Geschmetter der zahllosen Singvögel, die ihre Nahrung in dem weichen Kleiboden finden. Die wüsten Steppen haben sich in mächtige, mit einer Heideblumendecke farbig überhauchte Weidestrecken zusammengezogen, aus denen jeder Schritt Schwärme blauer, gelber und milchweißer Schmetterlinge aufstäuben lässt. Fast jeder dieser Weidegründe enthält einen Wasserspiegel, von Schwertlilien umkränzt, an denen Tausende kleiner Libellen wie bunte Stäbchen hängen, während die der größeren Art bis auf die Mitte des Weihers schnurren, wo sie in die Blätter der gelben Nymphäen wie goldene Schmucknadeln in emaillierte Schalen niederfallen und dort auf die Wasserinsekten lauern, von denen sie sich nähren. Das Ganze umgrenzen kleine, aber zahlreiche Waldungen, alles Laubholz und namentlich ein Eichenbestand von tadelloser Schönheit, der die holländische Marine mit Masten versieht – in jedem Baume ein Nest, auf jedem Aste ein lustiger Vogel und überall eine Frische des Grüns und ein Blätterduft, wie dieses anderwärts nur nach einem Frühlingsregen der Fall ist. Unter den Zweigen lauschen die Wohnungen hervor, die, langgestreckt, mit tief niederragendem Dache, im Schatten Mittagsruhe zu halten und mit halbgeschlossenen Augen nach den Rindern zu schauen scheinen, welche, hellfarbig und gescheckt, wie eine Damwildherde sich gegen das Grün des Waldbodens oder den blassen Horizont abzeichnen und in wechselnden Gruppen durcheinander schieben, da diese Heiden immer Allmenden sind und jede wenigstens sechzig Stück Hornvieh und darüber enthält. – Was nicht Wald und Heide ist, ist Kamp, das heißt Privateigentum, zu Acker und Wiesengrund benutzt, und, um die Beschwerde des Hütens zu vermeiden, je nach dem Umfang des Besitzes oder der Bestimmung, mit einem hohen, von Laubholz überflatterten Erdwalle umhegt. – Dieses

*begreift die fruchtbarsten Grundstrecken der Gemeinde, und man trifft gewöhnlich lange
Reihen solcher Kämpe nach- und nebeneinander, durch Stege und Pförtchen verbunden,
die man mit jener angenehmen Neugier betritt, mit der man die Zimmer eines dachlosen
Hauses durchwandelt. Wirklich geben auch vorzüglich die Wiesen einen äußerst heiteren
Anblick durch die Fülle und Mannigfaltigkeit der Blumen und Kräuter, in denen die Elite
der Viehzucht, schwere ostfriesische Rasse, übersättigt wiederkäut und den Vorübergehen-
den so träge und hochmütig anschnaubt, wie es nur der Wohlhäbigkeit auf vier Beinen
erlaubt ist. Gräben und Teiche durchschneiden auch hier, wie überall, das Terrain und
würden, wie alles stehende Gewässer, widrig sein, wenn nicht eine weiße, von Vergissmein-
nicht umwucherte Blütendecke und der aromatische Duft des Minzkrautes dem überwiegend entgegenwirkten; auch die Ufer der träg schleichenden Flüsse sind mit dieser Zierde
versehen und mildern so das Unbehagen, das ein schläfriger Fluss immer erzeugt. – Kurz,
diese Gegend bildet eine lebhafte Einsamkeit, ein fröhliches Alleinsein mit der Natur, wie
wir es anderwärts noch nicht angetroffen. – Dörfer trifft man alle Stunde Weges höchstens
eines, und die zerstreuten Höfe liegen versteckt hinter Wallhecken und Bäumen, so dass
nur ein ferner Hahnenschrei oder ein aus seiner Laubperücke winkender Heiligenschein sie
dir angedeutet und du dich allein glaubst mit Gras und Vögeln, wie am vierten Tage der
Schöpfung, bis ein langsames „Hott" oder „Har" hinter der nächsten Hecke dich aus dem
Traume weckt oder ein grell anschlagender Hofhund dich auf den Dachstreifen aufmerk-
sam macht, der sich gerade neben dir wie ein liegender Balken durch das Gestrüpp des
Erdwalles zeichnet. –*

*So war die Physiognomie des Landes bis heute, und so wird es nach vierzig Jahren nim-
mer sein. Bevölkerung und Luxus wachsen sichtlich, mit ihnen Bedürfnisse und Industrie.
Die kleinen malerischen Heiden werden geteilt; die Kultur des langsam wachsenden Laub-
holzes wird vernachlässigt, um sich im Nadelholze einen schnelleren Ertrag zu sichern, und
bald werden auch hier Fichtenwälder und endlose Getreideseen den Charakter der Landschaft teilweise umgestaltet haben, wie auch ihre Bewohner von den uralten Sitten und
Gebräuchen mehr und mehr ablassen; fassen wir deshalb das Vorhandene noch zuletzt in
seiner Eigentümlichkeit auf, ehe die schlüpfrige Decke, die allmählich Europa überfließt,
auch diesen stillen Erdwinkel überleimt hat.*

Einleitung

Das erste Ziel dieses Buches besteht darin, in Erinnerung zu bringen, dass die traditionelle mitteleuropäische Kulturlandschaft etwas Einmaliges auf der Erde ist. Ihre Bewohner sollten stolz auf sie sein. Zu ihr gehört auch fast der gesamte Wald; aus rein praktischen Erwägungen beschränken wir uns jedoch auf das Offenland, welches zum größten Teil landwirtschaftlich genutzt wird. Die Synthese aus Nutzung, Vielfalt und ästhetischem Reiz hat ihre Wurzel in der nacheiszeitlichen Geschichte von Natur und Mensch; ob wir dieses Zusammenwirken schon vollständig verstehen, ist gar nicht sicher (PLACHTER 2004). Länder in Ostasien oder Ostafrika haben eine andere Kulturlandschaft; die europäischen Siedlungsgebiete in Nordamerika und Australien haben eigentlich keine. Mitteleuropas Beitrag zur weltweiten Erhaltung der Biodiversität erschöpft sich zwar nicht im traditionell genutzten Offenland, wenn nur an den Buchenwald in seiner standörtlichen Vielfalt gedacht wird, jedoch ist dieses ein sehr wesentlicher Bestandteil.

Vor allem durch die Intensivierung der Landwirtschaft haben wir die Kulturlandschaft in den vergangenen 60 Jahren schlecht behandelt. Besonders die Artenvielfalt hat darunter gelitten, aus großen Gebieten ist sie verschwunden. „Wir" sind nicht nur die Landwirte (3 % der Bevölkerung), die hier direkt Hand anlegten, weil sie unter ökonomischen Zwängen oft nicht viel anders konnten, sondern auch die 97 % der übrigen Bevölkerung, die die Folgen der hochintensiven Landwirtschaft genießen, indem sie im Schnitt nicht mehr 50 %, wie noch 1950, sondern nur noch etwa 10 % ihres verfügbaren Haushaltseinkommens für Nahrungsmittel ausgeben müssen.

Diese Tatsachen haben vielfach zu dem verfestigten Bild geführt, dass hier ein historisch unvermeidlicher und nicht rückgängig zu machender Tausch eingegangen worden ist: Früher gab es teures Brot, harte Arbeit, Not und Artenvielfalt, heute dagegen Luxusversorgung mit Nahrung und dafür Artenarmut. Etwas anderes als diese beiden Bündel ist vielen Menschen nicht vorstellbar, man meint, nicht einmal mehr wählen zu können und sich einfach fügen zu müssen.

U. Hampicke, *Kulturlandschaft und Naturschutz,*
DOI 10.1007/978-3-8348-8236-3_1, © Springer Fachmedien Wiesbaden 2013

Dieses Buch möchte zum zweiten den Schein der Unausweichlichkeit, der sich hier verbreitet hat und vielleicht sogar gehütet wird, zerreißen. Niemand kann die Zeit zurückschrauben, kaum jemand trauert den materiellen Lebensumständen vor 150 Jahren nach. Nostalgie ist gewiss fehl am Platze – wie KONOLD (2005) treffend feststellt, waren alle Dinge, die wir heute als „traditionell" schätzen, irgendwann einmal Innovationen und haben frühere Landschaftsnutzer in ihrer Zeit stets ebenso praktisch und an ihrem Vorteil orientiert gedacht und gehandelt wie heutige.

So wahr dies ist, war doch der Landschaftswandel der letzten 50 Jahre unvergleichlich radikaler und schneller als jeder Wandel zuvor. Eine solche Situation gebietet, nicht nur nach vorn, sondern auch zurück zu blicken und danach zu trachten, Werte zu bewahren. Es ist zu befürchten, dass anders als bei früherem langsamen Landschaftswandel die Verluste an Altem nicht hinreichend durch Gewinne an Neuem kompensiert werden. Dieses Buch möchte Wege weisen, wie mit entsprechendem politischen Willen, aber auch bürgerlichem Engagement, die alten Werte der Kulturlandschaft wenigstens exemplarisch fortleben können und insbesondere deren reiches Arteninventar so stabilisiert werden kann, dass nicht mehr dessen völliger Verlust befürchtet werden muss. Das wäre nicht kostenlos zu haben, und diese Kosten bekannt zu machen, ist ein weiteres Ziel des Buches.

Zum dritten möchte dieses Buch Naturschützern und der allgemeinen Öffentlichkeit einfach Fakten über die heutige landwirtschaftliche Nutzung der Kulturlandschaft vermitteln. Der Grad der Kenntnislosigkeit in vielen Kreisen ist hoch. Daher wird auch in Tabellen und Übersichten manches mitgeteilt, was dem, der *nur* Naturschutz im Auge hat, vielleicht nicht unbedingt wissensnotwendig erscheint. Viele Leser werden sich dennoch dafür interessieren, zumal manche solide Information trotz des Internets nur mit Mühe zu beschaffen ist.

Der Leser wird schnell eine gewisse, wenn man so will, einseitige Akzentsetzung bemerken, die nur zu akzeptieren gebeten werden kann. Der Arten- und Biotopschutz sowie die ästhetische Qualität der Landschaft werden mit Verve thematisiert, der Schutz der Ressourcen Boden, Gewässer und Atmosphäre auch, teils sogar recht ausführlich, aber eher mehr pflichtgemäß. Hierfür gibt es drei Gründe: (1) Der Autor ist mit dem Herzen Naturschützer, und ein Buch will mit dem Herzen geschrieben sein. (2) Eine detailliertere Behandlung des Schutzes der genannten Ressourcen[1] hätte den Umfang des Buches gesprengt und die Hinzuziehung dort ausgewiesener Mitautoren erfordert. (3) Ungenügender Boden-, Gewässer- und Atmosphärenschutz sind eine Folge zu lascher Regeln und könnten weitgehend korrigiert werden, ohne den Grundcharakter der heutigen, auch der konventionellen Landwirtschaft in Frage zu stellen. Diese Landwirt-

---

[1] In der Literatur ist vielfach vom „abiotischen" Ressourcenschutz die Rede. Diese Bezeichnung wird im Folgenden vermieden. Boden und Gewässer sind das Gegenteil „abiotischer" Ressourcen, sie sind höchst belebt. Etwas besser sind die Begriffe „physische Ressourcen" und „Ressourcenschutz", die nachfolgend zur Vermeidung wiederholter Aufzählungen (Boden, Gewässer, Atmosphäre) gelegentlich benutzt werden.

schaft steht dagegen mit der Artenvielfalt in einem grundsätzlichen Konflikt. Dessen Bewältigung ist das schwierigere Problem und gelingt nicht wie im Fall der physischen Ressourcen allein durch konsequentere Einforderung von Pflichten, sondern erfordert innovative Konzepte, oder wie es ein früherer Bundespräsident formulierte, einen „Ruck". Dies ist der Hauptgrund für die bevorzugte Behandlung der Biodiversität[2] in diesem Buch.

Das Buch führt die „Ökonomie" im Titel. Der Leser erwartet hier mit Recht handfeste Dinge, wie die schon erwähnten Kosten einer die Artenvielfalt stärker respektierenden Landnutzung. Dies erschöpft allerdings die Reichweite der Ökonomik nicht. Sie ist die Wissenschaft (und auch Kunst!) des vernünftigen Umgangs mit dem Phänomen der *Knappheit* auf allen denkbaren Ebenen. Wie kann Knappheit gelindert werden und was sind die Konsequenzen dessen? In unserem Fall: Wie kann die Knappheit an artenreichen Biotopen gelindert werden? Gelegentlich wird von „ökonomischer Theorie" oder „agrarökonomischer Theorie" die Rede sein. Der Leser sei darauf vorbereitet, dass dort nur die einfachsten Grundkonzepte zur Sprache kommen werden, sozusagen der Stoff des ersten Semesters. Diese elementaren Konzepte erklären aber das meiste.

Das Buch gliedert sich einschließlich dieser Einleitung in elf Kapitel. Diejenigen unter ihnen, welche viel „Stoff" und kompliziertere Argumentationen enthalten, sind zu Beginn mit einer stichwortartigen Zusammenfassung versehen.

Nachfolgend skizziert das zweite Kapitel das Werden der mitteleuropäischen Kulturlandschaft in vorgeschichtlichen und geschichtlichen Zeiten sowie ihren gegenwärtigen Zustand. Dies haben andere Autoren in größerem Detail und viel kompetenter getan (ELLENBERG 1996, insbesondere Kapitel 2, S. 38–110, SCHROEDER 1998, BLACKBOURN 2008, KÜSTER 2010). Eine kurze und hoffentlich weitgehend korrekte Einleitung dieser Art dürfte jedoch die Lesefreude und das Verständnis der folgenden Kapitel heben. Leider verbietet der verfügbare Raum, hier auf besonders interessante Extremlandschaften, wie die Küstenregion und das Hochgebirge einzugehen; hierzu sei besonders auf HABER (2011/2012) verwiesen.

Das zweite Kapitel legt Fakten dar, das dritte Kapitel bewertet diese. Wie und mit welchen Argumenten ist der gegenwärtige Zustand der Kulturlandschaft zu beurteilen? Wer ist überhaupt dazu berufen? Ein Ausdruck gesellschaftlicher Bewertung ist ohne Zweifel die Gesetzeslage. Diese fordert nach Buchstaben und Geist, dass die Tier- und Pflanzen-

---

2 Bis hierher sind im Text schon die Begriffe „Artenvielfalt", „Biodiversität", „Arten- und Biotopschutz", „Ressourcenschutz" sowie „Naturschutz" gefallen. Haarspalterischer Terminologiestreit ist eine Plage in der Wissenschaft. Begriffe und Texte müssen so exakt sein, wie es der jeweilige Zusammenhang erfordert, nicht aber soweit, wie man es unabhängig von ihm treiben könnte. Ein etwas großzügiger Umgang im Interesse des Leseflusses führt in diesem Buch an keiner Stelle zu Missverständnissen. Wir gebrauchen „Artenvielfalt" und „Biodiversität" synonym als Ausdrücke messbarer und erlebbarer Artenfülle. „Naturschutz" ist Schutz und Förderung dieser Fülle. Präzisiert sei allein, dass mit „Artenschutz" stets der Schutz der Artenfülle im Allgemeinen und nicht der spezielle Schutz gesetzlich als besonders schutzwürdig klassierter Arten (etwa in §§ 44 ff. BNatSchG oder in den Anhängen der FFH-Richtlinie) gemeint ist.

welt einschließlich ihrer Lebensräume zu schützen ist, ohne die Agrarlandschaft, nicht einmal die Äcker, davon auszunehmen. Der rechtliche Rahmen ist letztlich die Kodifizierung ethischer Überzeugungen. Wir überprüfen in aller Kürze die Aussagen der Ethik zum Naturschutz und deren Anwendbarkeit in der Kulturlandschaft. Auch versuchen wir, soweit es die Datenlage zulässt, etwas über die „Volksmeinung" zur Kulturlandschaft zu erfahren, die Meinungen der Naturschützer und der Nicht-Naturschützer. Für den Ökonomen steht im Reich der Werte die „Abstimmung mit dem Geldschein" im Vordergrund. Wir werden auch diesen zwar engen, aber in sich konsistenten Ansatz beleuchten.

Das vierte Kapitel entwirft ein Konzept für empfehlenswerte Maßnahmen. Natürlich sind auch hundert andere Pläne denkbar; dem einen Leser wird der hier vorgelegte Inhalt zu viel, dem anderen zu wenig sein. Aber von irgendeinem Konzept muss ausgegangen werden. Das hier Vorgelegte lehnt sich weitestgehend an gesichertes Wissen, Erfahrungen über Realisierbares und unter Fachleuten unkontroverse Ideen an.

Im fünften Kapitel wird gefragt: „Was kostet das?" Glücklicherweise hat die landwirtschaftliche Betriebswirtschaftslehre in der Vergangenheit Erkenntnisse erbracht, die die Konsequenzen der notwendigen Umorientierungen auf der betrieblichen Ebene in vielen Fällen hinreichend genau abschätzen lassen. Diese Erkenntnisse werden vorgestellt und gestatten auch eine grobe Abschätzung der Gesamtkosten der hier empfohlenen Maßnahmen.

Das sechste Kapitel vertieft die ökonomische Betrachtung, verlässt die betriebliche Ebene und wendet sich der Analyse gesellschaftlicher Strukturen und den dabei auftretenden ökonomischen Grundfragen zu: Was verstehen wir eigentlich unter ökonomischem Wert? Was ist genau eine Norm und was ist ein Preis – wann ist das eine und wann das andere Regelungsinstrument besser geeignet? Wie wirken sich ökonomische Anreize (bzw. ihr Fehlen) aus? Was passiert beim Tausch und auf Märkten? Warum gibt es für bestimmte Güter (besonders die Biodiversität) keine Märkte und was ist dann zu tun? Welches Muster der Verfügungsrechte über ökonomische Ressourcen besteht in der Landschaft? Der Leser wird bemerken, dass sich diese Fragen, so tief sie sind, verständlich beantworten lassen. Das wenigste, was in diesem Buch angestrebt wird, ist der *Schein* der Wissenschaftlichkeit in Gestalt geschraubten Fachjargons. Joseph Beuys' berühmter Ausspruch, dass jeder Mensch ein Künstler ist, kann dahingehend erweitert werden, dass auch jeder Mensch ein Ökonom ist, sofern er nur vernünftig nachdenkt. Für besonders interessierte Leser werden allerdings einige zentrale Begriffe in Anhängen exakt-mathematisch dargelegt.

So wenig der heutige Zustand der Landschaft ohne Wissen über die Naturgeschichte und menschliche Einflussnahme seit dem Rückzug des Eises verstanden werden kann, ist auch ein Verständnis der gesellschaftlichen Konfliktlage nicht ohne einen Blick auf die Entwicklung von Landwirtschaft und Agrarpolitik in den Jahrzehnten seit dem Zweiten Weltkrieg möglich. Heutige Institutionen, Strukturen, Ansprüche, Denkweisen, Argumente und auch Vorurteile haben sich in diesen Jahrzehnten gebildet. Das siebte Kapitel fragt daher: In welcher ökonomischen Lage befindet sich die Landwirtschaft (sofern von

„der" Landwirtschaft als ganzer hier gesprochen werden darf) und wie kam es dazu? Neben dem Markt spielt hier bekanntlich der Staatseinfluss eine zentrale Rolle.

Die Kapitel acht und neun beinhalten ausführliche und mit konkreten Vorschlägen zur Weiterentwicklung versehene Behandlungen der beiden Fragen: Wie sind die *Pflichten* der Landnutzer in der Kulturlandschaft und wie sind ihre *Eigeninteressen* zu umreißen – welche Rolle sollen beide spielen? Diese beiden Kapitel sind das Kernstück der vorliegenden Analyse.

Jeder Landnutzer wirkt in einem Geflecht von Aufgaben und Pflichten. Diese werden im achten Kapitel vorgestellt. Das landwirtschaftliche Fachrecht definiert eine verbindliche „Gute fachliche Praxis". Darüber hinaus resultieren Pflichten aus der Inanspruchnahme von Förderungen, die sogenannte „Cross Compliance". Es ergibt sich die Frage, ob diese Pflichtnetze eindeutig oder vage, zu streng oder zu lasch konzipiert sind und welche Weiterentwicklungen zu empfehlen sind. Hierzu wird ein Vorschlag unterbreitet.

Im neunten Kapitel wird die Frage gestellt: Wäre es nicht das Beste, wenn Landwirte in ihrem eigenen Interesse anstatt per Verordnung Beiträge zu gesellschaftlich erwünschten Zielen leisten würden? Es wird begründet, warum man diese Frage vor allem im Zusammenhang mit der Artenvielfalt stellen muss. Ansätze hierzu gibt es, etwa in Gestalt des Vertragsnaturschutzes und der Agrarumweltprogramme. Wer sich aber mit ihnen beschäftigt hat, sieht, dass hier substanzielle Fortentwicklung zu wünschen ist. In einem ist sich der Ökonom sicher: Wäre Naturschutz profitabel, so gäbe es ihn so wie jedes andere profitable Gewerbe. Erhält der Landwirt Geld nur für den Weizen, nicht aber für die Kornblumen, so produziert er zu 100 % Weizen und zu 0 % Kornblumen. Wir wollen nicht so verwegen sein, diese Relation umzudrehen. Mit Sicherheit werden aber *einige* Kornblumen dort wachsen, wo der Bauer einen angemessenen und verlässlichen Lohn auch für sie erhält. Natürlich steht hier die Kornblume als Symbol für die frühere Schönheit der Kulturlandschaft und geht es im Naturschutz auch um subtilere Ziele als die Erhaltung der Kornblume.

Das anschließende Kapitel zehn betrachtet drei Spezialprobleme, die jeweils ein eigenes Buch füllen könnten, wegen ihrer oft verkannten ökonomischen Bedeutung bzw. ihrer Aktualität in einem heutigen Buch zur Kulturlandschaft jedoch nicht fehlen dürfen. Beim ersten handelt es sich um die deutsche Eingriffsregelung im Naturschutzrecht und beim zweiten um den Energiepflanzenanbau, der auch im Zusammenhang mit der Biodiversität die Gemüter bewegt. Drittens werden einige ausgewählte Aspekte des Ökologischen Landbaus angesprochen, die keinesfalls eine umfassende Beurteilung dieser Richtung zu geben beanspruchen. Allein ihre Bedeutung für die in diesem Buch behandelten Fragen soll ausgelotet werden.

Zum Schluss wird im Kapitel elf noch einmal kurz darauf zurückgekommen, dass es Ideen und auch Ideologien sind, die das Wirken in der Landschaft antreiben. Kann es gelingen, Landwirte von den Ideen dieses Buches zu überzeugen? Hierzu gibt es skeptische und dabei sehr kompetente Stimmen. Es wird darzulegen versucht, dass die Landwirtschaft, auch wenn es in ihr wie überall manche gestrige Betonköpfigkeit gibt, einer vertrauenswürdigen gesellschaftlichen Initiative zum Umdenken durchaus geneigt sein kann. Insofern ist dieses Buch eines der „landwirtschaftsfreundlichsten" aus der Sicht des Naturschutzes, woraus es sich das Recht ableitet, auch hier und da Kritisches anzumerken.

Mediennotorische Themen, wie besonders die eher industriemäßige als landwirtschaftliche Massentierhaltung,[3] werden gar nicht angesprochen. Diese Erscheinungen sind unschön, zum Teil skandalös und mögen manche Probleme in der Landschaft noch verschärfen. Der Umkehrschluss lautet aber: Selbst wenn es die industrielle Masthähnchen-, Legehennen und teils auch Schweinefabrikation nicht gäbe, müsste die gegenwärtige Landwirtschaft reformiert werden, um das wertvolle Erbe der Kulturlandschaft zu bewahren. Diese Bewahrung ist aber das Anliegen des vorliegenden Buches.

Mancher Leser wird fragen, warum der Ökologische Landbau keine größere Rolle bei den hier vorgelegten Argumenten spielt. Nicht wenige unter denen, die dies fragen, sind vielleicht der Überzeugung, dass man sich die gesamte umständliche Argumentation im Folgenden sparen könnte, wenn man nur auf einen Schlag den Ökologischen Landbau auf 100 % der Fläche einführte. Dieses Buch meidet jedes Bekenntnis für eine landbauliche Richtung und blickt allein auf Fakten, Probleme und Lösungsmöglichkeiten. Wenn dem Ökologischen Landbau als Thema nur wenige Seiten und diese auch nur kurz vor dem Schluss gewidmet werden, so ist dies in keiner Weise ein Ausdruck seiner Geringschätzung. Die wenigen Seiten genügen vielmehr, um seine Stärken in Bezug auf das in diesem Buch Gewünschte, aber auch seine Grenzen aufzuzeigen.

Dieses Buch argumentiert auf der Ebene ordnungspolitischer Grundsatzfragen. Es ist nicht beabsichtigt, praxisreife und unmittelbar anwendbare Konzepte oder gar Rezepte zu liefern. Alle in der Politik oder Behördenpraxis tätigen Leser werden zunächst die völlige Weltfremdheit und Unmöglichkeit der Realisierung der nachfolgenden Vorschläge konstatieren. Das mag so sein, aber wir sollten uns das Privileg gestatten, gelegentlich in Jahrzehnten und nicht in Wochen zu denken.

So aufmunternd diese Einleitung als Ganze sein soll, kann doch ein Punkt nicht verschwiegen werden, der einige Tropfen Wasser im Wein bedeutet. Seit 40 Jahren wird in deutscher Sprache über die Themen dieses Buches publiziert, werden Gutachten erstellt und Konzepte ersonnen. Anfangs der 1970er Jahre veröffentlichte Haber sein Konzept der Differenzierten Landnutzung (unter anderem HABER 1972). Ein frühes Highlight war der Sammelbericht Umweltschutz in Land- und Forstwirtschaft aus dem Jahre 1972 (Berichte über Landwirtschaft 1972). Zahlreiche Beiträge finden sich im Handbuch von BUCHWALD & ENGELHARDT (1968/1969). Im Jahre 1987 legte RINGLER seinen beeindruckenden Bildband über die Ausräumung der Agrarlandschaft schon zur damaligen Zeit vor. Nennen wir zu Ökologie und Landschaftsplanung nur die Arbeiten der Projektgruppe Aktionsprogramm Ökologie (BICK & RÖSER 1984), das wegweisende (vom damaligen Bundes-Landwirtschaftsminister Kiechle nur mit spitzen Fingern in Empfang genommene) Sondergutachten zur Landwirtschaft des Rates von Sachverständigen für

---

[3] Dies bezieht sich überwiegend auf die Geflügel- und teilweise auf die Schweinehaltung. Bestände mit 200 Milchkühen sind keine „Massentierhaltung".

Umweltfragen (SRU 1985) und die Arbeiten von KAULE (1991), PLACHTER (1991) und BAUER (1994). Auch der Schutz physischer Ressourcen fand frühzeitig Beachtung, etwa im Bodenschutzkonzept der Bundesregierung von 1985 (BMI 1985). Nicht nur der Autor dieses Buches (HAMPICKE 1991) gab ökonomische Anregungen – nicht weniger taten dies FREY & BLÖCHLIGER (1991), PEARCE (1993), HOFMANN et al. (1995) und andere. Auch weltweit ist der Artenschwund seit Jahrzehnten ein Thema (Abb. 1.1), 1962 und 1981 erschienen im englischen Original die aufrüttelnden Bücher von CARSON (1979) und EHRLICH & EHRLICH (1983). In jüngerer Zeit publizierte der Rat von Sachverständigen für Umweltfragen mindestens drei Gutachten zum Thema (SRU 1996, 2002, 2009).

Es ist also sehr vieles schon sehr lange bekannt und wird ständig wiederholt, daher enthält auch das vorliegende Buch bei Weitem nicht nur Neues. Zahllose Wissenschaftler arbeiten an Neuerfindungen des Rades; die Literatur der vergangenen 40 Jahre komponiert immer neue Variationen zum zeitlosen Thema. Blickt man dann auf Politik, Ideologien, Interessen, Behördenalltag und die Praxis, so bleibt, um es positiv auszudrücken, noch viel zu tun.

Abb. 1.1 Titelblatt des „SPIEGEL" aus dem Jahre 1973. Mit freundlicher Genehmigung des Verlages „DER SPIEGEL"

Das Werden der mitteleuropäischen Landschaft und ihr heutiges Bild

Zusammenfassung

Die mitteleuropäische Kulturlandschaft ist weltweit einmalig. Sie wurde vorbereitet durch das Zusammenwirken menschlicher Zivilisationsentstehung mit der nacheiszeitlichen Naturgeschichte der Region und weiter geformt durch die stufenweise Entwicklung der technischen und gesellschaftlichen Kräfte der Landnutzung in den letzten zwei Jahrtausenden. Ein hervorzuhebendes Stadium ist die wenig produktive und mit den natürlichen Ressourcen, wie insbesondere dem Boden, keineswegs besonders pfleglich umgehende mittelalterliche Landnutzung, der wir bis heute Halbkulturlandschaften, wie etwa Magerrasen verdanken, in denen die Parallelität von Standortdegradierung und Zunahme der Artenvielfalt besonders deutlich ist. Ein weiteres Stadium ist die durch Wissenschaftlichkeit und Innovationen geprägte Landnutzung der Aufklärung, deren Ideal heute im Ökologischen Landbau fortlebt. Wahrscheinlich mit einer Kulmination im 19. Jahrhundert, aber bis weit ins 20. Jahrhundert hinein entwickelte sich eine einzigartige Synthese von Nutzung, Arten- und Standortvielfalt sowie ästhetischer Attraktivität, auch wenn sie nicht durch Rekordartenzahlen, wie in den „Hot Spots" der Tropen aufwarten kann. Sie ist eine Kulturerrungenschaft. Durch die Entwicklung moderner Methoden in der Landwirtschaft und deren flächendeckende Verbreitung seit etwa 60 Jahren wurde sie in starkem Maße reduziert und wurde die Artenvielfalt gebietsweise ausgelöscht. Während die Wiederherstellung der Artenvielfalt innovative Konzepte verlangt, dürften Schädigungen der Ressourcen Boden, Gewässer und Atmosphäre durch strengere Anwendung bestehender Regelungen hinreichend zu verhindern sein.

U. Hampicke, *Kulturlandschaft und Naturschutz,*
DOI 10.1007/978-3-8348-8236-3_2, © Springer Fachmedien Wiesbaden 2013

2.1   Vom Rückzug des Eises bis zum Mittelalter

Bekanntlich war Mitteleuropa noch vor wenigen tausend Jahren teils von Gletschern bedeckt oder genoss ein unwirtliches Periglazialklima, in dem eisige Winde Lösspartikel über fast vegetationsloses Land jagten oder wo sich riesige Schmelzwasserströme über Schotterbänke ergossen. Dann – vor etwa 11.000 Jahren und im geologischen Maßstab sehr schnell – schmolzen die Gletscher, erwärmte sich das Klima, verließen Pflanzen- und Tierarten ihre Refugien und wanderten viele andere von mehreren Seiten wieder ein – und mit ihnen der *Mensch*.

11.000 Jahre sind nicht nur eine kurze Periode in erdgeschichtlichen Zeitmaßen, sondern auch in solchen der Sukzession, insbesondere bei langlebigen und langsam wandernden Arten. Damit stehen für Mitteleuropa drei Dinge fest, die sich bis heute auswirken: (1) Die Landschaft ist jung – dass die Böden so jung sind, unterscheidet sie von vielen tropischen Böden. (2) Alles war und ist noch in Bewegung. (3) Der Mensch spielte von Anfang an mit – er wanderte z. B. viel schneller als die Buche.

Selbst wenn der Mensch auf altsteinzeitlicher (Vor-)Kulturstufe stehen geblieben wäre und auf die Landschaft nicht stärker eingewirkt hätte als viele Tiere, so wäre das Mitteleuropa der letzten Jahrtausende für hypothetische Landschaftsökologen ein interessantes Forschungsobjekt gewesen. Es kam aber anders: Mit der Neolithischen Revolution begann der Mensch, Pflanzen und Tiere direkt in seinen Dienst zu nehmen. Der Ackerbau begann in Mitteleuropa vor etwa 7.000 Jahren. Die Domestikation von Schafen, Ziegen, Schweinen, Rindern und Pferden lässt sich schwer datieren. Es darf nicht vergessen werden, dass weder Ackerbau noch Viehzucht in Mitteleuropa entstanden. Beide wurden importiert – der Ackerbau aus dem „Fruchtbaren Halbmond" Vorderasiens, die Domestikation aus verschiedenen Regionen Mittel- und Ostasiens. Sichere Zeugen einer hiesigen Tierhaltung finden sich verhältnismäßig spät. Es ist aber schwer zu glauben, dass die ersten Ackerbauer nicht bereits eine mehr oder weniger entwickelte Tierhaltung besaßen.

Jedenfalls war der Mensch spätestens in den 2.000 Jahren vor dem engeren Kontakt mit der antiken Welt (der „Römerzeit" im südlichen und westlichen Mitteleuropa) bereits ein wirksamer ökologischer Faktor. Seine Rinder, kleinen Wiederkäuer und Schweine lichteten die Wälder scheinbar unmerklich, aber über längere Zeiträume kontinuierlich auf, und um die Dorfgemeinschaften auf stammesherrschaftlicher Grundlage entstanden die Äcker. Noch lange war der Mensch kein bedeutsamer Akteur einer planmäßigen, großmaßstäbigen Öffnung der Landschaft auf Kosten des Waldes, aber die ersten Tendenzen zur Entwicklung von Offenlandbiotopen wurden sichtbar.

Vor 100 Jahren tobte in Südwestdeutschland ein Gelehrtenstreit um die „Steppenheidetheorie" von GRADMANN (1950, Erstveröffentlichung 1898). Nach dieser Theorie konnten die ersten Bauern auf Flächen siedeln, die von Natur aus waldfrei waren, wie etwa auf der Schwäbischen Alb. Man war erfolgreich darin, diese Theorie zu widerlegen, etwa indem man zeigte, dass selbst an den kärgsten Standorten (pflanzensoziologisch dem Xerobromion) unter heutigen Bedingungen Gehölze aufkommen. Als Gegenbild zu

Gradmanns Konzept wurde die Vorstellung populär, dass der Mensch fast überall in Europa einen dichten Wald vorfand, den er mühevoll Hektar für Hektar roden musste.

Betrachten wir die 11.000 Jahre nacheiszeitlicher Geschichte als einen Prozess, in dem der Mensch von Anfang an mit Akteur war, so erweist sich die Debatte um Gradmann eher als überflüssig. Der Mensch war vielleicht bereits zu Zeiten des Eisrückzuges ein Faktor bei der Etablierung geschlossener Waldlandschaften, indem er durch die Jagd dazu beitrug, dass große Herbivoren, wie das Mammut, die in der Lage gewesen sein mögen, eine Savannenlandschaft wie in den heutigen Tropen zu gestalten, endgültig verschwanden (BUNZEL-DRÜKE 1999). Wenige tausend Jahre später gestatte er seinen nunmehr domestizierten Tieren, den Wald wieder aufzulichten oder regional ganz zu beseitigen (aus forstlicher Sicht: zu „degradieren").

Mitteleuropa war über die Jahrtausende unter Mitwirkung des Menschen ein „Einwanderungsland" für Pflanzen und Tiere – hauptsächlich aus dem Südwesten, Südosten und Osten. Seine Armut an Gehölzpflanzen im Vergleich zu Regionen ähnlichen Klimas in Nordamerika und Ostasien ist bekannt. Viel größer ist die Anzahl der krautigen Pflanzen (Geophyten, Hemikryptophyten und Therophyten), die mehr oder weniger sonnige Standorte verlangen. Viele kamen aus den Steppen des Ostens, mehr noch aus submediterranen, südwestlichen Gebieten. Der Ackerbau beruhte von Anfang an auf importieren Nutzpflanzen – den Getreidearten des Vorderen Orients: Weizen (besser dessen primitiven Ahnen) und Gerste sowie dem mit ihnen mitgebrachten „Unkraut" Roggen. Auch die zahlreichen, bisher nicht genutzten Beikräuter des Ackerbaus wurden zum erheblichen Teil aus dem Südosten und Süden mitgebracht. Natürlich hing und hängt an der Pflanzenvielfalt ein Heer von jeweils mehr oder weniger eng angepassten Tierarten, insbesondere Arthropoden, die zur Vielfalt der Ökosysteme beitrugen.

So entwickelte sich Mitteleuropa bis in die historische Zeit hinein zu einem Mosaik von Lebensräumen, welches durch folgende generelle Charakteristika ausgezeichnet war:

- Die vom Menschen mit damaliger Technik noch nicht beherrschbaren Urlandschaften nahmen noch große Flächen ein: Küstenmarschen an der Nordsee, Stromtäler mit riesigen Überschwemmungsgebieten, Moore unterschiedlicher Typen im Norden und im Voralpenland und Hochgebirgslandschaften.
- Alles nutz- und kultivierbare Land war von sehr schwach bis sehr stark vom Menschen geprägt. Die kurzfristig schwach erscheinende Einflussnahme erwies sich in ausreichend langen Zeiträumen als wirksam, insbesondere bei der Auflichtung von Waldgesellschaft durch Weidetiere und Brand.
- Intensiv genutztes Ackerland und Siedlungsflächen blieben im Vergleich zur Gesamtfläche von geringer Ausdehnung.

Insgesamt dürfte der regionale Artenreichtum im temperaten Mitteleuropa zwar nie an jenen der subtropisch-mediterranen und tropischen Regionen herangereicht haben, mag aber dennoch beachtlich gewesen sein. Ein großer Fundus Wärme und Licht liebender Pflanzen- und Tierarten des Offenlandes hätte sich ohne den menschlichen Einfluss nicht so gut entwickeln können.

2.2   Mittelalter und frühe Neuzeit

Das Mittelalter brachte große technische und kulturelle Fortschritte – überall wurden Kathedralen gebaut –, auch wurde der Wald durch Rodung etwa auf den heutigen Flächenumfang zurückgedrängt, das Offenland mithin vergrößert. Trotz unverkennbarer Fortschritte etwa bei der Pflugtechnik (HABER 2011/2012) änderte sich das Muster der Nutzung in diesem Offenland jedoch nur graduell. Der Typus der mittelalterlich-frühneuzeitlichen Landwirtschaft lässt sich wie folgt charakterisieren:

- Der Ackerbau beruhte vielfach auf einer Dreifelderwirtschaft mit Gewannzwang – alle Bauern hatten die Fruchtfolge Wintergetreide – Sommergetreide – Brache einzuhalten. Das Spektrum der Ackerfrüchte war im Gegensatz zu dem der gärtnerisch kultivierten oder wild gesammelten Arten schmal. Die Erträge waren sehr gering; eine Ernte vom Vier- bis Fünffachen der Aussaat galt als normal, das Zehnfache war eine Rekordernte, Missernten kamen regelmäßig vor.
- Die Tiere wurden wie von alters her so gehalten, dass sie im Sommerhalbjahr im Wesentlichen für sich selbst sorgten. Sie wurden tagsüber auf Brachfeldern, im Wald oder im ehemaligen („degradierten") Wald auf halboffenen bis offenen Flächen gehütet und wurden abends in Dorfnähe gepfercht. Im Winter wurden sie durchgehungert; die primitive Futterbevorratung basierte stärker auf dem getrockneten Laub geschneitelter Bäume als auf Wiesenheu.
- Das Tierhaltungssystem führte zu einem beständigen gerichteten Strom von Pflanzennährstoffen, insbesondere der Kationen Kalium (K^+), Calcium (Ca^{++}) und Magnesium (Mg^{++}), von den dorffernen, insbesondere bewaldeten Regionen in die Dorfnähe, womit die Fruchtbarkeit der dortigen Äcker halbwegs aufrechterhalten wurde. Von einer Kreislaufwirtschaft war dieses System weit entfernt. Neben die Vegetationsvernichtung durch Waldweide trat zusätzlich die chronische Nährstoff-Aushagerung, von der sich manche Wälder bis heute nicht erholt haben.

Es wäre vielleicht übertrieben, das mittelalterliche Landwirtschaftssystem generell als unproduktiv oder destruktiv zu bezeichnen, aber die seit langem Wald und Böden belastenden Einflüsse wirkten gesteigert fort. Die Erosion verlagerte große Mengen von Boden aus höher gelegenen Gebieten in die Flussauen. Die „Halbkulturlandschaft" (WILMANNS 1993) – offene Flächen, die unregelmäßig beweidet, dann vielleicht auch eine Weile lang als Äcker genutzt wurden oder Jahre lang ganz brach fielen und Anfangsstadien der Sukzession durchmachten – diese Flächen dehnten sich immer weiter aus und ihr Boden wurde aus landwirtschaftlicher Sicht immer schlechter. Die Pflanzendecke wurde immer dünner, der Boden immer stärker belichtet. Das Bestandesklima wurde zunehmend wärmer, und Flora und Fauna wurden artenreicher. Viele heutige „Perlen" des Naturschutzes, Kalkmagerrasen mit Orchideen und anderen seltenen Arten (heute größtenteils FFH-Gebiete, vgl. Farbtafeln 1 und 2), sind die letzten Reste der damals in weiten Gebieten vorherrschenden sehr extensiven Landnutzung. Landschaften Mitteleuropas mögen teilweise durchaus Ähnlichkeit mit heutigen Degradationsstadien ursprünglicher Wälder im Mittelmeerraum gehabt haben, wie der Macchie und der Garrigue.

Es erübrigt sich festzustellen, dass die Artenvielfalt in den siedlungsnahen Ackerbiotopen weitaus höher war als gegenwärtig. Was wir heute auf winzigen Schutzäckern erhalten, wie z. B. die ästhetisch so ansprechende Kalkscherben-Unkrautflur (Farbtafel 3), dürfte damals keineswegs zur Freude der Bauern die Äcker voll „im Griff" gehabt haben.

Im späten Mittelalter und im 16. und 17. Jahrhundert waren kaum systematische Veränderungen der Landwirtschaft zu beobachten, die aus historischer Perspektive und insbesondere zur Beurteilung der heutigen Kulturlandschaft herauszuheben wären. Der Bauer, gewohnt, unterste Stufe der Gesellschaftspyramide zu sein, arbeitete wie eh und je (im Wesentlichen für andere). Jedoch gab es – wenn auch in Deutschland massiv behindert durch den Dreißigjährigen Krieg – einen steten Fortschritt der gewerblichen Aktivitäten. Der von den Landesfürsten privilegierte Bergbau formte ganze Landschaften um; man denke an die großräumige Kontrolle der Wasserregime im Harz. Der Holzbedarf der Städte, Salinen, Glashütten, der Eisenverhüttung und nicht zuletzt der Seefahrt wuchs ins Grenzenlose. Es bestand eine Industriekultur, die einen großen Wärmebedarf besaß, jedoch noch nicht über fossile Energiequellen verfügte. Der Köhler war der einzige Lieferant von Wärme und Reduktionsmittel, um Erz zu verhütten. Die Folge war eine weitere Übernutzung, um nicht zu sagen Plünderung, der Wälder, welche die Landesherren durch oft unwirksame Verbote zu verhindern versuchten. Das Offenland und seine Licht und Wärme liebenden Arten profitierten noch einmal gewaltig. Erst an der Wende vom 18. zum 19. Jahrhundert kam es zu einer durchgreifenden Erholung des Waldes.

2.3   Aufklärung und Fortschritt im 18. Jahrhundert

Zum großen Teil von England ausgehend, brachte das 18. Jahrhundert fundamentale landwirtschaftliche Fortschritte. Neue Kulturpflanzen wurden eingeführt, insbesondere Hackfrüchte, wie die Kartoffel, was die Fruchtfolgen bereicherte. Die Staatsführungen beförderten diese Fortschritte – im Jahr seines dreihundertsten Geburtstages wird auch dieser Zug des großen preußischen Königs in Erinnerung gerufen (Farbtafel 4). Die stickstoff-assimilierende Wirkung der Fabaceen wurde entdeckt; das Brachfeld wurde zum großen Vorteil mit Klee eingesät. Damit wurde nicht nur erstmals gezielt Stickstoff in das Agrarsystem eingeschleust, sondern auch die Futtergrundlage für das Vieh gebessert. Man konnte nun eine systematische Futterbevorratung für den Winter einführen, die dazu führte, dass die nährstoffreichen Abgänge der während des Winters im Stall gehaltenen Tiere die Felder wiederum düngen konnten. Diese Fortschritte bewirkten deutliche Ertragssteigerungen und vor allem eine Absicherung gegen Missernten, die seltener wurden.

Die Kulturlandschaft wurde durch diese Fortschritte gewiss beeinflusst, jedoch mit Blick auf ihre Standortvielfalt und ihr Arteninventar noch kaum zu ihrem Nachteil. Gute Bauern konnten die Fortschritte dazu nutzen, das Unkraut so in Schach zu halten, dass es wenig Schaden anrichtete – z. B. durch den Einschub mehrjährigen Kleegrases in die Fruchtfolgen. Infolge dieser Maßnahmen dürfte es nicht einmal regional zu Gefährdungen oder gar Ausrottungen von Ackerbegleitarten gekommen sein. Die Prinzipien und das bäuerliche Ethos der damaligen Zeit mit dem Ideal einer weitgehend geschlossenen Kreislaufwirtschaft im Betrieb und einer dauernden Pflege und Hebung der Bodenfruchtbarkeit leben im derzeitigen Ökologischen Landbau fort (vgl. Kapitel 10.3). Der zünftige bäuerliche Betrieb mit all diesen Tugenden ist ein Kind des 18./19. Jahrhunderts und damit jünger als mitunter angenommen.

Es entsprach dem Zeitgeist, die degradierten (aber aus heutiger Naturschutzperspektive hoch geschätzten) Halbkulturbiotope einer ordentlicheren Nutzung zuzuführen. Zahlreiche Zeitzeugen äußerten sich höchst negativ über die Biotope, die heute der Stolz der FFH-Kataloge sind, wie etwa die Heiden. Wer durch die Lüneburger Heide reisen musste, wurde bedauert (TÖNNIESSEN 1999). Die Kultivierungen hatten manchen Erfolg, jedoch waren die Halbkulturbiotope so ausgedehnt, dass selbst entschlossene Maßnahmen ihren Umfang nur in einer Weise reduzieren konnten, dass ihr Arteninventar zumindest überregional noch völlig ungefährdet blieb. Dasselbe lässt sich für die Kultivierung von Sümpfen, Überschwemmungsgebieten und Mooren sagen. Friederich der Große war stolz darauf, dass ihm seine Untertanen eine neue Provinz – das Oderbruch – ohne Krieg schenkten. Der Vorwurf, Arten gefährdet zu haben, trifft ihn beim damals noch vorhandenen Reichtum nicht.[1]

2.4　Vom 19. bis zur Mitte des 20. Jahrhunderts

Die Rationalisierung und Verwissenschaftlichung der Landwirtschaft setzte sich im 19. Jahrhundert fort – in Deutschland war Albrecht Thaer die Lichtgestalt (KRAFFT et al. 1880, vgl. auch VON DER GOLTZ 1902/1903). Regional folgten Entwicklungen, die an unsere heutige Landwirtschaft erinnern. Die ostelbischen Gutswirtschaften erreichten Größenordnungen, die die des „industriemäßigen" Landbaus im späteren Sozialismus und Kapitalismus erreichten. Bördelandschaften wurden ausgeräumt, Großmaschinen wie Dampfpflüge erregten Aufsehen. Bei genauerem Hinsehen erwiesen sich jedoch diese Neuerungen als eher oberflächlich. Es gab einen Import von Nährstoffen in das

---

[1] In seinem Roman „Frau Jenny Treibel" lässt Theodor FONTANE (1931, S. 325) eine Runde älterer Herren über das Oderbruch im 18. Jahrhundert erzählen. Dort hätte es so viele Flusskrebse gegeben, dass man sie nach jeder Flut im Frühjahr zu Hunderttausenden von den Bäumen schüttelte und dass es verboten war, sie dem Gesinde mehr als drei Mal wöchentlich zur Speise vorzusetzen. Heute ist der Edel- oder Flusskrebs (*Astacus astacus*) Bestandteil des Anhangs V der FFH-Richtlinie und darf daher nicht ohne Weiteres genutzt werden.

System, vor allem durch Guano und Chilesalpeter sowie durch Kalisalze. Die Mengen waren jedoch nach heutigen Maßstäben gering. Der chemische Pflanzenschutz nahm wie im Weinbau seinen Anfang mit einigen Mitteln, die nach heutigem Wissen höchst problematisch waren, besonders für ihre Anwender. Auch sie waren zu schwach, um der Agrartechnologie als ganzer und dem Charakter der Landschaft eine neue Qualität zu verleihen.

Umso drastischer wirkten Einflüsse auf die Landschaft, die primär außerlandwirtschaftlichen Interessen entsprangen, wenn sie auch im Ergebnis der Landwirtschaft dienten, insbesondere durch die Überlassung neuer nutzbarer Flächen. Nach den erwähnten ersten Kultivierungen im 18. Jahrhundert machte man sich nun daran, die stets bedrohliche Urlandschaft endgültig zu unterwerfen. Hierbei stand die Bändigung des Wassers im Mittelpunkt (BLACKBOURN 2008). An den Küsten wurden die Deiche so erhöht und gefestigt, dass endlich auch schwere Sturmfluten nicht mehr Tausende von Menschen dahinrafften. Ströme, Flüsse und Bäche hatten fortan in den ihnen zugewiesenen Betten zu fließen. Die größte dieser Maßnahmen, die Korrektur des Oberrheins durch Tulla ab 1817, verwandelte eine Urstromlandschaft fast amazonischen Charakters in eine grundwasserferne Ebene, in der nahezu jeder Fleck genutzt werden konnte. Gemeinsam mit den Flussbändigungen wurden Kanäle gezogen mit tief greifenden Auswirkungen auf den Landschaftswasserhaushalt. Am Rande sei erwähnt, dass die Motive derartiger Kanalbauten in den seltensten Fällen rein ökonomischer Art waren, sodass es fraglich ist, ob diese Maßnahmen Kosten-Nutzen-Analysen nach heutigem Standard standgehalten hätten. Beispielsweise wurde die Edertalsperre im heutigen Landkreis Waldeck-Frankenberg kurz vor dem Ersten Weltkrieg zu hohen Kosten mit dem fast einzigen Ziel erbaut, dass selbst bei Niedrigwasser jederzeit ein Schiff auf der Weser fahren konnte. Der Dortmund-Ems-Kanal und der Nord-Ostsee-Kanal (früher Kaiser-Wilhelm-Kanal) dienten weit überwiegend militärischen Zwecken.

Sümpfe in fruchtbares Land zu verwandeln, war nach dem Ethos des 19. Jahrhunderts eine der größten Wohltaten, die einem Land geleistet werden konnte. Die Abb. 2.1 zitiert Fausts letzte Worte in Goethes Hauptwerk. In diesem Sinne wurden auch die Moore behandelt. Die großen nordwestdeutschen Regenmoore wurden abgetorft, die Niedermoore in Norddeutschland und im Alpenvorland wurden weitgehend entwässert. Als späte Nachhut wirkte hier der „Reichsarbeitsdienst" während der Nazizeit, der Moore wie das Wurzacher Ried im Landkreis Ravensburg zu einer Zeit teilweise entwässerte, als man sich über die entstandene Knappheit solcher Biotope und den ästhetischen und kulturellen Wert der wenigen verbliebenen längst hätte im Klaren sein müssen.

Auch in trockenen Biotopen wirkte der Kultivierungswille mit ähnlichen Motiven. Seit dem Ende des 18. Jahrhunderts wurde die Jahrhunderte während Walddegradation von den Landesherrschaften nicht mehr toleriert und mit nunmehr verfügbaren, von der aufstrebenden Forstwissenschaft bereitgestellten Maßnahmen abgelöst. Degradierte Wälder, Heiden und „Ödland" wurden in großem Stil aufgeforstet. Dass dabei im Norden die Kiefer und im Süden die Fichte zu jeweils problematischer Vorherrschaft gelangten, ist allgemein bekannt und noch heute ein Problem.

Ein Sumpf zieht am Gebirge hin,
Verpestet alles schon Errungene;
Den faulen Pfuhl auch abzuziehn,
Das Letzte wär' das Höchsterrungene.
Eröffn' ich Räume vielen Millionen,
nicht sicher zwar, doch tätig-frei zu wohnen.
Grün das Gefilde, fruchtbar; Mensch und Herde
Sogleich behaglich auf der neusten Erde,
Gleich angesiedelt an des Hügels Kraft,
Den aufgewälzt kühn-emsige Völkerschaft.
Im Innern hier ein paradiesisch Land,
Da rase draußen Flut bis auf zum Rand,
Und wie sie nascht, gewaltsam einzuschießen,
Gemeindrang eilt, die Lücke zu verschließen.

Ja! diesem Sinne bin ich ganz ergeben,
Das ist der Weisheit letzter Schluss:
Nur der verdient sich Freiheit wie das Leben,
der täglich sie erobern muss.
Und so verbringt, umrungen von Gefahr,
Hier Kindheit, Mann und Greis sein tüchtig Jahr.
So ein Gewimmel möcht' ich sehen,
auf freiem Grund mit freiem Volke stehn.
Zum Augenblicke dürft' ich sagen:
Verweile doch, du bist so schön!
Es kann die Spur von meinen Erdentagen
Nicht in Äonen untergehn. –
Im Vorgefühl von solchem hohen Glück
Genieß' ich jetzt den höchsten Augenblick.

Abb. 2.1 Fausts letzte Worte. (Goethe: Faust, der Tragödie zweiter Teil, fünfter Akt)

Wird schließlich nicht vergessen, dass im 19. Jahrhundert allen Wirbeltieren, soweit sie nicht als unmittelbar Nutzen stiftend angesehen wurden, mit der Flinte in einem Maße nachgestellt wurde, dass dieses „Raubzeug" (insbesondere Greifvögel, aber auch Robben und Wölfe, soweit noch vorhanden) regional völlig verschwand, so werden die Verluste während dieser Epoche deutlich. Wie erwähnt, betrafen sie in erster Linie zuvor gänzlich ungebändigte Naturlandschaften, zusätzlich aber auch die ausgedehnte mesohemerobe Halbkulturlandschaft – Heiden, Triften, Magerrasen und Nassstandorte aller Art.

Seit Mitte des 19. Jahrhunderts erhoben sich Stimmen, welche die Naturverdrängung beklagten und Gegenmaßnahmen forderten. Bis zum Ersten Weltkrieg entstand eine Bewegung von einigem Gewicht; zu ihr sei insbesondere auf OTT (2004a) hingewiesen. Die Forderungen der frühen Naturschützer bezogen sich bezeichnenderweise weniger auf den Artenschutz, sondern vor allem auf die Erhaltung herausragender, symbolträchtiger Stätten, wie der Teufelsmauer im Harzvorland, dem Drachenfels im Siebengebirge, dem Königstuhl auf Rügen, den Laufenburger Stromschnellen am Hochrhein und weiteren. In zweiter Linie wurde der Verlust von Natur- und Halbkulturlandschaften beklagt; man kennt das Eintreten von Hermann Löns für die Lüneburger Heide.

In der Tat führten auch die Eingriffe des 19. und frühen 20. Jahrhunderts nur ausnahmsweise (wie bei den erwähnten Greifvögeln, speziell Adlern und Geiern) zu akuten Artengefährdungen. Zwar musste die Tendenz der allgemeinen Entwicklung scharfen Beobachtern auch damals bereits aufgefallen sein, jedoch begannen 150 Jahre Landeskultur ihr Werk in einem Umfeld solch überwältigender Arten- und Biotoptypenfülle, dass selbst gewaltige Reduktionen von Populationen noch nicht als bestandsgefährdend erachtet wurden. Für heutige Naturschutzstrategien ist ein Aspekt besonders wichtig, der bereits früher beobachtet werden konnte: Die traditionelle, nach damaligen Maßstäben durchaus nicht „extensive", sondern zünftige bäuerliche Landwirtschaft bot in hohem Maße Biotope an, die den Bewohnern der ehemaligen Urlandschaft durchaus passable

Ersatzlebensräume waren. Viele Arten, die zuvor unbeeinflusste Sümpfe und Moore besiedelten, fanden nun auf nassen, wenig intensivierten Wiesen und Weiden ein Auskommen. Das Grünland, insbesondere seine trockenen und nassen Flügel, spielten hier und spielen noch weiterhin eine herausragende Rolle. Die traditionelle mitteleuropäische Kulturlandschaft schützte und schützt also nicht nur „Kulturfolger", sondern scheinbar paradoxerweise auch Wildnisarten. Das unterscheidet sie vielleicht von Nutzbiotopen in anderen Kontinenten und erklärt ihren besonderen Wert. War auch, wie erwähnt, die Tendenz schon besorgniserregend, so war doch der *Zustand* der Natur Mitte des 19. Jahrhunderts so, dass spätere Kommentatoren in dieser Epoche den Gipfelpunkt der Artenvielfalt in der mitteleuropäischen Offenlandschaft sahen (SUKOPP & TREPL 1987).

2.5 Landschaft und Artenvielfalt seit 1950

Jeder heutige Naturschützer, der kurz nach dem Zweiten Weltkrieg Deutschland Ost und West bereist hätte, wäre zwar überall auf Hunger und Mangel gestoßen, aber er hätte auch begeistert von der Buntheit und Artenfülle geschwärmt, die trotz 150 Jahren technischer Naturzurückdrängung immer noch erhalten geblieben war. Die wirklich dramatische Verarmung in den Agrarbiotopen setzte erst in den 1950er und 1960er Jahren ein. Ihre Ursachen sind unumstritten:

- Moderne Landmaschinen verlangen Größe und Zuschnitt der Flurstücke, die mit früherer klein strukturierter Landschaft nicht mehr vereinbar ist. Die „Flurbereinigung" im Westen und die „Komplexmelioration" im Osten bewirkten gleichermaßen eine geometrische Vereinheitlichung der Agrarlandschaft wie auch die starke Reduktion („Ausräumung") von Strukturelementen aller Art: Feldgehölzen, Hecken, Tümpeln, Wegrainen, Trockenmauern sowie schlicht ungenutzter Ecken und Winkeln. Wie stets, muss ein Urteil auch hier differenzieren: Die Kulturbauingenieure übertrieben auch – in der DDR entstanden Äcker, die aus verschiedenen Gründen für eine rationelle Bewirtschaft schon *zu* groß waren. Nicht alle Landschaften waren früher klein strukturiert, nicht überall gab es früher Hecken. Großräumigkeit ist für manche Naturschutzzwecke durchaus ein bedeutsamer Faktor, man denke an Wiesenbrüter und an die bekannten brandenburgischen Großtrappen. Trotz dieser Differenzierungen gibt es über die Tendenz keinen Zweifel: Das Meliorationswesen begrub zahllose Kleinbiotope und damit Lebensstätten für Begleitarten unter sich.
- Sehr oft war die geometrische Vereinheitlichung der Agrarlandschaft verbunden mit einer Regulierung des Wasserhaushaltes. Alle mitteleuropäischen Kulturpflanzen auf dem Acker und dem Grünland verlangen zum optimalen Gedeihen mittelfeuchte Bedingungen – die Abwesenheit sowohl von Wassermangel als auch von Überschuss. Insbesondere der letztere ist mit kulturtechnischen Maßnahmen, wie Dränagen, Grundwasserabsenkungen sowie einer großräumigen Steuerung der Vorflut technisch herstellbar. Sehr umfangreiche, früher mindestens periodisch zu nasse Flächen haben

damit den für Kulturpflanzen optimalen Feuchtegrad annehmen können. Auf den trockenen Flächen war die Verbesserung der Wasserverhältnisse weniger offen ersichtlich, aber auch sie erfolgte. Neben eher kleinflächigen Beregnungssystemen bewirkte die mit schwerem Gerät ermöglichte Vertiefung der Ackerkrume eine Vergrößerung des Wurzelraumes und eine Erhöhung der Wasserspeicherfähigkeit des Bodens. Nicht meliorierbare Trockenstandorte wurden aus der Nutzung genommen. Allgemein bekannt ist, dass sehr zahlreiche Begleitarten der Landwirtschaft – Pflanzen und Tiere – gerade nicht an die mittelfeuchten (mesischen) Bedingungen angepasst sind, sondern an die Extreme. Die trocken-warmen und die feuchten bis nassen Biotope beherbergten und beherbergen noch die meisten und interessantesten Arten. Ihr Rückgang ist unter den beschriebenen Veränderungen nicht verwunderlich.

- Mit der bergmännischen Gewinnung von Kalisalzen und Phosphor sowie der Ammoniaksynthese nach dem Haber-Bosch-Verfahren emanzipierte sich die Menschheit von der früher eisernen Knappheit an Pflanzennährstoffen. Wurde der Feuchtegrad in der Landschaft auf ein mittleres Niveau eingependelt, so der Nährstoffversorgungsgrad (die Trophie) nun durchweg auf ein hohes. Der konventionelle Landbau hat kein Problem damit, die Kulturpflanzen optimal, das heißt mehr oder weniger üppig auf dem Wege der Mineraldüngung mit Nährstoffen zu versorgen. Die großflächige Herstellung eutropher (nährstoffreicher) Biotope bedeutet nicht nur die Abkehr von den Bedingungen, unter denen die Landwirtschaft in Mitteleuropa jahrtausendelang betrieben werden musste, sondern viel mehr. Es ist nahezu sicher, dass der pflanzenverfügbare Stickstoff (NH_4^+ oder NO_3^-) seit Beginn des Lebens auf der Erde, also seit mehr als 3,5 Milliarden Jahren, fast überall der limitierende Faktor für das Pflanzenleben war – auf dem Festland mit Sicherheit seit dem Silur. N-Mangel war der Normalfall, N-Reichtum (etwa an Tiersammelplätzen) war die Ausnahme. Der Mensch machte in wenigen Jahrzehnten, das heißt in geologischen Zeiträumen „blitzartig“, die Ausnahme zur Regel. Die globalen Folgen dieses Umschwungs übersteigen die hier betrachteten Auswirkungen auf die Landschaft wahrscheinlich bei weitem und dürften noch gar nicht absehbar sein. In der Landschaft ergaben sich ganz analoge Folgen wie beim Wasserhaushalt: Die große Mehrzahl der Arten verdankt ihre Existenz dem Nährstoffmangel. Dieser hält schnell wachsende, robuste, beschattende, konkurrenzschwache Nachbarn verdrängende Arten in Schach. Durch die oben angesprochene jahrhundertelange Aushagerung vieler Landschaftsteile waren die konkurrenzschwachen Arten gefördert worden. Wurde nun die Bremse des Nährstoffmangels plötzlich gelockert, so waren die Folgen klar: Nicht nur von Äckern, Wiesen und Weiden verschwanden die bunten, konkurrenzschwachen Arten, sondern, da insbesondere der Stickstoff sehr mobil und räumlich schwierig einzugrenzen ist, auch von Straßenrändern, Wegrainen, Ufern und Waldgrenzen, ja bis in Gewässer und Wälder hinaus (Farbtafeln 5 und 6).

- Die Chemieindustrie versorgt die konventionelle Landwirtschaft heute mit Substanzen, die spezifisch gegen unerwünschte Organismen eingesetzt werden und diese abtöten. Da für den Ackerbauern fast alle Arten außer den Kulturpflanzen unerwünscht sind, liegt die Bekämpfung aller im Blickfeld, was in der Praxis durch die Kosten begrenzt wird. In Deutschland wird nahezu das gesamte Ackerland oder ein Drittel der Landesfläche routinemäßig mit Herbiziden behandelt. Der Rückgang der Ackerwildkräuter verdankt sich weitaus überwiegend dieser Praxis. Im hoch produktiven Pflanzenbau sind ferner Fungizide oft unentbehrlich. Insektizide sind seit langem im Obst- und Weinbau, aber auch in Feldkulturen gebräuchlich. Es liegt auf der Hand, dass selbst bei sorgfältigem Einsatz betreffend Mittelwahl, Zeitpunkt der Ausbringung und Gerätezustand die direkten Folgen und die Nebenwirkungen dieser Praxis für die Artenvielfalt in der Kulturlandschaft tief greifend sind.

Neben die vier genannten – sozusagen systembedingten – Einflussgrößen tritt eine Vielzahl von Praktiken und Verbesserungen früherer Verfahren, die der Artenvielfalt im Agrarraum mehr oder weniger zuwiderlaufen. Einige Beispiele:

- Früher ging alles langsam, heute geht alles schnell. In ostdeutschen Großbetrieben mähen heute wenige Personen Hunderte von Hektaren Niedermoorgrünland in wenigen Stunden ab (Abb. 2.2). Diese Aktion dauerte früher Wochen. Arten, die durch das Mähen gestört wurden, fanden früher nebenan einen neuen Lebensraum, heute nicht mehr.
- Früher machte jeder Bauer alles etwas anders als sein Nachbar. Der eine pflügte bald nach der Ernte, der andere erst später, wieder ein anderer hatte keine Zeit und pflügte erst im Frühjahr. Nicht nur die natürlichen Standortbedingungen variierten kleinflächig, sondern auch die menschlichen Eingriffe – „Keine Stelle war der anderen gleich" (WESTHOFF 1968, S. 8). Heute sind Produktionsverfahren durchweg landschaftsweit standardisiert; es sieht überall gleich aus.
- Arbeitsgänge werden nicht nur schneller, sondern oft erheblich früher im Jahr erledigt. Die Getreideernte erfolgt Wochen früher als einst, und unmittelbar nach der Ernte wird die Ackerkrume geschält. So können weder Spätentwickler unter den Ackerkräutern ihren Lebensrhythmus abschließen (Farbtafel 7), noch haben Tiere wie der Feldhamster genügend Zeit für die Sammlung von Wintervorräten.
- Im konventionellen Landbau ist das Spektrum der angebauten Kulturpflanzen sehr eng geworden. Getreide, Raps und Mais nehmen 84 % der Ackerfläche ein, dazu kommen hier und da Zuckerrüben und Kartoffeln. Färberpflanzen, Faserpflanzen, Runkelrüben und auch Wechselgrünland mit Rotklee oder Luzerne sind weitestgehend verschwunden.
- Wirksame Saatgutreinigung verhindert vollständig die Wiederaussaat von Unkrautsamen, was in der Vergangenheit die Verbreitung stark förderte.
- Leistungsfähige Milchkühe benötigen Grundfutter (Maissilage oder Grünlandaufwuchs) mit hoher Energiedichte. Nur so kann die Kuh genügend Energie aufnehmen, die sie in der Milch wieder abgibt. Energiereicher Grünlandaufwuchs muss stark gedüngt sowie früh und oft im Jahr gemäht oder abgeweidet werden – übrigens auch im Ökologischen Landbau. Solches Grünland ist sehr artenarm; außer Löwenzahn findet man kaum Blumen.

Abb. 2.2 Hochmechanisierte Heuernte: Nach der Trocknung ist in wenigen Stunden alles vorbei. (Foto: Angelika Hampicke)

Abb. 2.3 Vor weniger als 100 Jahren: Landwirtschaft in einem Schulbuch von 1920. (Quelle: STEIN (1920))

Die Ernte
Es war Sommer. Die Sonne strahlte. Es war sehr heiß. Die Schnitter hatten Sensen. Sie schnitten den Weizen mit den Sensen. Die jungen Mädchen hatten Sicheln. Sie legten den Weizen in Schwaden. Dieser Mann hatte eine Binde aus Stroh. Er band die Schwaden zu Garben. Jener Mann stellt die Garben auf. Ein Wagen kam. Peter führte die Pferde. Er hatte eine Peitsche. Der Schnitter hatte eine Heugabel. Er belud den Wagen.

Noch vor weniger als 100 Jahren war die Landwirtschaft ein äußerst arbeitsintensives, aber bei aller mit ihr verbundenen Mühe gesellschaftlich integrierendes System (Abb. 2.3). Sie ist es noch heute in anderen Ländern (Farbtafel 8), während sich bei uns der einsame Schlepperfahrer auf seinen Runden die Langeweile durch Radiohören vertreibt. Die heutige Standard-Landwirtschaft in Mitteleuropa ist ein Geschäft nüchterner Spezialisten, welches auf hohem wissenschaftlich-technischem Niveau quantitative Leistungen erbringt, die früher nicht für möglich gehalten wurden (Tab. 2.1).

Tab. 2.1 Leistungssteigerung der Landwirtschaft in 100 Jahren. (Quelle: Statistisches Jahrbuch über ELF 2002, S. XXVIII)

	Um 1900	Um 1950	1999
Hektarerträge (dt/ha)			
Getreide	16,3	23,2	67,0
Kartoffeln	126,0	244,9	375,0
Zuckerrüben	256,0	361,6	563,6
Milchleistung (kg je Kuh und Jahr)	2.165	2.480	5.909

Alle Zahlen sind Durchschnittswerte, Spitzenleistungen 1999 teils viel höher (100 dt/ha Getreide, > 11.000 kg Milch/Kuh)

Wie bereits BRINKMANN (1922) ausführte, sind Ertragssteigerungen in erster Linie den biologisch-technischen Fortschritten zu verdanken (Pflanzen- und Tierzucht, Düngung, Bestandesführung, Pflanzenschutz, Veterinärhygiene), während die mechanisch-technischen Fortschritte vor allem die Arbeitsproduktivität gehoben haben. Der Mähdrescher hat die für die Getreideernte und den Drusch erforderliche Arbeitszeit auf ein Hundertstel des früher Erforderlichen gesenkt (Abb. 2.4). Eine weitere Charakteristik der modernen Landwirtschaft ist damit ihr außerordentlich niedriger Arbeitsbedarf, insbesondere in der Feldwirtschaft, und damit auch ihr sehr geringes Vermögen, Arbeitsplätze zu schaffen (vgl. Tab. 7.4, Kapitel 7.5.1). Dass im Gegensatz zu früher nur noch ein sehr kleiner Bruchteil der Bevölkerung in der Landwirtschaft arbeitet, hat weitreichende soziale Folgen. Die Schicht der Landwirte rekrutiert sich noch weitestgehend aus sich selbst heraus, womit sich Mentalitätsunterschiede zur nichtlandwirtschaftlichen Mehrheit der Bevölkerung verfestigen, was den Dialog über wichtige Fragen, etwa den Naturschutz betreffend, erschweren kann.

Die letzten 50 Jahre machten die Kulturlandschaft nüchtern, zweckdienlich und großformatig. Eine gewisse Ästhetik ist auch ihr eigen (Farbtafeln 9 und 10). Landschaften wurden nivelliert und homogenisiert – vielerorts wird das oben beschriebene Ideal eines mittelfeuchten und eutrophen Einheitsstandorts erreicht. Dieses Ideal ist mit Artenvielfalt systemimmanent unverträglich.

Abb. 2.4 Ein Mähdrescher ersetzt die harte Arbeit großer Schnitterkolonnen in der Vergangenheit. (Foto: U. Hampicke)

Früher war die Artenvielfalt ein unvermeidliches, systembedingtes Charakteristikum der Kulturlandschaft; ein Nebenprodukt der Arbeit der Bewirtschafter, die sie kaum wahrnahmen und nicht immer schätzten. Heute gibt es Artenvielfalt nur mehr stellenweise *trotz*, nicht aber *wegen* der modernen Landwirtschaft – dort, wo dies System seinem Ideal nicht nahe genug kommt.

2.6 Dokumentation des Artenrückganges

Das Profil der in Deutschland in Roten Listen als gefährdet, vermutlich gefährdet, der Gefährdung nahestehend, sehr selten oder gar schon ausgestorben notierten Farn- und Blütenpflanzen in der Tab. 2.2 ist das Ergebnis der genannten Einflüsse auf die Landschaft. Die Erhebung aus den 1990er Jahren bestätigt weitgehend das Bild, welches in einer früheren Erhebung für die alte Bundesrepublik vor 1990 bereits dokumentiert worden war (KORNECK & SUKOPP 1988).

Die Vegetation wird in 24 Formationen gegliedert, die in den Anmerkungen zur Tab. 2.2 in vollem Wortlaut zitiert sind. Es wird gezählt, wie viele der Arten der bundesweiten Roten Liste in verschiedenen Gefährdungsgraden jeweils in einer Formation vorkommen, wobei nur Schwerpunkt- und Hauptvorkommen berücksichtigt werden. Dennoch gibt es Mehrfachnennungen, sodass die Summe der bei den Formationen eingetragenen Arten die Zahl der Rote-Liste-Arten übertrifft. Es kann dann festgestellt werden, wie groß der Anteil gefährdeter Arten am Artenbestand einer Formation (Spalte %F) und wie groß der Beitrag jeder Formation zur gesamten Artengefährdung ist (Spalte %A).

Tab. 2.2 Anteil ausgestorbener und gefährdeter Farn- und Blütenpflanzenarten in jeweiligen Pflanzenformationen. (Quelle: KORNECK et al. 1998)

Formation [a]	0	1	2	3	G+V	R	Σ	%F [b]	% A
6 Acker	13	15	23	30	15	1	97	36,33	6,79
8 Kriechpflanzen	1	2	10	10	4		27	27,55	1,89
9 Queckenrasen		1	3	4	10		18	28,57	1,26
15 Feuchtwiesen	3	7	30	40	26		106	51,71	7,42
16 Frischwiesen		3	9	12	23		47	25,41	3,29
17 Borstgrasrasen		8	20	36	29	5	98	52,41	6,86
18 Trockenrasen	9	25	62	111	54	9	270	54,33	18,91
Landwirtschaft									*46,42*
7 Stauden, ruderal	7	2	4	10	6	2	31	11,92	2,17
10 oligotrophe Moore	3	12	44	42	15	1	117	69,23	8,93
11 oligotr. Gewässer	4	7	18	10			39	82,98	2,73
12 Schlammboden	2	4	12	10	5		33	84,62	2,31
13 eutrophe Gewässer	3	7	22	24	27	3	86	50,00	6,02
Kontaktbiotope									*22,16*
21 Feuchtwälder		4	2	18	10	2	36	21,30	2,52
22 Laubwälder	1	5	8	24	14	6	58	13,15	4,06
23 saure Wälder	2	4	9	19	20	6	60	20,55	4,20
24 xerotherme Wälder	1	1	5	22	18	2	49	27,07	3,43
Wälder									*14,21*
1 Halophyten	2	5	17	15	7	3	49	55,68	3,43
2 Küstendünen		1	1	1	1		4	22,22	0,28
3 außeralpine Felsen		3	7	9	4	8	31	34,07	2,17
5 Zweizahn			1	2			3	10,00	0,21
14 Quellen		2	2	3	4		11	33,33	0,77
19 xerotherme Stauden	4	2	8	20	15	2	51	51,04	3,57
20 subalpin	2		1	7	10	7	27	13,91	1,89
Sonderbiotope									*12,32*
4 alpine Vegetation		6	10	16	4	43	80	24,49	5,60

[a] volle Namen der Formationen: 1: Halophytenvegetation, 2: Vegetation der Küstendünen, 3: außeralpine Felsvegetation, 4: alpine Vegetation, 5: Zweizahn-Gesellschaften, 6: Ackerunkraut- und kurzlebige Ruderalvegetation, 7: nitrophile Stauden- und ausdauernde Ruderalvegetation, 8: Kriechpflanzen- und Trittrasen, 9: halbruderale Quecken-Rasen, 10: oligotrophe Moore und Moorwälder, 11: Vegetation oligotropher Gewässer, 12: Schlammbodenvegetation, 13: Vegetation eutropher Gewässer, 14: Vegetation der Quellen und Quellläufe, 15: Feuchtwiesen, 16: Frischwiesen und -weiden, 17: Zwergstrauchheiden und Borstgrasrasen, 18: Trocken- und Halbtrockenrasen, 19: xerotherme Staudenvegetation, 20: subalpine Hochstauden- und

Gebüschvegetation, 21: Feucht- und Nasswälder, 22: mesophile Laubwälder und Tannenwälder, 23: azidophile Laub- und Nadelwälder, 24: xerotherme Wälder und Gebüsche.

b) Gesamt-Artenzahl in jeder Formation nach Abbildung 8 (S. 319) in KORNECK et al. 1998. Gefährdungsgrade: 0 ausgestorben oder verschollen, 1 vom Aussterben bedroht, 2 stark gefährdet, 3 gefährdet, G Gefährdung anzunehmen, V zurückgehende Art der Vorwarnliste, R extrem selten.
%F: Anteil der Arten mit Gefährdungsgrad am Gesamtartenbestand der Formation.
%A: Anteil der Formation an der vertikalen Summe der Spalte Σ. Diese beträgt wegen der Mehrfachnennungen 1.428 Arten, obwohl nur 1.111 Arten in die Gefährdungskategorien fallen. Würde letztere Zahl als Bezug genommen, so summierten sich die Angaben in %A nicht zu 100 %, sondern zu über 120 %, wie bei KORNECK et al. 1998, Tabelle 5, S. 321. Trotz der mathematischen Inkonsistenz vermittelt die Spalte %A ein zutreffendes Bild der Verteilung gefährdeter Arten auf Lebensräume.
Anmerkung: Die Auswertung wird, wenn auch nur unbedeutend, dadurch erschwert, dass in der vorliegenden Quelle KORNECK et al. 1998, anders als früher bei KORNECK & SUKOPP 1988, die exakte tabellarische Darstellung der Verteilung gefährdeter Arten einer vielleicht intuitiv eingängigen, aber nicht detailscharfen Visualisierung in Graphiken Platz gemacht hat (Abbildungen 8 und 9, S. 319 und 320). Dies zwingt dazu, die Daten für die vorliegende Tabelle durch erneute Auszählung der Liste (S. 368 ff.) zu gewinnen, wobei sich mancher Zählfehler eingeschlichen haben mag. Das Gesamtbild kann dadurch nicht beeinflusst werden.

In der Tab. 2.2 werden die 24 Formationen in fünf Gruppen zusammengefasst. Die erste am Kopf der Tabelle enthält alle, die der Agrarlandschaft im engeren Sinne angehören. Den Kern machen Äcker und Grünland aus. Darunter folgt eine Gruppe von Formationen, die wenn auch nicht immer, so doch in zahlreichen Fällen von landwirtschaftlichen Praktiken berührt wird, etwa Moore in zu engem Kontakt mit intensiv bewirtschaftetem Grünland (vgl. Abb. 4.5, Kapitel 4.4.2.2), Gewässer, die durch die Agrarlandschaft fließen usw. Der in diesen Formationen zu beobachtende Artenrückgang ist also teilweise auch durch die Landwirtschaft verursacht. Es folgen die Wälder, zahlreiche meist kleinflächige Sonderbiotope und die alpine Vegetation.

Die Zuordnung der Formationen zu Gruppen mag im Detail auch anders vorgenommen werden. Ein Teil der Halophytenvegetation, wie die Salzwiesen an der Ostsee (1), gäbe es ohne landwirtschaftliche Nutzung nicht, gehörte also in den oberen Block, während manche Kriechpflanzenbiotope und Queckenrasen (8 und 9) außer Reichweite der Landwirtschaft vorkommen mögen. All das ändert nichts am Gesamtbild, in dem folgende Beobachtungen herausstechen:

Fast die Hälfte aller Arten der Roten Liste kommt in landwirtschaftlichen Biotopen und weitere etwa 22 % in den von der Landwirtschaft teilweise beeinflussten Biotopen vor, sodass dieser Wirtschaftszweig mit zwei Dritteln aller gefährdeten Arten in Verbindung steht. Der Rest entfällt auf Wälder, Sonderbiotope und die alpine Vegetation. Allein auf das Grünland (15 bis 18) entfallen über 35 % der gefährdeten Arten. Hinsichtlich der Formation 6 (Äcker und kurzlebige Ruderalvegetation) sind zwei Dinge zu bemerken: Zum einen findet sich hier die absolut größte Anzahl ausgestorbener oder verschollener Pflanzenarten aller Formationen (Spalte 0). Zweitens ist die Formation, wie schon

ihr Name besagt, heterogen und enthält auch Ruderalarten. Wird angenommen, dass
von den 277 Arten höchstens 150 streng an den Ackerbau gebunden sind und ferner,
dass die Ruderalvegetation weniger gefährdet ist als die Ackerkräuter, dann führt der
Wert von 36,33 % als Anteil gefährdeter Arten in dieser Formation in die Irre. Würden
alle 97 gefährdeten Arten[2] aus der Tab. 2.2 (Spalte Σ) den Ackerkräutern angehören, so
wäre bei ihnen ein viel größerer Anteil gefährdet. Das kommt der Realität gewiss näher
und zeigt, wie prekär die Lage hier ist.

Die Werte in der Spalte %F (Anteil gefährdeter Arten in einer Formation) sind erwar-
tungsgemäß am höchsten in Mooren, oligotrophen Gewässern und auf Schlammböden.
Hier treffen relativ niedrige Gesamt-Artenzahlen mit starker Beeinträchtigung der Biotope zusammen. Der Wert liegt jedoch auch bei Feuchtwiesen (15), Borstgrasrasen (17),
Trockenrasen (18, hier trotz sehr hoher Artenzahl), Halophyten (1) und xerothermen
Stauden (19) bei über 50 %. Bei den niedrigen diesbezüglichen Werten in Wäldern ist
festzuhalten, dass dies nur für Gefäßpflanzen zutrifft. Würden Rote Listen der Insekten
und Pilze herangezogen, so würden sich wegen des weitestgehenden Fehlens von Zer-
fallsphasen in heutigen Wirtschaftswäldern viel höhere Werte ergeben. Den Minusre-
kord bei Farn- und Blütenpflanzen halten mit 10 bis 12 % die Zweizahn- und die
nitrophilen Staudengesellschaften (5 und 7), was indirekt die hohe Bedeutung der flächendeckenden Stickstoffeutrophierung unterstreicht – diese beiden Formationen sind
fast die einzigen unempfindlichen. Bei der alpinen Vegetation (4) ist schließlich der hohe
Anteil sehr seltener, aber nicht unbedingt gefährdeter Arten bemerkenswert (Spalte R),
die oft in den Nachbarländern reichlich vorkommen.

2.7   Heutiger Umgang mit den physischen Landschaftsressourcen

Wie in der Einleitung schon ausgeführt, steht für uns die Biodiversität in der Kulturlandschaft im Zentrum der Betrachtung. Da sich das vorliegende Buch jedoch auch mit der
heutigen Agrarumweltpolitik auseinandersetzt, die auch den Schutz der physischen
Landschaftsressourcen regelt, kann jenem Problemkompex nicht ausgewichen werden.
Einige wichtige Probleme sind, ohne auf Details eingehen zu können, zumindest anzusprechen. Diese sind Bodenabtrag durch Erosion, Bodenverdichtung durch schwere
Geräte, Humusschwund, Gewässerbelastung durch Austräge von Stickstoff, Phosphor
und Pflanzenschutzmitteln sowie die Belastung der Atmosphäre durch ebensolche Austräge einschließlich klimawirksamer Spurengase.

Steht die moderne Landwirtschaft der Erhaltung der Biodiversität systemimmanent
entgegen, so lässt sich dies in Bezug auf den Schutz von Boden, Gewässer und Atmosphäre nicht generell sagen. In Kapitel 2.2 wurde ausgeführt, dass gerade die frühere und

---

[2] SCHNEIDER et al. (1994: 8) beziffern die Anzahl gefährdeter Segetalarten in Deutschland mit 134.

so artenreiche Landwirtschaft den Boden vielfach keineswegs schonte. Neuzeitliche Methoden haben dagegen durchaus auch Bodenverbesserungen mit sich gebracht.

Richtig ist, dass die heutige Landwirtschaft Potenziale besitzt, die, wenn sie nicht gezügelt bleiben, Ressourcenschäden hervorrufen können und dies auch tun. Technische Methoden der Zügelung, der Zurückdrängung schädlicher Tendenzen auf tolerable Umfänge, stehen jedoch auf wichtigen Gebieten zur Verfügung und ihr Einsatz wird zunehmend gesetzlich geboten. Treten Bodenerosion, Gewässereutrophierung und andere Beeinträchtigungen auf, so deshalb, weil deren Zügelung nicht streng genug gefordert wird oder weil entsprechenden Forderungen (ungesetzlich) nicht entsprochen wird. Im achten Kapitel wird ein Vorschlag für eine deutlich schärfere Fassung der hier maßgeblichen Guten fachlichen Praxis unterbreitet werden, ohne dass dadurch den Landnutzern Nachteile zugefügt würden. Wir gehen im Folgenden *nicht* davon aus, dass Boden- und Gewässerschutz mit dem Wesen der modernen, auch konventionellen Landbewirtschaftung grundsätzlich unverträglich sei.[3] Es sind allein Kosten zur technischen Zügelung der ressourcenschädlichen Tendenzen aufzuwenden. Noch immer emittiert die deutsche Landwirtschaft etwa 560.000 Tonnen Ammoniak pro Jahr. Wer die Erfolge des technischen Umweltschutzes in den letzten 25 Jahren verfolgt hat, kann sich kaum der Vermutung erwehren, dass die Ammoniakemissionen durch Verschärfung des Standes der Technik schon längst auf einen Bruchteil gesenkt worden wären, wenn diese nicht aus der Landwirtschaft, sondern aus der Industrie stammten.

---

[3] In Bezug auf den Schutz der Atmosphäre ist noch kein sicheres Urteil möglich, vgl. Kapitel 8.1.3.4.

Zusammenfassung

Wie werden die im Kapitel 2 beschriebenen Veränderungen der traditionellen Kulturlandschaft bewertet? Hier ist auf Aussagen der Jurisprudenz, der Ethik und der Ökonomie zu blicken; ergänzend zu diesen wissenschaftlichen Quellen bieten sich mehr oder weniger „weiche", in der Summe jedoch interessante Einblicke über die Auffassungen der Allgemeinheit an. EU-, Bundes- und Landesrecht verlangen die Erhaltung aller einheimischen Arten und ihrer Lebensstätten, ohne agrarspezifische Arten auszuschließen. Ergänzend verlangt das BNatSchG auch, Eigenart und Schönheit der Landschaft zu respektieren. Dem gesetzlichen Auftrag wird ungenügend entsprochen, weil in konkreten Konflikten oft zuungunsten des Naturschutzes abgewogen wird. Die Ethik widmet sich dem Thema seit einigen Jahrzehnten, wobei Ansätze aus verschiedenen Richtungen übereinstimmend belegen, dass insbesondere irreversible Verluste an Artenvielfalt keine Rechtfertigung finden können, solange die Kosten ihrer Erhaltung gesellschaftlich tragbar sind. Ökonomische Methoden lassen erkennen, dass in der Allgemeinheit eine gewisse, in der Summe nicht unbeträchtliche Zahlungsbereitschaft für den Naturschutz auch in der Agrarlandschaft besteht. Auch der ökologisch weniger kundige und interessierte Teil der Allgemeinheit zeigt sich empfänglich für Aspekte der traditionellen Kulturlandschaft, wie es von der Werbung weidlich ausgenutzt wird. Der nicht so kleinen Bevölkerungsschicht der Naturliebhaber ist durch die Entwicklung der vergangenen Jahrzehnte die Gelegenheit zu tiefen emotionellen und ästhetischen Erlebnissen genommen worden. Man fragt sich, ob sich andere Gruppen, wie etwa Kunst- und Musikfreunde, einen solchen Verlust hätten gefallen lassen. Ein Vergleich mit Ideologien aus dem Städtebauwesen der vergangenen Jahrzehnte zeigt, dass das Leitbild absoluter technischer Zweckmäßigkeit zu teuer bezahlten Fehlentwicklungen geführt hat. Die Kräfte, welche die heutige Agrarlandschaft formen, sind denen verwandt, die die Städte der 1960er bis 1980er Jahre gestalteten.

U. Hampicke, *Kulturlandschaft und Naturschutz*,
DOI 10.1007/978-3-8348-8236-3_3, © Springer Fachmedien Wiesbaden 2013

Bisher wurden Fakten vorgestellt. Fakten sind nicht „gut" oder „schlecht", sondern nur Fakten.[1] Gut oder schlecht werden sie durch das Urteil wertender Menschen. Deren Urteile bilden sich aufgrund allgemeiner Werteinstellungen und Interessen. Auch dieses Buch kommt zu Wertungen, die kein Leser teilen muss. Allerdings wird versucht, alle Wertungen, zu denen gelangt wird, zu begründen. Wie wird der im Kapitel 2.5 geschilderte Zustand der Agrarlandschaft von den heutigen Zeitgenossen wahrgenommen und beurteilt?

3.1 Unbrauchbare Stereotype

Betrachten wir zunächst gewisse Stereotype, die immer wieder zu vernehmen sind und die bei näherem Nachhaken oder auch schon ohne das brüchig werden. Sie wären in einem wissenschaftlichen Werk kaum der Erwähnung würdig, wenn sie in der Öffentlichkeit nicht so wirksam wären.

Pro moderne Landwirtschaft: „Die Zeiten ändern sich, der technische Fortschritt ist nicht aufzuhalten, wir leben nun mal heute und müssen uns mit der Realität abfinden" – so oder ähnlich wird vielfach argumentiert, gerade auch von landwirtschaftlicher Seite. Dabei wird der Artenschwund oft damit bagatellisiert, dass es auch ein natürliches Aussterben gäbe und dass ständig Neophyten gefunden würden. Überhaupt seien auch hochproduktive Agrarlandschaften doch „überall grün" – was wolle man mehr. Die Pflege der Landschaft unter Zurückdrängung allen Unkrauts und „Wildwuchses" sei ein Dienst an der Gesellschaft, was verbreiteten Reinlichkeitsvorstellungen durchaus entsprechen mag. Der Wunsch nach traditioneller Kulturlandschaft sei ähnlich nostalgisch wie der Wunsch, Dampflokomotiven fahren zu sehen. Überhaupt werden Naturschützer hier nicht als Vertreter eines Gemeininteresses angesehen, welches sich gründlichem Nachdenken folgend Jedermann zu eigen machen müsste, sondern als Repräsentanten eines *Sonderinteresses*, ganz wie Eisenbahnnostalgiker oder Fans von Oldtimer-Autos.[2] Die Landschaft könne nicht nach persönlichen Liebhabereien gestaltet werden, zumal nicht vergessen wird, dies, freilich ohne Berechnungen vorzulegen, als ungeheuer teuer darzustellen. Besonders in jüngerer Zeit tritt der Appell an Pflichten zur Welternährung hinzu. Der noch bestehende Hunger auf der Erde könne nur durch noch mehr Anwen-

---

[1] Eine unterschwellige Bewertung selbst bei der Präsentation reiner Fakten ist nie auszuschließen, sie kann schon durch deren Auswahl erfolgen. Sie ist aber nicht beabsichtigt.

[2] Großsprecherische Funktionäre von Naturschutzverbänden, die auf ihren „knallharten" Lobbyismus stolz sind, tragen freilich dazu bei, dass dem Naturschutz im politischen Raum ebenso wie allen anderen Lobbyisten ohne Rücksicht auf jeweils vertretene Inhalte begegnet wird. Für die Politik ist jeder Lobbyist gleich, mag er für Waffenexport oder für Naturschutz eintreten. Ihm wird nachgegeben, wenn er ein Drohpotenzial besitzt, sonst nicht. Naturschützer müssen als Wahrer von *Werten* auftreten, vgl. HAMPICKE 2011c.

dung moderner Technik und Zurückdrängung unrealistischer Ansprüche an „Wohlfühlumgebungen" eingedämmt werden. Dieses Argument ragt aus den übrigen heraus und wird daher unten im Kapitel 4.6 näher betrachtet.

Kontra moderne Landwirtschaft: Schnell werden Stereotype beschworen, die Rede ist von „Monokulturen", „Ackersteppen", „Tierfabriken" und dergleichen mehr. Der misslungene, aber nicht auszurottende Vergleich mit der Steppe offenbart die ganze Fragwürdigkeit solcher Urteile. Verkannt wird, dass die Steppe ein wunderbar artenreiches Ökosystem mit nicht geringem (wie dem modernen Acker nachgesagt), sondern sehr hohem Humusgehalt ist. Eine Fundamentalopposition gegen die moderne Landwirtschaft sieht jene als einen einst teuer zu bezahlenden Irrweg an, das Zurückdrängen der Artenvielfalt sei nur eine unter vielen Fehlentwicklungen. Verbreitet ist die Gegnerschaft gegen Größe und die Preisung von Kleinheit als Eigenwert. Gäbe es nur viele kleine Bauernhöfe anstelle der großen „Agrarfabriken" besonders in den östlichen Bundesländern, so würde dies schon viele Mängel heilen – eine abgesehen von ihrer Realitätsferne auch sachlich nicht belegbare Auffassung. Es ist gerade das Charakteristikum der modernen, der Artenvielfalt entgegenstehenden Betriebsmittel Mineraldünger und Pestizide, dass sie anders als große Maschinerie in beliebig kleine Portionen teilbar sind, sodass sie auch kleine Betriebe auf kleinen Flächen intensiv einsetzen können. Bekanntlich ist die Spritzintensität in manchen Schrebergärten am höchsten. Ob ein Betrieb 200 Milchkühe hat oder zehn Bauernhöfe in einem Dorf je 20, ist ceteris paribus für das Emissionspotenzial gleichgültig; ist der große Stall technisch auf der Höhe und sind die zehn kleinen Ställe unzureichend ausgestattet, so ist der erste Fall sogar vorzuziehen.

Stereotype werden von Medien mit großem Eifer kultiviert und gern mit Skandalisierungen unterlegt – Schlagzeilen über Gülle-, Hormon-, Gammelfleisch- und andere Skandale sind immer willkommen. Sie treffen gemeinsam mit Unterhaltungssendungen wie „Bauer sucht Frau" auf ein Publikum, welches in kaum glaublicher Weise uninformiert ist über seine physischen Reproduktionsgrundlagen, speziell die Nahrungsversorgung. Dass Schulkinder Landwirtschaft mit lila Kühen assoziieren, mag selbst ein Stereotyp sein, aber es sagt einiges aus.

3.2   Rechtsnormen und politische Überzeugungen

Im Reich seriöser Wertungen und Normierungen ist zuerst an das Recht zu denken. In demokratischen Gesellschaften ist es Ausdruck der Bewertungen des Souveräns, der Bevölkerung, zumindest ihrer Mehrheit.

CZYBULKA (1999) stellt fest, dass sich der Naturschutz über mangelnde Verankerung im Recht nicht zu beklagen hat; Probleme bestehen vielmehr in Vollzugsdefiziten sowie beim Vorliegen einer Abwägungspflicht mit anderen Rechtsgütern in der notorischen Abwägung zulasten des Naturschutzes. Die Europäische Union verlangt in Gestalt ihrer

Vogelschutz- und insbesondere der Fauna-Flora-Habitat-Richtlinie (FFH, Richtlinien EG 79/409 und 92/43) von ihren Mitgliedsstaaten sehr konkrete Maßnahmen. Nach einem Codesystem klassifizierte Lebensraumtypen von gemeinschaftlicher Bedeutung müssen ausgewiesen, gemeldet und gegen Zustandsverschlechterungen geschützt werden (SSYMANK 2002). Für Arten von gemeinschaftlicher Bedeutung müssen wirksame Schutzmaßnahmen getroffen werden, insbesondere die Ausweisung von Schutzgebieten sowie die kontinuierliche Kontrolle der Erhaltung ihrer Qualität. Der deutschen Rechtstradition ist hierbei neu, dass bei der Ausweisung von FFH-Gebieten die Abwägung mit konkurrierenden Zielen stark zurücktritt (KÖCK & MÖCKEL 2008). Ist ein Gebiet wertvoll, so muss es geschützt werden, auch wenn dies wirtschaftliche Interessen berührt. Nur zwingende Gründe des überwiegenden öffentlichen Interesses können dagegen angeführt werden. Wertvolle Grünland- und Halbkulturbiotope werden vom Schutzsystem erfasst, Ackerbiotope jedoch gar nicht.[3] Leider befinden sich noch viele Jahre nach dem Erlass der FFH-Richtlinie umfangreiche Anteile der „Natura-2000"-Gebiete in einem unbefriedigenden Zustand. Die Übersicht 1 zeigt eine Auswahl von Beurteilungen durch den Nationalen Bericht 2007 über Biotope der Kulturlandschaft und ihrer Kontaktbereiche.

Die ebenso kompromisslose Wasserrahmenrichtlinie der EU hat nicht nur den Schutz der Qualität des Wassers in Grund- und Oberflächengewässern zum Inhalt, sondern auch den ihrer biologischen Struktur und damit der Erhaltung ihres Arteninventars. Ihre vollständige Umsetzung würde sehr deutliche Änderungen mancher landwirtschaftlicher Praktiken verlangen.

Im bundesdeutschen Recht steht das Bundes-Naturschutzgesetz (BNatSchG) an erster Stelle. Es verlangt im § 1, Absatz 2, dass „lebensfähige Populationen wild lebender Tiere und Pflanzen einschließlich ihrer Lebensstätten" erhalten werden. An keiner Stelle sind Agrarbiotope hiervon ausgenommen. Das Besondere an deren Artengarnitur ist bekanntlich, dass sie nicht durch bloße Unterschutzstellung, sondern weitgehend nur durch Fortführung traditioneller Bewirtschaftung erhalten werden kann. Das BNatSchG ist nicht anders sinnvoll auszulegen, als dass solche Maßnahmen dann eben getroffen werden müssen, wobei freilich über den Umfang diskutiert werden kann. Alle Landes-Naturschutzgesetze sind ähnlich auszulegen.

In internationalen Willensbekundungen kommt dem Schutz der Biodiversität hohe Bedeutung zu. Die entsprechende Konvention auf UNO-Ebene wurde schon 1992 in Rio de Janeiro formuliert und ist seitdem in der internationalen Politik präsent (CBD 2008).

---

[3] Der Anhang 2 der schutzwürdigen Arten von gemeinschaftlicher Bedeutung enthält ein einziges Ackerwildkraut, und zwar *Bromus grossus*. Es ist nicht herauszufinden, wie man ausgerechnet auf diese Art kam.

Übersicht 1 Erhaltungszustände von Lebensraumtypen nach Anhang I der FFH-Richtlinie (Auswahl). (Quelle: Nationaler Bericht 2007 gemäß FFH-Richtlinie)

Code	Lebensraumtyp	Atlantischer Bereich	Kontinentaler Bereich
6110	basenreiche oder Kalk-Pionierrasen	günstig[a]	unzureichend
6120	subkontinentale basenreiche Sandrasen	schlecht	unzureichend
6130	Schwermetallrasen	unzureichend	unzureichend
6150	boreo-alpines Grasland auf Silikatböden	[b]	günstig
6210	Kalk-Trocken- und Halbtrockenrasen	unzureichend	unzureichend
6230	artenreiche Borstgrasrasen	schlecht	unzureichend
6240	Steppenrasen	unzureichend	unzureichend
6410	Pfeifengraswiesen	schlecht	schlecht
6430	feuchte Hochstaudenfluren	unzureichend	günstig
6440	Brenndolden-Auenwiesen	schlecht	schlecht
6510	magere Flachland-Mähwiesen	schlecht	unzureichend
7110	lebende Hochmoore	schlecht	unzureichend
7120	Renaturierungsfähige degradierte Hochmoore	schlecht	schlecht
7140	Übergangs- und Schwingrasenmoore	schlecht	unzureichend

[a] Wortlaut der Klassifikation im Original: günstig/ungünstig-unzureichend/ungünstig-schlecht. Im Original mit farblichem Symbol, [b] nicht vorhanden.

Die EU fasste im Jahre 2000 in Göteborg den Beschluss, den Artenrückgang in den Territorien ihrer Mitgliedsstaaten bis zum Jahre 2010 zu stoppen. Auch nachdem deutlich geworden ist, dass dies im vorgesehenen Zeitraum nicht erreicht werden konnte, wird am Ziel selbst festgehalten. Das „Millenium Ecosystem Assessment" (MEA 2005) wird in Politik und Medien ebenso beachtet wie das TEEB (2010). Die kurze und sehr lückenhafte Aufzählung lässt keinen Zweifel daran, dass Recht und politischer Wille im nationalen und internationalen Rahmen Naturschutz hoch bewerten, bejahen und fordern.

3.3 Ethik als Grundlage des Rechts

Seitdem Naturschutz ein kontroverses Thema ist, befasst sich auch die Ethik mit ihm. Anders als in populären Vorstellungen ist die Ethik keine Disziplin, welche allein postuliert, was richtig oder falsch, gut oder böse sei. Vielmehr besteht ihre weitaus schwierigere Hauptaufgabe darin, solche Urteile zu *begründen* (OTT 1999, 2010).

Die ethische Debatte um den Naturschutz findet ihren klarsten Ausdruck im Inklusionsproblem. Alle ethischen Ansätze müssen klären, welche Wesen oder Dinge *moralische Subjekte* sind und somit vonseiten *moralischer Akteure* Anspruch auf eine Wertschätzung besitzen, die über eine Behandlung als bloßes Instrument hinausgeht und ihren intrinsischen Wert berücksichtigt. Moralische Subjekte haben Anspruch auf eine *pflichtgemäße* Behandlung. Moralische Akteure sind auf der Erde allein Menschen, kein Tier kann moralisch handeln.

Mit Kant sind auch allein Menschen, genauer Personen, moralische Subjekte. Pflichten können somit nur gegenüber Personen, nicht aber gegenüber Elementen der Natur bestehen. Das bedeutet indessen nicht, dass eine solche *anthropozentrische* Ethik keine Rücksichtnahme auf die Natur gebietet. Hängt das Wohlergehen der Menschen von der Natur ab, so folgt aus der Pflicht, den Menschen als moralisches Subjekt zu respektieren und sein Wohlergehen zu fördern, indirekt auch, die Natur als Instrument zur Schaffung eines solchen Wohlergehens vor Beschädigungen zu bewahren. An ihrer Unentbehrlichkeit zur Gewährleistung materiellen Nutzens besteht kein Zweifel. Fruchtbarer Boden ist durch nichts zu ersetzen. Zahlreich sind auch die Dokumentationen, die früher genutzte und heute zurückgegangene oder gar gefährdete Nahrungs-, Medizinal- oder in anderer Weise genutzten Pflanzen nennen (KÖRBER-GROHNE 1988). RUTHSATZ (1983) ermittelte, dass im damaligen Westdeutschland (BRD) 20 % aller heimischen Pflanzenarten als Heilpflanzen anzusprechen waren. SCHLOSSER (1982) fand für die damalige DDR einen noch weit höheren Anteil an Pflanzenarten, die als zumindest potenzielle technische Ressource anzusprechen sind. Eine umfangreiche Zusammenstellung älterer, aber keineswegs „veralteter" Literatur hierzu findet sich in HAMPICKE (1991).

Nicht nur als unersetzliche physische Lebensgrundlage des Menschen, sondern auch in ihren subtileren Rollen, ihm ein gutes Leben zu ermöglichen, ist die Bedeutung der Natur unermesslich. Solange nicht untragbare Kosten oder andere zwingenden Gründe dagegen sprechen, leitet sich anthropozentrisch die Pflicht ab, ästhetischen Genuss und Erlebnistiefe zu ermöglichen, das heißt Schönheit und Reichtum der Landschaft und Natur zu fördern.

Spezielle Fragen ergeben sich im intergenerationellen Kontext. Die Ethik untersucht, ob Pflichten nicht nur gegenüber Zeitgenossen, sondern auch gegenüber Menschen künftiger Generationen bestehen können. Hier haben sich alle sogenannten „No obligation"-Argumente, also Leugnungen intergenerationeller Verantwortlichkeit, als unhaltbar erwiesen (SCHRÖDER et al. 2002, insbesondere Kapitel 1.1.4 „Pflichten gegenüber künftigen Generationen", S. 151 ff., OTT 2004b). Dies findet seinen rechtlichen Ausdruck im Artikel 20a Grundgesetz (Staatsschutzgebot) „Der Staat schützt auch in Verantwortung für die künftigen Generationen die natürlichen Lebensgrundlagen und die Tiere ...". Ebenso äußert sich das Bundes-Naturschutzgesetz im § 1. Die Pflicht, auch künftigen Menschen das zu gewähren, was heutigen zukommt, ist somit unerschüttert.

Eine umfangreiche Debatte widmete sich in der Ethik der Frage, ob und warum auch nicht-menschliche Entitäten moralische Subjekte sein können. Dies sind in der Pathozentrik alle leidensfähigen Tiere (denen somit aus moralischem Gebot vermeidbare Leiden erspart werden müssen), in der Biozentrik alle individuellen, auch nicht-bewussten Lebewesen einschließlich Pflanzen (TAYLOR 1986) sowie im Holismus auch überindividuelle Entitäten wie Ökosysteme, ja alles, was existiert (GORKE 1999).

Biozentrische und holistische Positionen üben eine hohe Attraktivität auf Naturlieb-haber aus, die die Anthropozentrik als zu eng oder gar als „humanchauvinistisch" emp-finden. Ein Problem besteht darin, dass die Anthropozentrik mit dem Kantischen Kate-gorischen Imperativ, also der Schlüsselerkenntnis des zivilisierten Zusammenlebens (KANT 1984), die Pathozentrik immer noch mit der „Goldenen Regel" (was du nicht willst, dass man dir tu, das füg' auch keinem anderen zu) verbindlich begründbar ist, Biozentrik und Holismus dies dagegen (bisher) in keiner Weise sind. Man *muss* andere Menschen als moralische Subjekte achten. Man *kann*, aber *muss* dies nicht bei Pflanzen, Ökosystemen und Landschaften. Deshalb ist die als biozentrisch interpretierbare Passage im § 1 BNatSchG problematisch, wonach Natur und Landschaft „aufgrund ihres eigenen Wertes" zu schützen sind. In einem rationalen Staatswesen kann der Bürger auf die Biozentrik ebenso wenig wie auf eine Religion verpflichtet werden.

Zusammengefasst fordert die zwar auf den ersten Blick reduziert erscheinende, aber beim heutigen Stand des Zivilisationsfortschritts verbindliche anthropozentrische Na-turethik, Natur, Landschaft und Artenvielfalt nachhaltig zu sichern – in einem Maße, das über bisherige Bemühungen deutlich hinausreicht.

3.4 Ökonomie

Ökonomische Fragen werden unter anderem in den Kapiteln 6 und 9 ausführlich ange-sprochen werden; wir werfen im Vorliegenden nur einen ersten Blick auf das Problem der ökonomischen Bewertung.

Nach ökonomischem Verständnis äußert der Mensch eine Wertschätzung für etwas, wenn er bereit ist, dafür zu bezahlen. Der in der Allgemeinheit wenig beliebten Wirt-schaftswissenschaft werden auch hier Vorbehalte entgegengebracht. Bemängelt wird, dass sie Dinge in Geld messe (monetarisiere), die solches nicht erlaubten, dass arme Menschen zwar Wertschätzung ausdrücken, aber nicht zahlen könnten und anderes mehr. Einwände dieser Art mögen in vordergründigen Disputen berechtigt sein, werden jedoch in einer ernsthaften methodologischen Debatte, die hier nicht geführt werden kann, entkräftet (vgl. ELSASSER & MEYERHOFF 2001, MEYERHOFF et al. 2007). Das öko-nomische Konzept ist insofern überzeugend, als eine Bewertung nur glaubhaft ist, sofern sie *Konsequenzen* hat. Wer sagt, ihm sei etwas wertvoll, aber er sei unter keinen Umstän-den bereit, dafür zu zahlen, übt sich in reiner Rhetorik. Nur wer bereit ist, zugunsten A auf B (einen Geldbetrag, mit dem alternative Güter erworben werden könnten) zu ver-zichten, schätzt A wirklich.

Ein methodisches Problem besteht darin, die Zahlungsbereitschaft für Güter wie Ar-tenvielfalt und Landschaftsschönheit zuverlässig zu messen, da diese als Kollektivgüter keine Preise besitzen und da keine Märkte existieren. Die Übersicht 2 präsentiert in Stichworten drei einschlägige Methoden. Die Übersicht 3 zeigt im Detail die Ergebnisse einer Befragung von Urlaubern auf der Insel Rügen. Auf die Kollektivgüterproblematik werden wir tiefer schürfend im Kapitel 6.1.8 zurückkommen.

Übersicht 2　Methoden zur Ermittlung der Zahlungsbereitschaft für Öffentliche Güter

Contingent Valuation Method (CVM) Personen werden direkt gefragt, wie viel sie für ein Gut oder Erlebnis zahlen würden, wenn man es kaufen könnte.

Vorteile: Man kann nach allem fragen, auch danach, was es noch nicht gibt (z. B.: Was würden Sie für ein noch anzulegendes Erholungsgebiet zahlen?). Man kann nach altruistischen Wertschätzungen fragen, die nicht mit Erlebnissen verbunden sind (z. B.: Wie hoch ist Ihre Zahlungsbereitschaft dafür, dass seltene Walarten nicht aussterben, die Sie nie sehen werden?).

Nachteile: Antworten können aus unterschiedlichen Gründen falsch sein (unüberlegte Antworten, strategische Absichten bei der Antwort). Zahlreiche Experimente haben aber erwiesen, dass die meist von Laien geäußerte Befürchtung, Antworten wären gar nichts wert, übertrieben ist. In einer gut durchgeführten Studie sind die Befragten ehrlicher als vielfach unterstellt. Eine hinreichend große Stichprobe durch professionelle Interviewer erheben zu lassen, ist jedoch teuer.

Reisekostenmethode (Travel Cost Method, TCM) Aus den Kosten für die Anreise zu einem Biotop oder einer Landschaft mit Erlebniswert wird auf die Wertschätzung, die die Anreisenden besitzen müssen (sonst hätten sie die Kosten nicht aufgewandt), geschlossen.

Vorteile: Es wird nicht hypothetisch gefragt „was *würden* Sie zahlen", sondern empirisch ermittelt, was *tatsächlich* gezahlt wurde. Der betreffende Einwand gegen die CVM entfällt.

Nachteile: Es können nur Erlebniswerte, nicht aber altruistische Bewertungen erfasst werden. Das zu bewertende Objekt muss es schon geben. Reisekosten müssen erheblich sein (was zu Fuß erreichbar ist, kann nicht bewertet werden). Entgegen erstem Anschein sind sie nicht immer leicht zu erfassen (soll bei Anreise mit dem Auto nur das Benzin (variable Kosten) oder sollen Vollkosten erfasst werden; wie viele Personen saßen im Auto?). Die Zurechnung der Reisekosten zu einem Erlebnis am Ziel kann fraglich sein, besonders bei Rundreisen mit mehreren Zielen. Zur Auswertung sind komplizierte ökonometrische Modelle erforderlich.

Hedonic Price Method Durch einen Preisvergleich mit Objekten mit und ohne Anteil eines Öffentlichen Gutes wird auf den Wert des letzteren geschlossen. Ist unter zwei sonst gleichen Wohnungen die leisere teurer als die lautere, so wird das Gut „Ruhe" mit dieser Kostendifferenz bewertet. Die Methode wird im Bereich von Natur und Landschaft wenig verwendet.

Vorteile: Wie bei der TCM Bewertung auf Grund von Fakten anstatt von Äußerungen.

Nachteile: Es ist fast unmöglich, zwei Güter zu finden, sie sich nur in einer einzigen Eigenschaft unterscheiden. Die laute Wohnung kann auch näher an Einkaufsmöglichkeiten oder an der Schule liegen. Dem Zuordnungsproblem entgeht man theoretisch nur bei der Ziehung sehr großer Stichproben. Dies ist teuer, erfordert wiederum komplizierte statistische Methoden und liefert selbst dann selten gute Ergebnisse.

Zunächst mag die Feststellung genügen, dass Zweifel an der Messbarkeit der Zahlungsbereitschaft (typischerweise derart, dass Menschen, nach ihr befragt, systematisch und grob die Unwahrheit sagten) von Nicht-Fachleuten übertrieben werden. Wie zahlreiche Studien belegen, lassen sich Messungenauigkeiten zwar nicht tilgen, aber erheblich reduzieren.

Übersicht 3   Befragung von Urlaubern auf der Halbinsel Groß-Zicker im Biosphärenreservat
Südost-Rügen

Am Wanderweg zu den Bergen hinter Groß Zicker hat der Student Klemens Karkow von der Universität Greifswald seinen Standort gewählt. Er ist im 11. Semester und seine Diplomarbeit lautet „Wertschätzung der Urlaubergäste für die Erholungslandschaft im Bereich der Ackerflächen von Groß Zicker". Dazu machte er in der Umgebung seine Umfragen an die Urlauber. Wie man auf dem Foto sieht, gaben die beiden Thüringerinnen bereitwillig zu den aufgeworfenen Fragen Antwort. Die Landschaft und die hier wohnenden Menschen haben es ihnen angetan, deshalb kommen sie seit Jahren immer wieder nach Mönchgut.   Foto: D. Lindemann

OZ vom 21.06.2002. Mit freundlicher Genehmigung der „Ostsee-Zeitung"

An diesem „schönsten Arbeitsplatz" interviewte K. KARKOW im Frühsommer 2002 150 Urlauber. Er liegt inmitten einer in Deutschland sehr selten gewordenen Ackerlandschaft mit hohem Anteil bunter Blumen in Feldern und am Wegrand (vgl. Farbtafel 36). Die zentrale Frage des Interviews sei vollständig wiedergegeben:

Stellen Sie sich nun folgende Situation vor. Etwa 10 % aller Äcker – gut in allen Regionen Deutschlands verteilt – würden so bewirtschaftet wie diese Äcker. Dann könnte man davon ausgehen, dass jeder, der den Anblick einer solchen Landschaft genießen möchte, in erreichbarer Entfernung eine Gelegenheit dazu hätte. Außerdem sagen Naturschutz-Experten, dass es mit einem Netz von 10 % derartig bewirtschafteter Äcker gelingen würde, viele seltene Tier- und Pflanzenarten zu erhalten.

Auf der anderen Seite würde jedoch den Landwirten durch die Umsetzung dieser Maßnahme ein wirtschaftlicher Verlust entstehen, den man für jeden einzelnen Landwirt auch ziemlich genau berechnen kann.

Daher könnte man jetzt auf die Idee kommen, dass diejenigen Menschen, die sich an dem Anblick der blüten- und artenreichen Äcker erfreuen, einen finanziellen Beitrag dazu leisten, dass die wirtschaftlichen Verluste der Landwirte ausgeglichen werden und ein Netz von 10 % blüten- und artenreicher Ackerfläche in Deutschland entsteht.

Bedenken Sie, dass diese Maßnahme nicht den Umbau der gesamten Landwirtschaft von der bisherigen zu einer ökologischen Wirtschaftsweise bedeuten würde.

Wären Sie grundsätzlich bereit, sich finanziell daran zu beteiligen, dass die Verluste der Landwirte ausgeglichen werden und damit dazu beigetragen wird, dass wieder mehr blüten- und artenreiche Äcker in Deutschland entstehen?

69 % der Befragten erklärten sich grundsätzlich zahlungsbereit. Der bei weitem wichtigste Grund war, zum Erhalt gefährdeter Arten beizutragen. 31 % lehnten eine Zahlung ab. Die Höhe der Zahlungsbereitschaft variierte naturgemäß; der Mittelwert (unter Einrechnung der mit einer Zahlungsbereitschaft von Null eingerechneten Zahlungsverweigerer) betrug fast 45 € pro Jahr.

Zeitgleich wurde dieselbe Frage einer Stichprobe in Berlin in deren Wohnung vorgelegt. Zur Visualisierung dienten Fotos. Nur 32 % waren zahlungsbereit, der Mittelwert betrug etwa 19 € (KARKOW & GRONEMANN 2005).

Die Abhängigkeit der Antworten von der Situation wird deutlich, deshalb sind alle Zahlen sehr sorgfältig zu interpretieren. Die Gesamtstudie auf Rügen – einschließlich der qualitativen Fragen, etwa welchen Einfluss die Landschaft auf das Wohlbefinden ausübe, ob die Absicht bestehe, wiederzukommen usw. – lässt jedoch keinen Zweifel daran zu, dass die Artenvielfalt in der Kulturlandschaft vom allgemeinen Publikum sehr hoch geschätzt wird. Zu allen Details der Untersuchung einschließlich der inferenziell-statistischen Auswertung vgl. KARKOW 2003.

Die Übersicht 4 zeigt die Ergebnisse zweier Studien, in denen in Deutschland die Zahlungsbereitschaft für die Erhaltung von Tier- und Pflanzenarten sowie für ein ansprechendes Landschaftsbild mittels der Contingent Valuation Method (CVM) erhoben wurde, also durch Befragung von Spaziergängern oder Haushalten. Gefragt wurde nach der Zahlungsbereitschaft für den Naturschutz überhaupt, nicht für spezielle Biotope.

Eine tieferschürfende Diskussion der beiden Studien, ihrer Stärken und Schwächen und methodischen Einzelheiten ist im vorliegenden Rahmen unmöglich und nicht erforderlich. Zwischen der ersten und letzten Studie liegt eine Zeitdifferenz von über 20 Jahren. Gewiss sind ihre Ergebnisse nicht identisch, aber die Beständigkeit der Größenordnung fällt auf.[4] Auch vorsichtige Hochrechnungen auf die Gesamtbevölkerung, die mögliche überschätzende Momente der Studien wieder korrigieren würden, kämen auf Beträge in Milliardenhöhe, die keinen Vergleich mit den unten im Kapitel 5.6 erhobenen Kosten der exemplarischen Wiederherstellung einer artenreichen Kulturlandschaft zu scheuen hätten. Dieser Befund ist bemerkenswert.

Darüber hinaus erheben nicht wenige Studien im deutschsprachigen Bereich die Zahlungsbereitschaft für Erhaltung und Entwicklung einzelner Biotope; einige werden unten in Übersicht 27 (Kapitel 9.5.3) vorgestellt. Wer sich mit ihnen oder mit der viel umfangreicheren internationalen Literatur näher befasst, kommt zu dem Schluss, dass eine je Person oder je Haushalt zwar meist bescheidene (nicht „wehtuende"), in der Summe aber beträchtliche latente Zahlungsbereitschaft für die Dinge besteht, die in diesem Buch thematisiert werden.

---

[4] Wird die Erhebung von 1991 mit einer Inflationsrate von 2 % pro Jahr auf 2010 umgerechnet, so ergibt sich ein Wert von ca. 14 € pro Haushalt und Monat.

Übersicht 4 Zwei Untersuchungen der Zahlungsbereitschaft für Naturschutz in Deutschland im Abstand von 20 Jahren

Autoren	Methode	Ergebnisse	Erläuterungen
HAMPICKE et al. 1991	Postalische Befragung, ca. 800 verwertbare Antworten, Rücklauf ca. 30 %. Offene Frage: *Wie viel sind Sie bereit, monatlich für den Schutz von Tier- und Pflanzenarten zu bezahlen, wenn Sie wissen, dass alle Bundesbürger etwas zahlen müssen?*	10,80 € pro Haushalt und Monat	In beiden Studien Unterstellung, dass die nicht antwortenden dieselbe Verteilung der Zahlungsbereitschaft aufweisen wie die antwortenden, daher Überschätzung möglich.
MEYERHOFF et al. 2012	Internetbefragung, ca. 2.300 verwertbare Antworten, Rücklauf ca. 37 %. Geschlossene Frage: *Sind Sie bereit, 3, 5, 10, 15 … € für den Naturschutz zu zahlen?* Ja-nein-Antworten	20,17 € pro Haushalt und Monat in der nach Auffassung der Autoren plausibelsten ökonometrischen Auswertungsmethode	

Für den Ökonomen drückt diese besser den Volkswillen aus als politische Referenden, weil beim Geld quantitative Abstufungen möglich sind. Es geht nicht um *für* oder *gegen* Naturschutz, sondern um *wie viel*. Soll die Zahlungsbereitschaft als „Abstimmung mit dem Geldschein" zur Grundlage einer Naturschutzpolitik gemacht werden, so ergeben sich freilich weitere Probleme, die später ebenfalls noch einmal näher angesprochen werden. Es wird sich zeigen, dass etliche davon ungelöst bleiben.

3.5   Ergänzende Aspekte

Im Folgenden wird versucht, die obigen, stark komprimierten Aussagen in einen größeren Zusammenhang zu stellen und dies mit zusätzlichen Beobachtungen und Gesichtspunkten anzureichern. Unter den letzteren befinden sich solche, die auch als „weiche" Faktoren bezeichnet werden (im Gegensatz etwa zu „harten" rechtlichen Vorgaben). Ob diese Bezeichnung berechtigt ist, steht dahin – bekanntlich höhlt das weiche Wasser in genügender Zeit auch den harten Stein.

Beobachtungen von Personen im Alltag oder im Urlaub bestätigen, dass Artenvielfalt auch von ökologisch Unkundigen geschätzt wird (Übersicht 3). Die große Mehrheit der Bevölkerung scheint sich zwar einerseits mit der heutigen Landschaft abgefunden zu haben. Wie tausendfach von Urlaubern aus Mecklenburg-Vorpommern versandte Postkarten belegen, werden der Geometrie und Farbe riesiger blühender Rapsfelder sogar ästhetische Reize abgewonnen (Farbtafel 9). Andererseits lässt sich zugleich beobachten, dass Städter mit Klatschmohn und Kornblumen verunkrautete Felder außerordentlich attraktiv finden (Farbtafel 11). Auch die Werbung bedient sich solcher Motive ausgiebig. Die Mehrheit insbesondere jüngerer Menschen scheint artenreiche Agrarbiotope kaum oder gar nicht zu kennen und wird ihrer Ästhetik erst gewahr, wenn sie die (seltene) Gelegenheit erhält, sie zu erleben. Der Schluss hieraus ist nicht abwegig, dass die Mehrheit der Bevölkerung eine attraktive, ihre frühere Gestalt wieder stärker in Erinnerung bringende Kulturlandschaft zwar nicht zu den drängendsten gesellschaftlichen Aufgaben zählt, sie aber dennoch begrüßen würde. Der ehrenamtliche und erst recht der hoheitliche Naturschutz versäumen es bislang sträflich, diese potenziell mächtige Bundesgenossenschaft zu aktivieren, bei der auch das Stichwort „Heimat" auf Resonanz trifft (PIECHOCKI 2010).

Ein interessantes Detail sei nur ganz kurz erwähnt: In Befragungen differenzieren die Probanden erstaunlich deutlich zwischen verschiedenen Konzeptionen des Naturschutzes. Das Leitbild der traditionellen Kulturlandschaft wird durchweg positiv bewertet, das Fachleuten so teure Leitbild „Wildnis" dagegen weit weniger (KATZENBERGER 2000, SCHILLING 2003). Dies hat zu beträchtlichen Problemen bei der Akzeptanz von Großschutzgebieten besonders in Ostdeutschland geführt.

Ganz anders als die Mehrheit urteilt die Minderheit der Naturkenner vom einfachen Liebhaber bis zum wissenschaftlich ausgebildeten Experten. Diesen Gruppen wurden tiefe und ihr Leben außerordentlich bereichernde Erlebnis- und Bildungsmöglichkeiten genommen. Es ist die Frage gestellt worden, ob diese Verarmung, sofern sie nicht unvermeidlich war, ethisch zu rechtfertigen ist oder aber ob sie als eine erhebliche Ungerechtigkeit angesehen werden muss (HAMPICKE 1991, S. 111 ff., 2011a). Die Minderheit der Naturliebhaber ist gewiss nicht kleiner, sondern eher größer als jene der Opern-, Konzert- und Theatergänger. Man stelle sich die Empörung vor, wenn alle Opernhäuser, Konzertsäle und Theater geschlossen würden. Die Besucher dieser Einrichtungen halten es sogar für richtig, dass sie selbst vermittels ihrer Eintrittsgelder die Kosten des Betriebes nur zu 16 % und dass die Allgemeinheit der Nicht-Besucher diese zu 84 % trägt (iwd 2005). Wenn sich für diese Praxis über die Partikularinteressen der Nutzer hinaus Gründe des Gemeinwohls finden lassen, so liegt die Frage nahe, ob nicht Naturliebhaber, denen die Artenvielfalt ebenso viel bedeutet wie den Musikfreunden die Oper, eine vergleichbare Wahrung ihrer Interessen verlangen können. Es sind schon zahlreiche Begründungen für die Notwendigkeit des Naturschutzes postuliert und diskutiert worden. Bislang wurde aber selten erwogen, ob es eine Pflicht nicht gegenüber der Natur, sondern gegenüber den Natur*liebhabern* geben kann, deren Anliegen im Rahmen ökonomischer Möglichkeiten zu entsprechen.

Natur stiftet nicht nur ästhetischen Genuss, sondern ist zugleich ein Bildungsgut. Geistige Größen von Johann Wolfgang Goethe über Alexander von Humboldt bis zu Hermann Hesse sind Zeugen. Die Beschäftigung mit der Natur und der Erwerb von

Kenntnissen über sie, auch auf einfacher Ebene, werden weithin als wertvoll angesehen. In der Schule sollte die Beschäftigung mit und in der Natur ebenso wie Kunst, Musik und Sport ein Gegengewicht zur übermäßigen abstrakten Formalbildung darstellen. Will nun ein Lehrer in einer Region mit hochproduktiver Landwirtschaft derartige Bildungs- und Erlebnismöglichkeiten bieten (die, wie die Erfahrung zeigt, begeistert angenommen werden und die im Klassenzimmer notorischen Störenfriede lammfromm machen), so mag nicht selten der Fall eintreten, dass er entmutigt aufgibt, weil es, wie in Farbtafel 12, in erreichbarer Nähe nichts zu entdecken gibt. Städte sind heute bezüglich der spontanen Flora und Fauna artenreicher als viele ländliche Regionen. Mag es auch schwer wissenschaftlich zu belegen sein, so drängt sich doch der Gedanke auf, dass die beständige Vorenthaltung von Natur für Kinder und Heranwachsende nichts Gutes bedeuten kann.

Naturschutz muss also betrieben werden, auch in Deutschland. Es ist unangemessen, ständig arme Länder in den Tropen aufzufordern, ihre Wälder zu erhalten, wenn reiche Länder nicht als Vorbilder voranschreiten. Dabei spielt die offene traditionelle Kulturlandschaft eine wesentliche Rolle.

Eine Parallele sollte zu denken geben: Vor 40 Jahren war die reine Zweckmäßigkeit die Generalmaxime im Städtebau in Ost und West. Die Funktionsgerechtigkeit für Wohnung, Handel und Verkehr war das einzige Kriterium, so wie heute die Produktionsgerechtigkeit in der Agrarlandschaft. Man war damals von der Notwendigkeit dieser Schwerpunktsetzung in der Stadt ebenso fest überzeugt wie heute von jener auf dem Lande. Bekanntlich werden die damals modernen Satellitenstädte heute von vielen, die es sich leisten können, gemieden. Städte mit historischer Bausubstanz werden wieder geschätzt, Denkmalschutz besitzt ein hohes Ansehen (Farbtafel 13). Die Verabsolutierung des Zweckmäßigen ist eine Ideologie, die schon mehrfach in die Irre geführt hat. Wer Fachwerkhäuser liebt, wird heute nicht mehr als Nostalgiker belächelt oder gar geschmäht – warum dann jemand, der bunte Wiesen liebt?

Vielleicht folgt der Wiederentdeckung des Wertes der *urbanen* historischen Erbschaft mit einer zeitlichen Verzögerung auch die Wiederentdeckung der *ruralen* Erbschaft. Die historische Landschaft Mitteleuropas ist auch eine *Kulturerrungenschaft*, nicht anders als Schlösser und Kathedralen. Dass Landschaft und Natur Kulturaufgaben sind, ist jüngst von PIECHOCKI (2010) und bereits etliche Jahre früher von MARKL (1991) umfassend gezeigt worden.

Ziele, Mittel, Konzepte und Einwände   4

Zusammenfassung

Bei der Erneuerung der Kulturlandschaft sind zwei Teilziele zu unterscheiden: Diese Landschaft ist zum einen Instrument, um für Mitteleuropa charakteristische Elemente der Biodiversität zu erhalten (Teilziel *N*). Zweitens (Teilziel *W*) geht es um das ansprechende Landschaftsbild, das Lebensqualität für den Menschen gewährt. Beiden Teilzielen kann auf weiten Strecken, aber nicht restlos mit denselben Maßnahmen entsprochen werden. Grundsätzlich geht es darum, solche Einflüsse, welche die traditionelle Kulturlandschaft zerstörten, wie mechanische Ausräumung, trophische und hydraulische Nivellierung usw., auf Teilflächen und besonders in Gebieten mit noch wertvollen Restbeständen aufzuhalten und dort rückgängig zu machen. Das schließt geeignete Bewirtschaftungsmaßnahmen auf Grünland und Acker ein, wie großflächige Weidesysteme, mäßig gedüngtes Schnittgrünland, extensive Äcker und andere Biotope. Weitere Elemente und Prinzipien sind die Entwicklung von Begleitstrukturen, Säumen und Gradienten, der Vorrang der Erhaltung alter Elemente vor der Neuanlage, ein Gewährleisten einer gewissen Belastbarkeit wertvoller Strukturen und eine nachhaltige Gestaltung des Landschaftswasserhaushaltes. Zwingende Anforderungen an den Boden- und Gewässerschutz verlangen Maßnahmen, wie etwa hinreichend wirksame Gewässerrandstreifen, die vom (terrestrischen) Naturschutz mitgenutzt werden können, sodass umfangreiche Möglichkeiten für Synergien bestehen. Besondere Aufmerksamkeit verdienen Moore, deren Hydrologie zwar weitgehend, aber nicht ausschließlich im Sinne des Klimaschutzes entwickelt werden sollte. Neuere, teils sehr detaillierte Untersuchungen zeigen hinsichtlich des Flächenanspruches des Naturschutzes, dass frühere, eher intuitive Schätzungen (etwa „10 % der Fläche") durchaus angemessen waren. Eine dieser neueren Untersuchungen wird im Detail vorgestellt, um im folgenden Kapitel Grundlage einer Kostenschätzung für die vorgeschlagenen Maßnahmen zu sein. Eingehend wird auf Einwände geantwortet, die das

U. Hampicke, *Kulturlandschaft und Naturschutz,*
DOI 10.1007/978-3-8348-8236-3_4, © Springer Fachmedien Wiesbaden 2013

Ideal der traditionellen Kulturlandschaft als unvereinbar mit heutigen Anforderungen an die Welt-Nahrungsmittelproduktion ansehen. Die hier vorgeschlagenen Maßnahmen führen nur zu einer sehr geringen Reduktion der Produktionsmenge. Andere Maßnahmen zur Bekämpfung des Hungers in der Welt sind weitaus wirksamer.

Die traditionelle Kulturlandschaft als flächendeckende Erscheinung ist Geschichte. Es gilt, ihre noch bestehenden Reste zu erhalten und zu stabilisieren, sie wieder zu vermehren sowie genutzte oder überwiegend gepflegte Landschaftselemente zu entwickeln, die sich durch ähnliche Werte auszeichnen wie die früheren oder durch ganz neue. Das alles muss in einem Umfang geschehen, der den Arten- und Lebensraumschutz sowie den kulturellen Wert der traditionellen Landschaft hinreichend bewahrt und für heutige und künftige Menschen erlebbar erhält, vergleichbar der Bewahrung historischer Stadtumwelten in einer ansonsten modernen Welt.

Dabei entstehen die Fragen nach einem konzeptionellen Rahmen, nach geeigneten Methoden und Maßnahmen, notwendigen Schwerpunkten und Prioritäten (was ist weniger wichtig, wichtig oder noch wichtiger?), nach Konflikten mit konkurrierenden Anliegen und nicht zuletzt nach dem „Wie viel". Wir werden ausdrücklich auf die Frage zurückkommen, ob sich Deutschland angesichts der Weltlage in Bezug auf Ressourcenverfügbarkeit und Ernährung die hier vorgeschlagenen Maßnahmen leisten kann und soll.

4.1 Die Teilziele *N* (Naturschutz) und *W* (Wohlergehen)

Im Interesse des Leseflusses wurde bisher darauf verzichtet, die Begriffe „Naturschutz", „Kulturlandschaft", „Landschaftsschönheit" und weitere jeweils präzise zu fassen und voneinander abzugrenzen.[1] Dies war unproblematisch, muss nun aber in Teilen nachgeholt werden. Im Wesentlichen bestehen zwei Ziele:

Das *Teilziel N* beinhaltet den Schutz der Natur, vorrangig ihrer Elemente, der Arten, aber auch von Lebensgemeinschaften, Ökosystemen und Landschaftsbestandteilen. Es begründet sich mit dem ethischen Imperativ, den überkommenen Reichtum der Natur unter anderem als Ressource für künftige Generationen zu erhalten. Es ist unabhängig von aktuellen Wertschätzungen. In diesem Sinne ist es beispielsweise geboten, eine Art auch dann zu erhalten, wenn sie gegenwärtig keinen Nutzen stiftet und niemand sie beachtet. Wenn die traditionelle Kulturlandschaft der einzige oder der (auch hinsichtlich der Kosten) am besten geeignete Weg zum Erreichen dieses Teilzieles ist, dann ist dies der Grund, sie zu fördern. Die Kulturlandschaft ist hier *Mittel* zum Erreichen des übergeordneten Zieles, die Artenvielfalt zu erhalten.

---

[1] Vgl. auch Fußnote 2, Kapitel 1.

Abb. 4.1 Relation von Teilziel N
zu Teilziel W. Erläuterung im Text.

Symbole:
W ∩ N: Schnittmenge von W und N
W \ N: W ohne N
N \ W: N ohne W

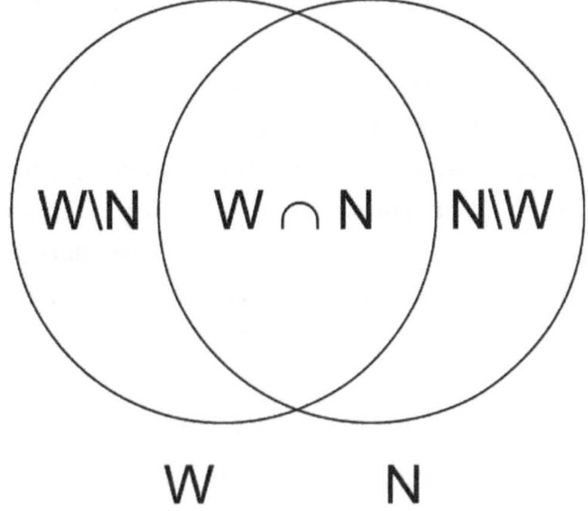

Das *Teilziel W* besteht darin, den Wunsch breiter Bevölkerungskreise, auch ökologischer Laien, nach einer ansprechenden Landschaft aus ästhetischen Gründen und solchen des Wohlbefindens, der Erholung und der Bildung zu erfüllen. Maßnahmen zu diesem Zweck müssen nicht fachlich hochrangigen Naturschutzzielen dienen, etwa dem Schutz stark gefährdeter Arten. Im Interesse von *W* ist die Erhaltung der Kulturlandschaft nicht Mittel, sondern Selbstzweck.[2] Zur Landschaftsästhetik, freilich auch in einem viel subtileren Sinne als von zahlreichen Menschen bewusst erlebt, ist auf WÖBSE (2002) zu verweisen.

W und *N* verhalten sich zueinander wie die beiden Teilmengen im Venn-Diagramm der Abb. 4.1. Es gibt einen weiten Überschneidungsbereich. So dient etwa ein ausgedehnter Kalkmagerrasen in hervorragendem Maße sowohl dem Artenschutz als auch der Erholung (Farbtafeln 1, 2 und 14). Es existiert ein Bereich *N* ohne *W*, etwa wenn es um den Erhalt von Arten geht, die viele Menschen nicht schätzen – das Beispiel Wolf ist mediennotorisch (MASIUS & SPRENGER 2012). Ähnliches gilt, wenn der Naturschutz zu Einschränkungen der Lebensqualität führen kann, wie bei Wiedervernässungen mit (zumindest behaupteter) Förderung von Mückenschwärmen und nassen Kellern. Der Bereich *W* ohne *N* betrifft Landschaftsverschönerungen, die zwar optisch auffällig sind und Laien ansprechen, jedoch oft keine oder nur eine geringe Bedeutung für den Naturschutz besitzen, wie etwa in Farbtafel 11. Dem zuweilen abfälligen Urteil von Naturschutzexperten ist in solchen Fällen selbst aus fachlicher Sicht nicht immer zu folgen. Die Vermehrung „gewöhnlicher" Wiesenblumen im Grünland über das zum Schutz dieser Pflanzen selbst erforderliche Maß hinaus dient nicht nur *W*, sondern fördert zugleich die Populationen ebenso „gewöhnlicher" Insekten, wovon weiter oben in der trophischen

---

[2] Der Ökonom spricht hier von einem „Konsumgut". Dies ist nicht misszuverstehen – alles, was nicht investiert wird, sondern den Menschen direkt anspricht, ist ökonomisch Konsumgut, auch Kunst, Literatur usw.

Pyramide dann Insekten fressende schutzwürdige Arten, wie z. B. Fledermäuse und Laubfrösche, profitieren. Über Umwege oder indirekt wird aus solchen oder auch aus anderen Gründen bei der Verfolgung von *W* zugleich auch *N* gedient.

In der folgenden Diskussion erscheint die Annahme berechtigt, dass *W* auf weiten Strecken parallel zu *N* hinreichend mitgefördert wird, sofern bei Bedarf Ergänzungen erfolgen. Während *W* für den vorliegenden Zweck genügend umrissen ist und zunächst keiner weiteren Diskussion bedarf, erfordert *N* dagegen, nicht zuletzt aufgrund der notorischen Uneinigkeit der Naturschützer über diesen gewiss facettenreichen Gegenstand, eine Diskussion und Differenzierung.

4.2   Näheres zum Teilziel *N* (Naturschutz): Ist Artenschutz altmodisch?

Viel Tinte ist in den vergangenen Jahren in Entwürfe zu Naturschutz-Konzeptionen geflossen. So wird heute (2012) dem sogenannten Prozessschutz ein hoher Stellenwert beigemessen. Dabei stellt der Mensch Bedingungen her, unter denen sich die Natur so frei wie möglich entwickeln kann. Die dabei ablaufenden Prozesse werden selbst zum Schutzziel erklärt, nicht aber bestimmte, vom Menschen als erstrebenswert angesehene Zustände.

Der Prozessschutz ist ein sinnvolles Instrument in Wäldern, auf Sukzessionsflächen sowie in Biotopen mit starker natürlicher Dynamik, wie unbefestigten Küstenbereichen, Stromtälern und im Hochgebirge. Entsprechend hat er seinen Platz vor allem in Großschutzgebieten, insbesondere Nationalparken (vgl. SUCCOW et al. 2012). In der Kulturlandschaft kann er allenfalls eine randständige Erscheinung auf kleinen Flächen sein.

Im modernen Naturschutz werden den „konservierenden" Ansätzen insbesondere mit dem Ziel, ein überkommenes Arteninventar zu erhalten, geringere Sympathien entgegengebracht als früher. Die Diskussion ist durch etliche Modeerscheinungen und teilweise wenig überzeugende Begründungen geprägt, etwa jene, dass konservierender Naturschutz „unbezahlbar" sei. Die stereotype Wiederholung dieser Behauptung ersetzt leider fast immer die Vorlage exakter Berechnungen – wir werden uns den Kostenfragen im Kapitel 5 zuwenden. Im Übrigen kann über Sinn oder Unsinn eines konservierenden Naturschutzes allein mit fachlichen, nicht aber mit ökonomischen Argumenten geurteilt werden. Entweder ist konservierender Naturschutz erforderlich oder nicht. Ist er es, dann auch bei fehlenden Mitteln. Das Fehlen der Mittel, nicht aber er selbst ist dann zu kritisieren.

In einer vielleicht als konservativ angesehenen Weise wird im Vorliegenden dem Artenschutz ein höheres Gewicht beigemessen, als dies in der heutigen Fachöffentlichkeit der Fall ist.[3] Selbstverständlich werden fragwürdige und in der Tat veraltete Ansätze, etwa die immer noch vorzufindende „Orchideengärtnerei", fallengelassen. Die alleinige

---

[3] Vgl. Fußnote 2, Kapitel 1.

Konzentration auf Lieblingsorganismen ohne Blick auf landschaftliche und aus der Nutzung folgende Zusammenhänge und unter Einsatz oft sehr künstlicher Maßnahmen ist gewiss abzulehnen.

Ist für Natur und Landschaft auch das Zusammenwirken der Organismen in Lebensgemeinschaften entscheidend, so bleiben dennoch die Arten einschließlich Sippen niederen Ranges die elementaren Zellen, sozusagen die „Atome" des lebendigen Ganzen. Ohne diese „Atome" gibt es auch nichts Höheres. Der überragende Rang des Artenschutzes begründet sich mit der *Irreversibilität* des Aussterbens – „Extinction is forever" (PRANCE & ELIAS 1976). Es gibt absolut keine Rechtfertigung dafür, ein Aussterben oder auch nur großflächiges Verschwinden ohne Not zuzulassen.

Freilich muss die Frage beantwortet werden, ob und warum Artenschutz gerade in der mitteleuropäischen Kulturlandschaft so wichtig ist. Zahlreiche ihrer charakteristischen Arten finden sich auch außerhalb Mitteleuropas; viele sind unter mehr oder weniger aktiver Mithilfe des Menschen hier eingewandert. Andere, bei uns sehr seltene Bewohner von Mooren und Feuchtwiesen sind in der gesamten Holoarktis verbreitet und kommen etwa in Sibirien in Massen vor. Unter ökonomischem Gesichtspunkt ist eine internationale Arbeitsteilung im Naturschutz entsprechend jeweiliger Kostenvorteile im Prinzip durchaus zu erwägen. Dennoch sind die Gründe für den Artenschutz in der Kulturlandschaft unerschütterlich:

- Es gibt in mitteleuropäischen Kulturbiotopen und an ihren Rändern durchaus Arten mit globaler oder überregionaler Raumbedeutsamkeit, sodass hier eine besondere Verantwortlichkeit besteht. Dies ist z. B. für Mecklenburg-Vorpommern im Detail gezeigt worden (Übersicht 5 sowie MÜLLER-MOTZFELD et al. 1997). Eine Aufstellung unter Einschluss von Tierarten findet sich in TLUG (2002); methodologische Abhandlungen zum Problem der Verantwortlichkeit finden sich unter anderem in SCHNITTLER & GÜNTHER (1999), WELK (2001) sowie GRUTTKE (2004).
- Es gibt zwar viel weniger Endemiten als etwa auf Inseln, aber es gibt sie (Übersicht 6). Bei Blütenpflanzen kommt in diesem Zusammenhang apomiktischen Sippen der Gattungen *Rubus* (Brombeeren), *Hieracium* (Habichtskräuter) und *Taraxacum* (Löwenzahn) eine besondere Bedeutung zu. Sie machen schätzungsweise 30 % aller heimischen Gefäßpflanzensippen aus; ihr Anteil an lokal und regional verbreiteten Endemiten ist sehr hoch.
- Die vor Jahrtausenden aus dem Mittelmeerraum und aus Vorderasien eingewanderten Sippen haben sich in der Zwischenzeit wahrscheinlich von ihren Artgenossen genetisch abgeschieden, weil sie unter anderem Selektionsdruck standen, auch wenn dies äußerlich nicht erkennbar sein mag. Dies dürfte z. B. für die Ackerwildkräuter gelten. Nicht zuletzt durch den Klimawandel und den damit verknüpften Anpassungsdruck hervorgerufen, wird heute die Bedeutung isolierter, disjunkt verbreiteter Populationen am Rande ihrer Areale hervorgehoben.
- Die in früheren Zeiten in Mitteleuropa eingewanderten Arten sind in ihren Ursprungsländern *nicht* gesichert. Soweit nicht bereits erfolgt, ist es nur eine Frage der

Übersicht 5 Besondere Verantwortung Mecklenburg-Vorpommerns im Florenschutz.
(Quelle: BERG 2006, vgl. zur Problematik mit abweichender Klassifizierung auch BERG et al. 2007)

Sehr hohe Verantwortlichkeit (!!!), endemisch in Mecklenburg-Vorpommern	Hohe Verantwortlichkeit (!!), kleines baltisches oder zentraleuropäisches Areal, an dem Mecklenburg-Vorpommern hohen Anteil hat
Gagea megapolitana	*Alopecurus arundinaceus ssp. exserens*
Hieracium bifidum ssp. schwerinense	*Anthyllis vulneraria ssp. maritima*
Hieracium casium ssp. zabelianum	*Atriplex calotheca*
Hieracium cryptocaesium	*Camelina alyssum*
Hieracium murorum ssp. rugianum	*Dactylorhiza ruthei*
Potentilla wismariensis	*Hieracium subramosum ssp.basiliare*
Rhinanthus halophilus	*Hieracium murorum ssp. padiaeum*
Rubus balticus	*Myosotis preacox*
Rubus betckei	*Odontites litoralis*
Rubus darssensis	*Rhinanthus minor ssp. balticus*
Rubus henkeri	*Rubus egreriusculus*
Rubus kisewetteri	*Rubus extrans*
Rubus macranthelos	*Rubus haesitans*
Rubus maximus	*Rubus insulariopsis*
	Rubus leuciscanus
	Rubus luminosus
	Rubus marssonianus
	Rubus pervirescens
	Rubus stormanicus
	Taraxacum geminidentatum

Differenzen bei Endemiten zur Übersicht 6 durch unterschiedliche Auffassungen der Autoren über den Rang der jeweiligen Sippen

- Zeit, bis etwa in Anatolien dieselben Feldbaumethoden einkehren wie in Mitteleuropa, womit es ohne Schutzmaßnahmen um *Adonis aestivalis* (Sommer-Adonisröschen) und viele andere Schönheiten des Ackerrandes ebenso wie hier geschehen sein dürfte. Im Kapitel 6.1.8 werden wir uns dem ökonomischen Problem der Kollektivgüter zuwenden und dort erkennen, wie gefährlich die Abschiebung der Verantwortung für notwendige Maßnahmen von einem Subjekt auf das andere oder von einer Nation auf die andere ist: Am Ende fühlt sich niemand verantwortlich.

- Ein Argument für den Schutz von Arten, die es auch woanders geben mag, wird in der (allzu?) fachlichen Debatte selten genannt: Zahlreiche Menschen erfreuen sich an ihnen (Farbtafel 15). Mitglieder von Naturschutzverbänden und Laien opfern Zeit und Geld für ihre Erhaltung. Dass es in der oben im Kapitel 3.5 angesprochenen gar nicht so kleinen Gemeinde der Naturliebhaber große Freude erzeugt, wenn interessante Arten entdeckt und beobachtet werden können, ohne dass man dafür nach Spanien reisen muss, wäre ein ausreichender Grund für den Artenschutz, selbst wenn alle übrigen nicht griffen.

Übersicht 6 Endemische Gefäßpflanzenarten in Deutschland. (Quelle: KORNECK et al. 1998, S. 359–444)

Alchemilla cleistophylla	*Festuca patzkei#***	*Saxifraga sponhemica#*
Alchemilla kerneri	*Galium truniacum#*	*Sempervivum tectorum*
Armeria maritima	*Gentianella bohemica#***	*var. rhenanum***
*ssp. bottendorfensis***	*Hieracium franconium*	*Sorbus badensis*
*ssp. horburgensis***	*Hieracium harzianum*	*Sorbus decipiens*
ssp. purpurea#(**)	*Hieracium longistolo-*	*Sorbus franconia*
*ssp. serpentini#***	*nosum***	*Sorbus heilingensis*
Biscutella laevigata	*Hieracium schneidii***	*Sorbus multicrenata*
*ssp. gracilis***	*Iberis intermedia*	*Sorbus subcordata*
ssp. guestphalica	*ssp. boppardiensis**	*Stipa borysthenica*
*ssp. tenuifolia***	*Myosotis praecox***	*ssp. germanica***
Calamagrostis	*Myosotis rehsteineri#*	*ssp. bavarica***
pseudopurpurea(**)	*Oenanthe conioides(**)*	*Tephroseris integrifolia*
Campanula baumgartenii#	*Orobanche meyeri***	*ssp. vindelicorum***
Cochlearia bavarica(**)	*Potentilla praecox#***	*Thlaspi calaminare#***
Dactylorhiza sphagnicola(**)	*Potentilla rhenana***	*Valeriana pratensis#***
Deschampsia littoralis#	*Rubus spec., 54 Arten*	*Viola guestphalica***
Deschampsia wibeliana(**)	*Rubus spec.#, 35 Arten*	*Viola lutea*
*Elytrigia arenosa***	*Saxifraga oppositifolia*	*ssp. calaminaria#***
*Festuca aquisgranensis#***	*ssp. amphibia#*	
*Festuca duvalii***		

Art ohne Zusatz: endemisch innerhalb der politischen Grenzen Deutschlands
Art#: endemisch in einem kleinen geographischen Raum, an dem Deutschland Anteil hat
*   Ackerunkraut- und kurzlebige Ruderalvegetation
**   halbnatürliche Formationen, insbesondere Magerrasen
(**) in zweiter Linie auch in halbnatürlichen Formationen

Wer Artenschutz als veraltet oder zweitrangig abtut, blicke in die einschlägigen Gesetze (Kapitel 3.2), um zu lesen, dass „lebensfähige Populationen wild lebender Tiere und Pflanzen einschließlich ihrer Lebensstätten zu erhalten" sind (§ 1, Abs. 2, Satz 1 BNatSchG). Im vorliegenden Buch wird diese gesetzliche Vorgabe für die Agrarlandschaft wörtlich genommen.

4.3 Elemente der Wiederherstellung von Artenvielfalt

In hinreichend großen Gebieten sind die Bedingungen zu stabilisieren oder wiederherzustellen, die den Artenreichtum der historischen Kulturlandschaft begründet haben. Das bedeutet nicht, dass frühere Umstände und insbesondere Wirtschaftweisen in jedem Falle zu kopieren sind. Ein Beispiel für eine Flächennutzung, die in Deutschland *nicht* historisch ist, den Zielen des Naturschutzes jedoch sehr dient, ist die Haltung von

Fleischrindern (Mutterkühen und Kälbern) auf nährstoffärmerem Grünland. Das hat es früher in Mitteleuropa wenig gegeben. Bezeichnenderweise stammen alle hier einschlägigen Rassen aus Großbritannien oder Frankreich, wie z. B. Angus oder Charolais. Insofern sind durchaus innovative Elemente zu verzeichnen. Auch sind natürlich nicht oder nur in Ausnahmefällen (etwa in Freilichtmuseen) die mühseligen und ineffizienten Techniken früherer Landnutzungen zu reaktivieren.

Die Bedingungen früheren Artenreichtums sind oben beschrieben worden; insbesondere geht es darum, den im Kapitel 2.5 aufgelisteten Gründen für ihren Rückgang entgegenzuwirken. In derselben Reihenfolge wie dort gelten die folgenden generellen Prinzipien:

- Wiederherstellung von (zumindest relativer) *Kleinräumigkeit* und *Strukturvielfalt*. Bei guter Planung ist dies mit den Ansprüchen moderner Technik vereinbar. Jene benötigt zur Minimierung des Wendeaufwands der Maschinen lange Flurstücke. Diese müssen deswegen weder Hunderte Hektar groß noch bis zum Horizont von Strukturelementen bloß sein.

- Wiederherstellung *differenzierter Feuchteverhältnisse*, Tolerierung gelegentlicher Wasserknappheit, vor allem aber auch feuchter und wechselfeuchter Verhältnisse im Grünland. Zu organischen Böden werden im Kapitel 4.4.3 spezielle Hinweise gegeben.

- Wiederherstellung *trophischer Verhältnisse*, wie sie für die vorindustrielle Landwirtschaft bezeichnend waren. Ein Beispiel sind die nach heutigen Maßstäben sehr artenreichen Fettwiesen, die früher einen Stickstoffumsatz von 60 bis 100 kg pro Hektar und Jahr besaßen und von früheren Bauern alles andere als „extensiv" empfunden wurden (Farbtafeln 16 und 22). Sowohl für genutzte Teilflächen als auch für Saumstrukturen mit Abpufferungswirkungen sind derartige Trophieverhältnisse zu gewährleisten.

- Bewahrung und – soweit möglich – Wiederherstellung ausgeprägter *Nährstoffarmut* (Oligotrophie) insbesondere auf größeren Weideflächen der Halbkulturlandschaft (WILMANNS 1993). Dies wie auch Ziele der Feuchteregulierung lassen sich im Allgemeinen nur in größeren Regionen verwirklichen: „Garantie gibt es nur für größere Portionen" (RINGLER 1987, S. 11). Es ist unmöglich, Anhebungen des Grundwasserstandes parzellenscharf zu begrenzen. Auch der mobile Stickstoff lässt sich nicht lokal bändigen; auf die Notwendigkeit von Pufferflächen und Gradienten wird unten noch einmal zurückgekommen.

- Auf Nutzflächen wird insbesondere die Herabsetzung der Trophie zu Ertragsreduktionen (im Sprachgebrauch „*Extensivierungen*", vgl. Kapitel 5.2.1) führen. Seit langem wird die Frage aufgeworfen, ob es besser sei, flächendeckend oder nur gezielt zu extensivieren. Mit einiger Polemik findet sich dies wieder in dem Wortpaar „Integration" versus „Segregation". Intuitiv urteilende Stimmen sind natürlich für Integration (dem ansprechenderen Begriff) und für „Naturschutz auf 100 % der Fläche". Schon vor langer Zeit (HAMPICKE 1988) ist dagegen gezeigt worden, dass Integration – in diesem Sinne verstanden – ein Ding der Unmöglichkeit ist. Den Flächenertrag in einer Ackerbörde von 90 auf 70 Dezitonnen pro Hektar zu senken bringt für die Artenvielfalt nichts, sondern zieht nur erhebliche Produktionslücken nach sich. Für den Naturschutz muss das in der Tab. 2.1 dokumentierte niedrige Ertragsniveau der historischen Nutzungsweisen erreicht werden. Bei Nutzflächen mit Naturschutzwert muss auf 50 bis 75 % des heutigen Ertragsniveaus und teilweise auf noch mehr verzichtet werden. Das ist mit den heutigen Ansprüchen an die Erzeugungsmengen flächendeckend unmöglich. Somit sollte das Prinzip gelten: „Lieber auf ausgewählten Flächen extensivieren, aber dort richtig".

- Spezifisch wirkende Agrarchemikalien („*Pestizide*") sind, abgesehen vom Gebot ihres möglichst geringen Einsatzes überhaupt, von hochwertigen genutzten und ungenutzten Biotopen fernzuhalten. Dies ist ein besonderes Problem, wo solche eng miteinander verzahnt sind, wie im Weinbau. GEIGER et al. (2010) weisen in einem großen Forschungsverbund erneut die negativen Wirkungen von Insektiziden und Fungiziden auf die Artenvielfalt nach.

- *Fruchtfolgen* sind wieder zu erweitern. Dem Ökologischen Landbau kommt im Ackerbau das Verdienst zu, blütenreiches Wechselgrünland (Klee- und Luzernegras) zu bewirtschaften. Früher gebräuchliche Futterpflanzen wie die Serradella gibt es praktisch nicht mehr (Farbtafel 17). Dabei ist die Wiederherstellung eines *ganzjährigen Blütenangebots* in Ackerlandschaften anzustreben. NENTWIG (2000b, S. 17) nennt treffend die in der modernen Kulturlandschaft hergestellte großflächige Blütenlosigkeit ein unbeabsichtigtes Großexperiment. Abertausende von Insekten- und Hunderte von Blütenpflanzenarten durchliefen über Millionen Jahre hinweg eine gemeinsame Koevolution, die in der modernen Agrarlandschaft abrupt unterbrochen wird. Die Fruchtfolgen im konventionellen Ackerbau sind in einer Weise verarmt, dass permanent an die Grenze phytosanitärer Verträglichkeit gestoßen oder diese auch überschritten wird. Ein Beleg sind regelmäßige Berichterstattungen in Fachzeitschriften über notwendige zusätzliche chemische Pflanzenschutzmaßnahmen, wenn fast nur noch Weizen und Raps angebaut werden. Das auffällige Ausbleiben weiterer Ertragszuwächse im Getreideanbau seit über zehn Jahren (Abb. 7.1, Kapitel 7.6.1) – trotz Sortenzucht und wissenschaftlicher Begleitung vielfältiger Art – könnte hiermit zusammenhängen. Die Aussichten auf eine Diversifizierung der Fruchtfolgen im konventionellen Landbau sind schwer einzuschätzen. Auf der einen Seite wirken hier eiserne Marktzwänge; der Betrieb baut nur an, was sich lohnt. Alle Bestrebungen, zu früherer Vielfalt zurückzuführen, sind in Deutschland im Sande verlaufen, wie z. B. ein umfangreiches, vom Bundesministerium für Bildung und Forschung gefördertes Projekt zum Faserpflanzenbau (BIEHLER et al. 2007). Während im Jahre 1996 in Deutschland noch nahezu 4.600 ha mit Flachs zur Fasergewinnung bestellt wurden, waren es 2011 nur noch 3 (!) ha (Statistisches Jahrbuch ELF 2011, Tabelle 93, S. 92). Andererseits legen Beobachtungen im Ausland nahe, dass die Vereinheitlichung auch etwas mit Konformismus und Mangel an Innovationsgeist zu tun haben könnte. Ausgerechnet der in Deutschland als ökonomisch völlig indiskutabel eingestufte Faserlein nimmt in Belgien und im französischen Flandern erhebliche Flächen ein. Zwar ist der Anbau konventionell-intensiv, aber es gibt ihn wenigstens. Wer Originelles und Unerwartetes auf Acker und Grünland sehen will – von knallbunten Feldkulturen der verschiedensten Zierpflanzen bis zur Heutrocknung auf „vorsintflutlichen" Heinzen – muss niederländische Agrarlandschaften durchfahren, denen durchaus nicht der Ruf vorauseilt, rückständig zu sein.

- Alle übrigen im Kapitel 2.5 aufgelisteten, die Vielfalt einschränkenden Einflüsse sind möglichst zu reduzieren. Mancher Arbeitsgang sollte auf Teilflächen langsamer und auch weniger gründlich erfolgen. Der Leser, welcher in der Literatur zu Hause ist, weiß, dass alle hier diskutierten Punkte im Grunde Wiederholungen dessen sind, was HABER bereits 1972 in seiner Theorie der „Differenzierten Landnutzung" postulierte (vgl. auch HABER 2011/2012).

4.4   Maßnahmen

Auf der Basis der voranstehenden allgemeinen Grundsätze fällt es nicht schwer, die wichtigsten Maßnahmentypen zu nennen, ohne sich in Details zu verlieren.

4.4.1   Flächenbewirtschaftung

4.4.1.1   Weide

Möglichst große Weideflächen niedriger bis mittlerer Ertragsfähigkeit (Farbtafeln 18 bis 20) und daran angepasster Viehbesatz sind ein Kernbestandteil des Naturschutzes in Mitteleuropa (PLACHTER & HAMPICKE 2010, METZNER et al. 2010). Auf Kalk- und Sandböden dominiert die Schaf- und auf Silikatböden die Rinderhaltung. Diese Biotope mit ihrer geringen Produktivität und teilweisen Degradation sind archetypisch für die mittelalterliche Halbkulturlandschaft. Allerdings ist zu bedenken, dass die spezifischen Nutzungsweisen sowohl in früheren Zeiten als auch heute durchaus verschieden sein können. Die Kalkflächen dürften bis ins 19. Jahrhundert hinein eine wesentlich differenziertere Nutzung erfahren haben; die zur Selbstversorgung erforderlichen kargen Äcker lassen sich noch heute nachweisen. Große Schafherden beherrschten meist erst im späteren 19. Jahrhundert das Bild. Die Nutzung der Hutungen war äußerst intensiv, alte Fotographien zeigen bis zum Horizont kahl gefressenes Land (Abb. 4.2). Wie schon erwähnt, sind auf den Silikatböden die heutigen Fleischrinderherden mit Mutterkühen oft englischer oder französischer Rasseherkunft durchaus etwas Neues. Früher tummelten sich auf den Hutungen und Brachen viel mehr Tierarten, bis hin zu wenig leistungsfähigen Milchkühen – es dürfte ein ziemliches Durcheinander geherrscht haben (Abb. 4.3).

Abb. 4.2 Vor 100 Jahren intensiv genutzter Kalkmagerrasen des Kornbühls auf der Schwäbischen Alb. Sammlung B. Beinlich, aus „Schwabenalb in Wort und Bild", Tübingen 1914. Mit freundlicher Genehmigung des Schwäbischen Albvereins

Abb. 4.3 Szene aus Wilhelm Buschs „Der Geburtstag oder die Partikularisten", 3. Kapitel. Realität noch heute in Osteuropa und dem Kaukasus: Gänse, Schweine, Kälber, Schafe, Ziegen und andere Tiere auf der Dorfweide

Festzuhalten ist, dass Flächen dieser Art durchaus vorhanden und – oft als FFH-Flächen – gesichert sind. Neben ausgedehnte submediterran getönte Flächen im Süden und Südwesten Deutschlands treten kleinere, aber hochwertige kontinental getönte im Osten (Farbtafel 21). Jedoch ist die Nutzung das Problem, weil sie ohne Honorierung unwirtschaftlich ist. Ohne Nutzung werden die Flächen von Gehölzen erobert und verlieren ihr bezeichnendes Arteninventar.

4.4.1.2 Schnittgrünland

Blumenbunte Wiesen sind ein Schmuck der Landschaft (Farbtafeln 16 und 22); neben dem Naturschutz wird hier in besonderem Maße auch dem Wohlbefinden der Nicht-Naturschützer (Ziel *W*) gedient. Obwohl es mit ELLENBERG (1996, S. 64) sowie POSCHLOD et al. (2009) Schnittwiesen seit 1.000 Jahren gibt, können sie doch als typische Biotope der neuzeitlich-bäuerlichen Landwirtschaft angesehen werden, denn sie sind Bestandteile einer Wirtschaft mit systematischer Fütterung und Winterbevorratung. Ertragsschwache Flächen auf dem feuchten und dem trockenen Flügel (Kalkflachmoore, Mähder) beherbergen äußerst schutzwürdige Pflanzenarten und sind heute meist als FFH-Flächen erfasst (Farbtafeln 23 und 24). Ihre Mahd besitzt ausgesprochenen Pflegecharakter. Blumenbunte Wiesen waren dagegen früher der Kern einer geordneten Viehwirtschaft und genossen Düngung und andere Pflegemaßnahmen. Da es sich meist um intensivierungsfähige Flächen handelt, wurden sie vielfach zu Acker umgebrochen oder zu hoch gedüngtem Vielschnitt-Grünland entwickelt. Größere landschaftsprägende Bestände, auch mit Obstbäumen, findet man noch in Südwestdeutschland und in manchen Mittelgebirgen.

Mulchen ist eine Technik, bei der Pflanzenmaterial in einem Arbeitsgang geschnitten, klein gehäckselt und wieder auf die Fläche gestreut wird. Grünland kann auf diese Weise gepflegt werden, ohne dass Material geerntet wird. Dass hier reine Pflege ohne Verwertung erfolgt, verleiht der Maßnahme etwas Künstliches, jedoch gehen BRIEMLE et al. (1991, S. 23 ff.) und SCHREIBER et al. (2009, S. 354–358) davon aus, dass mit sachgerecht durchgeführtem Mulchen bestimmte Grünland-Pflanzengesellschaften durchaus langfristig erhalten werden können, vgl. auch OPPERMANN et al. 2010b. Auch können diesen Autoren und BRAUCKMANN (2009) zufolge Vorbehalte aus zoologischer Sicht, nach denen Mulchgeräte besonders viele Tiere töten, zumindest abgemildert werden.

Ein Juwel des Naturschutzes sind Streuwiesen (Farbtafeln 25 und 26). Sie wurden besonders im 19. Jahrhundert zur Lieferung von Stalleinstreu in stroharmen Regionen eingerichtet. Ihr aktueller Naturschutzwert besteht neben ihrer Oligotrophie darin, dass sie bis weit in den Herbst hinein ungestörte Vertikalstrukturen anbieten, denn sie werden erst sehr spät gemäht. Außer charakteristischen Pflanzen sind sie Heimstatt zahlreicher schutzwürdiger Tierarten (Farbtafel 27). Mit dem Aufkommen der Schwemmentmistung wurden sie soweit möglich in Futterwiesen umgewandelt oder ganz aus der Nutzung genommen. Allerdings gewinnen im bayerischen Alpenvorland durchaus noch (oder wieder?) recht zahlreiche Betriebe Einstreu von Wiesen, was sehr förderwürdig ist.

4.4.1.3 Allgemeines zum Grünland

Gleichgültig, ob Weide, Wiese, Mulchfläche oder Streuwiese, ist es ein zentrales Anliegen des Naturschutzes, den Flächenumfang des Grünlandes überhaupt zu erhalten und die zum Teil galoppierende Umwandlung in Ackerland zu verhindern. Auch artenarmes, intensiv bewirtschaftetes Grünland erfüllt wichtige landeskulturelle Funktionen, wie unter anderem Erosionsschutz und Kohlenstoffspeicherung. Darüber hinaus sind die noch bestehenden Flächen interessanten bis hochwertigen Grünlands unbedingt in gutem Zustand zu erhalten. Sie werden deutschlandweit auf etwa 20 % der Grünlandfläche oder knapp eine Million Hektar geschätzt (SCHUMACHER 2005). Dies wird durch aktuelle, von der EU eingeforderte Erhebungen über den Umfang von sogenanntem „High Nature Value Farmland" (HNV) bestätigt (DVL 2011, S. 12). Allerdings ist der verbliebene Anteil regional auch viel kleiner. Besonders in Nordwestdeutschland sind zahlreiche, früher unterschiedene Grünlandgesellschaften schon vor vielen Jahren großflächig verschwunden (MEISEL & HÜBSCHMANN 1976), heute ist fast nichts mehr da (WESCHE et al. 2009). Früher sehr häufige Arten sind auf winzige Bruchteile ihrer ehemaligen Bestände zurückgegangen. Sie sind noch keine Arten der Roten Listen, weshalb das Instrument diese Art des Biodiversitätsverlustes nicht abbildet. Die nur wenige Jahrzehnte alte Standardliteratur zum Grünland mit feingliederigen Klassifizierungen (KLAPP 1956, 1965) weckt nur noch wehmütige Erinnerungen.

Ungeachtet technischer Schwierigkeiten und erheblicher Kosten muss in Regionen mit flächendeckend intensiviertem Grünland ein Teil davon wieder extensiviert werden, um ein Netz artenreicherer Biotope zu entwickeln. Wie dies mit den dort bestehenden Nutzungsanforderungen in Einklang gebracht werden kann, wird unten im Kapitel 5.2.4 erörtert werden. Zum Grünland unterrichten aktuell und umfassend BRIEMLE et al. 1991, KAULE 1991, WILMANNS 1993, NITSCHE & NITSCHE 1994, OPITZ VON BOBERFELD 1994, NOWAK & SCHULZ 2002, DIERSCHKE & BRIEMLE 2002, OPPERMANN & GUJER 2003, SCHREIBER et al. 2009,

4.4.1.4 Ackerland

Schauet die Lilien auf dem Felde, wie sie wachsen ... Ich sage euch, dass auch Salomo in aller seiner Herrlichkeit nicht bekleidet gewesen ist wie derselben eine. Matthäus 6, 28.

Obwohl ältere und jüngere Literatur die Bedeutung der Äcker als Lebensräume hervorhebt (SCHUMACHER 1984, HOFMEISTER & GARVE 1986, SCHNEIDER et al. 1994, MANTHEY 2003, REISINGER et al. 2005, HOLZNER & GLAUNINGER 2005), sind diese über Jahrzehnte hinweg „Stiefkinder" des Naturschutzes gewesen.

Will man Vegetation und Tierwelt im Lebensraum Acker fördern, so muss man die Maßnahmen unterlassen, die zu ihrem Rückgang geführt haben, hinsichtlich der Vegetation in erster Linie die Herbizidanwendung. Technisch erscheint dies als ein kleines Problem, auch liegen umfangreiche Erfahrungen aus Ackerrandstreifenprogrammen vor. Stärker als bei den beiden zuvor angesprochenen Nutzungsformen mit Tierhaltung wird jedoch auf dem Acker deutlich, dass mit der Maßnahme direkt auf Ertragsmöglichkeiten verzichtet wird. Die großen Weideflächen sind oft nicht intensivierungsfähig und bei den verbliebenen Schnittwiesen besteht aus betriebsstrukturellen Gründen häufig kein Interesse an einer Intensivierung. Mit einem Schutzprogramm für Ackerwildkräuter wird hingegen im konventionellen Landbau frontal gegen das Produktionsziel gearbeitet. Der Landwirt sieht im „Unkraut" im Allgemeinen nur Negatives und muss geduldig davon überzeugt werden, dass auch diese Arten ein Lebensrecht besitzen und dass bei gut durchdachten Maßnahmen, die meist konkurrenzschwachen und wenig schädlichen Wildkräutern dienen, keine Nachteile für den Betrieb entstehen. Dem genannten Problem steht entlastend gegenüber, dass schon kleine Flächen auf Äckern, auch an deren Rändern und in Vorgewenden, bei geeigneter Bewirtschaftung hohe Beiträge für die Vielfalt leisten können (BERGER & PFEFFER 2011). Stehen auch Wildkräuter häufig im Vordergrund des Interesses, so gibt es doch auch mannigfache andere Naturschutzaufgaben auf Äckern. Interesse fanden schon seit langem oder finden jüngst bodenbrütende Vögel wie Feldlerchen, weiterhin Feldhamster und Amphibien, wie in Nordostdeutschland die Rotbauchunke.

Bekanntlich lässt sich Ackerwildkrautschutz im Ökologischen Landbau, der Herbizide ablehnt, leichter realisieren. Auch empfiehlt die Erfahrung, vorrangig schwach produktive Ackerflächen heranzuziehen, da ertragreiche Äcker meist kaum noch Samen interessanter Ackerwildkräuter enthalten. Ein anspruchsvolles Kulturlandschaftsprogramm wird auch das Spektrum der Kulturpflanzen wieder erweitern wollen.

4.4.2   Leitende Prinzipen

4.4.2.1   Begleitstrukturen

Besonders in Hochertragsgebieten muss die Produktionslandschaft mosaik- und netzförmig von nicht oder nur schwach genutzten Strukturen durchzogen werden, wie es früher auch der Fall war (JEDICKE 1990). Hier muss es sich nicht nur um Hecken und andere Gehölze handeln, vielmehr sind optisch weniger auffällige krautige Flächen (vgl. NENTWIG 2000a) ebenso wertvoll. In Farbtafel 12 wäre an die Anlage möglichst mehrere Meter breiter Wegraine zu denken, wobei freilich Pflegebedarf auftritt. Für die Forderung nach Begleitstrukturen gibt es mehrere Gründe:

- Erstaunlicherweise kommen auch in solchen Gebieten hochwertige kleine Teilflächen mit direkter Artenschutzbedeutung vor. Ohne Förderung, wie insbesondere Abpufferung gegen ihr Umfeld, sind diese freilich auf die Dauer kaum überlebensfähig. Nicht nur an seinen Rändern, sondern auch mitten im intensiv genutzten Thüringer Becken gibt es wertvolle Steppenrasenlebensräume, die durch ein LIFE-Projekt geschützt und entwickelt werden (www.thueringen.de und Farbtafel 28).

- Der größere Anteil insbesondere erweiterter oder neu angelegter Strukturen wird freilich von Arten bevölkert werden, die nicht Roten Listen angehören. Jedoch kann kein Zweifel bestehen, dass in extrem verarmten Gebieten, wie in Farbtafeln 12 und 29, die Schaffung von Lebensraum auch für Arten wünschenswert ist, die früher

„Allerweltsarten" waren. Schon oben beim Grünland ist auf den außerordentlichen Rückgang zahlreicher (noch) „Nicht-Rote-Liste-Arten", wie gewöhnlicher Wiesenblumen hingewiesen worden. Es ist nicht nur ein Naturschutzproblem, wenn schon immer seltene Arten noch seltener werden, sondern auch eines, wenn früher gemeine und die Landschaft prägende Arten nur noch auf kleinen Rückzugstandorten zu finden sind. Wie oben schon erwähnt, genügt allein die Forderung nach Blütenvorkommen (auch zugunsten domestizierter Bienen) zur Begründung dieses Ziels.

- Der Klimawandel zwingt schon heute Arten, die wandern können, ihre Areale zu verlagern. Dies wird sich in Zukunft beschleunigt fortsetzen. Strukturverarmte Ackerbörden sind für alle Arten Wanderungshemmnisse, die Entfernungen nicht mühelos überwinden können (Farbtafel 30). Wie rudimentär der Forschungsstand auf diesem Gebiet auch noch sein mag, steht doch fest, dass eine strategische Antwort des Naturschutzes auf die Herausforderung des Klimawandels darin liegen muss, Arealverschiebungen von Arten als Teil ihrer Überlebensstrategie zu ermöglichen und Wanderhindernisse auszuräumen. Dies erscheint als ein sehr wichtiger neuerer Aspekt in der Diskussion um das alte Thema der „Biotopvernetzung".
- Über die Naturschutzaspekte hinaus ist die Strukturbereicherung hochproduktiver Regionen insbesondere dort, wo Naherholung und Schulbildung eine Rolle spielen, ein wichtiger strategischer Faktor im Sinne des Teilziels W („Wohlbefinden").

Die hier erhobene Forderung begegnet Einwänden derart, dass in fruchtbaren Ackerbörden jeder Quadratmeter so wertvoll für die Agrarproduktion sei, dass ein derart luxuriöses Anliegen zurückgewiesen werden müsse. Auf die Vertretbarkeit in Bezug auf Welternährungsfragen wird unten im Kapitel 4.6 ausführlich eingegangen; unabhängig davon wird der Einwand auch aus rein ökonomischen Gründen erhoben, etwa nach dem Motto „Wo Deckungsbeiträge an 1.000 € pro Hektar und Jahr heranreichen können, wird kein Quadratmeter verschenkt". Dieses Argument ruft nach einem Vergleich mit der Stadt. Würde man es dort für gültig erachten, so müssten sofort alle Parkanlagen liquidiert und durch Grundrente maximierende Bebauung ersetzt werden. Der mehrere 100 Hektar große Tiergarten in Berlin würde, von Bürogebäuden bestanden, eine Grundrente erwirtschaften, die die Zehntausender Hektar Ackerboden überträfe. Man denkt gottlob nicht daran, solches umzusetzen, weil dem nicht bebauten Tiergarten implizit ein noch höherer Wert für die Erholung und nicht zuletzt für den Ruf der Stadt zugemessen wird. Ein wenig von dieser Überzeugung verdienen auch fruchtbare Ackerstandorte, insbesondere wenn sie in der Umgebung von Ballungsräumen der Naherholung dienen könnten.

4.4.2.2 Säume und Gradienten

Dass die moderne Kulturlandschaft fast überall durch scharfe Grenzen geprägt ist – zwischen Acker und Grünland, zwischen Offenland und Wald –, unterscheidet sie stark von der Wirklichkeit in früheren Jahrhunderten. Wie uns die Kunst festgehalten hat (Farbtafel 31), war die frühere Landschaft alles andere als ein scharf konturiertes Offenland-Wald-Schachbrett. Alles ging ineinander über. Der *Saum* als eigener Biotop nahm früher einen viel größeren Raum ein und mit ihm zahlreiche Arten, die dort ihre hauptsächliche oder gar einzige Lebensstätte haben. Vor Jahrzehnten haben niederländische Ökologen die Bedeutung des Wandels im Raum und seiner Beziehung zum Wandel in der Zeit einer gründlichen theoretischen Betrachtung unterzogen („limes convergens" versus „limes divergens", VAN LEEUWEN 1965). Wo es heute keine Säume und gestufte Waldränder mehr gibt, haben es Saumarten schwer.

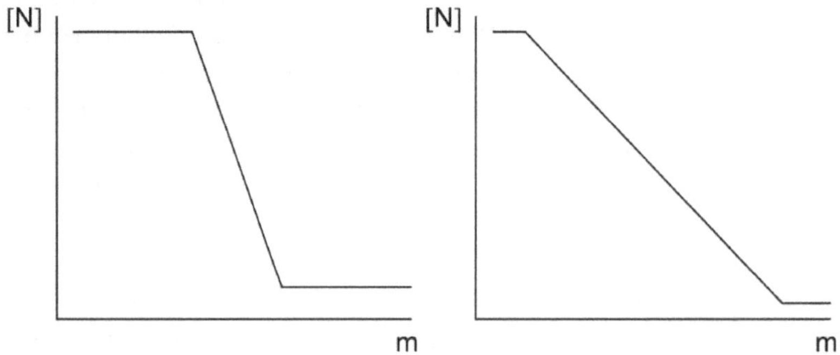

Abb. 4.4 Steiler und flacher Gradient eines Standortfaktors im Raum, z. B. des Stickstoffs. [N]: Stickstoff-Konzentration oder Trophie, m: Distanz in Metern

Die – wie zuzugeben ist – Fläche beanspruchende Gewährung von Säumen erfüllt somit eine direkte Artenschutzfunktion. Darin erschöpft sich jedoch die Bedeutung des Saumes oder des Gradienten keineswegs. Schon mehrfach wurde festgestellt, dass Nährstoffarmut in sehr vielen Fällen eine notwendige Voraussetzung für Artenvielfalt ist. Zur modernen Produktionslandschaft gehört andererseits hochgradiger und flächendeckender Nährstoffreichtum. Neben einem eutrophen Standort kann ein oligotropher Standort auf die Dauer nur bestehen, wenn es gelingt, einen Nährstoffgradienten zu stabilisieren (Abb. 4.4). Gelingt dies gut (links), ist ein steiler Gradient herstellbar, so können eutropher und oligotropher Standort dicht nebeneinander liegen. Gelingt dies weniger gut (rechts), so ist ein größerer Abstand zwischen beiden erforderlich, in der Praxis ein breiterer Saumbiotop. Dieser fehlt an vielen Stellen (Abb. 4.5 und 4.6).

Es ist bekannt, dass der Stickstoff im Gegensatz zum Phosphor ein außerordentlich mobiles Element ist. Wegen seiner leichten Löslichkeit wird er mit beweglichem Wasser verfrachtet; in seiner gasförmigen Gestalt, insbesondere als NH_3, ist er noch mobiler. Es ist grundsätzlich schwer, den Stickstoff räumlich „an die Kette zu legen" – er wird sich mit der Zeit ausbreiten. In der Landschaft werden bezüglich des Stickstoffs also nur flache Gradienten überdauern können. Sie erfordern breite Säume.

Abb. 4.5 Viel zu scharfe Grenze in der Landschaft: Intensivgrünland neben Moor, das unter diesen Umständen nur austrocknen kann (Pfrunger Ried, Oberschwaben). (Foto: U. Hampicke)

Abb. 4.6 Viel zu scharfe Grenze in der Landschaft: Kalkmagerrasen neben Acker. Stark beschleunigter Gehölzbewuchs im (ehemaligen) Magerrasen durch Düngereindrift (Kleiner Dörnberg bei Kassel). (Foto: U. Hampicke)

4.4.2.3   Vorrang der Erhaltung

Der Mensch ist gewiss schon immer ein Faktor bei der Diasporenverbreitung gewesen; der Import vieler Ackerwildkräuter selbst aus entfernten Gegenden ist ein treffendes Beispiel. Innerhalb Europas haben Handel und Transport sowie Wanderungen domestizierter Tiere über Jahrhunderte hinweg für Verbreitungen gesorgt. Aufsehen in der Fachwelt erregten in den 1990er Jahren die Experimente mit „Lotte", einem Schaf der Baden-Württembergischen Wacholderheiden. Dessen genaue Beobachtung erwies die große und unterschätzte Bedeutung der Wanderschafhaltung für den Transport nicht nur von Pflanzendiasporen, sondern auch von Tierarten, wie Heuschrecken (FISCHER et al. 1995).

So sollten auch heute wissenschaftlich kontrollierte Diasporentransporte und -ausbringungen in verarmte Biotope kein Tabu sein. Mitunter geäußerte Furcht vor „Florenverfälschungen" erscheint übertrieben. Selbstverständlich sind unbedachte und teils sogar gesetzwidrige Handlungen zu unterbinden.[4] Werden aber regional gewonnene und standorttypische Arten auf aufwertungsbedürftige Flächen in der Nähe ausgebracht, so dürften solche Befürchtungen gegenstandslos sein. Beim Grünland sind Verfahren in Gebrauch, gemähtes Heu mit darin enthaltenen Samen zu übertragen, was bei neu angelegtem Grünland aussichtsreich ist, etwa an Verkehrswegen. Einzelheiten hierzu findet der Leser neben zahlreichen weiteren Informationen aus der Praxis in GÜTHLER & OPPERMANN (2005, S. 46 ff.). Dagegen dürfte die Samenausbringung in bereits etabliertes, aber artenarmes Grünland wegen der dort geringen Aussichten der Keimung weniger erfolgreich sein. Verschiedentlich werden Samen von Ackerwildkräutern gesammelt oder gar Kulturen dieser Pflanzen mit dem Ziel der Verbreitung angelegt.[5] Sowohl im Grünland als auch im Ackerland sind derartige Aktivitäten bisher recht teuer.

Es gibt erfolgreiche Wiederverbreitungen von Arten und auch einige schnelllebige und für den Naturschutz dennoch wertvolle Biotope, wie etwa die auf beständige, vor allem durch Vögel gewährleistete Diasporenmobilität angewiesene Schlammbodenvegetation. Nichts kann aber den Imperativ im Naturschutz erschüttern, dass die Bewahrung *alter* Biotope mit etablierter Artenvielfalt hoch prioritär ist. KAULE (1991) macht dies in seinem umfassenden Werk mehrfach deutlich. Im Wald ist es offenkundig – nicht überall ist aber bekannt, dass auch die meisten Biotope in der offenen Kulturlandschaft ihren Wert durch das Alter gewinnen. Eine gute artenreiche Hecke ist mindestens Jahrzehnte alt. Gleiches gilt für wertvolles Grünland; Individuen ausdauernder krautiger Pflanzen können ähnliche Lebensalter erreichen wie Bäume und Sträucher. Der Aufbau von Artenvielfalt, die oft auf zufallsbedingtem und seltenem Diasporentransport beruht und erfolgreiche Etablierungen am Standort verlangt, ist im Allgemeinen ein zeitbedürftiger Prozess.

---

[4] Bei der optisch ansprechenden und dem oben definierten Ziel *W* dienenden Anlage von Blühstreifen in Ackerlandschaften (vgl. auch Farbtafel 43) ist in der Vergangenheit nicht immer die erforderliche Sorgfalt aufgewandt worden.

[5] Vgl. VAN ELSEN et al. o. J.

Abb. 4.7 Der bald 200 Jahre alte Damm aus der Tulla'schen Rheinkorrektur ist heute wertvoller Orchideenstandort (Farbtafel 32). (Foto: U. Hampicke)

Wichtige Experimente in den vergangenen Jahrzehnten haben erwiesen, dass die Wiederherstellung von Artenvielfalt im Grünland selbst dann lange auf sich warten lässt, wenn scheinbar alle Bedingungen, insbesondere das erforderliche niedrigere Trophieniveau, hergestellt sind (BRIEMLE 2009).

Ein treffendes Beispiel dafür, dass sogar technische Strukturen hervorragenden Wert für den Naturschutz haben können, wenn sie nur alt sind, sind die Reste der von Tulla nach 1817 geschaffenen Rheindeiche im Naturschutzgebiet Taubergießen (Abb. 4.7). Sie beherbergen heute eines der bedeutendsten Vorkommen von Ragwurz-Arten (Farbtafel 32).

Alle diese, dem kundigen Landschaftsökologen selbstverständlichen Dinge werden leider in Landschaftsplanung und Agrarumweltpolitik oft ignoriert. Dort maßgebliche Anforderungen und Regeln bewirken genau das Gegenteil, wie zwei Beispiele zeigen: (1) Die unten im Kapitel 10.1 näher betrachtete deutsche Eingriffsregelung nach § 14 ff. BNatSchG verlangt von allen Verursachern von Eingriffen in die Landschaft Ausgleichs- oder Ersatzmaßnahmen. Diese müssen einen Biotop aufwerten und dürfen nicht darin bestehen, die drohende Zustandsverschlechterung eines hochwertigen Biotops zu verhindern (etwa für die Fortführung notwendiger, aber unrentabler Beweidung zu sorgen), was nach dem hier Erläuterten fast durchweg viel wichtiger wäre. Dies gilt vor allem, wenn die „Aufwertung" in Gestalt des Pflanzens einiger Bäume bestenfalls dem oben definierten Teilziel *W* und so gut wie gar nicht *N* dient. (2) Die im Kapitel 8.3 näher betrachten, bis 2013 gültigen Regeln der „Cross Compliance" der EU-Agrarpolitik verpflichten die zuständigen Behörden der Länder, dem Verlust von Grünland entgegenzuwirken. Sie dürfen jedoch den Umbruch hochwertigen alten Grünlandes zu Ackerland gewähren lassen, wenn sie nur dafür sorgen, dass an anderer Stelle neues und artenarmes eingesät wird. Mit dieser Regel wird bestenfalls der Flächenumfang an Grünland, aber in keiner Weise dessen Qualität bewahrt.[6]

4.4.2.4 Belastbarkeit

HABER (2006, S. 23) berichtet, in seiner Kindheit mit Mitschülern aus Froschlaich Kaulquappen gezogen, Raupen gesammelt, Meisen, Grasmücken, Kiebitze und Fasanenküken aufgepäppelt und daraus ein tiefes Naturverständnis entwickelt zu haben – alles, was heute verboten wäre. Man darf oft nicht einmal mehr Blumen pflücken. In einer Situation, in der kleinste Biotope und sogar Individuen von Arten gegen menschlichen Einfluss abgeschirmt werden müssen, hat der Naturschutz schon fast verloren. Verschiedene heutige Schutzstrategien muten paradox an. So ist es selbst ausgewählten Personengruppen mit nachvollziehbarem Interesse verboten, bestimmte sensible Naturschutzgebiete, wie Moore, zu betreten, auch wenn sie große Vorsicht walten lassen.[7] Zuweilen ist es unmöglich, LehramtsstudentInnen in Biologie wertvolle Moore und die dort lebenden Pflanzenarten aus der Nähe zu zeigen, weil keine Genehmigung dafür zu erhalten ist. Die künftigen LehrerInnen könnten bedeutende Anregungen aus ihren Erlebnissen im Moor schöpfen und an ihre Schüler weitergeben. Auf den ersten Blick mag das Verbot sogar berechtigt erscheinen – Moore sind nun einmal trittempfindlich. Allein die Begründung ist kurios. Wer nach ihr fragt, erhält zur Antwort, dass das Moor für künftige Generationen erhalten werden muss. Bleiben derartige Biotope so knapp und belastungsunverträglich wie heute, dann wird man der kommenden Generation dasselbe sagen müssen wie der heutigen. Auch sie muss auf das Moorerlebnis zugunsten ihrer künftigen Generationen verzichten, und ebenso auch alle folgenden, sodass niemand mehr Moore erleben kann.[8]

Ein Moor ist wegen seiner Empfindlichkeit und wegen der Unmöglichkeit, es in historischen Zeiträumen wieder zu regenerieren, ein problematisches Beispiel. Dennoch ist die aus dem Beispiel abgeleitete Maxime gültig: Naturschutz muss zum Ziel haben, Reichtum und Eigenart an Arten und Biotopen in einem Umfang zu entwickeln, dass sie gewisse Belastungen ertragen. Viele andere Biotope können dies, sofern sie nur hinreichend umfangreich sind. Aus dem Argument folgt, dass rein quantitativ mehr im Natur-

---

[6] Selbst der Flächenumfang wird nicht gewährleistet, da eine zu hohe Verlustrate toleriert wird. Zu neuen Entwicklungen vgl. Kapitel 7.6.4.

[7] Dieselben Biotope dürfen von anderen Personen wie Jägern ohne Weiteres betreten werden, auch wenn diese keine Vorsicht walten lassen.

[8] Der Ökonom würde argumentieren, dass es besser (in der Fachsprache „pareto-superior") wäre, wenn wenigstens eine Generation das Moor, und sei es destruktiv, erleben könnte, als wenn es gar keine kann. Dieser Meinung schließen wir uns nicht an.

schutz zu fordern und zu erreichen ist, als es schüchterne (eingeschüchterte) Stimmen oft nur zu äußern wagen. Hierfür lassen sich mehrere Gründe anführen:

- Natur soll nicht nur um ihrer selbst und aus abstrakten ethischen Postulaten heraus erhalten werden, sondern gemäß dem oben definierten Ziel W auch im Interesse des Wohlbefindens der Menschen. Symbolisch ausgedrückt: Ist Blumen zu pflücken verboten, so ist die Natur schon auf einem Tiefpunkt. Es muss (als Metapher auch für andere Tätigkeiten) erlaubt sein, um die Natur genießen zu können.
- Natur auf ein absolutes Minimum schrumpfen zu lassen und dieses dann sehr energisch und aufwändig zu schützen, kann ökonomisch ineffizient sein. Es kann kostengünstiger sein, größere und belastbare Bestände vorzuhalten und gewisse Eingriffe und Verluste zu tolerieren, als gezwungen zu sein, das absolute Minimum „mit Zähnen und Klauen" zu verteidigen – symbolisch ausgedrückt, mit Aufpassern, die Tag und Nacht wachen.
- Selbst mit hohem Aufwand lassen sich zu kleine Restbestände oft nicht halten, weil stochastische Einflüsse, von Witterungsextremen bis zum Vandalismus, ganz hingenommen werden müssen oder zumindest nicht sicher vermeidbar sind. Zu kleine Populationen können langfristig auch aus genetischen Gründen existenzunfähig sein.

4.4.2.5 Landschaftswasserhaushalt

Die moderne Kulturtechnik hat die Ableitung aus landwirtschaftlicher Sicht überschüssigen Wassers aus Agrarbiotopen perfektioniert. Durch die Schaffung von Vorflut und weitere Maßnahmen gelang es fast überall, die schon oben im Kapitel 2.5 genannten mesischen Verhältnisse herzustellen, insbesondere die Abwesenheit von Wasserüberschuss, jedenfalls für den „Normalbetrieb". Wasserwirtschaftliche Maßnahmen, wie die Begradigung und Sohlenvertiefung von Flüssen zur Beschleunigung des Abflusses, unterstützten diese Aktionen. Wie so oft dauerte es länger, bis sich die Kehrseiten zeigten.

Bleiben Niederschläge und Verdunstung konstant und wird sogar der Oberflächenabfluss durch Versiegelung verstärkt – dies allerdings vorrangig im Bereich der Siedlungen –, so übersetzt sich die Entlastung landwirtschaftlichen Flächen vom Wasser „eins zu eins" in eine entsprechende *Be*lastung der Flüsse. Diese fällt im Normalbetrieb nicht auf, wohl aber bei außergewöhnlich hohem Wasserdargebot. Auf manifeste oder beinahe hereingebrochene Flutkatastrophen des letzten Jahrzehnts in Deutschland braucht nicht besonders hingewiesen zu werden. Vielen Menschen ist das Ausmaß nicht geläufig, mit dem Flüsse in den letzten 200 Jahren in enge Betten gezwungen wurden. In der Naturlandschaft Deutschlands lag der Anteil der Überschwemmungsgebiete der Flüsse an der Gesamtfläche bei 10 %. Millionen Menschen, auch in sehr großen Städten, leben heute in scheinbarer Sicherheit in Gebieten, die den Flüssen gehört haben. Diese rächen sich mit Flutereignissen, die hohen wirtschaftlichen Schaden anrichten.

Als Reaktion darauf wird auch von wasserwirtschaftlicher Seite das Fehlen hinreichend großer Retentionsflächen beklagt, in die bei Hochwasserereignissen vorübergehend Wassermassen geleitet werden können, ohne dass sie großen Schaden anrichten. Zwar ist die Einengung der Flüsse nicht nur das Werk der Landwirtschaft (die gleichwohl davon stark profitierte), sondern besonders des Siedlungswesens, jedoch würde die Schaffung von Retentionsflächen realistischerweise vor allem zu Lasten landwirtschaftlicher Ackerflächen erfolgen, die in – freilich noch nutzbares – Grünland umgewandelt werden müssten.

Die Entwicklung klar definierter Überschwemmungs-Vorsorgeflächen ist nicht die einzige Abhilfe. Auch der Eifer, mit dem Wasser von landwirtschaftlichen Flächen entfernt wird, muss reduziert werden. Wird weniger Wasser aus der Landschaft ausgetrieben, so haben die Flüsse weniger Anlass, sich zu rächen. Dies gelingt nur, wenn feuchte Agrarflächen toleriert werden, die durchweg als Grünland genutzt werden müssen. Für dieses Feuchtgrünland sind allerdings sinnvolle Nutzungsformen zu entwickeln; vorgreifend sei auf die Vorschläge für Moore im folgenden Kapitel 4.4.3 verwiesen, die auch für Feuchtgrünland auf Mineralböden gelten können.

Über das Dargelegte hinaus hat der Verlust von landwirtschaftlichen Feuchtbiotopen auch direkte Folgen für den Naturschutz. Nach der Tab. 2.2 im Kapitel 2.5 steht die Formation der Feuchtwiesen hinsichtlich der Gefährdung von Farn- und Blütenpflanzen mit an vorderer Stelle der Agrarbiotope. Auch zahlreiche Tierarten, darunter auf Wiesen brütende Vögel, verlangen Feuchtigkeit.

Ein erheblicher Teil des Bedarfs an Feuchtwiesen kann in Strom- und Bachtälern befriedigt werden, wo zwar Ackerkulturen, die ohnehin nicht dorthin gehören, verdrängt werden, eine Nutzung als Grünland jedoch möglich bliebe. Im Übrigen bestehen Parallelen und fließende Übergänge zu den nachfolgend angesprochenen organischen Böden.

4.4.2.6 Synergien

Zuweilen verlangen unterschiedliche Ziele die gleichen oder sehr ähnliche Maßnahmen. Es sind wichtige Fälle zu nennen, bei denen Umorientierungen in der Landschaft nicht nur im Interesse der Biodiversität, sondern auch im Interesse anderer Anliegen verlangt werden, insbesondere dem Hochwasser-, Gewässer- und Bodenschutz.

Im Gegensatz zum Schutz der Biodiversität ist der Hochwasserschutz von akuter gesellschaftlicher Bedeutung, weil seine Unterlassung schon kurzfristig zu hohen ökonomischen Schäden, politischen Konflikten und sogar zur Gefährdung von Menschenleben führt. Kommen auch Abhilfemaßnahmen infolge lokaler Egoismen nur langsam voran (niemand wendet gern Kosten auf, damit die stromab lebenden Einwohner begünstigt werden), so besteht doch an der gesamtgesellschaftlichen Priorität dieses Zieles kein Zweifel.

Auch der Gewässer- und Bodenschutz dient unmittelbaren wirtschaftlichen Interessen, wie der Siedlungswasserwirtschaft und nicht zuletzt der Landwirtschaft selbst. Dass regelmäßig Sandstürme durch Brandenburg und Mecklenburg-Vorpommern ziehen, ist in einem mitteleuropäischen Kulturstaat ein unmöglicher Zustand. Winderosion muss eingedämmt werden, dazu bedarf es unter anderem der Gliederung übermäßig großer Agrarflächen durch Schutzbiotope. Der Gewässerschutz wird durch die Wasserrahmenrichtlinie der Europäischen Union einer strengen Legislatur unterworfen; Revitalisierungsmaßnahmen vielfältiger Art *müssen* danach getroffen werden (Beispiele in MADSEN

& Tent 2000, Janssen & Ripl 2008). Die landwirtschaftliche Flächennutzung neben den Gewässern bleibt davon nicht unbetroffen.

Wirtschaftliche Interessen und gesetzliche Vorgaben verlangen also Maßnahmen ganz unabhängig von den Anliegen des Naturschutzes im engeren Sinne, dem Biodiversitätserhalt oder Artenschutz. Die Maßnahmen und dafür erforderlichen Flächen werden zum erheblichen Teil von Interessenten vertreten und verlangt, die der Biodiversität eher indifferent gegenüberstehen, sich für seltene Kräuter jedenfalls nicht interessieren. Das mindert selbstverständlich nicht die gesellschaftlichen Kosten der Umsetzung dieser Maßnahmen, lässt aber nach der Kosten*zurechnung* fragen. Wird Hochwasser-, Gewässer- und Bodenschutz kategorisch verlangt, so sind ihnen auch die Kosten von Maßnahmen zuzurechnen. Profitiert dann von ihnen auch die Artenvielfalt, so tut sie dies im Gefolge der ohnehin erforderlichen Maßnahmen kostenfrei. Kosten können ihr nur zugerechnet werden, soweit sie darüber hinausgehende Ausgestaltungen verlangt, die sonst nicht erforderlich wären. Sollen in diesem Buch die Kosten des Biodiversitätserhalts auch durchaus nicht „klein gerechnet" werden, so sind doch die beschriebenen Synergien zu beachten. Besondern die im folgenden Kapitel 5.6 berechneten Kosten für ein Kulturlandschaftsprogramm dürfen nicht in vollem Umfang dem Biodiversitätserhalt angelastet werden.

4.4.3 Das Sonderproblem Moore

Völlig ungenutzte und unbeschädigte Moore, die zur Naturlandschaft zu zählen sind, nehmen nur noch einen sehr kleinen Raum in Mitteleuropa ein. Ausgedehnte ehemalige Regenmoore besonders in Nordwestdeutschland sind durch Torfabbau und Kultivierung ausgelöscht worden. Gleiches gilt für Niedermoorflächen mit geringmächtiger Torfauflage, die teils restlos mineralisiert worden sind. Nach wie vor existieren jedoch in Deutschland entwässerte und landwirtschaftlich genutzte Flächen organischen Bodens im Umfang von über 1,3 Millionen Hektar, vor allem in Niedersachsen, Schleswig-Holstein, Mecklenburg-Vorpommern und Brandenburg (Röder & Grützmacher 2012). Im bayerischen Alpenvorland, dem Bayerischen Wald, dem Schwarzwald und in Oberschwaben gibt es weniger großflächige, aber sehr hochwertige Moore.

In den vergangenen Jahrhunderten führte eine entsprechend den unentwickelten technischen Möglichkeiten nur verhaltene Entwässerung dazu, dass sich Niedermoorflächen in artenreiche und aus heutiger Sicht unbedingt schutzwürdige Biotope entwickelten, z. B. in Sumpfdotterwiesen, Kleinseggenrieder und Pfeifengras-Streuwiesen (Farbtafeln 23, 25 und 26).

Moore sind jedoch nicht nur Lebensstätten von Pflanzen und Tieren, sondern auch Senken und Vorratsspeicher für Stoffe, insbesondere Kohlenstoff. Die Torfmineralisierung durch Sauerstoffzutritt infolge Entwässerung verwandelt sie aus Senken in Quellen und stellt mit den CO_2-Emissionen eine Belastung für die Atmosphäre dar. Im Moorschutz steht heute die Verhinderung der CO_2-Emission im Vordergrund des Interesses, wobei jedoch das Methan (CH_4) nicht vergessen werden darf. Experten weisen darauf hin, dass *jede* landwirtschaftliche Nutzung zu einer Torfzehrung führt, nur mit unterschiedlicher Geschwindigkeit. Daher wird teilweise für eine kompromisslose Vernässung votiert, die eine herkömmliche, auch extensive und der Artenvielfalt förderliche landwirtschaftliche Nutzungen verbietet.

Man erkennt, dass zwischen verschiedenen Zielen nicht nur Synergien (wie oben gezeigt), sondern auch Konflikte bestehen können – hier zwischen den Belangen der traditionellen Kulturlandschaft mit ihrem Arteninventar, dem Schutz bedrohter Lebensräume und dem Klimaschutz. Hier ist ein Kompromiss zu suchen; Klimaschutz ist wichtig, aber Arten- und Biotopschutz ist auch wichtig.[9]

Die verbliebenen Reste wachsender Regenmoore als Teil der ursprünglichen Natur- (nicht Kultur-)landschaft müssen selbstverständlich frei von jeder Nutzung geschützt werden (unter anderem DIERSSEN & DIERSSEN 2008, S. 176 ff., ferner KRATZ & PFADENHAUER 2001, SUCCOW & JOOSTEN 2001). Die relativ geringen Torfvorräte sind nicht klimarelevant; hier stehen der Arten- und Biotopschutz sowie die Bewahrung der Funktion der Moore als Archive der nacheiszeitlichen Landschaftsgeschichte im Vordergrund. Aus der Warte des Naturschutzes hochwertiges Niedermoor-Grünland muss traditionell weiter bewirtschaftet werden, auch wenn dies im Interesse der CO_2-Festlegung nicht optimal ist. Es gibt umfangreiche unausgeschöpfte Gelegenheiten, dem Klimaschutz zu dienen, die geringere Opfer fordern. Die wertvollen Biotope umfassen nur einen sehr kleinen Bruchteil des oben genannten Flächenumfangs, auch handelt es sich überwiegend um Schnittgrünland, bei dem keine Trittsicherheit für die Weidetiere verlangt ist, sodass der Grundwasserstand nicht so drastisch erniedrigt werden muss, dass schnelle Torfzehrung zu befürchten ist. Die erforderlichen Abstriche am Ziel des Klimaschutzes fallen daher nicht ins Gewicht.[10]

Nach RÖDER & GRÜTZMACHER (2012) werden in Deutschland etwa 440.000 Hektar Moor- und Anmoorflächen ackerbaulich genutzt. Dies ist nicht nur mit dem Klimaschutz unverträglich, sondern auch aufgrund der Freisetzung von Stickstoff und Phosphor belastend für die Gewässer. Zumindest ist eine Umwandlung in extensiv genutztes, das heißt mit höheren Wasserständen verträgliches Grünland anzustreben. Hierauf wird im Kapitel 8.5 zurückgekommen.

---

[9] Immer wieder lässt sich beobachten, wie einzelne Ziele ohne Rücksicht auf alle anderen verabsolutiert werden. Nicht wenige Stimmen der Forstpartie sind davon überzeugt, dass für den CO_2-Einfang und damit für den Klimaschutz alles aufgeforstet werden sollte, was nur aufgeforstet werden kann, auch wenn dabei hochwertiges Offenland auf der Strecke bleibt. Im Kapitel 10.2 wird dargelegt werden, wie die an sich vernünftige Absicht, regenerierbare Energieträger zu fördern, zu höchst unvernünftigen Entscheidungen geführt hat.

[10] Das gilt auch umgekehrt für manche das Klima schützenden Beiträge. DRÖSLER et al. (2012) belegen in aufwändigen Berechnungen, dass die Renaturierung des Wurzacher Riedes im Landkreis Ravensburg auf etwa 1.200 Hektar zu einer Emissionsreduktion von jährlich etwa 11.400 t CO_2-Äquivalenten geführt hat. Das entspricht 0,005 % des jährlichen Ausstoßes an CO_2 in Deutschland. Diese Art von Klimaschutz schöpft mit dem Teelöffel, wo der Eimer notwendig wäre. Zielführender ist, die Emission auf großen landwirtschaftlich genutzten Flächen zu reduzieren.

Abb. 4.8 Innovative Paludikultur: Paludiraupe im Einsatz bei Anklam, Vorpommern.
(Foto: C. Schröder)

Für umfangreiche degenerierte Niedermoore, insbesondere den in der ehemaligen DDR
als Saatgrasland zu kurzfristiger Hochproduktivität verholfenen Flächen, die heute jeder
Artenvielfalt bar sind, sollte die Klimaschutzfunktion besonders im Vordergrund stehen.
So fordert es auch das wegweisende Moorschutzkonzept von Mecklenburg-Vorpommern (MLUV-MV 2009). Die dort zu erwägende Totalvernässung muss nicht die gänzliche Überlassung der Flächen an die Sukzession und damit Ausgliederung aus der Kulturlandschaft bedeuten, sondern eröffnet Perspektiven für wirtschaftlich interessante
Paludikulturen, von der Aufforstung mit Erlen (SCHÄFER & JOOSTEN 2005) über die Nutzung krautigen Nassaufwuchses zur Biogasherstellung bis zum gelenkten (und genutzten) Torfwachstum (JOOSTEN & CLARKE 2002). Hier ist die Idee der Kulturlandschaft
nicht konservativ, sondern innovativ.

Die damit verbundenen technischen und ökonomischen Fragen, auch in Bezug auf
die Wiederbelebung der Senkenfunktion von Mooren, sind jedoch vielfältig – vieles
Interessante befindet sich erst im Erprobungsstadium, sodass dieser Bereich zunächst
Experten überlassen bleiben muss (Abb. 4.8). Umfassende Information bieten TANNE-
BERGER & WICHTMANN (2011).

4.5   Wie viel Fläche benötigt der Naturschutz?

4.5.1   Methodisches

Die Diskussion der „Flächenprozente" (HORLITZ 1994) besitzt in Deutschland eine lange Tradition. Welcher Anteil der Agrarlandschaft soll vorrangig Naturschutzzielen dienen? Seifert, dem Landschaftsarchitekten des NS-Reichsautobahnbaus, wird irrtümlich die Urheberschaft der „10-%-Regel" zugeschrieben, tatsächlich verlangte er nur 3 bis 5 % „Ödland" (SEIFERT & TODT 1938). Der Wert von 10 % verfestigte sich in einer Debatte der 1980er Jahre. Hier sind eine Denkschrift der „Projektgruppe Aktionsprogramm Ökologie" (BICK & RÖSER 1984) und besonders das unter maßgeblichem Einfluss von Haber entstandene Sondergutachten Landwirtschaft (SRU 1985) des Rates von Sachverständigen für Umweltfragen zu nennen.

Wichtiger als die bloßen Zahlen sind allerdings ihre Begründungen. Für das Teilziel N in diesem Buch wäre ein Konzept zu wünschen, das sich aus den Lebensansprüchen der zu schützenden Arten ableitet. Zwar ist über die Biotopansprüche zahlreicher Arten vieles bekannt, jedoch haben sich bisher alle Versuche als vergeblich erwiesen, daraus eine Gesamtkonzeption für die Kulturlandschaft abzuleiten (HORLITZ 1994). Die dabei verwendeten Ansätze, wie z. B. die Theorie der Biogeographie der Inseln (MACARTHUR & WILSON 1967) sowie das Konzept der Metapopulation (SETTELE 1999), haben gewiss manche Einsichten gebracht, sich jedoch für eine direkte Umsetzung in der mitteleuropäischen Kulturlandschaft als zu abstrakt und ahistorisch erwiesen. Bei der Fülle an Arten und ihren Wechselwirkungen untereinander wäre eine streng auf Naturschutzziele abgestellte Gesamtkonzeption auch einseitig und mit untragbarem Aufwand verbunden. Nur auf einzelne Zielarten abgestellte Konzepte,[11] wie z. B. für den Schreiadler in Mecklenburg-Vorpommern (KINSER et al. 2011), können sich an deren Lebensbedürfnissen orientieren.

Andere Ansätze, wie etwa die Arbeit zum „Mindestbedarf an naturnahen Flächen" für das Schweizerische Mittelland (BROGGI & SCHLEGEL 1989) orientieren sich historisch, nämlich dort am mutmaßlichen Bestand der frühen 1960er Jahre. Mit dieser Methode wird in der Arbeit ein Bedarf von 12 % der Kulturlandschaftsfläche errechnet.

HORLITZ (1994, Anhang 1, S. 182 ff.) sammelt in seiner mustergültigen Arbeit fast 30 Vorschläge für Flächenprozente, teils mit unterschiedlichen Begründungen, teils ganz ohne sie. Abgesehen von ständigen Klagen, wie willkürlich alle diese Zahlen seien, ist die Debatte seit dieser Zusammenstellung lange Zeit nicht konstruktiv weitergeführt worden.

Zwei Aspekte entschärfen das Problem. Zum einen geht es, wie oben begründet, nicht nur um die Neuschaffung hochwertiger Biotope, sondern zunächst vor allem um die Bewahrung der noch verbliebenen. Diese sind aber, unter anderem durch die Meldepflicht

---

[11] Besitzen die Zielarten hohe Biotopansprüche, so wird erwartet, dass mit ihrem Schutz auch zahlreiche weniger anspruchsvolle Arten mitgeschützt werden. Allerdings bleibt ein Nachweis häufig zu liefern.

im Rahmen der FFH-Richtlinie, weitgehend flächenmäßig erhoben. Das gibt einen wichtigen Anhaltspunkt. Zweitens entledigt man sich unlösbarer Probleme, indem man seinen Anspruch nicht zu hoch schraubt. Wird nicht behauptet, eine – nach welchen Maßstäben auch immer – perfekte Kulturlandschaft zu konzipieren, sondern allein eine *bessere* als die vorhandene, dann sind zunächst willkürlich erscheinende Flächenanforderungen durchaus nicht sinnlos. Niemand kann bestreiten, dass eine Landschaft, die 10 % ihrer Fläche für die Artenvielfalt bereitstellt, besser ist als eine, die gar nichts dafür übrig hat.

4.5.2   Flächenbedarfsschätzungen

Im Jahre 1991 veröffentlichten HAMPICKE et al. im Auftrag des Umweltbundesamtes eine Gesamtschätzung des für den Naturschutz erforderlichen Flächenbedarfs in den alten Bundesländern, verbunden mit einer Kostenschätzung und einer Zahlungsbereitschaftsstudie, die bereits im Kapitel 3.4 erwähnt wurde. Die Tab. 4.1 enthält die von HORLITZ (1994, S. 146–147)[12] später leicht korrigierten Daten, soweit diese sich auf die offene Kulturlandschaft beziehen. Es wurden ein Mindestszenario (I) und ein anspruchsvolleres Szenario (II) entworfen. Die Angaben über vorhandene Flächen hochwertiger Biotope wurden von Fachleuten und aus der Literatur erhoben. Während Ist- und Soll-Umfänge der anzustrebenden Grünlandtypen von der Größenordnung her auch heutigen Vorstellungen entsprechen, wurden Ackerbiotope damals nur in geringem Umfang vorgesehen, hauptsächlich als Randstreifen. In beiden Szenarien wurde die Entwicklung von Waldrändern, -säumen und ähnlichen Strukturen in hohem Umfang auf Kosten von Acker- und Intensivgrünland eingefordert. Dies lässt sich heute auch als Reflex auf die damalige landwirtschaftliche Überproduktion interpretieren, als die Ausgliederung von Agrarflächen nicht nur aus Gründen des Naturschutzes erwünscht war. Diese Maßnahmen wären heute teurer als damals. In den Szenarien fehlt andererseits die Anlage von Strukturelementen in Ackerlandschaften.

Stark vereinfacht, geht die damalige Schätzung davon aus, dass zusätzlich zu den etwa 400.000 Hektar bereits existierender, für den Naturschutz wertvoller Offenlandfläche in einem bescheidenen Szenario weitere etwa 600.000 und in einem anspruchsvolleren Szenario etwa 1.200.000 Hektar hinzuzufügen wären. Dies wären 8 bis 13 % der landwirtschaftlich genutzten Fläche in der Bundesrepublik vor 1990 gewesen.

Im Jahre 2005 erhoben GÜTHLER & OPPERMANN den Flächenumfang der für den Naturschutz bedeutenden pflege- oder nutzungsbedürftigen Offenlandbiotope in Deutschland (Tab. 4.2). Die Arbeit geht zunächst von den FFH-Lebensraumtypen im Umfang von etwa 350.000 bis 420.000 Hektar aus, addiert dazu aber Flächen von etwa 960.000 bis 1.600.000 Hektar, die, obwohl nicht FFH-ausgewiesen, dennoch für den Naturschutz bedeutend sind. Es resultieren 1,3 bis 2 Millionen Hektar oder 10 bis 15 % des landwirtschaftlich genutzten Offenlandes.

---

[12] Horlitz war gemeinsam mit Kiemstedt Autor auch des naturschutzfachlichen Teils in HAMPICKE et al. (1991).

Tab. 4.1 Szenarien für den Flächenumfang des Naturschutzes in der Agrarlandschaft der alten Bundesländer nach HORLITZ 1994. (Quelle: HORLITZ 1994, S. 146–147, dort leicht verändert aus HAMPICKE et al. 1991, S. 304–307)

	Vorhanden (ha)	Szenario I (ha)	Szenario II (ha)
Streuwiesen	25.000	50.000	100.000
Sumpfdotter- und Kohldistelwiesen	50.000	125.000	200.000
Fettwiesen, Ebene und Mittelgebirge	75.000	200.000	350.000
Weiden, extensiv und Mittelgebirge	75.000	225.000	350.000
Halbtrockenrasen	30.000	60.000	100.000
Sonstiges wertvolles Grünland a)	158.000	212.000	236.000
Feuchtgrünland als Puffer gegen Gewässer und Moore	5.000	150.000	320.000
Grünland, zusammen	*418.000*	*1.022.000*	*1.656.000*
Auwald, Waldsäume, Waldränder, Naturwaldreservate,	175.000	510.000	693.000
– davon aus Acker u. Grünland zu entwickeln		*335.000*	*518.000*
Zusammen	*593.000*	*1.532.000*	*2.349.000*

a) Salzwiesen, Streuobstwiesen, Grünlandbrachen. Ohne Moore und ohne Waldbiotope, soweit nicht aus Acker und Grünland zu schaffen. In Szenario II auch geringfügig andere Annahmen über vorhandene Flächen.

Tab. 4.2 Anforderung des Naturschutzes an den Flächenumfang pflegebedürftiger Offenlandbiotope nach GÜTHLER & OPPERMANN 2005. (Quelle: GÜTHLER & OPPERMANN 2005, Tabelle 10, S. 128/129)

Code nach FFH-Anhang I	Lebensraumtyp	Mindestens (ha)	Höchstens (ha)
2310, 2320, 2330, 4010, 4030, 4060, 5130	Heiden und offene Grasflächen	71.870	83.170
6110, 6120, 6130, 6150, 6170, 6210, 6230, 6240	Sand-, Schwermetall-, Kalktrocken- und Borstgrasrasen	84.430	99.720
6410, 6430,6440, 6510, 6520 7210, 7230	Feucht- und Streuwiesen	37.600	51.700
	Flachland- und Bergmähwiesen	149.000	179.000
	Niedermoore und kalkreiche Sümpfe	9.700	11.100
	FFH-Lebensraumtypen, zusammen	*352.600*	*424.690*
Ergänzungen	6–12 % des Dauergrünlandes	298.176	596.352
	Streuobstwiesen	300.000	400.000
	3–5 % des Ackerlandes	354.843	591.405
	5–10 % der Weinbaufläche	4.920	9.840
	5–10 % der Karpfenteichfläche	2.100	4.200
	Summe Ergänzungen	*960.039*	*1.601.797*
	Gesamtsumme	*1.312.639*	*2.026.487*

Tab. 4.3 Maßnahmen zur Umsetzung der Nationalen Biodiversitätsstrategie in Deutschland nach RÜHS et al. 2012. (Quelle: RÜHS et al. 2012)

		ha
Moore	Gewährleistung natürlicher Entwicklung	73.077
	Renaturierung	50.000
	Grundwasseranhebung in Grünland und Wald	172.820
	Verdrängung der Ackernutzung	154.700
	Zusammen	*450.597*
Feuchtgebiete	Natürliche Entwicklung in Wäldern	98.076
	Herstellung von Überflutbarkeit, Wiederherstellung und geeignete Nutzung von Grünland	55.347
	Verdrängung der Ackernutzung	23.800
	Zusammen	*177.223*
Trockenstandorte	Entwicklung und Pflege von Magerrasen	53.318
	Entwicklung und Pflege von Heiden	125.409
	Zusammen	*178.727*
Grünland	Geeignete Nutzung von artenreichem Grünland	896.507
	Neuentwicklung von artenreichem Grünland	45.000
	Erhalt und Entwicklung von Streuobstwiesen	199.500
	Extensivierung	720.000
	Schaffung von Strukturelementen	48.314
	Zusammen	*1.909.321*
Ackerland	Anwendung von Agrarumweltprogrammen für „abiotischen“ Ressourcenschutz, einschließlich Ökologischem Landbau	3.570.000
	Vertragsnaturschutz	357.000
	Schaffung von Strukturelementen	130.186
	Zusammen	*4.057.186*
	Offenland zusammen	*6.773.054*

Die Tab. 4.3 enthält Ergebnisse einer von Hartje geleiteten Studie aus dem Jahre 2010, hier gemäß einer Zusammenstellung von RÜHS et al. (2012). Die Autoren hatten die Aufgabe, die in der Nationalen Strategie zur Biologischen Vielfalt der Bundesregierung (BMU 2007) enthaltenen Ziele in einer quantitativen Szenarienrechnung zu konkretisieren. Hinsichtlich der recht komplexen Struktur der gesamten Untersuchung, in der auch die Anpassung an den Klimawandel eine Rolle spielt, sei der Leser auf die Originalvorlage verwiesen.[13] Der in der Tab. 4.3 ausgewiesene Flächenanspruch erscheint im Vergleich zu anderen Studien sehr hoch. Der wichtigste Grund dafür besteht darin, dass die

---

[13] Auch die in Kapitel 3.4 dargestellte Zahlungsbereitschaftsstudie sowie die Kostenschätzung im Kapitel 5.6 sind Teile der Gesamtstudie.

Szenarien über die Aspekte der Biodiversität hinaus auch Ansprüche des sogenannten „abiotischen" Ressourcenschutzes bedienen (vgl. hierzu Fußnote 1, Kapitel 1). So werden auf dem Ackerland über 3,5 Millionen Hektar für Maßnahmen veranschlagt, die etwa denen der heute praktizierten Agrarumweltprogramme entsprechen (vgl. Kapitel 7.7.1). Das Volumen der spezifisch biodiversitätsorientierten Maßnahmen ist ähnlich den übrigen hier vorgelegten Studien.

Ein besonders einfaches Konzept erarbeitete HAMPICKE (2009b) für eine Initiative der Michael Otto Stiftung für Umweltschutz. Es ist in der Übersicht 7 dargestellt und umfasst etwa 13,5 % der landwirtschaftlich genutzten Offenlandfläche in Deutschland. Nicht alle dort veranschlagten Maßnahmen werden zusätzlich zu heutiger Praxis verlangt. So soll etwa das gesamte, in Kapitel 4.4.1.3 mit etwa einer Million Hektar veranschlagte, noch artenreiche Grünland einschließlich Magerrasen und Heiden, in gutem Zustand erhalten werden. Ferner wird vorgeschlagen, etwa 400.000 Hektar Intensivgrünland zu extensivieren. Etwa 300.000 Hektar aus dem weniger ertragreichen Ackerland sollen für verschiedene Naturschutzzwecke, insbesondere den Wildkrautschutz extensiviert werden. In hoch produktiven Ackerbörden sollen schließlich knapp 7 % der Fläche für Strukturelemente ausgesondert werden.

Interessanterweise bestätigen alle neueren Arbeiten mit stark verbesserter Datenlage im Wesentlichen frühere „Flächenprozente"; sie fordern zur Förderung der Biodiversität ca. 10 bis 15 % der offenen Kulturlandschaftsfläche. Den für ihre Willkür gescholtenen Autoren der 10 %-Regel in den 1980er Jahren ist im Nachhinein ein treffender intuitiver Spürsinn zu bescheinigen. Alle vorgeschlagenen Maßnahmen würden dem Teilziel W (Wohlbefinden) stark dienen; ob sie für alle wichtigen Naturschutzfragen (Teilziel N) hinreichten, müsste der eingetretene Erfolg zeigen. Bei der Umsetzung eines der vorgestellten Programme resultierte nicht die beste aller denkbaren Kulturlandschaften, aber eine bedeutend bessere als die vorhandene. Bevor weitere Jahrzehnte fruchtloser Diskussion mit neuen Verlusten an Artenvielfalt ins Land gehen, sollte man endlich etwas davon realisieren. Auf die Kosten wird im Kapitel 5.6 eingegangen.

4.6   Können wir uns Biodiversität und „Wohlfühlumgebung" leisten?

Der Präsident der Deutschen Landwirtschafts-Gesellschaft (DLG) nahm im Juli 2011 zu dieser Frage wie folgt Stellung (BARTMER 2011):[14] Die Zahl der Menschen auf der Erde wird auf 9 bis 10 Milliarden anwachsen und mit ihr der Bedarf an Agrarprodukten. Dies wird die weltweiten Produktionspotenziale massiv auszuschöpfen verlangen. Die für die Agrarerzeugung zur Verfügung stehende Fläche lässt sich nicht ohne Weiteres ausdehnen.

---

[14] Wir nehmen an, dass diese Stellungnahme die Auffassung der landwirtschaftlichen Interessenvertretung treffend wiedergibt, und orientieren uns deshalb an ihr. Es geht nicht darum, mit dem Präsidenten persönlich zu „streiten".

Übersicht 7   Kulturlandschaftskonzept nach HAMPICKE 2009b

Maßnahmen

A Vollständiger Erhalt und geeignete Bewirtschaftung des noch artenreichen Grünlands. Einschließlich Magerrasen, Zwergstrauchheiden und weiterer grünlandähnlicher Biotope sind das nach Expertenschätzungen etwa eine Million Hektar (20 % des gesamten Grünlands).

B Etablierung eines Netzes blütenreichen traditionellen Grünlands in hoch produktiven Grünlandregionen mit Milchvieh zur Fütterung der zweijährigen Färsen im Umfang von 400.000 Hektar (10 % des hoch produktiven Grünlands).

C Extensivierung von 10 % des Ackerlandes im untersten Quartil der Ertragsfähigkeit für den Schutz von Ackerwildkräutern und zur Förderung der ackerspezifischen Biodiversität im Allgemeinen (300.000 Hektar).

D Ausgliederung von etwa 7 % der Fläche in hoch produktiven Ackerlandschaften zur Etablierung von Ausgleichsflächen und Strukturelementen (630.000 Hektar).

Flächenumfang

2,3 Millionen Hektar – 13,5 % der landwirtschaftlichen Fläche in Deutschland von etwa 17 Millionen Hektar.

Im Gegenteil wird heute ein Teil der weltweiten Agrarproduktion auf nicht-nachhaltige Weise erzeugt, wie durch übermäßige Nutzung von Fluss- und Grundwasser, Hervorrufung von Bodendegradation und durch fehlerhafte Bewässerungstechniken, was auf die Dauer nicht tragbar ist. Beim Grundwasser werden sogar fossile Vorkommen ausgebeutet, die sich ebenso wie Erdöl erschöpfen werden. Die EU, obwohl bereits wohlhabend, führt aus der übrigen Welt Agrarprodukte in einem Umfang ein, denen etwa eine Anbaufläche von 15 bis 30 Millionen Hektar entspricht. Das alles gebiete, die eigenen Agrarressourcen, insbesondere das gute Ackerland, mit höchstmöglicher Effizienz zu nutzen. Da bestehe für unüberlegte Förderungen von Nicht-Nahrungspflanzen insbesondere zur Energiegewinnung, für Extensivierungen, für die Anliegen der Biodiversität in der Agrarlandschaft sowie für nostalgische Wünsche nach „Wohlfühlumgebung" immer weniger Raum. Naturschutz auf bestimmten wertvollen Flächen sei, gegebenenfalls gegen Honorierung, zu gewähren, ansonsten genieße landwirtschaftliche Produktionseffizienz den Vorrang.

Der kritische Leser stimmt zu, dass alle Maßnahmen der Agrar- und Landnutzungspolitik ihre globalen Folgen, insbesondere zur Welternährung, zu berücksichtigen haben. Sodann prüft er, ob die Schilderung der Tatsachen zutrifft, weiterhin, ob sie vollständig ist und schließlich, ob die *Bewertungen* dieser Tatsachen und die Ableitung von Folgerungen aus ihnen überzeugt.

Wichtige Tatsachen sind korrekt dargestellt. Die Erwartung steigender weltweiter Nachfrage nach Agrarprodukten wird von Fachleuten geteilt (OECD-FAO 2011, WBA 2012); der zitierte Autor dürfte sich sogar auf deren Zahlen berufen. Der Hinweis auf umfangreiche Übernutzungen von Flächen- und Wasserressourcen, die ein höheres

Produktionspotenzial vortäuschen als tatsächlich besteht, ist ebenfalls zutreffend. Noch brachliegende und in ökologisch nachhaltiger Weise mobilisierbare Produktionsreserven – wie z. B. in Osteuropa – werden dagegen nicht genügend berücksichtigt. Erwähnung verdiente auch die bisher sehr hohe Verderbnis von Agrarprodukten aus verschiedenen Gründen, die weltweit auf 30 % oder höher geschätzt wird (WBA 2012, S. 10). Ihre Reduktion hätte einen massiven ressourcensteigernden Effekt.

Der angesprochene Import von 15 bis 30 Millionen Hektar Agrarfläche auf EU-Ebene führt in die Irre, wenn Deutschland betrachtet wird. In der Tat mögen andere EU-Länder, wie etwa die Niederlande, sehr hohe Flächenimporte tätigen; die Verhältnisse für Deutschland im Jahr 2009 bzw. im Wirtschaftsjahr 2009/2010, berechnet in einer „Energiewährung", finden sich in den Tab. 4.4 bis 4.7. Alle Energieangaben beziehen sich auf den photosynthetisch gebildeten Brutto-Brennwert, nicht auf metabolische Energiewerte.[15] Die Rechnungen werden an anderer Stelle im Detail publiziert (HAMPICKE in Vorbereitung), ihre Ergebnisse sind vorläufig und können hier nur komprimiert wiedergegeben werden.

Die Tab. 4.4 summiert zunächst den gesamten genutzten Pflanzenaufwuchs von der Acker- und Grünlandfläche Deutschlands im Jahre 2009 und weist aus, wie viel davon jeweils in die wichtigsten Verwendungen fließt. Genau zwei Drittel werden als Futter genutzt.[16] Zu beachten ist, dass der Anteil der Energiepflanzen zwischen 2009 und 2012 noch erheblich gewachsen ist. Die Tab. 4.5 stellt das Futteraufkommen den Energiegehalten der damit erzeugten tierischen Produkte gegenüber. Der Futtereinsatz beträgt energetisch etwa das 7-fache der erzeugten Produkte. Hinter diesem Durchschnittswert verbirgt sich freilich eine breite Spreizung zwischen energieeffizienten Transformationen, wie die Milch-, Eier-, Schweine- und Geflügelfleischerzeugung, und wesentlich weniger effizienten, wie besonders die Rindfleischerzeugung. Fütterungstechnische Fortschritte haben den hier errechneten Koeffizienten in den vergangenen Jahrzehnten verbessert; früher war er noch höher.

---

[15] In der Tierernährung werden Verdauliche Energie (DE), Umsetzbare Energie (ME) und Nettoenergie Laktation (NEL) unterschieden, vgl. KIRCHGÄSSNER 1992, JEROCH et al. 1993. Physische Aggregationen der landwirtschaftlichen Erzeugung werden in Deutschland anders als in der vorliegenden Rechnung in Getreideeinheiten vorgenommen. Die Getreideeinheit wurde während des Zweiten Weltkrieges als Hilfsmittel zur Sicherstellung der Ernährung der Bevölkerung entwickelt und ist zumindest in ihrer bisher gültigen Form (BECKER 1988) nicht dazu geeignet, die energetische Leistung der Pflanzendecke in Agrarbiotopen abzubilden. Das ist auch nicht ihre Aufgabe. Sie bildet den Futter*wert* und bei tierischen Erzeugnissen die zu ihrer Erzeugung notwendige Energie ab. Zum Beispiel wird die photosynthetische Leistung des Silomaises stark unterbewertet. Der erste Augenschein legt nahe, dass die jüngst vorgenommene Neubewertung (Statistisches Jahrbuch ELF 2011, S. 157) dem im Vorliegenden verwendeten Verfahren näherkommt. Eine genaue Analyse konnte jedoch bei Drucklegung dieses Buches noch nicht erfolgen.

[16] Geringere Werte in der amtlichen Statistik (Statistisches Jahrbuch ELF 2011, Tabelle 130, S. 126) können auf der in der voranstehenden Anmerkung erwähnten Aggregation in Getreideeinheiten oder auf der Vernachlässigung von Nebenprodukten der Nahrungserzeugung beruhen, wie z. B. Kleien von Brotgetreide, Trockenschnitzel bei der Zuckererzeugung usw.

Tab. 4.4 Aufkommen und Verwendung der geernteten Pflanzenmasse in der deutschen Landwirtschaft 2009. (Quelle: HAMPICKE in Vorbereitung. Alle Daten aus: Statistisches Jahrbuch über ELF 2011, FNR 2011)

	PJ	%
Gesamte Inlandserzeugung	2.061	100
davon:		
Futter direkt	1.247	60,5
Futter indirekt [a]	124	6,0
Futter zusammen	1.371	66,5
Pflanzliche Nahrungsmittel [b]	220	10,7
Export pflanzlicher Produkte	116	5,6
Energiepflanzen [c]	231	11,2
Nachwachsende Rohstoffe	20	1,0
Nicht erfasst [d]	103	5,0

PJ: Petajoule = 10^{15} J. [a] Kleien, Biertreber, Schlempe, Pülpe u. a., [b] Inlandsverbrauch von Getreide, Kartoffeln, Zucker und Freilandgemüse, [c] zur Energieträgererzeugung verwendete Pflanzen bzw. Bestandteile, nicht Energieausbeute, [d] Getränke, Saatgut, sonstige Produkte, Schwund. Ohne Dauerkulturen, erfasste Fläche: 16,129 Millionen von 16,890 Millionen Hektar.

Tab. 4.5 Erzeugung tierischer Produkte in Deutschland aus gesamtem und inländischem Futteraufkommen 2009. (Quelle: wie Tab. 4.4)

		Gesamt, PJ	Inländisch, PJ
Futteraufkommen		1.460	1.354
Erzeugung:	Fleisch	104	97 [a]
	Milchprodukte	102	95
	Eier	4	4
Zusammen		210	196
Transformationskoeffizient		6,95	

[a] Alle Produkte entsprechend um Importfutteranteil um 6,8 % verringert.

Tab. 4.6 Außenhandel mit Agrarprodukten von Deutschland 2009 in Energieeinheiten. (Quelle: wie Tab. 4.4)

	PJ direkt	PJ indirekt
Eiweißfutter	74	74
Fleisch	–9	–36 [a]
Milch und Eier	–17	–68 [a]
Pflanzliche Produkte	–59	–59
Öle und Fette	136	136
Zusammen	125	47

Negatives Vorzeichen: Export. [a] für Schweinefleisch, Milch und Eier geschätzter Transformationskoeffizient von 4

Die Tab. 4.6 zeigt in komprimierter Form die Außenhandelsbilanz mit Agrarprodukten. Es werden Eiweißfuttermittel im energetischen Umfang von 74 PJ (Petajoule = 10^{15} Joule) eingeführt. Hier muss beachtet werden, dass diese Importe ohne die umfangreiche Biodieselerzeugung aus Raps im Inland, wobei Futtereiweiß als Kuppelprodukt anfällt, noch höher wären. Obwohl Obst und Gemüse neben Eiweißfutter und Pflanzenöl der dritte „große Brocken" bei den Importen ist, überwiegt bei pflanzlichen Produkten (ohne Eiweißfutter und Ölen) der Export. Es werden 59 PJ exportiert, hauptsächlich als Getreide, Zucker und Kartoffeln. Die Pflanzenölerzeugung aus inländischen Ölsaaten in Höhe von 84 PJ deckt den inländischen Nahrungs- und Futterverbrauch in Höhe von 70 PJ, sodass per Saldo der gesamte in Tab. 4.6 ausgewiesene Import von Ölen und Fetten in industrielle Verwertungen fließt, zum großen Teil in die Biodieselproduktion.

Summiert man dennoch alle Werte der mittleren Spalte von Tab. 4.6, so ergibt sich ein Import von 125 PJ. Wegen der sehr unterschiedlichen Energiegehalte der importierten Produkte von etwa 2 kJ/g Frischsubstanz bei Obst bis 38,6 kJ/g bei Pflanzenöl ist eine Umrechnung in den Flächenbedarf für die Importe schwierig. Zudem wird ein großer Teil des importierten Obstes und Gemüses unter Glas angebaut. Würde zur Abschätzung der Größenordnung dennoch ein mittlerer Energiegewinn von nur 75 GJ pro Hektar und Jahr geschätzt (Getreide in Deutschland im Mittel 111 GJ/ha), so resultierte ein hypothetischer Flächenbedarf von 1,6 Millionen Hektar. Schon diese Zahl verträgt sich schlecht mit den obigen Angaben von 15 bis 30 Millionen Hektar für die EU.

Auch dieser Wert führt jedoch noch in die Irre. Die Tab. 4.6 weist einen Nettoexport Deutschlands bei Fleisch von neun und bei Milchprodukten, besonders Käse, von 17 PJ aus. Obwohl Deutschland mit seinen Exportüberschüssen auf zahlreichen Gebieten schon für genügend internationale Probleme sorgt, wird auch der Agrarexport vom BMELV mit Steuergeldern noch massiv gefördert (BMELV-Pressemitteilung 2011).[17] Werden in der rechten Spalte die Fleisch- und Milcherzeugung auf die dazu erforderlichen Futtermengen zurückgerechnet, so ergeben sich Futterexporte von zusammen 104 PJ. Da hauptsächlich Schweinefleisch und Milchprodukte exportiert werden, wird abweichend von Tab. 4.6 ein sehr günstiger Transformationskoeffizient von vier angenommen, was durchaus eine zu geringe Schätzung der erforderlichen Futtermenge zur Folge haben kann. Die rechte Spalte zeigt, dass Deutschland ein Netto-Exporteur an Agrarprodukten ist, wenn von den Pflanzenölimporten für Dieselkraftstoff abgesehen wird. Selbst mit diesen importiert Deutschland nach der obigen hypothetischen Rechnung höchstens etwa 0,5 Millionen Hektar pro Jahr.

Man darf zusammenfassen, dass das importierte Eiweißfutter in mehr als vollem Umfang in Gestalt tierischer Produkte wieder exportiert wird – allerdings nicht in die Länder, aus denen es kommt. Deutschland ist Zwischenstation in einem Prozess, an dessen

---

[17] HEIẞENHUBER (mündlich) vergleicht scherzhaft die in Deutschland verfügbare Fläche mit einem zu knappen Betttuch, an dem von allen Seiten gezerrt wird: von Siedlung, Verkehr, Landwirtschaft, Forst, Naturschutz usw. Wird der Agrarexport im Interesse kleiner Minderheiten mit öffentlichen Mitteln gefördert, so wird noch mehr am Tuch gezerrt.

Anfang bedrückende soziale und ökologische Probleme durch den Sojaanbau in Ländern wie Brasilien erzeugt werden und an dessen Ende Konsumenten mit Wurst und Käse in Ländern wie Russland beliefert werden, die es trotz gewaltiger Ressourcen nicht schaffen, ihre Bevölkerung selbst zu versorgen.

Die umfangreichen Importe von Obst und Gemüse kommen aus naheliegenden klimatischen Gründen überwiegend aus relativ wohlhabenden EU-Staaten – sie generell abzulehnen hieße, die Prinzipien des Wohlstand schaffenden Außenhandels, bei dem Deutschland Netto-Exporteur der verschiedensten Industriegüter ist, in Frage zu stellen. Hieran kann keine Kritik geübt werden. Dass Deutschland ernährungswirtschaftlich auf Kosten anderer Länder lebe, wird gern kundgetan, allerdings stets unter Menschen, die nicht nachrechnen.

Ist die Schilderung der Fakten des Präsidenten der DLG vollständig? Sie ist es nicht, indem sie z. B. ignoriert, dass schon seit Beginn des 21. Jahrhunderts die Zahl der *über*ernährten bis fettsüchtigen Menschen (zum erheblichen Teil auch in nicht besonders reichen Ländern) die der *unter*ernährten überschritten hat (HILL et al. 2003). Für die US-Bevölkerung wird ein Absinken der Lebenserwartung wegen Fettsüchtigkeit erwartet (EBERT 2005).

Sofern es dessen noch bedarf, deutet dies zunächst auf ein massives Verteilungsproblem hin. Wie auch auf anderen Gebieten, ist der Versuch, auf Verteilungsungerechtigkeiten allein mit Wachstum in der Absicht zu antworten, dass die Unterprivilegierten zwar unterprivilegiert bleiben, aber ihr absolutes Los bessern, ein fragwürdiges Unterfangen. Auch ist zuwenig bekannt, dass die Überernährung ein Ausmaß an Leiden und volkswirtschaftlichen Verlusten erzeugt, das mit dem der Unterernährung durchaus vergleichbar ist. Es greift also zu kurz, die gewiss wichtigen Fragen der künftigen Welternährung ohne gleichzeitige Thematisierung des Lebensstils anzusprechen.

Bekannt ist die energetische Ineffizienz einer stark auf tierischen Produkten basierenden Ernährung. Wie die Tab. 4.7 ausweist, beträgt der Anteil tierischer Nahrungsmittel am Verbrauch in Deutschland 31,7 %.[18] Dies ist freilich nur eine Möglichkeit, den Sachverhalt auszudrücken. Werden die im Inland erzeugten (konsumierten und exportierten) pflanzlichen Nahrungsmittel in Tab. 4.4 in Höhe von 380 PJ den in der rechten Spalte von Tab. 4.5 mit inländischem Futter erzeugten tierischen Produkten in Höhe von 196 PJ gegenübergestellt, so ergibt sich ein höherer Anteil der tierischen Produkte von 34 %. Nach den Tab. 4.4 und 4.7 wird wegen der Umwege über das Futter 4,6-mal so viel pflanzliche Biomasse erzeugt, wie wenn hypothetisch die menschliche Ernährung rein vegetarisch wäre. Das wäre natürlich nicht möglich, insbesondere wenn das Grünland erhalten werden soll, welches nur über Tiere verwertet werden kann. Die konsumierte Nahrung nach Tab. 4.7 ist aber auch 3,5-mal so groß wie die nur auf dem Acker erzeugte Pflanzenmasse in Höhe von 1.584 PJ.

---

[18]   „Verbrauch" heißt Lieferung an Haushalte.

Tab. 4.7 Verbrauch pflanzlicher und tierischer Nahrungsmittel in Deutschland 2009. (Quelle: wie Tab. 4.4)

	PJ	MJ/Person und Tag	%
Ackerfrüchte und Obst [a]	233	7,98	51,9
Pflanzenöl	39	1,34	8,7
Margarine	12	0,40	2,7
Alkoholische Getränke	23	0,80	5,1
Pflanzlich, zusammen	307	10,52	68,3
Fleisch [b]	66	2,26	14,7
Milchprodukte	69	2,36	15,4
Eier	7	0,24	1,6
Tierisch zusammen	142	4,86	31,7
Zusammen	449	15,38	100,0

[a] bei Getreide Nettoanteil für Nahrung aus Statistik, bei allen anderen Früchten 10 % Abzug für Schalen usw.

[b] Anteil für menschlichen Verzehr aus Statistik.

Sind diese extremen Vergleiche auch hypothetisch, so besteht doch kein Zweifel, dass bereits eine mäßige Zurückdrängung des tierischen Anteils den Umfang der für die Nahrungsproduktion erforderlichen Fläche und/oder die Intensität deren Bewirtschaftung deutlich reduzieren ließe und rein rechnerisch eine Entlastung der Agrarressourcen wie auch eine Abmilderung von weltweiten Verteilungsproblemen nach sich zöge. Sind ressourcenaufwändige Lebensstile auch schwer zu ändern und ist zu beobachten, dass sie in Schwellenländern nur zu bereitwillig kopiert werden, so muss dennoch stets auf diesen Punkt hingewiesen werden.

Fragen wir, ob die Schlussfolgerungen des Autors aus seiner Tatsachenschilderung überzeugen. Ihm ist voll zuzustimmen, dass der weltweite Nahrungsbedarf verlangt, mit der Agrarfläche Deutschlands verantwortungsvoll umzugehen – schärfer zu rechnen, als man es sich zu Zeiten landwirtschaftlicher Überschussproduktion in der EU angewöhnt hatte, als man froh war, Fläche aussondern zu können. Wir haben nichts zu verschenken; eine flächendeckende Extensivierung wäre in der Tat problematisch. Dass im politischen Schnellschuss ohne viel Überlegung zwei Millionen Hektar oder über 16 % des Ackerlandes für technisch überaus ineffizienten Energiepflanzenanbau geopfert werden, ist keine gute Politik. Hierauf wird unten im Kapitel 10.2 näher eingegangen. Allerdings ist auch die nach wie vor hemmungslose Flächeninanspruchnahme für Siedlung, Gewerbe und Verkehr anzusprechen. Die Politik beschränkt sich auf fruchtlose Appelle, die nicht geeignet sind, die Versiegelung von fast 100 Hektar pro Tag zu reduzieren. Es wäre unfair, der Landwirtschaft zu unterstellen, dass sie sich hierzu gar nicht äußere (vgl. auch Kapitel 10.1), der Nachdruck könnte jedoch größer sein. Der Konflikt mit den Anliegen der Welternährung ist hier bedeutend schärfer, weil die Versiegelung auf den besten

Ackerböden der Welt um sich greift, während der Naturschutz eher schwach produktive Flächen beansprucht. Leere Möbelhäuser und Parkplätze sowie hemmungslos in die Breite ausladende Gewerbehallen mit wenigen Arbeitsplätzen säumen auf vielen Tausenden von Hektaren die Verkehrswege durch das mitteldeutsche Lössgebiet.

Der Kritik des Präsidenten an der Vernachlässigung der Agrarforschung an den deutschen Universitäten, wo eine Fakultät nach der anderen ausgehungert wird, ist ebenfalls zuzustimmen. Allerdings dürfte der nachlassende Produktivitätsfortschritt im Ackerbau (Abb. 7.1, Kapitel 7.6.1) nicht nur auf zuwenig Wissenschaft, sondern auch auf sehr praktische Ursachen, wie zu enge und einseitige Fruchtfolgen, zurückzuführen sein.

Die weiteren Folgerungen des Präsidenten überzeugen nicht. Wir sollen auf dem Gebiet der Biodiversität kürzer treten und nicht mehr meinen, auf „Wohlfühlumgebungen" Anspruch zu haben. Betrachten wir zunächst den Naturschutz (hier Teilziel *N*). Mitteleuropas Beitrag liegt hier zu einem wesentlichen Teil in der genutzten Kulturlandschaft. Es besteht ein *Konflikt* zwischen Agrarproduktion und Naturschutz – leugnen wir ihn nicht! Das Problem bei der Argumentation des Präsidenten der DLG besteht aber darin, dass er in diesem Konflikt ohne Begründung urteilt. Wetteifern zwei Ziele A und B miteinander und wird a priori als Selbstverständlichkeit vorausgesetzt, dass A den Vorrang verdiene und B zurücktreten müsse, dann liegt ein Argumentationsfehler vor. Es stimmt, dass der Naturschutz in Deutschland einige Abstriche bei der Agrarproduktion verlangt (wie viele, werden wir sehen), aber es ist kein Grund erkennbar, wonach diese Abstriche von vornherein abzulehnen wären. Zur Welt-Agrarproduktion nach Kräften beizutragen, ist eine moralische Pflicht, aber Naturschutz zu betreiben, ist auch eine moralische Pflicht. Die Agrarproduktion verlangt Opfer vom Naturschutz und der Naturschutz verlangt Opfer von der Agrarproduktion – hier ist *abzuwägen*.

Wird der Naturschutz (hier Teilziel *N*) beim Präsidenten der DLG trotz allem noch als ernsthaftes Anliegen angesehen, so begegnet dem Teilziel *W* mit der Bezeichnung „Wohlfühlumgebung" schon bei der Wortwahl eine Abwertung. Es wird ausgedrückt, dass es sich hier um ein zweitrangiges Luxusanliegen handele, welches eine Abwägung mit harten Anforderungen der Welternährung gar nicht erst verdiene. Was hier despektierlich mit diesem Jargon bezeichnet wird, dem ist oben im Kapitel 3.5 eine völlig andere Qualität zugesprochen worden. Das Wecken tiefer emotionaler Erlebnisse bei Naturliebhabern und die Eröffnung von Bildungserfahrungen durch eine artenreiche und im Wohnumfeld erlebbare Kulturlandschaft haben eine andere Bewertung verdient. Es geht nicht um „Wohlfühlen" in einem banalen Sinne, sondern um höheres Wohlergehen; es geht um *Kultur*. Wir spitzen für einen Moment das Problem polemisch zu, um diese Ebene sogleich wieder zu verlassen: Was ist wichtiger – dass der schon stark übergewichtige Hamburger-Konsument (in Brasilien oder Mexiko, gar nicht unbedingt in den USA) noch mehr Fleisch isst oder dass eine Schulklasse bei Hildesheim endlich einmal ein paar Blumen und Schmetterlinge kennenlernen kann?

Mit dem Teilziel *W* ist ebenso fair wie mit allen anderen Anliegen umzugehen. *Wie* stark konfligieren Produktionsbedürfnis, Naturschutz und „Wohlfühllandschaft" quantitativ? Das ist die entscheidende Frage, die sich im Rückblick auf das oben vorgestellte quantitative Konzept von Hampicke gut beantworten lässt (Übersicht 8).

Übersicht 8 Produktionseinbußen im Kulturlandschaftskonzept nach HAMPICKE 2009b

Maßnahme	Berechnungsweise	Ergebnis
A Bewirtschaftung des noch artenreichen Grünlands, 1.000.000 ha	Keine Produktionseinbuße gegenüber dem Status quo, eher unwesentliche Produktionssteigerung.	–
B Entwicklung traditionellen Grünlands in intensiv bewirtschafteten Grünlandregionen, 10 % des Intensivgrünlands = 400.000 ha	Reduktion des Flächenertrages von 9.000 kg TM/ha auf 4.500, Reduktion des Energiegehaltes von 6,2 auf 4,9 MJ NEL/kg. Energieminderung um 60 % auf 10 % des Intensivgrünlands (Übersicht 11).	–6 % bezogen auf Intensivgrünland
C Extensivierung von Ackerland im untersten Quartil der Ertragsfähigkeit, 10 % des Quartils = 300.000 ha	Annahme über die relative Ertragsfähigkeit der vier Quartile: 100/80/80/60. 10 % des untersten Quartils entsprechen 6 Punkte. Mit Ertragsreduktion auf die Hälfte verbleiben 3 Punkte. Dies bezogen auf Gesamtpunktzahl von 340 ergibt 1 %.	–1 % bezogen auf gesamtes Ackerland
D Ausgliederung von 7 % der Fläche in den oberen drei Quartilen für Strukturelemente = 630.000 ha	Jeweils 7 % Verlust in den Quartilen 100/80/80 entsprechen 19 Punkten, bezogen auf 340 Punkte.	–6 % bezogen auf gesamtes Ackerland

Bemerkung: Dies ist keine exakte Berechnung, sondern eine grobe Schätzung, die aber die Größenordnung zuverlässig klärt.

Die Bewirtschaftung der Halbkulturlandschaft mit Schaf- und Rinderbeweidung sowie des verbliebenen traditionellen (überwiegend nicht intensivierungswürdigen) Grünlandes tritt in keine Konkurrenz zur intensiven Produktion. Der Weiterbetrieb als Alternative zum Brachfallen vermindert nicht die Agrarproduktion, sondern vermehrt sie, wenn auch in bescheidenem Umfang. Auf dem Intensivgrünland (etwa 4 Millionen Hektar) und auf dem Ackerland (etwa 12 Millionen Hektar) entsteht eine Produktionslücke von etwa 6 %, wobei auf dem Acker die Schaffung von Ausgleichsbiotopen in produktionsstarken Gebieten den Löwenanteil fordert.

Mehrere Gründe sprechen dafür, dass dieser rein *rechnerische* Wert schon an sich und erst recht für den Arten- und Biotopschutz eine Übertreibung darstellt:

- Es ist unterstellt, dass bei der Maßnahme D die ausgesonderten Flächen die durchschnittliche Produktivität der Ackerbörden besitzen. In Wirklichkeit gibt es selbst in den fruchtbarsten Börden minderwertige Flächen, die eine geschickte räumliche Planung bevorzugt heranziehen würde.[19] Analoges gilt bei der Grünlandextensivierung.

---

[19] Sollte es im Zuge der von der Kommission der EU vorgeschlagenen „Eingrünung" den Landnutzern wie in der Schweiz zur Pflicht gemacht werden, Flächen auszusondern (vgl. Kapitel 7.6.4), so werden sie ganz von selbst die schlechtesten Flächen auswählen.

- Die ausgesonderten Flächen müssen nicht völlig unproduktiv sein. Eine Neuentwicklung z. B. von Streuobstwiesen, wie sie in Landschaften wie der Wetterau sogar noch vereinzelt vorkommen, oder anderen extensiv bewirtschafteten Flächen wäre sehr zu wünschen.
- Es ist nicht sicher, ob auch das bisher intensiv genutzte Grünland künftig in vollem Umfang als Produktionsressource nachgefragt wird. Gebietsweise ist schon heute die Rede von „zu viel" Grünland.
- Am wichtigsten ist, dass ein erheblicher, womöglich sogar der größere Teil der geforderten Fläche keineswegs nur aus speziellen Naturschutzgründen auszusondern ist. Vielmehr sind in einem Agrarsystem, welches mit dem Boden- und Gewässerschutz nach Maßgabe der EU-Gewässerrahmenrichtlinie ernst macht, Schutz- und Pufferflächen in diesem Umfang *ohnehin* erforderlich. Es ist nicht zu rechtfertigen, für einen kurzfristigen Beitrag selbst zu einem hochrangigen Ziel wie der Welternährung langfristig die eigene Ressourcenbasis zu beschädigen. Die zuverlässige Abschirmung von Gewässerufern (Abb. 8.2, Kapitel 8.5.3), Maßnahmen gegen die in Norddeutschland nach wie vor grassierende Winderosion,[20] die Renaturierung der 14 % an kleinen Fließgewässern, die in Mecklenburg-Vorpommern zu DDR-Zeiten in Rohre unter die Erde verlegt wurden (Abb. 4.9) – diese Maßnahmen und viele andere reklamieren einen erheblichen Teil der hier bezifferten Ausgleichsflächen. Selbstverständlich können sie dann oft auch die angestrebte Naturschutzfunktion übernehmen.

Während somit ein anspruchsvolles System des Natur- *und* Ressourcenschutzes eine Gesamt-Produktionseinbuße der deutschen Landwirtschaft um 7 % oder auch noch darüber hervorrufen mag,[21] ist dem speziellen Naturschutz davon nur ein Teil anzulasten. Dasselbe gilt für die Kosten, auf die im Kapitel 5.6 zurückgekommen wird. Schätzen wir mit sehr viel Willkür den auf den Arten- und Biotopschutz entfallenden Anteil mit knapp der Hälfte, also mit 3%, und vergleichen wir: Das ist etwa der Wert, der bei der gegenwärtigen Rate der Flächenversiegelung in zehn Jahren erreicht wird, der bis zum Jahre 2000 in zwei Jahren durch Ertragssteigerungen kompensiert worden wäre (Abb. 7.1, Kapitel 7.6.1), der vermutlich von den jährlich in Deutschland durch Nachlässigkeit verdorbenen Lebensmitteln übertroffen wird und der etwa ein Fünftel bis ein Sechstel (!) des Betrages ausmacht, um den der derzeitige (2012) Energiepflanzenanbau die Nahrungs- und Futtererzeugung in Deutschland reduziert.

Werden also die Pflichten zu Beiträgen zur Welternährung den Pflichten zum Naturschutz fair gegenübergestellt, so ist es unmöglich, die vom Naturschutz verlangten Mini-Opfer untragbar zu nennen.

---

[20] Im April 2011 kamen bei einer durch Winderosion ausgelösten Massenkollision auf der A 19 bei Rostock acht Personen ums Leben.

[21] Wichtige Maßnahmen des Ressourcenschutzes, wie der Verzicht auf Ackerbau auf Hunderttausenden von Hektaren von Moorböden, sind nicht Teil des den Naturschutz in den Vordergrund stellenden Kulturlandschaftskonzeptes von Übersicht 7. Somit treten zusätzliche Kosten für den Ressourcenschutz auf.

Abb. 4.9   14 % aller kleinen Fließgewässer in Mecklenburg-Vorpommern sind während der DDR-Zeit einfach unter die Erde gelegt worden. (aus HAMPICKE 2009a; Foto: Inga Krämer)

Wer die Atmosphäre einer „Erzeugungsschlacht" anfacht, in der keine Rücksicht mehr auf die Kulturlandschaft genommen werden könne, kann sich nicht auf seriöse Zahlen berufen. Lesen wir noch einmal die schon oft zitierte, aber an Aktualität von Jahrzehnt zu Jahrzehnt eher zunehmende Passage des großen britischen Philosophen und Ökonomen JOHN STUART MILL (1869, Band 1, S. 62 f.):

Eine Welt, aus der die Einsamkeit verdammt wäre, wäre ein sehr armes Ideal ... Es liegt auch nicht viel befriedigendes darin, wenn man sich die Welt so denkt, dass für die freie Tätigkeit der Natur nichts übrig bliebe, dass jeder Streifen Landes, welcher fähig ist, Nahrungsmittel für menschliche Wesen hervorzubringen, auch in Kultur genommen sei, dass jedes blumige Feld und jeder natürliche Wiesengrund beackert werde, dass alle Tiere, welche sich nicht zum Nutzen des Menschen zähmen lassen, als seine Rivalen in Bezug auf Ernährung getilgt, jede Baumhecke und jeder überflüssige Baum ausgerottet werde und dass kaum ein Platz übrig sei, wo ein wilder Strauch oder eine Blume wachsen könnte, ohne sofort im Namen der vervollkommneten Landwirtschaft als Unkraut ausgerissen zu werden. Wenn die Erde jenen großen Bestandteil ihrer Lieblichkeit verlieren müsste, den sie jetzt Dingen verdankt, welche die unbegrenzte Vermehrung des Vermögens und der Bevölkerung ihr entziehen würde, lediglich zu dem Zwecke, um eine zahlreichere, nicht aber auch eine bessere und glücklichere Bevölkerung ernähren zu können, so hoffe ich von ganzem Herzen im Interesse der Nachwelt, dass man schon viel früher, als die Notwendigkeit dazu treibt, mit einem stationären Zustand sich zufrieden gibt.

Zusammenfassung

Die mit der Wiederherstellung traditioneller und die Artenvielfalt fördernder Flächennutzungen verbundenen betriebswirtschaftlichen Kosten sind mit heutigen Kenntnissen nicht überall gleich präzise, aber doch sehr weitgehend zu ermitteln. Diese Kenntnisse sind als Grundlage für die Honorierung derartiger Wirtschaftsweisen unverzichtbar. Die Methodik zur Kosten-Leistungs-Kalkulation von Betriebszweigen wird erläutert, wobei unter anderem Voll- und Teilkosten sowie Verfahrens- und Opportunitätskosten zur Sprache kommen. Die Methodik wird auf naturschutzgerechte Betriebszweige angewandt. Auf Flächen, wo diese mit konventionellen und intensiven Wirtschaftsweisen in Konkurrenz stehen, wird die Leistungsdifferenz zwischen beiden und werden damit die Opportunitätskosten ermittelt. Es zeigt sich unter anderem, dass „extensive" Tierhaltungssysteme in der Halbkulturlandschaft, etwa die Schafhutung auf Kalkmagerrasen, überraschend teuer sind und dass wildkrautförderlicher extensiver Ackerbau auf schwächeren Standorten überraschend kostengünstig ist. Ackerbiotopen wird im Vorliegenden nicht zuletzt wegen ihrer langen Vernachlässigung im Naturschutz besondere Aufmerksamkeit zuteil. Ein großes Problem sind hier die in jüngerer Zeit stark schwankenden Produktpreise. Zur Sprache kommt auch die Wiederherstellung von Grünland traditioneller Intensität zur Fütterung von Färsen in Milchviehregionen und eine generelle Systematik der Flächennutzungskosten. In der Realität sind Verzerrungen der Kostenstrukturen sowohl „nach unten" als auch „nach oben" zu beobachten. Scheinbare Kostensenkungen durch Nichtbeachtung von Fixkosten sowie zu geringer Lohnzahlung haben in einer nachhaltigen Konzeption der Kulturlandschaft keinen Platz; Überteuerungen im Bereich des Landschaftsgartenbaus ist ebenfalls auszuweichen. Die Berechnung der Gesamtkosten des im voranstehenden Kapitel entworfenen Programms für die exemplarische Wiederherstellung der Kulturlandschaft ergibt einen Wert von 1,7 bis 2 Milliarden € pro Jahr für die Bundesrepublik Deutschland.

U. Hampicke, *Kulturlandschaft und Naturschutz,*
DOI 10.1007/978-3-8348-8236-3_5, © Springer Fachmedien Wiesbaden 2013

Offensichtlich werden die in den voranstehenden Kapiteln empfohlenen und den Naturschutz fördernden Flächennutzungen deshalb in unzureichendem Maße durchgeführt, weil es ihnen unter den gegebenen Bedingungen an Wirtschaftlichkeit ermangelt. Mit einfachen Worten: Naturschutz kostet etwas. Die folgenden Ausführungen befassen sich mit diesen Problemen im Detail. Sie können teils auf gesicherten Kenntnissen aufbauen, während in anderen Fällen ein Urteil schwieriger ist.

Möglichst umfassende Kenntnisse über die Kosten des Naturschutzes sind notwendig,

- um die Schärfe des Problems ermessen zu können. Ist Naturschutz in der Kulturlandschaft wirklich „unbezahlbar", wie zu hören ist?
- um geeignete Honorierungsprogramme zu entwickeln, die von den Flächenbewirtschaftern auch akzeptiert werden, und
- um bei knappen Mitteln Prioritäten setzen zu können. Gibt es „besonders wichtige" und „nicht ganz so wichtige" und gibt es „besonders billige" und „besonders teure" Teilziele im Naturschutz?

In diesem Kapitel wird betriebswirtschaftlich gerechnet, so wie es der Betreiber eines Agrarunternehmens auch tut und tun muss. Zwar folgen hier und da schon Empfehlungen für ökonomisches Handeln im Naturschutz, jedoch werden volkswirtschaftliche Fragen, die über den betrieblichen Horizont hinausreichen und für die Politik von Bedeutung sind, im Wesentlichen erst in den folgenden Kapiteln angesprochen werden.

5.1   Methodik

5.1.1   Betriebszweigkalkulation

Eine geeignete Kalkulationsmethodik ist in jahrzehntelanger Arbeit in wissenschaftlichen Instituten von Universitäten und Fachhochschulen, in Ressortforschungsanstalten des Bundes und der Länder, Landwirtschaftskammern und Beratungsringen sowie insbesondere durch die Tätigkeit des Kuratoriums für Technik und Bauwesen in der Landwirtschaft (KTBL 2009a, 2010b) entwickelt worden. Dabei hat sich eine weitgehende, wenn auch nicht vollständige Begriffsklärung und -vereinheitlichung herausgebildet, der hier im Wesentlichen gefolgt wird.

Zur Erfassung eines Produktionszweiges bedarf es der Kenntnis seiner Kosten und Markterlöse. In gewissen Fällen ist eine *Vollkostenrechnung* erforderlich, in die alle zurechenbaren Kosten eingehen. In anderen Fällen ist eine Teilkosten-, insbesondere *Deckungsbeitragsrechnung* angemessen, weil diese für den jeweils vorliegenden Zweck ausreicht oder weil Vollkosten nicht erfassbar oder nicht zurechenbar sind.

Tab. 5.1 Produktionsverfahren für Winterweizen auf ertragreichem Standort.
(Quelle: TLL 2011, Tabelle 13, S. 23, leicht verändert)

1	Leistungen 80 dt/ha, 16,70 €/dt	€/ha
		1.337
	Kosten	
2	Saatgut	81
3	Düngemittel	241
4	Pflanzenschutzmittel	173
5	Aufbereitung und Sonstiges	36
6	Σ Direktkosten (2+3+4+5)	531
7	Unterhalt Maschinen	81
8	Kraft- und Schmierstoffe	70
9	Σ variable Maschinenkosten (7+8)	151
10	Σ proportionale Spezialkosten (6+9)	682
11	Deckungsbeitrag (1–10)	655
12	Abschreibung Maschinen	153
13	Arbeitskosten (8,1 AKh/ha, 14 €/AKh)	113
14	Σ Kosten der Arbeitserledigung (9+12+13)	417
15	Σ fixe Spezialkosten (12+13)	266
16	Verfahrenskosten (10+15)	948
17	Verfahrensleistung (1–16)	389
18	Pachtzins	165
19	Leitung und Verwaltung anteilig	49
20	sonstige Gemeinkosten	70
21	Gewinnbeitrag ohne Prämie (17-18-19-20)	105
22	Prämie der Ersten Säule	299
23	Gewinnbeitrag mit Prämie	404

Die Tab. 5.1 zeigt eine Vollkostenrechnung für den konventionellen Winterweizenanbau
in Thüringen auf einem im Bundesdurchschnitt recht produktiven Standort mit einer
Ertragserwartung von 80 Dezitonnen pro Hektar und Jahr. In Regionen wie Schleswig-
Holstein werden allerdings auch Erträge von über 100 dt/ha und Jahr erzielt. Beim unterstellten Durchschnittspreis der vergangenen fünf Jahre von 167 € pro Tonne resultiert
eine Marktleistung von 1.337 € (wie alle folgenden Angaben in € pro Hektar und Jahr).
Die proportionalen Spezialkosten umfassen alle Kosten, die für die Bestellung im betreffenden Jahr aufgewandt werden müssen, also die Positionen in den Zeilen 2,3,4,5,7 und 8
in der Tabelle. Deren Summe beträgt 682 € (Zeile 10). Dies subtrahiert von der Marktleistung ergibt den Deckungsbeitrag (Zeile 11) in Höhe von 655 €. Der Deckungsbeitrag
dient zur Abdeckung aller fixen, das heißt vom Einsatzumfang der Maschinen unabhängigen und daher kurzfristig unveränderlichen Kosten einschließlich der Arbeitskosten,
des Pachtzinses sowie der nicht zurechenbaren Gemeinkosten.

Die Arbeitskosten (Zeile 13) resultieren aus 8,1 Arbeitsstunden, verbunden mit einem
Bruttolohnsatz von 14 € pro Stunde. Gemeinsam mit der Abschreibung für Maschinen
(Zeile 12) ergeben sich fixe Spezialkosten (Zeile 15) von 266 €. Diese gemeinsam mit den

proportionalen Spezialkosten bilden die Verfahrenskosten (Zeile 16). Werden diese von der Marktleistung subtrahiert, so ergibt sich eine Verfahrensleistung von 389 €. In der Rechnung der Thüringischen Landesanstalt für Landwirtschaft (TLL) werden ferner der Pachtzins (Zeile 18) erfasst sowie Leitungs-, Verwaltungs- und sonstige Gemeinkosten (Zeilen 19 und 20) anteilig zugerechnet. Hiernach verbleibt ein Gewinnbeitrag ohne Prämie von 105 €, der sich mittels der Prämie der Ersten Säule der EU-Agrarpolitik (vgl. Kapitel 7.4) von 299 € auf 404 € pro Hektar und Jahr vermehrt.

Insbesondere für Großbetriebe in den östlichen Bundesländern (so auch bei der TLL) werden die Positionen der Zeilen 2,3,4 und 5 auch als Direktkosten (Zeile 6) und die gesamten Maschinenkosten plus Arbeitskosten als Kosten der Arbeitserledigung (Zeile 14) zusammengefasst. Hierfür spricht, dass sich variable und fixe Maschinenkosten oft nicht leicht trennen lassen, allerdings geht bei dieser Rechnung der Deckungsbeitrag als sehr wichtige Größe unter.

Fixkosten für Maschinen und Gebäude werden in der Praxis oft nur stiefmütterlich erfasst oder ganz „vergessen". Man geht zuweilen davon aus, dass ein 30 Jahre alter Transportanhänger abgeschrieben ist, aber trotzdem gute Dienste leistet, also nichts kostet. Dies ist nur in einer befristeten Betrachtung zulässig, insbesondere wenn ein Betrieb nur noch eine gewisse Zeit bestehen soll. Langfristig wird auch das robusteste Gerät irgendwann ersetzt werden müssen.

Die Arbeitskosten (Zeile 13) können nur im Großbetrieb mit entlohnten Arbeitskräften direkt wie in der Tab. 5.1 angesetzt werden. Es werden ständige Arbeitskräfte unterstellt, die Fixkosten verursachen. Die Kosten für betriebszweigspezifische Saisonarbeiter (etwa Spargelstecher) müssen bei den proportionalen Spezialkosten verbucht werden. Im bäuerlichen Familienbetrieb ist die Arbeitsentlohnung eine Residualgröße, die nach Abzug aller Kosten übrig bleibt. Sie kann im Einzelfall wesentlich über oder unter dem Wert in der Tabelle liegen; im Interesse der Vergleichbarkeit werden aber auch in den anderen Rechnungen dieses Buches Lohnsätze ähnlich wie in der Tab. 5.1 angenommen. Zum kleinen bäuerlichen Familienbetrieb ist ferner zu bemerken, dass die Fixkosten wegen unvorteilhafter Auslastung der Maschinen auch deutlich höher sein können.

In der Rechnung der Tab. 5.1 müssen von Gewinnbeitrag sämtliche Zinskosten auch für das Eigenkapital beglichen werden, denn die Maschinenkosten enthalten nur die lineare Abschreibung. Wie in der Übersicht 9 erläutert, liefert die Annuitätenmethode eine korrektere Erfassung der Fixkosten, sie wird daher in allen eigenen Berechnungen verwendet.

Schließlich ist die anteilige Zurechnung der Verwaltungs- und sonstigen Gemeinkosten zu den Betriebszweigen zwar in der Praxis üblich, wissenschaftlich aber abzulehnen, denn sie erfolgt nie ohne Willkür. Sind Kosten wirklich zurechenbar, so sind sie keine Gemeinkosten.

In der analytischen Durchdringung der landwirtschaftlichen Produktionsverfahren mit Blick auf den Naturschutz steht je nach Problem der Deckungsbeitrag (Zeile 11) oder die Verfahrensleistung (Zeile 17) im Mittelpunkt. Diese sind bei allen anderen pflanzlichen und tierischen Produktionszweigen in analoger Weise zu erheben, wobei in der Tierproduktion zwei Besonderheiten zu beachten sind.

Übersicht 9 Berechnung jährlicher Maschinen- und Gebäudefixkosten

Rechenbeispiel: Ein Mähdrescher kostet 240.000 €, besitzt eine kalkulatorische Lebensdauer von 12 Jahren, und der Zinssatz beträgt 6 % pro Jahr.

Gebräuchliche Standardmethode: Lineare Abschreibung, das heißt jährlicher Wertverlust von 20.000 € plus 6 % Zinsen auf den *halben* Anschaffungspreis (0,06 × 120.000) von 7.200 €, mithin jährliche Gesamtkosten (ohne Unterhalt und Reparaturen) von 27.200 €.

Annuitätenmethode: Diese Methode ist exakt. Mit Anschaffungspreis K, Lebensdauer T und Zinssatz i ergibt sich die jährliche Kostenbelastung mit

$$A = \frac{Ki(1+i)^T}{(1+i)^T - 1} = 28.626,49\,€$$

Fazit: Die gebräuchliche Standardmethode führt in Abhängigkeit von Zinssatz und Laufzeit zu einer nicht unerheblichen Unterschätzung der Fixkosten. Da jeder Taschenrechner A schnell berechnet, ist es erstaunlich, dass die Annuitätenmethode nicht längst Standard ist.

Zum einen kann stets pro Tier oder (umgerechnet mit der Besatzstärke) pro Flächeneinheit gerechnet werden. Zum anderen sind zwei Varianten des Deckungsbeitrages zu unterscheiden, jeweils ohne oder mit Abzug der Grundfutterkosten vom Markterlös. Der Leser findet eine vertiefte Behandlungen des hier sehr komprimierten Stoffes in STEINHAUSER et al. 1982 (trotz seines Alters immer noch sehr zu empfehlen), BRANDES & ODENING (1992), KUHLMANN (2003), DABBERT & BRAUN (2006), MUSSHOFF & HIRSCHAUER (2011) sowie in laufenden Veröffentlichungen und auf Internetseiten einschlägiger Institutionen, wie der TLL und dem KTBL.

5.1.2 Voll- oder Teilkostenkalkulation – Verfahrenskosten und Opportunitätskosten

Bestimmte Flächen eignen sich nur für einen einzigen Betriebszweig. Das beste Beispiel sind Kalkmagerrasen und Schafweide. Entweder wird hier Schafweide betrieben oder gar nichts.[1] Im Interesse der Kulturlandschaft sollten Schafe weiden, was jedoch, wie nachfolgend gezeigt, an Marktdaten gemessen unwirtschaftlich ist. Die Kosten sind höher als die Marktleistung, sodass niemand dauerhaft dieses Gewerbe ohne zusätzliche Zahlungen betreiben kann. Um die Höhe der erforderlichen Zusatzzahlungen zu bestimmen,

---

[1] Von nicht-landwirtschaftlichen Nutzungen, wie der Bebauung, Aufforstung oder Verwendung für Verkehrswege, sehen wir hier ab. Wir betrachten auch nicht die relativ geringen Flächenumfänge traditionell gemähter Kalkmagerrasen (Mähder), sondern nur Weideland. Maschinelle Pflege ist fallweise möglich und erforderlich, kann aber die Schafweide langfristig nicht flächendeckend ersetzen.

muss daher eine Vollkostenkalkulation durchgeführt werden, in der festgestellt wird, um wie viel die gesamten Verfahrenskosten die Markterlöse übersteigen. Die Differenz zwischen beiden ist ein exaktes Maß für die Kosten des Naturschutzes in derartigen Biotopen und ein Anhaltswert für die erforderliche Honorierung, soll die Leistung dauerhaft erbracht werden. Im Allgemeinen gilt dies ebenso für großflächige Weideverfahren mit Rindern.

Die meisten landwirtschaftlichen Standorte lassen jedoch mehrere Produktionsverfahren zu. Betrachten wir einen Ackerstandort mittlerer Güte: Rein technisch gesehen, kann hier wahlweise konventioneller integrierter Getreidebau mit recht hohen Erträgen oder extensiver Ackerbau mit geringem Betriebsmitteleinsatz, geringeren Erträgen, aber reicherem Wildkrautbesatz betrieben werden. Die letztere, dem Naturschutz dienliche Option schneidet in aller Regel mit geringeren Markterlösen ab. Meist weist der Betrieb nur eine relativ kleine Fläche dem Extensivverfahren zu, etwa bei einem Ackerrandstreifenprogramm (was trotz der Kleinheit der Flächen einen hohen Naturschutzwert beinhalten kann). Dann kann für die Praxis angenommen werden, dass die Fixkosten durch diese an Umfang geringe Extensivierung unverändert bleiben, sodass die Differenz im Deckungsbeitrag ein hinreichend genaues Maß für die Naturschutzkosten ist.

Ein wichtiger Unterschied zur Schafweide besteht darin, dass nicht allein die Verfahrenskosten des extensiven Ackerbaus von Bedeutung sind, sondern zusätzlich die *Opportunitätskosten*, die aus der Verdrängung des Intensivverfahrens entstehen und zu einem Gewinnentgang führen. Der Ackerbauer hat *Alternativen*, der Schäfer auf dem Kalkmagerrasen nicht.

Im Ackerbau kann auch folgender Fall eintreten: Ein Großbetrieb bewirtschaftet umfangreiche Flächen guter Qualität. Er besitzt darüber hinaus gewisse sandige Flächen, auf denen sich konventioneller Ackerbau nicht lohnt, sodass keine Opportunitätskosten entstehen. Diese Flächen sind beackert für den Wildkrautschutz besonders wertvoll. Sind sie im Vergleich zur Hauptfläche klein, so werden auch hier die Fixkosten unbetroffen bleiben, gleichgültig ob der Betrieb die Flächen bestellt oder nicht. Für den Ackerwildkrautschutz sind in diesem Fall nur proportionale Spezialkosten und Arbeitskosten anzusetzen; zwei sehr beeindruckende Beispiele werden unten in Tab. 5.10, Kapitel 5.2.5.2 beschrieben.

Besondere und den Naturschutz hinsichtlich seiner Kosten stark belastende Probleme ergeben sich bei einer völligen Ausgliederung von Flächen aus der Agrarproduktion. In einem Grünlandgebiet mit intensiver Milchviehhaltung möge ein Hektar Vielschnitt-Grünland für die Entwicklung von Strukturelementen aus der Nutzung genommen werden. Auch hier könnte man zunächst daran denken, die diesem Hektar zuzurechnenden Verkaufserlöse den ihm ebenfalls zuzurechnenden Vollkosten gegenüberzustellen und den Betrieb in Höhe dieser Differenz zu entschädigen.

Man würde die Erfahrung machen, dass der Betrieb das Angebot als völlig unzureichend ausschlagen würde. Bei ertragreichem Grünland müssten mit einem Hektar Futterfläche etwa 1,5 Milchkühe aus dem Betrieb weichen. Es entfielen die Markterlöse und variablen Spezialkosten dieser 1,5 Milchkühe, *nicht* aber die umfangreichen Fixkosten, etwa der Stallgebäude. In einem bäuerlichen Betrieb würde zwar etwas weniger Arbeit anfallen, jedoch könnte dieser Zeitgewinn oft nicht alternativ eingesetzt werden. Der Betrieb wird also den entfallenden Deckungsbeitrag von 1,5 Milchkühen als Mindestkompensation in Rechnung stellen müssen,[2] welche die Markterlös-Vollkosten-Differenz stark übersteigt.

Fläche wird von allen Produktionsverfahren als Faktor wie jeder andere beansprucht und ist knapp. Es rechtfertigt sich dennoch, die Flächennutzungskosten bei der folgenden Betrachtung der Produktionsverfahren zunächst unberücksichtigt zu lassen. In allen Fällen, in denen eine den Naturschutzzielen förderliche Nutzung mit herkömmlichen Intensivnutzungen um Fläche konkurriert, sind beide Verfahren von denselben Flächennutzungskosten betroffen, sodass diese für einen Wirtschaftlichkeitsvergleich zwischen beiden ohne Belang sind.

Ist die naturschutzgerechte Nutzung alternativlos, wie bei den meisten Schafhutungen, so gibt es keine Konkurrenz um die Fläche, somit auch keine Knappheit und sollte es auch keinen Preis geben. In der Realität müssen zwar Schäfer den oft öffentlichen Eigentümern der Flächen einen gewissen Pachtzins entrichten, jedoch ist dieser nicht den technisch erforderlichen Kosten des Verfahrens zuzurechnen. Es handelt sich um eine rein fiskalisch motivierte Gebühr.

5.2   Die für Ziele des Naturschutzes wichtigsten Betriebszweige

Diese sind oben im Kapitel 4.4.1 bereits genannt worden; nun wird ihre betriebswirtschaftliche Seite vorgestellt. Dabei wird der ökonomische Verlust deutlich, welchen sie gegenüber Alternativen, wie dem Brachfallen der Flächen oder intensiven Wirtschaftsweisen ohne Naturschutzwert in der Regel hervorrufen. Das errechnete Defizit ist ein wichtiger Anhaltspunkt für die Bemessung der erforderlichen Honorierungen, mit denen sie sich gegen ihre Alternativen durchsetzen können. Jedoch ist voranzuschicken, dass die folgenden Zahlen noch nicht „eins-zu-eins" in Honorierungssätze zu übertragen sind. Aus verschiedenen Gründen kann es geboten sein, die Honorierung kooperationswilliger Betriebe auch höher anzusetzen. Zwei Gründe fanden sich bereits: Die Betriebe können Gemeinkosten haben oder in der Pflicht stehen, Gebühren zu bezahlen, auch wenn diese keine echten Kosten sind.

---

[2] Wir sehen zur Vereinfachung von der den Betrieb gegebenenfalls treffenden „Schadenminderungspflicht" ab. Ihm kann durch innerbetriebliche Umstellungen, z. B. der Futtererzeugung auf anderen Flächen, gelingen, sich auch mit einem geringeren Betrag als dem entgangenen Deckungsbeitrag von der entzogenen Fläche schadlos zu halten. Die Schadenminderung nach § 254 BGB ist in Entschädigungsfällen maßgeblich, es wäre aber im Interesse der Kooperationswilligkeit der Betriebe unklug, sie zu fordern, wenn es um Naturschutz geht.

5.2.1   Schafhutung auf Kalkmagerrasen

Die Tab. 5.2 zeigt die Ökonomik der Pflege von Kalkmagerrasen mit Schafen (Farbtafeln 1 und 19). In den meisten Fällen kommt heute ein halbstationäres Hütesystem mit Winterstallhaltung in Frage. Dabei bewegen sich die Herden auf möglichst großen Flächen mit dazwischen liegenden Triften, jedoch wird auf die frühere winterliche Wanderung in milde Gebiete aus mehreren Gründen verzichtet. Die Daten entstammen einer sehr sorgfältigen Untersuchung von BERGER (2011) aus der Thüringischen Landesanstalt für Landwirtschaft (TLL), einem der besten Kenner der Ökonomik der Schafhaltung. Ergänzend enthält die Tab. 5.3 ältere Daten aus Baden-Württemberg. Ist die Berechnungsweise und sind auch einzelne Umstände verschieden, so zeigt der Vergleich beider Tabellen doch, dass sich in fast 20 Jahren nichts Wesentliches an der Situation geändert hat.

Mit Berger lässt sich zusammenfassen, dass das Landnutzungssystem auf der Basis von Faktorkosten und Markterlösen mit einem Defizit von rund 700 € pro Hektar und Jahr abschließt. Mit anderen Worten: Soll ein Hektar Kalkmagerrasen als wertvolles Ökosystem der Halbkulturlandschaft erhalten werden, so kostet dies die Gesellschaft hiernach 700 € pro Hektar und Jahr. Anzumerken ist, dass die Berechnung von Berger, die hier weitestgehend unverändert übernommen wird, Gemeinkosten und Pachten enthält. Für einen fairen Vergleich mit den Kosten anderer Verfahren in diesem Kapitel, die diese Posten nicht enthalten, sind daher etwa 100 € abzurechnen, sodass ein „Kern"-Defizit von etwa 600 € pro Hektar und Jahr verbleibt.

Was sind die Gründe? Die Markterlöse bestehen überwiegend aus dem Verkauf der Schlachtlämmer. Wegen des niedrigen Lammfleischpreises liegen diese bei nur gut 200 € pro Hektar und Jahr. Wesentlich höhere Markterlöse können zwar bei der Direktvermarktung erzielt werden, jedoch stehen mit ihr auch höhere Kosten in Verbindung. Außerdem kann nur ein kleinerer Kreis von Schäfereibetrieben im Hochpreissegment tätig werden, weil nur eine begrenzte Zahl von Abnehmern, wie gehobene Restaurants, bereit sind, höhere Preise zu zahlen.

Die Markterlöse werden nach der Tab. 5.2 schon von den proportionalen Spezialkosten aufgezehrt. Ein sehr wesentlicher Faktor ist darüber hinaus die Arbeitsbelastung. Bei den angenommenen 7,05 Arbeitskraftstunden (AKh) je Produktionseinheit Mutterschaf resultiert ein Arbeitszeitbedarf von etwa 20 AKh je Hektar. Somit ergeben sich bei dem unterstellten Lohnsatz Arbeitskosten von etwa 275 € pro Hektar und Jahr.[3] Hinzu kommen noch die Fixkosten. Das Beispiel aus Baden-Württemberg in der Tab. 5.3 belegt die Existenz noch weiterer Kosten in manchen Fällen, besonders wenn jahrzehntelang vernachlässigte und von Gehölzen eingenommene Flächen erst wieder für die Beweidung instandgesetzt werden müssen.

---

[3] Ähnliche Werte in KTBL 2009b.

Tab. 5.2 Vollkostenkalkulation für die Schafhutung auf Kalkmagerrasen in Thüringen. (Quelle: BERGER 2011)

	Menge/PMSE	Preis €/Einheit	€/PMSE	Kosten/ha €/ha [a]
Proportionale Kosten				
– Deckbock	0,005	700,00	3,50	10,00
– Kraftfutter	1,74 dt	19,50	33,90	98,00
– Mineralfutter	0,11 dt	48,00	5,40	16,00
– Tierarzt/Medikamente			5,30	15,00
– Tierseuchenkasse			1,60	4,50
– Wasser	1, 51 m^3	2,00	3,00	8,71
– Schur		2,50	3,40	9,70
– Sonstiges [b]			17,80	51,20
– Stroh	1,88 dt	3,50	6,58	19,00
Proportionale Kosten, zusammen			*80,48*	*232,11*
– Winterfutter, Silage	2,6 dt TS	16,89	43,30	124,70
– Winterfutter, Heu [c]	0,6 dt TS	18,14	11,10	32,10
– Sommerfutter	4,7 dt TS	6,09	28,30	81,60
Grundfutter, zusammen [d]			*82.74*	*238,30*
Arbeitskosten	7,05 AKh	13,56	*95,60*	*275,40*
Fixkosten Gebäude, Maschinen			*48,48*	*139,70*
Verwaltung, sonstiger Aufwand			*21,97*	*63,30*
Gesamtkosten			*329,27*	*948,81*
Marktleistungen				
– Mastlämmer	1,057/ PMES	68,20	72,10	207,78
– sonstige Schlachtschafe	0,16/ PMES	36,80	5,90	17,00
– Wolle	4,68 kg/PMES	0,51	2,40	6,96
Marktleistungen, zusammen			*80,40*	*231,74*
Gewinnbeitrag			*–248,87*	*–717,07*
Summe Förderungen (2011)			*206,00*	*594,00*
Gewinnbeitrag mit Förderung			*–42,87*	*–123,07*
Anteil der Marktleistung am Erlös				28 %

PMSE Produktionseinheit Mutterschaf. In diese ist die Bestandsergänzung bereits integriert, so dass jene nicht wie in Tab. 5.4 gesondert ausgewiesen werden muss.

[a] Besatzstärke 2,88 PMSE/ha, Herdengröße 500 Mutterschafe,
[b] Energie, Material, Geräte, Hunde,
[c] 150 Stalltage,
[d] einschließlich Pacht.

Tab. 5.3 Rentabilität der Schafhutung in Baden-Württemberg in den 1990er Jahren. (Quelle: TAMPE & HAMPICKE 1995, S. 370 und 378)

	Menge/MS	€/Einheit	€/MS	€/ha
Proportionale Spezialkosten und Grundfutterkosten			83,80	335,21
Arbeitskosten	8,2 AKh [a]	7,67	62,89	251,56
Fix- und Gemeinkosten [b]			49,60	198,38
Kosten der Erstinstandsetzung der Weide [c]			30,68	122,71
Weidepflege			6,39	25,56
Gesamtkosten			*233,36*	*933,42*
Marktleistungen, zusammen	1,15 Lämmer 0,2 Altschafe 4,5 kg Wolle		*99,36*	*397,44*
Gewinnbeitrag			*−134,00*	*−535,98*
Förderungen (1995) [d]			*56,76*	*227,03*
Gewinnbeitrag mit Förderung			*−77,24*	*−308,95*

MS Mutterschaf.

[a]   einschließlich Winterfuttergewinnung,
[b]   Fixkosten überwiegend für Stall,
[c]   2.045,17 € für Entkusseln, verrentet mit 6 % p. a.,
[d]   unvollständig, vgl. Text. Umrechnung: 1 € = 1,955 DM.

Die Tab. 5.2 weist ferner aus, dass selbst die in Thüringen durchaus ansehnlichen Förderungen (im Jahre 2011 Betriebsprämie, Grünlandprämie, Ausgleichszulage und KULAP) nicht in der Lage sind, das gesamte Defizit zu tilgen; es verbleibt eine Unterdeckung etwa in Höhe der Gemeinkosten plus Pacht. Nur wenn der Betrieb diese durch Quersubvention aus anderen Zweigen auffangen kann, kann er die Schafbeweidung durchführen. Nach der Tab. 5.3 erschien die Förderung in Baden-Württemberg in den 1990er Jahren noch wesentlich unzureichender; der Betrieb schnitt mit einem hohen Defizit ab. Teils wurde dies dadurch „aufgefangen", dass der wirkliche Arbeitsverdienst unter dem Sollwert der Tab. 5.2 lag, jedoch wurden die hohen Kosten für das Entkusseln und teils auch für den wegen geforderter Erdbebensicherheit teuren Stall von Dritten getragen.

An dieser Stelle ist eine Bemerkung zum Begriff „Extensive Landnutzung" erforderlich. Im allgemeinen Sprachgebrauch und auch in der Naturschutzdiskussion werden Weidesysteme, die der Artenvielfalt zuträglich sind, als „extensiv" bezeichnet. Eine solche Kennzeichnung ist falsch, wiewohl eingeführt und wohl unausrottbar. In der ökonomischen Theorie wird unter „Intensität" das Mengenverhältnis der eingesetzten Produktionsfaktoren zueinander verstanden (Exaktes in Anhang 1). Eine Produktion ist kapitalintensiv, wenn einer Arbeitskraft ein hoher Wert an Maschinen beigesellt ist; eine kapitalextensive Produktion ist das Gegenteil. In der Agrarökonomie wird als Bezugs-größe die Fläche verwendet – intensiv zu produzieren heißt, einen hohen Aufwand an Betriebsmitteln und Arbeitskraft pro Hektar zu betreiben, die extensive Produktion beinhaltet das Gegenteil. Nun trifft zwar zu, dass die sogenannten „extensiven Weidesys-teme" auch mit Rindern wenige oder gar keine Hilfsmittel wie Mineraldünger einsetzen, man erkennt jedoch am Beispiel der Tab. 5.2 den hohen Arbeitseinsatz pro Fläche; die Schafweide ist mit 20 AKh pro Hektar und Jahr „arbeitsintensiv".[4] Der Hochertrags-Weizenanbau in der Magdeburger Börde kommt mit 6 bis 10 AKh pro Hektar und Jahr aus, meist weniger als der Hälfte der Schafhutung!

Es bestehen nur geringe Spielräume, die Kostenbelastung zu mindern. Die schon er-wähnte „Kostenminderung" in der Praxis in Gestalt einer wesentlich geringeren Lohn-abgeltung kann auf wissenschaftlicher Ebene natürlich keine Berücksichtigung finden. Eine ihrer bedauerlichen Konsequenzen ist, dass sich für den hochqualifizierten und anstrengenden Beruf des Schäfers gebietsweise zu wenig Nachwuchs findet.

5.2.2   Beweidung mit Rindern

Wie die folgenden Tabellen zeigen, trifft das zuvor für die Schafweide festgestellte ten-denziell auch für die Rinderweide zu. Die Berechungen von RÜHS et al. (2005) aus der Rhön in Tab. 5.4 bestätigen die Ergebnisse anderer Autoren in der Tab. 5.5, dass unter Bedingungen des Mittelgebirges oft mit einem Verfahrensdefizit zwischen 450 € und 550 pro Hektar und Jahr zu rechnen ist, im Wesentlichen aus denselben Gründen wie bei der Schafhaltung. Bei Vergleichen wie in der Tab. 5.5 müsste eigentlich jede Quelle sehr genau auf ihre Voraussetzungen und Methodik geprüft werden, was mit vertretbarem Aufwand kaum möglich ist. Die Tabelle zeigt, dass auch günstiger als in Tab. 5.4 ab-schneidende Verfahren in ihren Gesamtkosten nur etwa um 100 € darunter liegen, wofür schon eine geringere Besatzstärke ursächlich sein kann (vgl. unten). Das erfolgreichste Verfahren unten in der Tabelle erfreut sich sowohl mäßiger Kosten als auch bedeutend höherer Verkaufserlöse, möglicherweise aufgrund von Direktvermarktung, und stellt eine Ausnahme dar. Auf einige weitere Aspekte ist hinzuweisen, die teilweise auch für die Schafweide zutreffen.

Die Kalkulation der Arbeitskosten ist mit einer inhärenten Unsicherheit behaftet. Ein stochastischer Faktor lässt sich nicht eliminieren; mit gewisser Wahrscheinlichkeit auf-tretende Ereignisse (Zaunreparatur, Tierkrankheiten, Witterungsextreme und anderes) können Kalkulationen empfindlich beeinflussen. Trifft es auch zu, dass eine gesunde Fleischrinderherde im „Normalbetrieb" wenig Arbeit erfordert, so ist doch in der Litera-tur gelegentlich anzutreffenden sehr niedrigen Richtwerten für den Arbeitszeitbedarf Skepsis entgegenzubringen.

---

[4] Der noch höhere Arbeitsbesatz in Tab. 5.3 mit rechnerisch 32,8 AKh/ha wird durch die Berech-nungsweise übertrieben. Die 8,2 AKh pro Mutterschaf beinhalten auch Winterfutterwerbung auf anderen Flächen. Sonst könnten nicht vier Mutterschafe pro Hektar gehalten werden.

Tab. 5.4 Vollkostenkalkulation für ein Verfahren der Mutterkuhhaltung in der Rhön. (Quelle: RÜHS et al. 2005, vgl. auch RÜHS & HAMPICKE 2010)

	Menge/Jahr	Preis/Einheit €	Kosten/ha €/ha [a]
Proportionale Kosten			
– Bestandsergänzung	0,17 Färse	604,00	94,47
– Kraftfutter	2,2 dt	12,50	25,30
– Mineralfutter	0,5 dt	45,00	20,70
– Deckgeld		20,00	18,40
– Tierarzt/Medikamente		25,00	23,00
– Versicherung		10,00	9,20
– Energie/Wasser		18,00	16,56
– Stroh	11 dt	3,50	35,42
– Sonstiges		10,00	9,20
– Zinsanspruch Umlaufkapital	6 %		10,12
Proportionale Kosten, zusammen			*262,37*
– Winterfutter, Wiese	26.880 MJ ME	0,13 [b]	321,48
– Sommerfutter, Weide	24.800 MJ ME	0,02	45,63
Grundfutter, zusammen [c]			*367,12*
– Arbeitskosten, Sommer	6,5 AKh	12,50	74,75
– Arbeitskosten, Winter	3,5 AKh	12,50	40,25
Arbeitskosten, zusammen			*115,00*
Fixkosten Stallplatz, zusammen			*42,88*
Gesamtkosten			*787,37*
Marktleistungen			
– Färsenverkauf	44,7 kg SG	1,70 €/kg SG	69,91
– Absetzer männlich	86,6 kg SG	1,40 €/kg SG	191,21
– Altkuh anteilig	65,6 kg SG	1,50 €/kg SG	90,39
Marktleistungen, zusammen			*351,51*
Deckungsbeitrag II			*−278,00*
Gewinnbeitrag			*−436,00*
Summe Förderungen (2004)			*634,93*
Gewinnbeitrag mit Förderung			*199,00*
Anteil der Marktleistung am Erlös			36 %

[a] Besatzstärke 0,92 Mutterkühe mit Kalb, Winteraußenhaltung.
[b] Kosten pro 10 MJ ME.
[c] einschließlich Maschinen-Fixkosten der Futterwerbung.

Tab. 5.5   Literaturangaben über die Rentabilität der Mutterkuhhaltung

Autoren	Haltungsform	Verfahrens-kosten	Markt-erlöse	Defizit
RÜHS & HAMPICKE 2010	Winterstall, Rhön	924	379	545
RÖDER et al. 2002	NSG bei Ulm	875	300	575
ROTH & BERGER 1999	Thüringer Wald	806	376	430
TITZE & MARTIN 1999 [a]	Winteraußenhaltung	720	375	345
HOCHBERG & NEUBERT 1999 [a]	100–150 Tiere	663	318	345
LELF 2010	Winteraußenhaltung	834	449	385
PIEHL 2000 [a]	Winteraußenhaltung	660	640	20

Alle Werte in €/ha außer bei LELF, dort in €/Kuh. [a] übernommen aus RÜHS & HAMPICKE 2010, table 8.10, S. 368.

Die Herde erfordert zumindest eine gewissenhafte Beobachtung – es sei nur auf die in Fachkreisen sprichwörtliche Kontrolle der Ohrmarken insbesondere bei Geburten hingewiesen. Zu sehr sich selbst überlassene Herden neigen bei gewissen Rassen zur Verwilderung, die zu späteren Zeitpunkten erhöhten Arbeitsanfall nötig machen kann. Auch ist nicht immer klar, wie die Betroffenen in bäuerlichen Betrieben selbst den erforderlichen Aufwand beurteilen: Ist die abendliche Kontrolle der Herde Arbeit oder ein Spaziergang?

Neben diesen „weichen" Faktoren sei auf den sehr wichtigen Aspekt hingewiesen: der größte Teil der Kosten ist an das Tier, nicht aber an die Fläche gebunden. Die Kosten pro Fläche errechnen sich aus der Multiplikation der Kosten je Tier mit der Besatzstärke.[5] Dies führt dazu, dass das Verfahrensdefizit pro Fläche umso geringer ist, je geringer die Besatzstärke ist. In Tab. 5.4 beträgt diese fast eine Mutterkuh pro Hektar, sodass die Kosten pro Tier und pro Hektar fast identisch sind. Läge dagegen die Besatzstärke nur bei einer Kuh auf zwei Hektar, dann würde jeder Hektar nur mit den halben Kosten pro Tier und damit dem halben Defizit belastet (RÜHS & HAMPICKE 2010).

Daraus folgt, dass sich Biotope mit sehr geringer Besatzstärke auch mit Weidetieren kostengünstig pflegen lassen. Ein bezeichnendes Beispiel sind ehemalige Truppenübungsplätze auf Sandböden mit karger Vegetation. Auf solchen Standorten geben PROCHNOW & SCHLAUDERER (2003, S. 9) Kosten der Schafbeweidung von nur 176 € bis 384 je Hektar und Jahr an (vgl. auch SCHLAUDERER & PROCHNOW 2004). Ein Extremfall ist der „Alvar", ein Kalkplateau auf der schwedischen Insel Öland, wo das Futterdargebot so gering ist, dass ein Rind bis zu zehn Hektar beweidet (Farbtafel 33).

---

[5] Mit Besatz*stärke* wird der gesamte Umfang der Tierhaltung bezogen auf eine vorhandene Futterfläche bezeichnet, meist in Großvieheinheiten (GV) ausgedrückt. Eine Milchkuh entspricht einer GV. Besitzt ein Betrieb 100 Hektar Grünland für 160 Milchkühe, so beträgt die Besatzstärke 1,6 GV/ha. Mit Besatz*dichte* wird der Besatz einer Fläche zu einem bestimmten Zeitpunkt bezeichnet. Werden vorübergehend alle 160 Kühe auf eine Portionsweide von 10 Hektar getrieben, damit sie diese in kurzer Zeit intensiv abgrasen, so beträgt die Besatzdichte dort 16 GV/ha. Die beiden Begriffe werden in der Literatur und umgangssprachlich notorisch verwechselt.

Tab. 5.6 Wirtschaftserfolg von Projekten halboffener Weidelandschaft.
(Quelle: KAPHENGST et al. 2005)

	ERNA	Lippeaue	Wulfener Bruch	Verchen	Schäfer-haus	Lämmer-hof
Tiermaterial	HR	HR+KO	HR+PR	HR+TA	GA+KO	AN
Fläche (ha)	83	180	65	110	260	65
Besatzstärke (GV/ha)	0,5	0,25	0,6	0,5	0,3	0,35
Proportionale Kosten	78,46	74,55	57,76	42,95	44,91	50,63
Arbeitskosten	119,71	79,78	198,00	93,15	96,36	27,32
Fixkosten	40,69	56,75	33,54	18,26	18,15	42,44
Kosten zusammen	*238,86*	*211,08*	*289,30*	*154,36*	*159,42*	*120,39*
Marktleistungen	0,00	102,18	150,00	0,00	67,31	73,08
Ergebnis	*−238,86*	*−108,90*	*−139,30*	*−154,36*	*−92,11*	*−47,31*

Alle Werte in €/ha. Betriebe: ERNA: extensive Robustrinderhaltung Aukrug bei Neumünster.
Lippeaue: AG Biologischer Umweltschutz Kreis Soest bei Lippstadt. Wulfener Bruch: NABU-
Projekt bei Köthen, Elbtalaue. Verchen: Peenewiesen bei Upost, Vorpommern. Schäferhaus: Ver-
ein Bunde Wischen bei Flensburg. Lämmerhof: Bioland-Betrieb bei Mölln, Holstein. Tiermaterial:
HR Heckrind, KO Konik, PR Przewalski, TA Tarpan, GA Galloway. AN Angus.

An dieser Stelle trifft sich die ökonomische Analyse mit modernen Ideen im Naturschutz, nämlich dem Konzept der „halboffenen Weidelandschaft" (Näheres in FINCK
et al. 2004, PLACHTER & HAMPICKE 2010). Hierbei wird auch auf futterwüchsigen Standorten die Besatzstärke so niedrig angesetzt, dass sich mit der Zeit ein Vegetationsmosaik
offener und mit Gehölzen bestandener Flächen herausbilden soll, in dem wegen seiner
Heterogenität eine hohe Artenvielfalt erwartet wird. Ökonomisch gilt für diese Ansätze
wegen der niedrigen Besatzstärke dasselbe wie für die oben erwähnten Truppenübungsplätze. Allerdings muss die Zeit zeigen, ob sich die Erwartungen an die Entwicklung der
Vegetation erfüllen. Auf Kalkmagerrasen haben sich verhaltene Beweidungsregimes
nicht bewährt, die zeitweise im Interesse der reichen Bestände an Orchideen propagiert
wurden. Irgendwann wurden Schlehen oder andere Gehölze nicht mehr kontrollierbar.
Das kann, aber muss sich in anderen Biotoptypen nicht wiederholen.

In der Praxis wird die „halboffene Weidelandschaft" in einigen Modellversuchen in
Deutschland umgesetzt (Tab. 5.6). Man tut den stets sehr engagierten Betreibern nicht
Unrecht mit der Feststellung, dass sie sich stark für das Wohl ihrer Tiere und ihrer Biotope, aber bisher weniger für die Ökonomik ihrer Verfahren interessieren. KAPHENGST
et al. (2005) führten eine erste betriebswirtschaftliche Untersuchung der Modellversuche
durch. Dabei bestätigte sich die relativ niedrige Kostenunterdeckung aufgrund der niedrigen Besatzstärke von teilweise nur 0,25 Großvieheinheiten (GV) pro Hektar, jedoch
mussten auch wichtige Fragen noch ungeklärt bleiben. Dies betrifft z. B. die längerfristi-
gen Erlösperspektiven dieser Tierhaltungen. Die oft eingesetzten Heckrinder können

hohe Verkaufserlöse erzielen, solange eine Nachfrage nach Zuchttieren zum Herdenaufbau besteht. Diese Nachfrage dürfte mit der Zeit abklingen, sodass sich die Frage nach der sonstigen Verwertung der Tiere stellt. Angaben über ihre Qualität als Schlachttiere erscheinen widersprüchlich.

RÜHS et al. (2005, S. 329) legen ferner eine Kalkulation vor, bei der die Bewirtschaftung traditionellen, relativ nährstoff- und ertragsarmen Weidelandes – also der Biotope, die auch für die Mutterkuhhaltung typisch sind – mittels der Aufzucht zweijähriger Färsen erstaunlich wirtschaftlich sein kann. Im günstigen Fall schneidet sie mit einer Kostenunterdeckung (und damit auch Naturschutzkosten) von Null ab. Bedingung ist, dass tragende Qualitäts-Zuchtfärsen hohe Marktpreise oder eine hohe innerbetriebliche Wertschätzung genießen. Diese Variante sollte angesichts der Klagen über die Unwirtschaftlichkeit der Mutterkuhhaltung sowohl in Agrarbetrieben als auch im Naturschutz eine größere Beachtung finden.

5.2.3 Schnittgrünland und Mulchflächen

Schnittgrünland ist für die Artenvielfalt nur wertvoll, wenn es traditionell bewirtschaftet wird, das heißt mit relativ geringem Nährstoffeinsatz (N-Düngung unter 100 kg pro Hektar und Jahr) bei nicht zu früher und zwei-, höchstens dreimaliger Nutzung im Jahr (Farbtafeln 16 und 22). Solches Material ist als Alleinfutter für leistungsstarke Milchkühe ungeeignet, es bestehen jedoch andere Nutzungsmöglichkeiten.

Die Kosten der Schnittwiesenbewirtschaftung sind in der Regel problemlos zu ermitteln; die Tab. 5.7 zeigt dies am Beispiel einer zweischürigen Glatthaferwiese. Starke Abweichungen von den ermittelten Werten können sich auf speziellen, etwa stark hängigen Flächen oder auf nassen Sumpfdotterblumenwiesen ergeben. Eine nicht sehr überzeugende, aber zuweilen alternativlose Nutzungsform ist die Kompostierung. Hier bestehen die Kosten für die Erhaltung der betreffenden Schnittwiesen in den in Tab. 5.7 ausgewiesenen Kosten der Werbung plus Transport- und Kompostierungskosten.

Ein noch weniger praktizierter Verwertungsweg für Wiesenschnittgut besteht in der energetischen Nutzung, das heißt entweder der Verbrennung bei der „trockenen" oder der Vergärung oder Pyrolyse bei der „nassen" Produktschiene. Hierzu finden sich interessante Informationen in DVL (2011) sowie speziell für ausgedehnte Niedermoorflächen im Nordosten Deutschlands bei WICHTMANN et al. (2010). Das vorliegende Buch befasst sich im Kapitel 10.2 mit Grundlagen des Energiepflanzenanbaus, ohne sich aber Details widmen zu können. Ökonomische Berechnungen für die energetische Nutzung von Landschaftspflegegrün liegen bislang nicht vor, jedoch ist damit zu rechnen, dass der Energiegewinn pro Fläche im Allgemeinen sehr gering ist – schließlich sind derartige Mähwiesen, wenn sie Wert für den Naturschutz besitzen, in der Regel ertragsschwach. Hier sollte die energetische Nutzung eher als ein zuweilen sinnvoller Weg der Aufwuchsbeseitigung denn als Erschließung einer ergiebigen Energiequelle aufgefasst werden. Eine Ausnahme sind die schon oben genannten, in der Vergangenheit eutrophierten und damit produktionsstarken Niedermoorstandorte.

Tab. 5.7 Bewirtschaftungskosten einer traditionellen Schnittwiese. (Quelle: CZYBULKA et al. 2012, Tab. 12, S. 91 – dort nach KTBL-Daten)

a) Arbeitsschritte

	Akh/ha	Diesel, l/ha	Fixe Maschinen-kosten, €/ha	Variable Maschinen-kosten, €/ha
PK-Dünger streuen	0,11	1,1	1,87	1,57
Schleppen	0,3	3,3	3,28	5,54
2 × Mähen	1,5	14,8	43,99	29,93
8 × Wenden	2,0	21,6	52,96	54,16
4 × Schwaden	1,0	11,6	34,00	27,68
2 × Pressen	0,87	6,9	32,46	28,09
2 × Transportieren	0,57	2,5	8,69	5,45
Zusammen	*6,35*	*61,8*	*177,25*	*152,42*

b) Kosten

	€/ha
Arbeit, 6,35 Akh × 14 €	88,90
Diesel, 61,8 × 1,30 €	80,34
Fixe Maschinenkosten	177,25
Variable Maschinenkosten	152,42
Düngung 22 kg P × 2,50 €	55,00
130 kg K × 0,75 €	97,50
Zusammen	*651,41*

Akh: Arbeitskraftstunden

Nach wie vor ist die Verwendung des Schnittwiesenaufwuchses als Futter meist der sinnvollste Weg. Sowohl die ökonomische Berechnung als auch die praktische Verfahrensdurchführung wird bedeutend erleichtert, wenn in der betreffenden Region Heu ein marktfähiges Produkt ist, das zu bestimmten Preisen gehandelt wird. Abnehmer sind in solchen Fällen nicht allein landwirtschaftliche Betriebe, sondern auch Pferde- und sonstige Tierhalter bis zu Zoologischen Gärten. Pferdehalter fragen Heu genau in der Qualität nach, wie es traditionelle Wiesen hervorbringen, und sind nicht selten zahlungskräftig. Kleine Mengen können zu hohen Preisen als Futter für Stubentiere, wie Goldhamster, abgesetzt werden.

Heupreise variieren regional und jahreszeitlich erheblich, was die Bedeutung von Transport- und Lagerkosten unterstreicht. Aus der Tab. 5.7 wird deutlich, dass bei einem für eine artenreiche traditionelle Mähwiese typischen Ertrag von 50 dt pro Hektar und Jahr ein Heupreis von 13 € je Dezitonne die gesamten Produktionskosten decken und damit die gekoppelte Naturschutzleistung zum Preis von Null gewährleisten würde.

Übersicht 10   Innerbetriebliche Werte für nicht marktfähige Güter in der Landwirtschaft. (in Anlehnung an STEINHAUSER et al. 1982)

Ersatzkostenwert für nicht marktfähiges Grundfutter: Kosten der Bereitstellung des billigsten alternativen nicht marktfähigen wirkungsgleichen Grundfutters. 1 dt Heu kann nicht wertvoller sein als die Kosten eines Quantums Zuckerrübenblatt von gleichem Futterwert.

Relativer Verkaufswert: Erlös, der beim Verkauf eines Quantums wirkungsgleichen marktfähigen Produktes erzielt wird. 1 dt Heu besitzt diesen Wert, wenn es ein Quantum Getreide im Futter ersetzt, ohne dass die tierische Leistung sinkt, und dieses Quantum Getreide verkauft werden kann.

Relativer Ankaufswert: Kosten für Zukäufe, die durch Mehrerzeugung oder Qualitätsverbesserung des nicht marktfähigen Grundfutters im Betrieb eingespart werden. Ersetzt 1 dt Heu den Zukauf eines Quantums Getreide, so besitzt es dessen Marktwert.

Veredlungswert: Ein Quantum Heu oder anderes innerbetrieblich erzeugtes Futter wird verfüttert. Das damit erzeugte Produkt, z. B. Milch und Kalb, erzielt einen Erlös. Werden von diesem Erlös alle sonstigen Kosten (Veredlungskosten) abgezogen, so verbleibt die Wertschöpfung, die das innerbetrieblich erzeugte Futter bewirkt hat. Erlöst eine Milchkuh E, verursacht sie Kosten von K und wird sie mit Y Einheiten des innerbetrieblichen Futters versorgt, so beträgt der Veredlungswert einer Einheit desselben (E – K)/Y. Die Rechnung kann kurz- und langfristig verstanden werden: Kurzfristig, wenn K proportionale Spezialkosten sind und Y Deckungsbeitragseinheiten beiträgt – langfristig, wenn K Vollkosten sind.

Gibt es für Silage, Heu oder andere Produkte keinen Markt und damit auch keinen Preis, so wird einer ihrer innerbetrieblichen Werte maßgeblich. Die Definitionen dieser Werte finden sich in der Übersicht 10. Der wichtigste ist der Veredlungswert, der z. B. zur Kostenschätzung der Grünlandextensivierung im folgenden Kapitel herangezogen wird. Wird der Aufwuchs Schafherden oder Mutterkühen verabreicht, deren Haltung die oben beschriebenen ökonomischen Probleme bereitet, so schlagen diese natürlich auch auf die Schnittwiesenflächen zurück.

Sind umkehrt die Rahmenbedingungen der Erzeugung günstig, so können mit traditionellen Methoden und in relativ kleinformatigem Maßstab ökonomisch durchaus befriedigende Ergebnisse erzielt werden. Der Heu werbende Landwirt in Farbtafel 34 in den französischen Alpen erzielt ein hinreichendes Einkommen, weil er seine Milch zu sehr vorteilhaftem Preis an eine örtliche Qualitäts-Käserei liefert, die wiederum prosperiert, weil die Kundschaft in diesem Land bereit ist, für den köstlichen „Beaufort" den erforderlichen Preis zu zahlen.

Nach NIEBERG (2010, Tabelle 3, S. 21) ist Mulchen eine konkurrenzlos preisgünstige Flächenbehandlung, sodass ein starker wirtschaftlicher Anreiz besteht, sie auf geeigneten, insbesondere steinfreien Flächen aufzugreifen und auf oft unwirtschaftliche Weidetierhaltung zu verzichten. Anhand von Daten des KTBL berechnet sie Kosten auf größeren Flächen von 43 bis 64 € pro Hektar und Jahr, bei kleineren Flächen mit wenigen

Hindernissen von 108 €, mit Hangneigung von 180 € und selbst unter extrem schwierigen Bedingungen von 279 € pro Hektar und Jahr.

Eine Kalkulation der Bewirtschaftungskosten von Streuwiesen ist wenig ergiebig und unterbleibt hier, denn alles hängt vom Stallsystem ab. Man führte in den 1960er- und 1970er Jahren flächendeckend die Schwemmentmistung ein; Einstreu wurde als überholt angesehen. Schon vor vielen Jahren veröffentlichte jedoch das KTBL Kalkulationen, aus denen hervorging, dass moderne, hoch mechanisierte Einstreuställe nicht unwirtschaftlicher als Ställe mit Schwemmentmistung sein müssen (KTBL 1993).

5.2.4 Grünlandextensivierung

In diesem und im folgenden Kapitel stehen anders als bisher die *Opportunitätskosten* des Naturschutzes im Vordergrund. Gab es eine artenreiche Schnittwiese schon immer und besteht kein Interesse an deren Intensivierung, so sind wie in der Tab. 5.7 allein die Verfahrenskosten ihrer Bewirtschaftung relevant. Soll dagegen eine Intensivierung rückgängig gemacht werden oder auf eine solche, obwohl sie sich anböte, verzichtet werden, so sind die Kosten der Verzichte auf Hochertrag zu betrachten.

Hochproduktive Grünlandregionen treten unter anderem in Stromtälern auf, im norddeutschen Tiefland, in zahlreichen Mittelgebirgen und im Alpenvorland. Meist ist die Grünlandbewirtschaftung voll auf die Ansprüche der laktierenden Kühe zugeschnitten. Die Flächen sind stark gedüngt und der Aufwuchs wird früh und oft genutzt, sodass eine extreme Artenarmut herrscht. Bei Weitem dominieren Weidelgras (*Lolium perenne*), Löwenzahn (*Taraxacum officinale*) und Weißklee (*Trifolium repens*) (Farbtafel 35).

Fütterungstechnisch gibt es für diese Uniformierung keine zwingende Notwendigkeit. Auf meist drei bis fünf laktierende Kühe entfällt eine zweijährige Zuchtfärse, die mit dem Aufwuchs von traditionellem artenreichen Grünland sehr gut gefüttert werden kann, allenfalls sind kleinere energiereiche Zusätze erforderlich (RODEHUTSCORD 1994). Beispiele, bei denen solche Integration in die landwirtschaftliche Nutzung mit großem Erfolg praktiziert wird, finden sich in der Eifel (SCHUMACHER et al. 1994, SCHUMACHER 2007). Dort besteht der glückliche Umstand, dass das Traditionsgrünland noch in hinreichendem Umfang vorhanden ist und dessen Intensivierung entweder aus standörtlichen Gründen nicht in Frage kommt oder unterlassen wird, weil dies zum Verlust von Fördermitteln für die Betriebe führen würde. Es gibt bundesweit weitere Beispiele für Betriebe mit hoher Milchleistung, deren Färsen auf auch für den Naturschutz wertvollen Grünlandflächen aufgezogen werden.

Wo es solch artenreiches Grünland nicht mehr gibt, besteht ein hohes Interesse an seiner Wiederherstellung. Die Erfahrungen aus der Eifel zeigen, dass fütterungstechnisch bis über 20 % Traditionsgrünland mittlerer Produktivität in das Gesamtsystem eingepasst werden kann. Ein Anteil von nur 10 % wäre schon ein gewaltiger Fortschritt gegenüber dem Status quo.

Übersicht 11   Kostenschätzung der Grünlandextensivierung zur Gewinnung von Traditionsgrünland für die Färsenfütterung

Mindererträge nach Extensivierung

Annahme über den Ertrag des Intensivgrünlands: 9.000 kg Trockenmasse (TM) pro Hektar
und Jahr. 6,2 Megajoule (MJ) Nettoenergie Laktation (NEL) pro kg TM. NEL ist ein Maß für
die Energiekonzentration des Futters: Ein kg TM des Futters kann ein Produkt (z. B. Butter)
mit dem Energiegehalt wie in NEL angegeben produzieren. Energieleistung des Intensivgrünlands: 56 Gigajoule (GJ) NEL pro Hektar und Jahr.

Annahme über den Ertrag des extensivierten Grünlandes: 4.500 kg TM mit 4,9 MJ NEL/kg
TM. Energieleistung des Extensivgrünlandes: 22 GJ NEL pro Hektar und Jahr.

Einbuße bei Extensivierung also 34 GJ NEL/ha.a (60 % des Intensivgrünlands).

**Bewertung der Ertragseinbuße in der Milchviehhaltung mit Daten von RÜHS et al.
(2005)**

Marktleistung der Milchviehhaltung	3.403 €/ha.a
Proportionale Spezialkosten	1.475 €/ha.a
Grundfutterkosten	574 €/ha.a
Deckungsbeitrag II	1.354 €/ha.a
Veredlungswert von 1 MJ NEL	1.354 €/56.000 MJ NEL = 0,0242 €/MJ
Entgangener Veredlungswert	0,0242 €/MJ × 34.000 MJ = 822,80 €
Kostenschätzung plus Aufschlag für Mehrkosten der Futtergewinnung und Bevorratung	1.000 € pro Hektar und Jahr

Leider sind die bei einer solchen Umorientierung anfallenden Kosten auf der Ebene des
Einzelbetriebs noch nicht im Detail erhoben worden, wenn auch HENTSCHEL (2001) eine
Übersicht auf der Ebene der Region gibt. Eine den voran stehenden Kapiteln und auch
dem folgenden über Ackerstandorte vergleichbare Exaktheit kann daher noch nicht
geboten werden, vielmehr kann nur in Übersicht 11 eine erste überschlägige Schätzung
vorgelegt werden. Diese arbeitet nicht nur mit groben Daten, sondern vereinfacht das
Problem auch strukturell, indem sie allein die Verwertung durch die Milchkühe, nicht
aber die durch die Färsen erfasst. Die Größenordnung der Schätzung dürfte jedoch zutreffend sein.

Es wird unterstellt, dass auf geeigneten Flächen der Futterertrag auf weniger als die
Hälfte reduziert wird. Die Bewertung dieser Einbuße erfolgt über den Veredlungswert.
Bei den getroffenen Annahmen beträgt dieser für eine Futtereinheit von einem MJ NEL
0,0242 €, was sich pro Hektar und Jahr auf über 800 € summiert. Die Umstellung ruft
jedoch zusätzliche Verfahrenskosten hervor, da der Betrieb in der Regel zwei Futterket-
ten unterhalten muss: Die herkömmliche für die laktierenden Kühe auf der Basis von
Silage und davon getrennt eine andere für die Winterfütterung der Färsen mit Heu. Die
betriebsindividuellen Umstände können allerdings vielgestaltig sein. Betriebe in bestimmten Käse erzeugenden Regionen füttern auch die laktierenden Kühe mit Heu.

Durch eine geschickte Wahl der Abkalbungen kann der größte Teil des Aufzuchtzeitraumes der Färsen in die Weideperiode mit kostengünstigem Futter gelegt werden. Im Vorliegenden sei mit einer Schätzung der Gesamtkosten von etwa 1.000 € pro Hektar und Jahr gerechnet, die über- und unterschritten werden kann. Zu beachten ist, dass mit Weidegang und Darbietung weniger energiereichen Futters die Färsenaufzucht gesundheitlich eher gewinnt und dass die so geschaffenen Biotope über die erzeugte Artenvielfalt hinaus weitere wertvolle Funktionen erfüllen können, wie insbesondere die Abschirmung sensibler Biotope und Gewässer gegen übermäßige Nährstoffeinträge (zu Synergien vgl. Kapitel 4.4.2.6).

5.2.5 Ackerbiotope

Der Ackerbau findet in diesem Buch aus mehreren Gründen eine genauere Beachtung als gewöhnlich. Zum einen besitzen wegen der schon im Kapitel 4.4.1.4 erwähnten Vernachlässigung Schutzbemühungen eine hohe Priorität. Zweitens sind als Reaktion darauf in jüngerer Zeit sehr förderwürdige Initiativen entstanden, denen Kalkulationsmaterial an die Hand gegeben werden soll (vgl. hierzu auch besonders GEISBAUER 2011 sowie GEISBAUER & HAMPICKE 2012). Drittens sind auf diesem Gebiet in den vergangenen Jahren Erfahrungen gesammelt worden, die zwar schon veröffentlicht worden sind (unter anderem HAMPICKE et al. 2004, 2005), jedoch noch stärker der fachlichen Diskussion übermittelt werden sollen. Viertens wird der Wert ansprechender, blumenbunter Ackerlandschaften für die Erholung weitgehend verkannt (Farbtafel 36) und fünftens beeinflussen die Produktpreise die Naturschutzkosten in stärkerer Weise als bei Tierhaltungsverfahren, sodass auch dieser Punkt einige Aufmerksamkeit verdient.

5.2.5.1 Typischer Standort geringerer Ertragsfähigkeit

Die Tab. 5.8 zeigt die ökonomische Problematik an einem typischen ertragsschwächeren Standort, der bekanntlich für den Wildkrautschutz oft besonders geeignet ist. Unterstellt seien günstige Strukturbedingungen und moderne großbetriebliche Technik, wie sie besonders in den östlichen Bundesländern anzutreffen sind. Man erkennt die Kalkulation eines gewöhnlichen konventionellen Produktionsverfahrens (links) und im Vergleich dazu ein Verfahren zur Wildkrautförderung (rechts), welches sich durch deutlich niedrigere Erträge, aber auch geringeren Einsatz ertragssteigernder Betriebsmittel auszeichnet. Den geringeren Ernteentzügen entsprechend ist die Düngung zurückgefahren; auf den chemischen Pflanzenschutz einschließlich der Herbizide wird natürlich vollständig verzichtet, sodass die Direktkosten wesentlich geringer sind. Demgegenüber können die an die Fläche gebundenen und damit wenig ertragsabhängigen variablen Maschinenkosten nur in geringerem Maße reduziert werden. Auch die Arbeitskosten sind im Naturschutz-Ackerbau nur geringfügig niedriger als im konventionellen, weil einige Arbeitsgänge entfallen, wie insbesondere die für den Pflanzenschutz. Der Einfachheit halber werden alle Fixkosten als unveränderlich angenommen, sodass ein Vergleich der Deckungsbeiträge genügt.

Tab. 5.8 Kosten des Ackerwildkrautschutzes im Winterroggenanbau auf ertragsschwachem Standort in Brandenburg – Landbaugebiet III, 29 bis 35 Bodenpunkte. (Quelle für herkömmliches Verfahren außer Markterlös: LVLF Brandenburg 2008, S. 40)

	Herkömmlich €/ha	Wildkrautgemäß €/ha
Ertrag (dt/ha)	46	25
Markterlös (13,50 €/dt) [a]	621	338
Saatgut	28	28
Mineraldüngung	178	89
Pflanzenschutz	52	–
Zinsansatz	6	4
Σ *Direktkosten*	264	121
Variable Maschinenkosten	112	112
Abschreibung	77	77
Zinsansatz	31	31
Lohnkosten	36	36
Trocknungskosten	17	8
Σ *Kosten der Arbeitserledigung*	273	264
Σ Kosten	537	385
Deckungsbeitrag	228	97
Verfahrensleistung	84	–47
Kosten des Wildkrautschutzes		*131*

[a] Mittelwert aus fünf Jahren, vgl. Geisbauer & Hampicke 2012.

Die Ertrags- und Aufwandsmengen im rechten Teil der Tab. 5.8 beruhen auf praktischen Versuchen der oben genannten Autoren in Verbindung mit einschlägiger Literatur, sodass sie für den Standardtypus der Extensivierung[6] auf ertragsschwachem Standort als recht zuverlässig angesehen werden können. Zweifellos gibt es überall Sonderbedingungen, die einen Einzelfall entweder „teurer" oder „billiger" werden lassen können. Würde auch die Berücksichtigung ganzer Fruchtfolgen zu einer noch überzeugenderen Kalkulation führen, so steht doch auch ohne diese fest, dass Ackerwildkrautschutz auf ertragsschwachen Standorten mit einem in Tab. 5.8 gegenüber der konventionellen Bewirtschaftung um nur etwa 130 € pro Hektar und Jahr schwächeren Deckungsbeitrag eine außerordentlich preisgünstige Naturschutzmaßnahme ist. Selbst doppelt so hohe Defizite wären im Vergleich mit den oben dargestellten Tierhaltungsverfahren noch mäßig. Ein Grund für die Kostengünstigkeit sind die entfallenden Tierbetreuungskosten. Um so mehr befremdet, dass der Ackerwildkrautschutz über lange Zeit so stark vernachlässigt wurde.

---

[6] Hier ist der Terminus richtig angewendet, vgl. Kapitel 5.2.1.

5.2.5.2 Schutzäcker für das Projekt „100 Äcker"

Die Tab. 5.9 und 5.10 stellen die Ergebnisse einer von GEISBAUER & HAMPICKE (2012) durchgeführten Studie zusammen, in der eine Reihe von Betrieben, die Ackerwildkrautschutz betreiben, im Rahmen des Projektes „100 Äcker" (www.schutzaecker.de) untersucht wurden. Dieses Vorhaben wird von der Deutschen Bundesstiftung Umwelt (DBU) gefördert und baut ein Netz dauerhaft gesicherter Schutzäcker an allen interessanten Standorten auf.

Die Tab. 5.9 enthält sechs Betriebe auf Flächen mittlerer Güte, die Getreideerträge im konventionellen Landbau von bis zu 70 dt/ha erlauben. In einem von ihnen findet sich ein sehr seltenes autochthones Vorkommen der Kornrade (*Agrostemma githago*) (Farbtafel 37). Der linke Teil der Tabelle enthält Markterlöse, proportionale Spezialkosten und Deckungsbeiträge der Schutzäcker, der rechte Teil dasselbe für herkömmlichen Ackerbau an denselben Standorten gemäß den Angaben der Betriebsleiter, hilfsweise aus Unterlagen des KTBL. Ganz rechts ist die Differenz zwischen beiden Deckungsbeiträgen beziffert. Da sich Fix- und Arbeitskosten bei beiden Wirtschaftsweisen nur unwesentlich unterscheiden, genügt bei der Erhebung der Naturschutzkosten ein Vergleich der Deckungsbeiträge.

In den oberen vier Beispielen der Tabelle liegt diese Differenz grob zwischen 400 € und 470 € pro Hektar und Jahr. Im Betrieb Falkenberg liegt sie standortsbedingt deutlich darunter. Noch geringer ist sie im Betrieb Hildesheim, jedoch aus einem anderen Grund. Der biologisch-dynamisch wirtschaftende Betrieb erzielt auch bei Wildkräuter schützender Wirtschaftsweise schon einen guten Markterlös, sodass die Opportunitätskosten des Verzichts auf „normale" Wirtschaft nur gering sind.

Die fünf Betriebe in der Tab. 5.10 befinden sich entweder auf Extremstandorten, die kaum intensivierungswürdig sind (Senne, Hielöcher, Mallnow), oder es *soll* auf Intensivwirtschaft verzichtet werden, entweder weil dies dem Statut der Betriebe entspricht (Senne, hier ist Naturschutz erklärtes Ziel der Wirtschaft) oder weil dies Schutzgebietsverordnungen fordern. Hier ist also der Vergleich mit intensiver Wirtschaft wie in Tab. 5.9 nicht sinnvoll. Stattdessen werden die Vollkosten mit der nächstliegenden Alternative des Mulchens verglichen, die zumindest dann in Betracht käme, wenn die Betriebe gemäß den Anforderungen der Cross Compliance (vgl. Kapitel 8.3) in den Genuss der Förderung der Ersten Säule kommen wollten.

Für den Betrieb Senne scheidet auch dies aus; die Kosten der Erhaltung des höchst wertvollen *Arnoseris*-Standortes (mit reichem Vorkommen von *Hypochoeris glabra*) liegen also in den Vollkosten des Verfahrens. Bei den Standorten Hielöcher und Mallnow käme Mulchen in Frage, in Fliegenberg und auf den Schmoner Hängen ist es eine Frage der Auslegung der Schutzgebietsverordnung. Hier würden dann entweder die Werte in der Spalte VL Sch oder Δ zum Ansatz kommen. Der Standort Fliegenberg ist ebenso wie Hielöcher relativ teuer, weil hier kleinbetriebliche Technik mit hohen Fixkosten vorliegt und weil der erstgenannte Schutzacker einen nicht unerheblichen Teil der Betriebsfläche ausmacht, sodass er anders als die beiden folgenden Äcker nicht von Fixkosten befreit werden kann. Diese Äcker verdienen besondere Aufmerksamkeit.

Tab. 5.9 Kosten des Ackerwildkrautschutzes im Rahmen des Projektes „100 Äcker" – intensivierungsfähige Flächen. (Quelle: GEISBAUER & HAMPICKE 2012)

Betrieb	Erlös Sch	Pr. SK Sch	DB Sch	Erlös Int	Pr.SK Int	DB Int	Δ
Rottleben C	223,09	312,04	−88,94	940,42	645,75	294,67	383,61
Kühlenhagen P	349,24	274,88	74,36	1.024,08	516,47	507,60	433,24
Franzosenschanze C	290,03	313,21	−23,17	1.064,13	648,13	415,99	439,16
Dahmsdorf P	251,88	309,69	−57,81	942,23	526,48	415,75	473,56
Falkenberg S	54,00	260,85	−206,85	607,51	514,35	93,15	300,00
Hildesheim C	478,73	184,13	294,60	741,81	298,02	442,99	148,39

Erlös: Markterlös (Mittel der Erzeugerpreise 2006–2010), Pr.SK: Proportionale Spezialkosten, DB: Deckungsbeitrag, Sch: Schutzacker, Int: gewöhnliche intensive Bewirtschaftung, Δ Differenz beider Deckungsbeiträge.
Rottleben: Kyffhäuserkreis, Kühlenhagen: Kreis Vorpommern-Greifswald, Franzosenschanze: Kreis Höxter, Dahmsdorf: Kreis Märkisch-Oderland, Falkenberg: Kreis Oder-Spree, Hildesheim: Kreis Hildesheim.
C: Caucalidio-Adonidetum flammulae, P: Papaveretum argemones, S: Sclerantho-Arnoseridetum minimae

Tab. 5.10 Kosten des Ackerwildkrautschutzes im Rahmen des Projektes „100 Äcker" – nicht intensivierungsfähige Flächen. (Quelle: GEISBAUER & HAMPICKE 2012)

Betrieb	VL Sch	VKM	Δ
Senne S	−424,67		424,67
Hielöcher C	−281,62	83,08	198,54
Fliegenberg N	−299,23	65,44	233,79
Mallnow P	−115,21	40,64	74,58
Schmoner Hänge C	−22,00	45,16	−22,00 [a]

VL Sch: Verfahrensleistung des Schutzackers (Preise wie in Tab. 5.9), VKM: Vollkosten des Mulchens, Δ Differenz. [a] Die Kosten des extensiven Ackerbaus sind geringer als das Mulchen.
Senne: Kreis Gütersloh, Hielöcher: Werra-Meißner-Kreis, Fliegenberg: Landkreis Heidenheim a. d. Brenz, Mallnow: Kreis Märkisch-Oderland, Schmoner Hänge: Saalekreis.
S: Sclerantho-Arnoseridetum minimae, C: Caucalidio-Adonidetum flammulae, N: Sedo-Neslerietum paniculatea, P: Papaveretum argemones.

Die Standorte Mallnow und Schmoner Hänge gehören zu ostdeutschen Großbetrieben, deren Fixkosten durch die Mitbewirtschaftung der Schutzäcker in keiner Weise betroffen sind und daher unberücksichtigt bleiben können. Veranschlagt werden nur proportionale Spezialkosten und Arbeitskosten. Der Betrieb Schmoner Hänge profitiert von seinem lohnenden Extensiv-Ackerbau so stark, dass ihn das Mulchen der Flächen teurer käme, sodass es auszuschließen ist.

Mallnow und Schmoner Hänge sind absolute Spitzenbiotope des Ackerwildkrautschutzes. In Mallnow gibt es Tausende von Exemplaren von *Nigella arvensis* (Farbtafel 38), auf den Schmoner Hängen unter vielen anderen die in Mitteleuropa extrem seltene *Ajuga chamaepitys* (Farbtafel 39). Dass die Schutzkosten auf der einen Seite so niedrig sind und dass auf der anderen dennoch unablässig um die Erhaltung solcher Biotope gerungen werden muss und sie immer Gefahr laufen, vernichtet zu werden, ist dem ökonomisch denkenden Naturschützer ein Buch mit sieben Siegeln.

5.2.5.3   Ackerwildkrautschutz auf Hochertragsstandorten

Wendet man sich den Verhältnissen in Hochertragsgebieten (Börden, Gäuland, Farbtafeln 12, 29 und 30) zu, so ist vorweg nach den Erfolgsaussichten des Ackerwildkrautschutzes zu fragen. Äcker, die seit 30 bis 40 Jahren regelmäßig mit Herbiziden behandelt werden, enthalten keine aktive Diasporenbank mehr im Boden, insbesondere nicht von interessanten und schutzwürdigen Kräutern. Auch besteht in besonderem Maße die Gefahr, mit Wildkrautprogrammen Kulturen nicht schutzwürdiger „Problemunkräuter" anzulegen, welche der Akzeptanz des Naturschutzes unter Landwirten verständlicherweise abträglich sind. Naturschützer sind also gut beraten, in solchen Gebieten mit Bedacht vorzugehen und sich vor allem langfristige Ziele zu setzen. Da Ackerwildkräuter jahrtausendelang und teils über weite Distanzen hinweg durch den Menschen transportiert und verbreitet wurden, dürften auch streng über „Florenverfälschungen" wachende Botaniker nur wenig Einwände dagegen äußern können, verarmte Biotope behutsam und wissenschaftlich kontrolliert wieder zu bereichern. Besorgten Landwirten sei gesagt, dass die meisten schutzbedürftigen Wildkräuter selbst an nährstoffreichen Standorten im Vergleich zu den Getreidesorten kurzlebig und konkurrenzschwach sind, sodass bei einer wirksamen Kontrolle der „Problemunkräuter" wenig Sorge besteht, das Produktionspotenzial der Flächen zu gefährden. Beispiele für Ackerwildkrautschutz auf Hochertragsstandorten sind sehr selten. Deutlicher als auf schwachen Standorten wirkt sich die Nährstoffanreicherung auch noch Jahre nach dem Wechsel von intensiver zu extensiver Wirtschaftsweise aus.

Die Kosten dürften in derselben Größenordnung wie bei den oben behandelten Landschaftspflegeverfahren mit Weidetieren liegen, jedoch ist ein Unterschied hervorzuheben: Entstehen die Kosten dort vornehmlich durch die technische (insbesondere Arbeits-)Aufwendigkeit der Verfahren, also die *Verfahrenskosten*, so sind es beim Ackerwildkrautschutz auf Gunststandorten die *Opportunitätskosten* des Verzichts auf hohe Erträge, die den Ausschlag geben.

5.2.5.4   Preisschwankungen

Es bedarf kaum der Erwähnung, dass alle in diesem Kapitel vorgestellten Kalkulationen von den jeweiligen Preisniveaus der erzeugten Produkte und der eingesetzten Faktoren abhängig sind. Die Erfahrung lehrt, dass die Neigung zu Preisausschlägen bei den Agrarprodukten unterschiedlich ausgeprägt ist. Bei Schaf- und Rindfleisch sind markante Preissteigerungen in Zukunft unwahrscheinlich, weil eine höhere Nachfrage, sollte mit ihr überhaupt zu rechnen sein, große ruhende Produktionsreserven wecken und damit das Angebot ausweiten würde. Das ist zwar nicht nur aus der Sicht der Viehhalter bedauerlich, sondern verteuert auch den Naturschutz, besitzt aber wenigstens den Nebeneffekt, dass die hier vorgelegten Berechnungen zeitlich recht stabil bleiben werden. Bei den Produkten des Ackerlandes wurde hingegen nach Jahrzehnten des Preisdruckes im Jahre 2007 ein gewaltiger Preisanstieg beobachtet, der in den späteren Kapiteln 7.4 und 7.6.1 noch einmal unter agrarpolitischen Gesichtspunkten diskutiert werden wird.

Im Ackerbau wirken sich Produktpreisschwankungen extrem auf Deckungsbeiträge, Verfahrensleistungen und damit auch auf die Naturschutzkosten aus. Dies sei am Beispiel eines in den Jahren 2001 bis 2003 durchgeführten Versuches auf einem mittleren Standort in Vorpommern gezeigt. In der Tab. 5.11 sind in der linken Spalte unter dem jeweiligen Anbausystem Erträge, Erlöse, proportionale Spezialkosten und Deckungsbeiträge zum Preisniveau von 2002 mit 7,08 € pro Dezitonne eingetragen. In der rechten Spalte gelten unveränderte Erträge und Kosten, nur ist das Preisniveau von 2007 mit 22,25 € pro Dezitonne hypothetisch angenommen worden. Das Wildkrautschutzverfahren erzielte 2002 bei seinem sehr niedrigen Flächenertrag[7] einen Deckungsbeitrag von fast genau Null und lag mit ihm um 137,86 € unter dem konventionell-integrierten Verfahren. Hätte ceteris paribus das Preisniveau von 2007 geherrscht, so hätte das Wildkrautschutzverfahren trotz seines positiven Deckungsbeitrags von 215,39 € um 967,67 € unter dem integrierten Verfahren gelegen. Wertet man die Deckungsbeitragsdifferenz als Maß für die Naturschutzkosten, so sind diese bei einer Verdreifachung des Roggenpreises auf das Siebenfache gestiegen. Die Quelle zur Tab. 5.11 ermittelt auch Vollkosten und Verfahrensleistungen.

Die Rechnung übertreibt insofern, als schon während des Preishochs die Betriebsmittelpreise, insbesondere für Mineraldünger, schnell nachzogen, sodass der Erfolg der Intensivwirtschaft in Wirklichkeit nicht ganz so hoch war. Inzwischen (2012) sind sowohl die Produkt- als auch die Betriebsmittelpreise auf ein mäßiges Niveau zurückgefallen. Ungeachtet dessen zeigt das Beispiel die außerordentliche Bedeutung schwankender Produktpreise für den ökonomischen Erfolg des Ackerbaus und für die Kostenbelastung des Naturschutzes. Es hilft, eine unmittelbare Folge besser zu verstehen, nämlich dass Landwirte bei günstigen Produktpreisen oder auch bei künstlich vorgelegten Alternativen, wie besonders dem Energiepflanzenanbau (Näheres in Abschnitt 10.2), das Interesse an Verträgen zum Ackerwildkrautschutz schnell verlieren.

Eine weitere Beobachtung ist auf lange Sicht ebenso wichtig: Bei hinreichend hohen Produktpreisen ist wildkrautgerechter Ackerbau für sich genommen durchaus wirtschaftlich; er erreicht einen positiven Deckungsbeitrag, wenn nicht sogar (bei niedrigen Fix- und Arbeitskosten) eine positive Verfahrensleistung.

---

[7] Die Quellen zur Tab. 5.11 informieren darüber, dass das Wildkrautschutzverfahren in anderen Jahren deutlich höhere Erträge bei gleich bleibendem Naturschutzwert erzielte. Der Versuch wird als Maßnahme der produktionsintegrierten Kompensation bis etwa 2025 fortgesetzt und wissenschaftlich begleitet.

Tab. 5.11 Einfluss von Preisschwankungen auf die Kosten des Ackerwildkrautschutzes. (Quellen: HAMPICKE et al. 2004. Für Roggenpreisniveau 2007: Bauernzeitung 2007, S. 51)

	Integrierter W.-Roggenanbau		W.-Roggen, Wildkraut-schutz	
	Preis 2002	Preis 2007	Preis 2002	Preis 2007
Ertrag (dt/ha)	68,90	68,90	14,20	14,20
Preis (€/dt)	7,08	22,25	7,08	22,25
Erlös (€/ha)	487,81	1.533,03	100,54	315,95
Proportionale Spezialkosten (€/ha)	349,97	349,97	100,56	100,56
Deckungsbeitrag (€/ha)	137,84	1.183,06	−0,02	215,39
Kosten des Wildkrautschutzes (€/ha)			*137,86*	*967,67*

Feldversuch in Kühlenhagen (Vorpommern) 2002. Einzelheiten in der Quelle sowie in HAMPICKE et al. 2005.

Sein Wettbewerbsnachteil gegenüber dem intensiven Ackerbau besteht *allein* aus Opportunitätskosten. Das bedeutet, dass er auf ganz schwachen Standorten, wo er keine Konkurrenz durch intensive Verfahren zu befürchten hat, leicht zu Kosten von Null durchführbar ist. Gleiches gilt für Standorte, die zwar physisch intensivierungsfähig wären, jedoch aus rechtlichen (Schutzgebietsverordnungen) oder ideellen Gründen nicht intensiviert werden *sollen*. Anknüpfend an das oben genannte Vorhaben „100 Äcker" müssen solche Standorte energisch in ein bundesweites Naturschutzprogramm integriert werden.

5.3 Nutzungsverzicht auf Ackerflächen – Flächennutzungskosten

Im Kapitel 4.4.2.1 ist die Forderung erhoben und begründet worden, in hochproduktiven Ackerbörden Strukturelemente mit einem bestimmten Flächenanteil vorzusehen. Nun ist zu klären, welche Kosten hierfür zu veranschlagen sind. Dies erfordert eine kurze allgemeine Diskussion des Problems der Flächennutzungskosten. Es gibt drei Möglichkeiten ihrer Ermittlung:

- über Kaufpreise der Flächen
- über Pachtzinse
- über die Errechnung der durch die Nutzungsweisen erzielten Grundrenten.

Ein Heranziehen von Kaufpreisen erscheint insbesondere dem ökonomischen Laien der natürlichste Weg, jedoch ist hier verschiedenes zu beachten. Kaufpreise können unabhängig von realen ökonomischen Gegebenheiten gebietsweise sehr hoch sein, wenn dort aus ideellen Gründen eine geringe Verkaufsbereitschaft besteht. In bäuerlichen Regionen mit starken Traditionen ist es verpönt, Grundeigentum zu veräußern, welches sich seit Jahrhunderten in der Familie befinden kann. Da dort gleichzeitig eine große Kauflust wachstumswilliger Betriebe besteht, sind die Preise entsprechend hoch.

Die Tab. 5.12 zeigt in der linken Spalte durchschnittliche Kaufpreise landwirtschaftlicher Grundstücke nach Bundesländern im Jahre 2010. Gewiss werden hier auch Qualitätsunterschiede deutlich, etwa im Vergleich zwischen Brandenburg und Nordrhein-Westfalen. Diese können allein jedoch kaum zu einem Preisgefälle von 1:4,5 führen. Eine hier nicht wiedergegebene andere Statistik erhellt, dass bundesweit gute Ackerböden mit einer Ertragsmesszahl über 60 etwa doppelt so teuer sind wie schlechte mit einer EMZ von unter 30 (www.agrar.de 2012). In der Tab. 5.12 wirkt sich also auch das beschriebene Verhalten der Grundeigentümer in unterschiedlichen Regionen aus.

Alle Kaufpreise werden durch staatliche Einflussnahme in die Höhe getrieben. Wenn das Eigentum über einen Hektar Ackerboden über die Erträge aus dem Anbau hinaus das Recht gewährt, jährlich eine Flächenprämie zu genießen,[8] deren Höhe die aus der Produkterzeugung resultierende Grundrente übersteigen oder gar der einzige Grund dafür sein kann, diesen Hektar mit Gewinn zu bewirtschaften, dann hat das natürlich einen Einfluss auf den Kaufpreis. Insgesamt übertreiben Kaufpreise oft die rein ökonomische Ertragsfähigkeit landwirtschaftlicher Liegenschaften; sie sind in der Sprache der ökonomischen Kosten-Nutzen-Analyse keine *Effizienzpreise*. Damit übertreiben sie auch die „wahren" volkswirtschaftlichen Kosten des Naturschutzes, wenn er diese Flächen beansprucht. Insofern haben umfangreiche Flächenkäufe für die Umsetzung von Naturschutzzielen, insbesondere bei den vom Bund finanzierten Vorhaben von „gesamtstaatlicher Bedeutung" auf Kosten des Steuerzahlers Geschenke an die Landwirte in vielfacher Millionenhöhe verteilt.

Der Pachtzins gilt als treffenderer Indikator für die ökonomische Wertschöpfung einer Fläche; unter anderem ist er unberührt von ideellen Überlegungen. Wer einen bestimmten Pachtzins zu zahlen bereit ist, ist es nur, weil er erwartet, dass ihm die Nutzung der Fläche diesen und noch mehr darüber hinaus wieder erbringen wird. Ein interessantes Experiment besteht darin, Kaufpreise und Pachtzinse in verschiedenen Regionen miteinander zu vergleichen; der Pachtzins ist nichts anderes als die Rendite des Bodeneigentums (Übersicht 12). Es zeigt sich, dass dort, wo die bäuerlichen Traditionen sehr stark sind, Pachten im Vergleich zu den sehr hohen Kaufpreisen niedrig sind und damit die Rendite des Bodeneigentums auch niedrig ist. Bodeneigentum wird aus ideellen Gründen auch gehalten, wenn es eine geringe Rendite erbringt. Wird die Pacht für Ackerland in Bayern in der mittleren Spalte der Tab. 5.12 dem Kaufwert je Hektar gegenübergestellt, so ergibt sich dort eine Rendite des landwirtschaftlichen Bodeneigentums von nur 393/25.866 = 0,152 ..., also von etwa 1,5 % pro Jahr. In Wirklichkeit ist diese noch geringer, weil in der Spalte „Kaufwerte" auch Grünlandflächen einbezogen sind; die Äcker dürften im Schnitt noch teurer als 25.866 € pro Hektar sein.

---

[8] Hier geht in den Kaufpreis auch die Erwartung ein, wie lange eine solche Subvention noch gewährt werden wird.

Tab. 5.12 Kaufpreise und Pachtzinse landwirtschaftlicher Grundstücke 2010.
(Quelle: Agrarstruktur und Landwirtschaftszählung – Situationsbericht 2012)

Land	Kaufwert je ha [a] €/ha	Pacht/Ackerland [b] €/ha.a	Pacht Grünland [b] €/ha.a
Baden-Württemberg	19.824	278	138
Bayern	25.866	393	196
Brandenburg	6.334	128	78
Hessen	12.499	229	92
Mecklenburg-Vorpommern	9.187	196	92
Niedersachsen	16.716	445	220
Nordrhein-Westfalen	28.051	526	254
Rheinland-Pfalz	10.017	234	100
Saarland	8.706	145	–
Sachsen	6.742	181	83
Sachsen-Anhalt	8.264	256	102
Schleswig-Holstein	16.923	425	224
Thüringen	6.350	181	102

[a] Kaufwert je Hektar veräußerter Fläche der landwirtschaftlichen Nutzung. Quelle: Statistisches Bundesamt 2012. [b] Neupachten 2010.

Übersicht 12 Bestands- und Stromgrößen in der Ökonomie, Rendite

Beispiel 1: Ein Betrag von 20.000 € wird zu 3 % pro Jahr verliehen und liefert dem Verleiher daher jährlich 600 €.

Beispiel 2: Ein Acker im Kaufwert von 20.000 € wird verpachtet und erzielt einen Pachtzins von 400 € pro Jahr. Das Vermögen in Höhe von 20.000 € erzielt damit 2 % pro Jahr. Der Pachtzins ist analog der Verzinsung eines Bankguthabens. Der Bodenwert wird *verrentet*.

Beispiel 3: Eine Orchideenwiese wird bei sorgfältiger Pflege jährlich mit 500 € pro Hektar honoriert. Wird ein Vergleichszins- oder Diskontsatz von 3 % pro Jahr unterstellt und die Pflegeentlohnung für zuverlässig auch in Zukunft gehalten, so beinhaltet die Orchideenwiese ein Vermögen von 500 €/0,03 = 16.666,67 €. Die jährliche Entlohnung der Wiese wird *kapitalisiert*.

Regel: Die Beziehung zwischen Vermögen K, jährlichem Zinssatz i und jährlicher Rendite R über einen theoretisch unendlichen Zeitraum lautet R = Ki oder K = R/i.

Ist ein Zinssatz bekannt oder zu unterstellen, so entspricht jeder jährlichen Stromgröße (jährlichem Einkommen) ein Vermögenswert und jedem Vermögenswert eine jährliche Stromgröße. Sind Vermögenswert (z. B. Kaufpreis) und Stromgröße (z. B. Pachtzins) bekannt, so lässt sich daraus unmittelbar die Rendite des Vermögens ermitteln. Erzielt ein Biotop einen langfristig zuverlässigen Einkommensstrom über die Honorierung der ökologischen Leistung, so ist sein Vermögenswert zu ermitteln. Enthält ein Zahlungsstrom nicht nur den Zins, sondern auch die Tilgung, so greift die in Übersicht 9 gezeigte Annuitätenformel.

In den östlichen Bundesländern mit Großbetrieben, wo in dieser Hinsicht stärker „geschäftlich" gedacht wird, befindet sich die Rendite dagegen in dem Bereich, der auch für nichtlandwirtschaftliche Anlagen typisch ist; etwa in Sachsen-Anhalt mit 256/8.264 = 0,031… oder etwa 3,1 % pro Jahr. Nach Tab. 5.12 unterscheiden sich Pachtzinse etwas weniger stark als Kaufpreise nach Bundesländern, weil sie im Allgemeinen allein durch die Ertragsfähigkeit determiniert sind. Allerdings gibt es verbreitet auch den Fall, dass Pachten im Vergleich zu Kaufpreisen sehr hoch sind. Dies deutet darauf hin, dass Unternehmen kurzfristig die Verfügung über Flächen erlangen wollen, ohne sich langfristig binden zu müssen. Ein typischer Fall liegt vor, wenn Unternehmen Fläche für die Gülleentsorgung suchen. Die Durchschnittswerte in der Tab. 5.12 können die starken Streuungen nicht wiedergeben, die es in der Realität gibt; Pachtzinse bis zu 1.000 € sind in Niedersachsen und Nordrhein-Westfalen keine Seltenheit.

Generell ist zu Kaufpreisen und Pachtzinsen zu ergänzen, dass sie stark in Bewegung sind, besonders in den östlichen Bundesländern. Im Jahre 2007 betrug der Kaufpreis in Brandenburg im Schnitt nur 3.707 € pro Hektar – die Spreizung mit Nordrhein-Westfalen betrug etwa 1:7.

Der dritte oben genannte Ansatz, die Rendite der Flächennutzung, ist den beiden anderen in mancher Hinsicht überlegen. Je nach Fragestellung und betrieblichen Umständen wären Deckungsbeitrag (Zeile 11 in Tab. 5.1) oder Verfahrensleistung (Zeile 17) die richtigen Maße für die Wertschöpfung des Bodens – einschließlich staatlicher Förderung aus der Sicht des Betriebes, ohne diese aus neutraler volkswirtschaftlicher Perspektive. Ein Nachteil dieser Methode besteht darin, dass nur der aktuelle Wert ermittelt wird, der sich künftig durch Preis- und Kostenänderungen verschieben kann. Kaufpreise und Zinse für längerfristige Pachten reflektieren dagegen auch die – richtigen oder falschen – Erwartungen der am Geschäft teilnehmenden Parteien an die Zukunft.

In einer Rechnung, die korrekt die volkswirtschaftlichen Kosten des Naturschutzes im Auge hat, wäre die ausbleibende Grundrente der Nutzungen, ihr Verfahrenserfolg, das richtige Maß für die „wahren" Kosten des Naturschutzes. Aus Sicht der Betriebe spielen aber neben persönlichen nichtmonetären Präferenzen und staatlicher Förderung auch technische Umstände eine Rolle. Besitzt ein bäuerlicher Betrieb unausgeschöpfte Arbeits- und Maschinenkapazitäten, so bietet er für einen Hektar bis zur Höhe des Deckungsbeitrages.

Ein Problem wird deutlich, welches sich hier bei Fragen der Verfügung über Flächen besonders stellt, jedoch auch in anderen Zusammenhängen auftritt: Die Ansprüche an die *Finanzierung* des Flächenerwerbs können von den volkswirtschaftlichen *Kosten*, korrekt gemessen am Wert der besten entgangenen Alternative, beträchtlich abweichen, insbesondere nach oben, womit sich der Naturschutz in der Praxis stark verteuert – ein Problem, auf das BOWERS & CHESHIRE bereits 1983 hingewiesen haben. Im vorliegenden Buch stehen Finanzierungsfragen im Vordergrund.

Flächen in Bördelandschaften, welche zu Strukturelementen werden, die völlig aus der Nutzung fallen sollen, sind für Landwirte oder auch nichtlandwirtschaftliche Grundeigentümer[9] uninteressant. Die Praxis lehrt, dass sie sich von ihnen trennen wollen. Der Ankauf mit allen geschilderten Problemen ist damit vielfach unvermeidlich. Er dürfte im Vergleich mit dem jüngst von der EU-Kommision vorgeschlagenen Verfahren, mehr Strukturelemente in intensiv genutzten Regionen zu erhalten, der elegantere Weg sein (vgl. Kapitel 7.6.4). Der Zwang zur „Eingrünung" dergestalt, dass Betriebe ökologische Ausgleichsflächen vorhalten müssen, wird, bevor es grüner wird, Streit um jeden Baum und jede Hecke anfachen.

Freilich sollen und müssen nicht alle zu fordernden Strukturelemente nutzungsfrei sein. Wie schon oben erwähnte Restbestände z. B. in der Wetterau zeigen, sind Streuobstwiesen ein willkommener Schmuck der Ackerbörden. Hier sollte breit gestreutes bäuerliches Eigentum erhalten bleiben; auch Institutionen wie Landschaftspflegeverbänden eröffnet sich hier ein fruchtbares Tätigkeitsfeld.

Soweit Flächen gekauft werden müssen, entsteht ein finanztechnisches Problem, wenn die *jährlichen* Kosten eines Naturschutzprogramms erhoben werden sollen. Kaufpreise sind Einmalzahlungen, wir benötigen zur Ermittlung der jährlichen Kosten aber eine Stromgröße. Die Kaufpreise müssen *verrentet* werden, was die Wahl eines Diskontsatzes erfordert (vgl. erneut Übersicht 12). Unter den Verhältnissen des Jahres 2012 wird als pragmatischer Kompromiss aus allen Erwägungen vorgeschlagen, die jährlichen Kosten der Flächenverfügung für Strukturelemente in Ackerbörden mit durchschnittlich 800 € pro Hektar und Jahr zu schätzen. Diese Zahl entspricht

- etwa dem Deckungsbeitrag einer Getreide-Getreide-Zuckerrübenfruchtfolge,
- einem hohen Pachtzins auf gutem Boden,
- einem Kaufwert von 40.000 € pro Hektar, verrentet mit einem Diskontsatz von 2 % pro Jahr.

Dieser Ansatz dürfte gegen eine Unterschätzung der Kosten im Stichjahr gesichert sein. Inwieweit sie durch künftige Preis- und Kostenänderungen korrigiert werden muss, vermag niemand zu sagen.

5.4   Kostenüberschätzung und Kostentreibung

Wiederholt ist in diesem Buch schon vor der Gefahr der Unterschätzung von Kosten des Naturschutzes gewarnt worden, etwa durch das „Vergessen" von Fixkosten oder die in der Praxis leider zu beobachtende Tendenz unzureichender Arbeitsentgeltung. Es gibt freilich auch das Gegenteil. Dem Ökonomen gehen die Augen über, wenn er Listen über die Kosten von Maßnahmen in der Landschaft gewärtigt, die aus Landschaftsplanungsbüros stammen. So veröffentlicht MIOSGA (2011) eine solche Liste, aus der hier nur we-

---

[9] Oft handelt es sich um ehemalige Landwirte, die zwar ihren Betrieb aufgegeben, nicht aber ihr Grundeigentum veräußert haben und dieses verpachten.

nige Daten herausgegriffen werden können. Für die Neuansaat einer Grünlandfläche werden 5.000 € pro Hektar angesetzt. Auf einen zweifelnden Einwand, ob es sich um einen Irrtum handeln könnte (HAMPICKE 2011b), wurde die Angabe noch einmal bestätigt. In den Kalkulationsunterlagen des KTBL findet sich für die teuerste Variante der Grünlandneuansaat ein Betrag von 385 € pro Hektar (KTBL 2009a: 403).

In derselben Veröffentlichung von Miosga werden die Kosten der Neuanlage eines Waldes mit 90.000 € pro Hektar beziffert. Wie in der Einleitung erwähnt, können die Probleme des Waldes im vorliegenden Buch leider keine Berücksichtigung finden, obwohl es sich auch bei ihm um einen Teil der Kulturlandschaft handelt. Wer sich in der Forstökonomik etwas auskennt, weiß aber, dass ein Forstbetrieb bei der Holzernte je nach Baumart, Standortgüte und Preisniveau bei der Endnutzung mit einem erntekostenfreien Erlös von 30.000 € bis 70.000 pro Hektar kalkulieren wird. HAUB & WEIMANN (2000) beziffern diesen für die Eiche als teuerster Hauptbaumart mit etwa 60.000 € pro Hektar. Es ist überflüssig, sich hier in Details zu verlieren, fest steht: Kein Forstbetrieb würde jemals 90.000 € investieren, um über 100 Jahre später einen Erlös zu genießen, der darunter liegt. Die Kosten der Begründung eines Eichenwaldes liegen in Mecklenburg-Vorpommern bei 7.000 bis 8.000 € – wie im obigen Beispiel der Grünlandansaat bei weniger als 10 % des vom Autor angegebenen Wertes.

Kostenverzerrungen dieser Art sind nicht neu. HAMPICKE verglich 1985, S. 217 ff. im damaligen West-Berlin die Kosten von Landschaftspflegemaßnahmen oder im Jargon „Begrünungen" (auch wenn es vorher schon grün war), wenn sie entweder von Landwirten oder von Gartenbauämtern durchgeführt wurden. Die zuletzt genannten kalkulierten für dieselbe Maßnahme – etwa die Anlage eines Rasens auf einer Brachfläche – die zehnfachen Kosten der Landwirte. Dies wurde dadurch verschleiert, dass im landwirtschaftlichen Bereich in DM je Hektar, beim Gartenbauamt hingegen in Pfennigen je Quadratmeter gerechnet wurde.[10]

Die Überteuerung von Landschaftsleistungen um den Faktor zehn, sobald hier Landschaftsplanungsbüros und -behörden anstelle von Landwirten auftreten, ist ein ernstes Problem. Hier spielen nicht nur unterschiedliche (zum Teil auch zu rechtfertigende) Tarife eine Rolle, sondern vielleicht noch mehr, dass offenbar Scharen von Gutachtern, Sachverständigen, sogar Rechtsanwälten und anderen an Transaktionskosten (vgl. Kapitel 6.1.7) verdienenden Parteien zu Einkommen verholfen wird. Es ist zu befürchten, dass insbesondere das gesamte Kompensationswesen nach der Eingriffsregelung in Deutschland hiervon befallen ist, mehr dazu im Kapitel 10.1. Die Geldverschwendungen dieser Art sind eine wesentliche Ursache dafür, dass im effizienten Naturschutz, wo Leistungen viel billiger erbracht werden könnten, Mittel überall fehlen.

---

[10] Es gab noch größere Auswüchse, die nur damit erklärt werden können, dass damals in West-Berlin das (aus Bonn eingeflogene) Geld zu locker saß: Obwohl die Berliner in Befragungen angaben, lieber in landwirtschaftlichen Feldern am Stadtrand spazieren zu gehen als in Parkanlagen (SCHWEPPE-KRAFT et al.1989), wurden diese Felder teilweise in Parks umgewandelt und die Agrarbetriebe dabei abgeschafft. Die Parks waren 50-mal so teuer wie Äcker.

In diesem Zusammenhang ist noch erwähnenswert, dass es nicht selten teuer und im Nachhinein ökonomisch nicht zu rechtfertigen war, Arten zu verdrängen. Der Apollofalter (*Parnassias apollo*, Farbtafel 40) besaß vor 100 Jahren noch zahlreiche Vorkommen in Deutschland außerhalb der Alpen, heute kaum noch fünf. Die meisten Vorkommen erloschen, weil sonnige und trockene Flächen, auf denen die Weiße Fetthenne (*Sedum album*) als Raupenfutterpflanze gedieh, durch ziemlich sinnlose Aufforstungsmaßnahmen vernichtet wurden. Es handelt sich um die unvorteilhaftesten Forststandorte, die kaum jemals eine Rendite abwarfen.

5.5 „Teure" und „billige" Maßnahmen – sind Prioritäten zu setzen?

Eingangs dieses Kapitels 5 wurde festgestellt, dass die Kalkulation von Naturschutzkosten in der Landschaft auch dazu dienen soll, „teure" von „billigen" Maßnahmen zu unterscheiden und gegebenenfalls Prioritäten zu setzen. Anhand der Tab. 5.13, welche die Ergebnisse der obigen Berechnungen zusammenfasst, ist zu fragen, ob diese Erwartung durch die vorgelegten Zahlen gerechtfertigt ist.

Offenkundig sind einige Maßnahmen kostengünstiger als andere. Dies ist aber noch kein Grund, sie allein deshalb vorzuziehen. Teure Maßnahmen kommen anderen Biotopen und Arten zugute als billige – die teuren Biotope verlangen aber ebenfalls Schutz, sodass eine Strategie, die alle Biotope abdeckt, die im Einzelfall höheren Kosten einfach eingehen muss. Es wäre falsch verstandene Effizienz, sich auf billige Maßnahmen zu beschränken.

Gleichwohl ist interessant, sich die Kosten unterschiedlicher Maßnahmen zu vergegenwärtigen. Dies besonders, weil sie vorgefassten Ansichten widersprechen können. Im obigen Text ist hervorgehoben worden, dass Maßnahmen zugunsten der mesohemeroben Halbkulturlandschaft wie etwa der Schafweide auf Kalkmagerrasen, teurer als oft angenommen sind, unter anderem, weil hier eine hohe Arbeitsbelastung besteht. Nicht weniger unerwartet dürfte die Erkenntnis sein, dass eine wildkrautfreundliche Gestaltung schwach produktiver Äcker außerordentlich kostengünstig ist.

Naturschutz und Landschaftspflege verlangen ohne Zweifel die Erhaltung und Entwicklung großflächiger Weidesysteme, auch wenn diese teuer sind. Im Einzelfall und auf kleineren Flächen können jedoch erhebliche Einsparungen erzielt werden, ohne die Qualität des Naturschutzes insgesamt zu beeinträchtigen. In Kalkgebieten finden sich vielfach kleine Restflächen, deren Beweidung kaum noch sinnvoll ist. Anstatt dies zu unverhältnismäßig hohen Kosten dennoch zu versuchen oder sie der Sukzession zu überlassen, sollten sie in Zusammenarbeit mit örtlichen Landwirten zu historischen Kalkscherbenäckern (Farbtafel 3) umgewandelt werden. Diese sind heute eher noch knapper und wertvoller als Weideflächen, bestimmten früher das Landschaftsbild weitaus stärker als heute und sind gemäß Tab. 5.13 wesentlich kostengünstiger.

Tab. 5.13 Naturschutzkosten in unterschiedlichen landwirtschaftlich genutzten Biotopen

	€/ha
Schafhutung auf Kalkmagerrasen	500–600
Mutterkuhhaltung	300–600
Tierhaltung mit sehr geringer Besatzstärke (halboffene Weidelandschaft, ehemalige Truppenübungsplätze)	100–250
Schnittgrünland	0–1.000 [a]
Mulchen	50–300
Wildkrautschutz auf Acker ohne Intensivierungsmöglichkeit	0–250
Wildkrautschutz auf mittlerem Standort mit Intensivierungsmöglichkeit	300–450
Förderung der Artenvielfalt auf hochproduktivem Ackerland	600–800
Extensivierung hochproduktiven Grünlands	900–1.100
Strukturelemente in hochproduktiven Ackerlandschaften	700–900

[a] abhängig von der Verwertung bzw. Vermarktungsfähigkeit des Aufwuchses und der Erschwernisse bei der Werbung.

Alle Daten aus Tab. 5.2 bis 5.10 sowie Kapitel 5. Allein Verfahrens- und ggf. Transaktionskosten, keine Flächennutzungs- und Gemeinkosten.

Schwach produktive Äcker mit noch hochrangigen Vorkommen von Wildkräutern nicht nur auf Kalk-, sondern auch auf Sandböden dürften generell das günstigste Leistungs-Kosten-Verhältnis aller Naturschutzmaßnahmen auf Nutzflächen aufweisen – ein Grund mehr, ihre Vernachlässigung in den letzten Jahrzehnten zu bedauern.

Die obigen Ausführungen zeigen ferner, dass manche Forderungen von Naturschützern von der Kostenseite her schwer zu rechtfertigen sind. Eine vielfach empfohlene Umwandlung von Acker- in Grünland auf eher trockenen, mäßigen bis mageren Standorten wird nach den vorliegenden Ergebnissen zu Kostensteigerungen anstatt zu -senkungen führen. Die Unterschätzung von Tierbetreuungskosten, oft bereits allein wegen der erforderlichen Zäunungen, ist ein notorischer Fehler in der Landschaftspflege.

Mit höherer Produktivität von Acker- und Grünlandstandorten steigen natürlich auch die Opportunitätskosten des Naturschutzes. Ist jener in solchen Regionen auch dringend nötig, so empfiehlt sich gleichwohl eine sehr sorgfältige Planung von Maßnahmen und die Antizipation der zu erwartenden Ergebnisse im Vergleich zu den Kosten. Zumal oft Flurneuordnungen und Flächenankäufe erforderlich sein dürften, ist ein hoher Zeitbedarf für die Umsetzung solcher Maßnahmen anzunehmen. Diese Zeit sollte für sorgfältige Planungen genutzt werden und vor überstürzten Maßnahmen schützen. Vor allem sind die schon mehrfach genannten Synergieeffekte durch Koppelung an den Ressourcenschutz zu nutzen.

Als Resümee sei festgehalten, dass eine einfache Reihung von Naturschutzmaßnahmen nach ihrem Leistungs-Kosten-Verhältnis nicht zu liefern ist. Somit entfällt die Möglichkeit einer bequemen Auswahl „billiger" Maßnahmen. Das liegt an der großen Heterogenität der Zielsetzungen im Naturschutz; teure Maßnahmen können nicht ohne Verluste durch preiswerte ersetzt werden. Auch die teuren sind notwendig. Gut zu begründen ist aber, dass die infolge von Synergieeffekten oder aus anderen Gründen als billig erkannten Maßnahmen eine weit energischere Umsetzung bislang verdienen.

5.6   Finanzbedarf für den Naturschutz in der Kulturlandschaft

Mit den gewonnenen Zahlen lässt sich der Finanzbedarf für das im Kapitel 4.5.2 vorgeschlagene Kulturlandschaftkonzept von HAMPICKE (2009b) schätzen. Wie immer ist die sorgfältige Interpretation wichtiger als die bloßen Zahlen.

In der Tab. 5.14 werden den Flächenanforderungen dieses Konzeptes aus der Übersicht 7 durchschnittliche Kosten pro Hektar und Jahr beigesellt, wie sie in diesem Kapitel 5 erarbeitet wurden. Durch Multiplikation ergeben sich die Gesamtkosten für jede Einzelmaßnahme, wobei Wert auf runde Zahlen gelegt wird – es braucht und soll keine Genauigkeit vorgetäuscht werden. Rechnerisch ergibt sich ein Finanzbedarf von 1,5 Milliarden € pro Jahr, der zum Schutz gegen Unterschätzungen auf 1,7 bis 2 Milliarden € aufgerundet wird. Das sind 0,8 ‰ (Promille!) des deutschen Brutto-Inlandsprodukts im Jahre 2010 (Statistisches Jahrbuch ELF 2011, Tabelle 1, S. 1).

Ergänzend informiert die Tab. 5.15 über die Zuverlässigkeit der einzelnen Kostenschätzungen. Unsicherheiten können zwei Ursachen haben: Entweder ist die Kenntnis über die Kosten eines Verfahrens noch mangelhaft oder die Kenntnis ist zwar präzise, jedoch muss mit unvorhersehbaren Änderungen des Datenkranzes, insbesondere der Preise gerechnet werden. So sind die Daten über Weidesysteme in der Tabelle als sehr zuverlässig anzusehen, weil die Verfahren minutiös berechnet sind und mit wesentlichen Datenänderungen, insbesondere Produktpreissteigerungen (aus der Sicht der Landwirtschaft leider) kaum zu rechnen ist. Der Wert für die Grünlandextensivierung ist weniger gesichert, weil, wie schon oben erwähnt, eine gründliche Bearbeitung des Problems noch aussteht. Alle Maßnahmen auf Ackerland und in Ackerlandschaften sind mit erheblicher Unsicherheit wegen der Volatilität der Preise für Feldfrüchte versehen.

Zur Tab. 5.14 zurückkehrend, sind folgende Gefahren der Unterschätzung nicht zu verkennen, die den Aufrundungsbetrag rechtfertigen:

- Gemeinkosten, tarifäre Gebühren, wie Pachten auf nicht knappen Flächen, Grundsteuern und meist auch Transaktionskosten sind in den Berechnungen, die allein auf die Verfahrenskosten abzielen, meist nicht enthalten.
- Bei den geforderten Strukturelementen in Ackerbörden tritt teilweise Pflege- oder defizitärer Bewirtschaftungsbedarf auf.
- Große Flächen der Halbkulturlandschaft sind vernachlässigt und erfordern Ersteinrichtungsmaßnahmen vor Wiederaufnahme der Beweidung. Die Herstellung der gebotenen Qualität insbesondere der FFH-Gebiete (Übersicht 1, Kapitel 3.2) verlangt erhebliche Mittel.

Tab. 5.14 Jährliche Kosten des Landschaftsentwicklungskonzeptes von HAMPICKE 2009b aus Kapitel 4.5.2

	Fläche, ha	Durchschnittliche Kosten €/ha.Jahr [a]	Gesamtkosten Millionen €/Jahr
A Bewirtschaftung der Halbkulturland-schaft und des Traditionsgrünlandes	1.000.000	500	500
B Extensivierung von Hochertrags-grünland	400.000	1.000	400
C Ackerextensivierung u. a. für den Wildkrautschutz	300.000	400	120
D Einrichtung von Strukturelementen in der Ackerlandschaft	630.000	800	500
Zusammen	*2.330.000*		*1.520*
Aufrundung			*1.700–2.000*

[a] gemäß Tab. 5.13.

Tab. 5.15 Zuverlässigkeit der Zahlen in Tab. 5.14

	Methodenschärfe	Stabilität der Daten
Halbkulturlandschaft und Traditionsgrünland	***	***
Grünlandextensivierung	*	**
Ackerwildkrautschutz	**	*
Strukturelemente in Ackerbörden	**	*

*** hohe, ** mittlere, * geringere Zuverlässigkeit.

■ Wie in späteren Kapiteln (8.5.6 und 9) eingehend erläutert, sollten entgegen derzeitiger Rechtslage und Praxis Beiträge der Landnutzer zur Förderung der Biodiversität über die bloße Kostenerstattung echte finanzielle Belohnungen enthalten.

Anlässe zur Überschätzung der Kosten sind kaum zu erkennen, zudem wirken zwei weitere Umstände als Absicherung des Ergebnisses:

■ Einige Flächenanforderungen sind überaus großzügig, ja mögen utopisch erscheinen. Die angesetzten 300.000 Hektar für Ackerextensivierungen übertreffen alles um Größenordnungen, was hier jemals zu beobachten war. Sollten sich die Kosten pro Hektar als sogar doppelt so hoch wie geschätzt herausstellen und müsste daher bei Einhaltung des Kostenrahmens die Fläche auf die Hälfte reduziert werden, so folgte immer noch ein mehr als ansehnliches Programm.

- Wie schon erwähnt, muss ein sehr erheblicher Flächenanteil insbesondere bei den teuren Maßnahmen B und D aus Gründen des Ressourcenschutzes ohnehin veranschlagt werden, wie unter anderem zur Bekämpfung der Winderosion und als Gewässerschutzstreifen. Wie im Kapitel 4.4.2.6 über Synergien schon ausgeführt wurde, mindert dies zwar nicht die Kosten der Maßnahmen, jedoch dürfen sie nicht dem Biodiversitätsschutz voll zugerechnet werden. Werden sie aus anderen Gründen kategorisch verlangt, so genießt sie der Biodiversitätsschutz sogar kostenfrei, wenn eine geschickte räumliche Planung multiple Zielsetzungen auf diesen Flächen erlaubt.

Die Tab. 5.16 vergleicht die Kostenerhebung in der vorliegenden Schätzung mit der in zwei parallelen Studien, die im Kapitel 4.5.2 (Tab 4.2 und 4.3) hinsichtlich ihres Flächenanspruchs schon vorgestellt wurden. Das Konzept von GÜTHLER & OPPERMANN (2005) ist „billiger", das von RÜHS et al. (2012) ist „teurer". Warum?

Tab. 5.16 Kostenschätzungen für Kulturlandschaftsprogramme im Vergleich

	Milliarden € pro Jahr
Vorliegende Studie	1,7–2,0
GÜTHLER & OPPERMANN 2005	0,6–1,0
RÜHS et al. 2012 [a]	ca. 2,9

[a] ohne Wald.

Güthler und Oppermann erheben allein die Kosten für der Pflege bedürftige Offenlandbiotope. Die Kosten für Grünlandextensivierung und Strukturelemente in Ackerbörden sind folglich nicht dabei. Dies erklärt die Kostendifferenz schon weitgehend. Die angesetzten Kostenbeträge pro Hektar sind zum Teil etwas niedriger, entsprechend dem Preisniveau von 2005. Rühs et al. setzen sehr hohe Kosten für den Erhalt insbesondere feuchten Grünlands an, kalkulieren darüber hinaus erhebliche Kosten für Streuobstwiesen, die im vorliegenden Konzept zwar geschätzt, aber nicht in so hohem Umfang für vordringlich gehalten werden und schließen Kosten für den Ressourcenschutz, insbesondere bei Agrarumweltmaßnahmen, ein. Die Position zwischen einer „billigeren" und einer „teureren" Studie, beide akribisch erhoben, dürfte den vorliegenden Vorschlag eher an Überzeugungskraft gewinnen lassen als sie ihm nehmen.

Kulturlandschaftsökonomie

Zusammenfassung

Im voranstehenden Kapitel 5 haben wir ökonomische Probleme auf der Ebene eines Unternehmens oder Betriebes behandelt, insbesondere die Kostenrechnung landwirtschaftlicher Betriebszweige. So wichtig diese ist, erschöpft sich jedoch mit ihr das Reich ökonomischer Fragestellungen noch keineswegs. Jedem Leser ist geläufig, dass es auch volkswirtschaftliche Probleme gibt, die nicht das Innenleben von Unternehmen betreffen, sondern sich aus deren harmonischem oder auch weniger harmonischem Zusammenwirken ergeben. Ein Blick hierauf ist nicht zuletzt unabdinglich für das Verständnis der ökonomischen Situation des gesamten Sektors der Landwirtschaft und seiner durchaus konfliktreichen Verflechtungen mit den übrigen Sektoren der Volkswirtschaft, denen wir uns im folgenden Kapitel 7 widmen werden. Dieses Verständnis wird gefördert, wenn wir zuvor auf elementare ökonomische Grundbegriffe blicken, die etwa dieselbe Bedeutung besitzen wie elementare physikalische Größen für den Ingenieur, wie Kraft, Arbeit, Impuls, Leistung, Ladung, Spannung, Widerstand und so weiter. Bedauerlicherweise ist sich die Debatte in Öffentlichkeit, Politik und Medien über die Inhalte dieses Buches dieser Grundbegriffe viel zu wenig bewusst. Man diskutiert zuweilen über Agrarpolitik und Naturschutz so wie Streithähne über Physik, die aber nicht wissen, was Kraft, Arbeit, Leistung, Ladung und so weiter sind. Man wird erkennen, dass die folgend besprochenen Grundbegriffe sehr viel Erklärungskraft besitzen und dabei mitunter frappierend einfach sind. Der Leser erhält weiterführende Anregungen zu diesen Fragen insbesondere bei BRANDES et al. 1997 sowie WEISE et al. 2005. Empfehlenswert sind auch zwei speziell für „Environmentalists" ohne Vorkenntnisse in der Wirtschaftswissenschaft verfasste Lehrbücher in englischer Sprache: GOWDY & O'HARA 1995 und ASAFU-ADJAYE 2000.

U. Hampicke, *Kulturlandschaft und Naturschutz,*
DOI 10.1007/978-3-8348-8236-3_6, © Springer Fachmedien Wiesbaden 2013

6.1 Ökonomische Grundfragestellungen und -begriffe

6.1.1 Wert

Dieser Punkt ist bereits im Kapitel 3 angesprochen worden. Westliche Demokratien gehen vom Prinzip des *normativen* Individualismus aus. Normativ heißt, dass in allen gemeinschaftlichen Angelegenheiten letztlich der Wille der Individuen oder Staatsbürger (nicht eines Diktators, Königs oder gar einer transzendenten Autorität) zählen *soll*. Es handelt sich mit Hume (1711–1776) um ein Werturteil, wie das Wörtchen „soll" unmissverständlich ausdrückt. Dieses Postulat ist Bestandteil des Grundgesetzes der Bundesrepublik Deutschland: „Alle Staatsgewalt geht vom Volke aus." Sie kann wie in der Schweiz sehr direkt ausgehen oder sich wie in Deutschland und in anderen Ländern in stärkerem Maße zwischengeschalteter Institutionen und Behörden bedienen.

Die ökonomische Theorie geht mit dem *methodologischen* Individualismus noch einen Schritt weiter, indem sie postuliert, dass zumindest im Reich der Wirtschaft alle Erscheinungen auf der Makro-Ebene (Preise, die Struktur angebotener Güter, Arbeitslosenquoten, Wechselkurse …) auch tatsächlich Ergebnisse des Willens und der Entscheidungen der Individuen sind. Das ist kein Werturteil, sondern eine empirische Behauptung, die mit Fakten belegt oder widerlegt werden kann. Die Wirtschaftswissenschaft hat keine Schwierigkeiten, ihr Postulat auf einer vergleichsweise banalen Ebene zu belegen. Auf Märkten entscheidet „König Kunde" durch seine zahlungsbereite Nachfrage über das Angebot. Wenn mehr Kunden rote Autos wünschen als blaue, dann wird es eben mehr rote als blaue geben. Sobald die Signale der Nachfrage schon rein technisch schwieriger dem potenziellen Angebot zu übermitteln sind, wie bei Kollektivgütern (vgl. unten), ist die Beziehung freilich weniger geradlinig, und sobald es nicht mehr nur um Angebot und Nachfrage von Gütern geht, sondern um politische Gestaltungsfragen, wird die Überzeugungskraft des methodologischen Individualismus' zunehmend schwächer.

Normativer und methodologischer Individualismus verfechten kompromisslos eine *subjektive Wertlehre*. Die Bewertung ist Ausdruck des Willens urteilsfähiger Menschen. Das steht im Gegensatz zur antiken Auffassung, nach welcher der Wert einer Sache eine ihrer objektiven Eigenschaften ist, ebenso wie Farbe und Form, deren Erkennung freilich gewisse Fähigkeiten oder gar Weisheit voraussetze.[1] Noch bemerkenswerter ist der Gegensatz zur Auffassung der klassischen Ökonomen Smith, Ricardo und Marx, deren Wirken längst nicht so weit zurück in der Geschichte liegt und die zumindest in Teilen als Wegbereiter der modernen Wirtschaftstheorie gelten. Die Klassiker verfochten mit der Arbeitswertlehre eine objektive Wertlehre: Der Wert einer Sache wird durch die in ihr „geronnene" (Marx) Arbeitszeit bestimmt. Dieser sehr kurze Blick in die Geschichte nährt Zweifel, ob die derzeit gültige subjektive Wertlehre für alle Zukunft ihre Verbindlichkeit behalten wird.

---

[1] Wenige moderne Philosophen folgen dieser Auffassung wieder, wie REGAN (1981).

Die Wertschätzung erfolgt nach moderner ökonomischer Ansicht durch die Zahlungsbereitschaft, die Individuen für eine Sache äußern. Hierzu ist im Kapitel 3.4 bereits das Nötige vermittelt worden. Der Preis einer Sache ergibt sich aus der Gegenüberstellung von subjektiver Wertschätzung und den Kosten ihrer Bereitstellung. Sind Wertschätzung und Kosten hoch, so ist etwas teuer, andernfalls billig. Eine genauere Analyse der Preisbildung findet sich im Kapitel 9.3.1.

Ist es schon methodisch schwierig, die subjektive Wertschätzung für Dinge zu erheben, für die kein Markt existiert und daher keine Preise zu beobachten sind, so ist dies völlig unmöglich oder sinnlos bei Dingen, die nicht als Konsumgüter, sondern als Investitionsgüter, als Teile davon oder als Bestandteile der Infrastruktur anzusehen sind. Es ist sinnlos, die Zahlungsbereitschaft für ein Verkehrszeichen oder für eine Pumpe in der Kläranlage zu erheben. Soweit hier nicht allein mit Kosten argumentiert wird (was immer die Verwechselung mit dem oben definierten Wert hervorruft), greift man zum Begriff des Ersatzkostenwertes. So auch in der Landschaft: Leistet ein Feuchtgebiet oder ein Flusssediment einen bestimmten Stoffabbau, etwa in Gestalt der Denitrifizierung, so kann die Bewertung in der Weise erfolgen, dass die Kosten einer technischen Klärkapazität gleicher Leistung erhoben werden, die durch die Gratisleistung der Natur eingespart werden. Abgesehen davon, dass solche Berechnungen trotz ihrer eher elementaren Logik sehr kompliziert im Detail werden können (SCHÄFER 2004), darf nie vergessen werden, dass es sich hier um eine abgeleitete Bewertung handelt, um ein Hilfskonstrukt, welches eine gehörige Distanz zum „eigentlichen" subjektiven ökonomischen Wertkonzept besitzt.

Bei aller Skepsis gegenüber leider verbreiteten dogmatischen Fassungen der modernen Werttheorie wird man PEARCE (1993, S. 13) folgen können: Nicht Ökonomen bewerten, sondern die Leute bewerten.[2] Ökonomen sind höchstens dazu da, die Bewertungen der Leute zu ermitteln, wenn jene nicht offenkundig sind, und die im obigen Beispiel bei Zwischenprodukten abgeleiteten Bewertungen vorzunehmen, für die Fachwissen erforderlich ist. Wegen verbreiteter Missverständnisse gerade unter Naturwissenschaftlern ist hervorzuheben, dass fachliche Expertenurteile über Sachverhalte mit *Bewertung* im ökonomischen und auch philosophischen Sinne nichts gemein haben. Wenn ein Landschaftsökologe einen Biotop „bewertet", das heißt dessen Qualität nach einem vorgegebenen Rahmen (etwa bezüglich der Anwesenheit seltener Arten) beurteilt und Punkte austeilt, dann ist das eine nützliche Tätigkeit; man sollte sie jedoch nicht „Bewertung" nennen. Wie auch in anderen Fällen unterscheidet die englische Sprache hier genauer zwischen valuation und rating.

---

2 Sie können freilich in mehrfacher Hinsicht *falsch* bewerten.

6.1.2   Konsumentensouveränität

Streng genommen bedeutet dieser Begriff, dass die Individuen, welche das ökonomische System antreiben, zahlungsbereit nachfragen dürfen, was sie wollen. Wie schon festgestellt, ist dies auf einer banalen Ebene unkontrovers. Niemand möchte sich von anderen oder gar vom Staat vorschreiben lassen, ob er oder sie Kaffee oder Tee zum Frühstück trinken soll. Aber darf man immer nachfragen, was man will?

Schon im Alltagsleben finden sich Gegenbeispiele. Der Staat verweigert in paternalistischer Haltung seinen Bürgern manchen Konsumakt, wenn er meint, dass sie sich damit schaden – deshalb ist Rauschgift verboten. Interessanter sind Fälle, in denen die Konsumentensouveränität fragwürdig wird, weil diejenigen, die sich auf sie berufen, nicht nur für sich, sondern für andere mit entscheiden, das heißt, andere an den Kosten ihrer Entscheidung beteiligen. Wenn der Familienvater meint, mehr PS für seine Autofahrten zu brauchen und daher das Familieneinkommen mehr hierauf als auf die Ausbildung seiner Kinder lenkt, dann ist dies nicht mehr unkontrovers.

Dasselbe Problem besteht „im Großen", wenn an das Prinzip der Nachhaltigkeit gedacht wird. Das Prinzip besagt, dass sich eine Generation nur ein solches Konsumprofil erlaubt, was auch künftigen Menschen die Erfüllung ihrer legitimen Anliegen gewährt. Hiernach darf man also nicht alles wollen, was man wollen könnte, sofern dies später Lebenden zum Nachteil gereichen würde. Man wird daran erinnert, dass man auch nicht Dinge tun darf, die Zeitgenossen schädigen würden, wie etwa zu stehlen. Nichtnachhaltiger Konsum kann durchaus als das Bestehlen künftiger Generationen aufgefasst werden.

Würden alle Menschen nachhaltigkeitsbewusst nachfragen, so gäbe es keinen Konflikt mit dem Prinzip der Konsumentensouveränität. Davon kann jedoch nicht ausgegangen werden, sodass hier Schranken gesetzt werden müssen. Eine milde Schranke ist z. B. die Entscheidung der Regierung, erneuerbare Energiequellen zu fördern, die teurer sind als konventionelle, und die Kosten auf die Verbraucher umzulegen. Jene werden gezwungen, an die Zukunft zu denken, was viele von allein nicht täten.

Die Konsumentensouveränität ist ein schützenswertes Prinzip, darf aber bei wichtigen Problemen nicht das „letzte Wort" in Entscheidungen sein. Sie findet ihre Grenze, wo andere – Künftige oder Zeitgenossen – von Entscheidungen mit betroffen werden.

6.1.3   Norm und Preis

Eine Norm ist eine Verhaltensregel, der alle gehorchen müssen – es darf z. B. in der Eisenbahn nicht geraucht werden. Alle müssen dasselbe tun, alle erhalten dasselbe Gut „unverräucherte Luft", aber die Kosten, die sie für die Normeinhaltung aufwenden müssen, sind bei allen verschieden: Die Nichtraucher empfinden keinerlei Kosten, im Gegenteil erfahren sie einen Nutzen. Den abhängigen Rauchern dagegen kann die Normeinhaltung sauer fallen. Es wird hier im Übrigen deutlich, dass Kosten durchaus nicht nur in

Geld ausgedrückt werden können. Ökonomisch sind Kosten nichts anderes als Verzichte. Wir sagen auch: „Diese Tätigkeit kostet mich eine Stunde meiner Zeit".

Das zweite Prinzip zur gesellschaftlichen Ordnung, der Preis, wirkt spiegelbildlich zur Norm. Kostet etwas einen bestimmten Preis, so müssen alle, die in seinen Genuss kommen möchten, im Allgemeinen denselben Preis pro Einheit bezahlen, aber sie können im Gegensatz zur Norm unterschiedliche Mengen nachfragen. Einer geht zehn Mal ins Kino, ein anderer nur zwei Mal.

Offensichtlich lassen sich manche Dinge nur oder weitaus am besten durch eine Norm regeln, wie im Straßenverkehr, im Rechtswesen und auf weiteren Gebieten. Auf der anderen Seite haben dagegen das Marktprinzip und damit der Preis ihre überwältigende Kraft vor allem bei der Weckung ökonomischer Initiative bewiesen. Es hat viele erfolglose Versuche gegeben, die tägliche Versorgung und Zuteilung von lebensnotwendigen Dingen über die Norm (drastischer: die Anweisung, den Befehl) zu lösen, besonders in Zeiten von Knappheit. Während der Jakobinerherrschaft 1794 wurde in Paris ein Bäcker, der ein Pfund Mehl unterschlug (oder nur dessen verdächtigt wurde), guillotiniert. Trotzdem gab es immer weniger Brot.

Es gibt aber auch Bereiche, in denen es Argumente sowohl für die Norm- als auch für die Preisregelung gibt und wo die Überlegenheit einer von beiden nicht klar feststeht. So kann z. B. die Luftreinhaltung entweder über Ge- und Verbote gewährleistet werden, wie durch das Bundes-Immissionsschutzgesetz und seine Verordnungen, oder über einen Emissionsrechts-Zertifikatehandel, wie im Fall der Treibhausgase. Man kann sich gut vorstellen, dass auch bei Regelungen in der Landschaft, insbesondere beim Natur- und Ressourcenschutz, einmal die Norm und ein anderes Mal der Preis das sinnvollere Regelungsinstrument ist, und dass es Bereiche gibt, in denen sich beide Prinzipien anbieten oder auch ergänzen.

6.1.4 Transaktionen: Tausch und Markt

Eine Transaktion ist ein Vorgang, bei dem ein bewertetes Gut oder eine Leistung von einer Hand zu anderen – oder von einem Wirtschaftssubjekt zum anderen – wandert.

Es gibt drei Grundtypen von Transaktionen: Schenken, nehmen und tauschen. Beschenkt der A den B, dann erfolgt eine einseitige Transaktion; beide Teilnehmer, auch A, handeln freiwillig. Nimmt der B vom A, so besteht ebenfalls eine einseitige Transaktion, jedoch ohne Einwilligung von A. Eine Subvention des Staates ist für den Empfänger ein Geschenk, eine Steuer fällt unter die Rubrik „nehmen".[3]

Der Tausch ist eine symmetrische, zweiseitige Transaktion, die beide Partner freiwillig vornehmen. A lässt sich vom B eine Birne geben, weil er diese höher als den Apfel schätzt, B findet dagegen den Apfel wertvoller als die Birne und gibt deshalb jene frei-

---

[3] Unter Privatpersonen wäre die zweite der vorgestellten Transaktionen auch treffend mit „stehlen" charakterisiert. Mit Rücksicht auf das genannte Beispiel der Besteuerung sei auf diesen Terminus verzichtet.

willig her. Beide empfinden sich nach dem Tausch glücklicher als zuvor. Eine exakte Analyse des Tausches findet sich im Anhang 2.

Der Tausch ist ein so fundamentaler und täglich millionenfach praktizierter Akt, dass er nicht zuletzt philosophische Aufmerksamkeit verdient. Die historische Überlegenheit der Marktwirtschaft gegenüber alternativen Gesellschaftsformen rührt aus der ungeheuren Organisationskraft des Tausches. Dienen Millionen von Marktteilnehmern nur ihrem durchaus beschränkten eigenen Interesse mit Hilfe des Tausches, so kann sich, wie die Erfahrung zeigt, unter bestimmten Bedingungen auch für die Gesamtheit ein besseres Ergebnis einstellen als mit einer zentralen Planung selbst besten Willens. SMITH sprach 1776 von der „unsichtbaren Hand", die die Akteure, selbst wenn sie egoistisch nur an sich selbst denken, dazu leitet, auch für das Gemeinwohl zu handeln. Da Smith ein gottesfürchtiger Mann war, schrieb er diesen ebenso weisen wie listigen Einfall dem Schöpfer zu.

Die Marktwirtschaft wird oft mit dem Begriff der „Freiheit" assoziiert. Wir meiden das vordergründig-politische in diesem Kontext, erkennen aber, dass der Markt Alternativen bietet, die einer Zuteilungswirtschaft in der Regel fehlen. Passt mir ein Anbieter nicht (Unfreundlichkeit genügt), dann gehe ich woanders hin. Diese Verfügung über Alternativen diszipliniert ihrerseits die Anbieter; es entsteht Wettbewerb um die Kunden, was wiederum Anreize für Effizienzsteigerungen, Kostensenkungen und Qualitätsverbesserungen setzt.

Aus diesen lange bekannten Erkenntnissen wurde und wird oftmals der Schluss gezogen, dass der Staat, das heißt ein zentraler, mit Macht ausgestatteter Wille, in der Marktwirtschaft überflüssig sei. Das ist ein Trugschluss. Einer muss auf die Spielregeln achten. Eine auf dem Prinzip des Tausches basierende Wirtschaft degeneriert in eine auf der Basis des Diebstahls, wenn das Recht des Gegenübers nicht geachtet wird. Warum soll ein egoistischer und starker A dem B einen Apfel geben, um in den Besitz der Birne zu kommen, warum nimmt er sie sich nicht ohne Gegenleistung oder Bezahlung? Der Tausch ist nur denkbar, wenn die Beteiligten die jeweilige Ressourcenausstattung des Gegenübers achten. Soweit das Gegenüber dies nicht aufgrund seiner Stärke selbst erzwingt, tun sie dies auch aus Furcht vor Sanktionen des Staates, der die Ausstattungen der Einzelnen schützt. Allerdings erscheint ein gesellschaftlicher Zusammenhalt undenkbar, wenn *nur* die Selbstverteidigung der Akteure und die staatliche Sanktion wirken. Bei einer universellen Nichtachtung der Rechte anderer muss ein staatlicher Sanktionsapparat ungeheure Ressourcen binden und alles andere lähmen. Mehr noch: Er wird selbst auf die schiefe Ebene des Rechtsbruches geraten – eine Erfahrung, die in Staaten mit verbreiteter Korruption nur zu geläufig ist. Eine auf Tausch und Markt basierende Wirtschaft setzt daher voraus, dass die Teilnehmer von sich aus die Ethik respektieren, *Rechte der anderen zu achten.*[4] Das ist nur eine andere Formulierung für den Kategori-

---

[4] Problematisch ist hier, dass in der Tauschwirtschaft auch der sehr Arme die Ressourcenausstattung des sehr Reichen achten muss.

schen Imperativ: „Handle nur nach derjenigen Maxime, durch die du zugleich wollen kannst, dass sie ein allgemeines Gesetz werde." (KANT 1984, S. 68).

6.1.5   Verfügungsrechte – „Property Rights"

Im Alltag ist unsere Sprache nachlässig; wir sagen: „A tauscht mit B einen Apfel gegen eine Birne". Die korrekte Formulierung hieße: „A und B tauschen miteinander die *Verfügungsrechte* über Apfel und Birne aus." Die Analyse des Verfügungsrechts steht im Zentrum der modernen Institutionenökonomie.

Hierbei ist zu beachten, dass das juristisch definierte Eigentum an einer Sache, in Deutschland definiert im § 903 BGB, nicht mit dem ökonomisch definierten Verfügungsrecht – oder in der Fachsprache dem „Property Right" – identisch sein muss. Am besten verdeutlicht dies ein Beispiel: Jemand ist grundbuchlich gesichert Eigentümer eines Waldes. Wird in diesem Wald ein gesetzlich geschützter Biotop nach § 30 BNatSchG entdeckt, so wird dem Eigentümer bescheinigt, dass er (ohne Entschädigung!) diesen Biotop nicht in der gewohnten Weise nutzen darf; er darf möglicherweise kein Holz einschlagen. Obwohl er alle rechtlichen Eigentumstitel besitzt, ist sein Verfügungsrecht eingeschränkt, im Extremfall sogar entzogen.

Es gibt auch den umgekehrten Fall, dass ein Verfügungsrecht ohne kodifiziertes Eigentum vorliegt. Das schwedische „Allermannsrecht" erlaubt jedem Bürger, in der freien Natur Pilze, Beeren und andere wilde Früchte für den Eigenbedarf zu sammeln. In anderen Fällen besteht eine Verfügungsgelegenheit auch ohne Rechtsschutz einfach deshalb, weil sie niemand streitig macht. So etwa, wenn jemand von seinem Haus aus eine schöne Aussicht genießt, solange kein neues Bauwerk diese verhindert.

Selten gibt es *ein* Verfügungsrecht über ein juristisches Eigentum, vielmehr gibt es in aller Regel ein Bündel. Dieses Bündel kann in verschiedenen Rechtssystemen und Staaten ganz unterschiedlich definiert sein. So ist nach § 14 Bundes-Waldgesetz das Betreten des Waldes zum Zwecke der Erholung in Deutschland gewährleistet; auch ein Privatwaldbesitzer muss dieses Recht gewähren, solange es nicht spezielle Gründe – darunter auch der Naturschutz – einschränken. In anderen Ländern steht es einem Privatwaldbesitzer dagegen frei, seinen Wald einzuzäunen und Besucher fernzuhalten. Nirgendwo aber reicht das Eigentum am Wald soweit, um etwa das Überfliegen mit einem Flugzeug zu verbieten, obwohl auch eine solche Definition des Eigentums denkbar wäre.

Gesellschaftliche Institutionen ändern sich evolutionär im Laufe der Zeit, und so auch Verfügungsrechte. Was früher zum Bündel der Verfügungsrechte gehörte, kann später durch eine neue Gesetzgebung oder Rechtssprechung herausgelöst werden. Hier ist in Deutschland das „Nassauskiesungsurteil" des Bundes-Verfassungsgerichtes aus dem Jahre 1981 berühmt (BVerfG 58, 300). Die Verfassungsrichter stellten fest, dass die bis dahin praktizierte Verfügungsmacht eines Grundeigentümers auch über den darunter liegenden Grundwasserkörper, der im Falle einer Nassauskiesung stark beeinträchtigt wird, nicht rechtens ist. Das Interesse der Allgemeinheit an einem intakten Grundwasserhaushalt stuften sie als höherwertig als die Interessen des Grundeigentümers ein. Man stellt sich leicht das Konfliktpotenzial im Zusammenhang mit solchen Umdefinitionen der Verfügungsrechte vor.

Allgemein bekannt ist, dass es einen Unterschied zwischen dem Verfügungsrecht „in der Theorie" (in Rechtsmaterien kodifiziert) und dem „in der Praxis" geben kann. Die Düngeverordnung schreibt in Deutschland vor, dass nicht mehr als 170 kg Stickstoff aus tierischen Abgängen pro Jahr auf Flächen ausgebracht werden darf. Gleichzeitig wurde oder wird noch in Regionen mit flächenschwachen Haupterwerbs-Familienbetrieben aus sozialen Gründen mehr oder weniger toleriert, dass diese so viel Vieh pro Fläche halten, dass sie die Norm gar nicht einhalten können (vgl. Kapitel 8.1.3.3). Solche Umstände sind als „Vollzugsdefizit" bekannt; in anderen Ländern ist der Unterschied zwischen der Soll- und der Ist-Situation noch viel drastischer.

Seitdem der Gedanke der Nachhaltigkeit und das Bewusstsein von Pflichten gegenüber künftigen Generationen in der Gesellschaft präsent sind, hat sich eine wichtige Spezifizierung des Verfügungsrechtes vollzogen, die sich anschaulich in den alten Begriffen des Römischen Rechtes beschreiben lässt. Jemand besitzt ein *Dominium* an einer Sache, wenn er mit ihr nach völligem Belieben umgehen kann. Er darf sie selbst nutzen (*usus*), er darf sie nutzen lassen, aber Gewinn daraus ziehen (*usus fructus*) und er darf sie sogar verzehren, zerstören oder vernichten (*abusus*). Im Gegensatz dazu verleiht das *Patrimonium* allein die Rechte *usus* und *usus fructus*, nicht aber *abusus*. Das Patrimonium gebietet, die betreffende Sache pfleglich zu behandeln und unversehrt an die Zukunft weiterzugeben.

So ist offensichtlich, dass z. B. der § 17 Bundes-Bodenschutzgesetz, der unter anderem die Vermeidung von Erosion gebietet (Näheres im Kapitel 8.1.1, insbesondere Übersicht 21), nichts anderes aussagt, als dass das landwirtschaftliche Bodeneigentum ebenso wie der Besitz bei der Pacht als Patrimonium definiert ist. Der Boden soll als fruchtbare Substanz erhalten bleiben und vor allen Beschädigungen geschützt sein. Das Verfügungsrecht über den Boden ist damit eingeschränkt.

Im Gegensatz dazu besitzt der Landwirt über die auf seinem Acker wachsenden Früchte und Unkräuter ein Dominium. Hält er alle Bestimmungen bezüglich Mittelwahl, Zeitpunkt, Ausbringungstechnik und so weiter ein, so darf er die Unkräuter auf seinem Acker mit Herbiziden vernichten.

Es gibt auf anderen Gebieten Fälle, in denen die Reichweite des Verfügungsrechtes nicht eindeutig geklärt ist. Besitzt jemand ein wertvolles Kunstwerk, so verbietet ihm zwar im Allgemeinen kein Gesetz, dieses zu zerstören – er wird nicht formell bestraft, wenn er es tut. Wohl aber kann er sich mit einer solchen Handlung gesellschaftlicher und moralischer Ächtung aussetzen.

6.1.6 Effizienz

Effizienz ist das Kraftwort der Ökonomie schlechthin, zahlreiche Ökonomen sehen ihre Rolle allein als Effizienzwarte. Effizienz heißt, dass entweder ein Ziel mit minimalem Aufwand erreicht oder dass ein gegebener Aufwand so eingesetzt wird, dass die Zielerreichung maximiert wird. Journalisten machen daraus, dass mit minimalem Aufwand eine maximale Zielerreichung gewonnen werden soll, was logischer Unsinn ist.

Elementar ist auch dieses ökonomische Prinzip unkontrovers – niemand kann unwidersprochen behaupten, dass knappe ökonomische Ressourcen verschwendet werden sollen. Jeder vernünftige Mensch trachtet danach, seine Ressourcen effizient einzusetzen. Es gibt keine Zweifel an der grundsätzlichen Gültigkeit des Effizienzprinzips, wohl aber daran, es in Konkurrenz mit anderen Zielen, die ebenfalls Gültigkeit beanspruchen können, zur absoluten Dominanz zu erheben. Es mag in Brasilien am effizientesten sein, Strom durch ein Wasserkraftwerk zu erzeugen, welches Tausende von Quadratkilometern von Landeigentum indigener Völker überschwemmt. Die distributiven Nachteile für diese Völker, die bis zur Auslöschung ihrer Kultur reichen können, sind jedoch so gewaltig, dass eine moralische Sicht auf das Problem auf maximale Effizienz zu verzichten verlangt.

Die Ökonomik analysiert nicht nur einzelne Entscheidungen im Hinblick auf ihre Effizienz, sondern fragt auch danach, ob ein ökonomisches Gesamtsystem effizient organisiert ist. Sie fragt, ob die Produktivkräfte einer Wirtschaft so eingesetzt (alloziert) sind, dass das Ergebnis, welches sie bewirken können, optimiert wird. Dafür gibt es bestimmte elementare Regeln. So ist plausibel, dass ein einzelner Produktionsfaktor mit zunehmendem Einsatz zu einem Zweck an Wirksamkeit einbüßt: Es macht Sinn, beim Bau eines kleinen Hauses zwei oder drei Maurer einzusetzen, aber nicht 20 oder 30. Der 20. Maurer bewirkt kaum zusätzlichen Erfolg, sondern steht herum. Der zusätzliche Erfolg ist in ökonomischer Sprache die *Grenzproduktivität*. Hier folgt die Regel, dass Produktionsfaktoren, die für verschiedene Zwecke eingesetzt werden können, überall dasselbe Grenzprodukt (Grenzproduktivität gewichtet mit dem Produktpreis) erwirtschaften sollten. Denn ist das nicht der Fall, so lässt sich ein Gesamtergebnis noch verbessern, wenn ein Faktor vom Gebiet geringen zum Gebiet höheren Grenzproduktes verlagert wird. Eine elementare formal-mathematische Behandlung auf der Ebene des Betriebs findet der Leser im Anhang 3, eine graphische für die gesamte Volkswirtschaft im Anhang 5.

6.1.7   Kosten

In den Kapiteln 5.1 bis 5.3 ist zum Begriff der Kosten schon Wichtiges ausgeführt worden. „Kosten stellen den mit Preisen bewerteten Verzehr von Produktionsfaktoren dar" (WÖHE & DÖRING 2000, S. 376) – die Betonung liegt auf „Verzehr".[5] Kosten entstehen, wenn knappe Produktionsfaktoren von einer Aktivität A beansprucht werden, sodass sie nicht mehr alternativen Verwendungen verfügbar sind. Die Kosten von A bestehen streng genommen in der unterlassenen Wertschöpfung, die die Faktoren in der besten Alternativverwendung B hätten erzielen können.

---

[5] Dass sie „mit Preisen bewertet" sein müssen, gibt die betriebswirtschaftliche Sicht wieder. So eng muss man es nicht sehen, es gibt auch wichtige nicht monetarisierte Kosten.

Die Betriebswirtschaftslehre kennt differenzierte Kostenklassifikationen, aus denen wir im Kapitel 5 einige im Vorliegenden wichtige herausgehoben haben, wie Proportionale Spezialkosten, Fixkosten, Verfahrenskosten, Opportunitätskosten u. a. Ebenso wie der voranstehend erläuterte Begriff der Grenzproduktivität ist auch der der Grenzkosten von fundamentaler Bedeutung in der ökonomischen Theorie. Es handelt sich um die Kosten der Erzeugung einer zusätzlichen Einheit eines Gutes, die von den Durchschnittskosten stark abweichen können.

Erheblich an Bedeutung gewonnen hat der Begriff der Transaktionskosten. Schon ein elementarer Tausch ist nicht kostenfrei; die Partner müssen miteinander kommunizieren und sich physisch oder virtuell treffen. Erfolgen Transaktionen in komplizierten Rechtslagen, über die es Streit gibt, werden gar Anwälte und Gerichte beschäftigt oder gibt es einfach nur viel Bürokratie, so steigen Transaktionskosten gewaltig an. Das vorliegende Buch gibt an vielen Stellen Anschauungsmaterial hierzu. Das Gebot der Vernunft, unnötige Transaktionskosten zu vermeiden, wird leider viel zu wenig beherzigt.

An der Oberfläche des Wirtschaftsgeschehens wird mit dem Kostenbegriff außerordentlich lax und oft fehlerhaft umgegangen, indem Kosten mit Zahlungen beliebiger Art identifiziert werden. Wenn dem Steuerzahler Geld aus der Tasche gezogen wird, um es Landwirten in Gestalt der Ersten Säule der Agrarförderung zu schenken, so hat dies mit volkswirtschaftlichen Kosten, das heißt dem Verzehr knapper Ressourcen nichts zu tun; es handelt sich um eine Umverteilung, einen *Transfer*. Da solche Geldschiebereien im Agrarsektor und allgemein in der Landschaft sehr umfangreich sind, ist es umso wichtiger, wirkliche Kosten von Transfers zu unterscheiden. Nicht immer gelingt es, sprachlich exakt zu sein, wenn Umständlichkeit und Länge vermieden werden müssen – dann muss „mitgedacht" und cum grano salis verstanden werden.

Als fast noch wichtiger kann das Übersehen von Kosten, ihre Verschiebung auf Dritte, auf die Zukunft, auf künftige Generationen gewertet werden. Es ist sehr gut möglich, dass gewisse heutige „kostengünstige" Praktiken Folgekosten hervorrufen, die vermeintliche heutige Einsparungen weit übertreffen werden.

6.1.8 Externe Effekte und Öffentliche Güter

Schon seit langem ist bekannt, dass Güter, die sich rechtlich im Privateigentum befinden, keineswegs allein Wirkungen auf ihre Eigentümer ausüben, sondern zusätzlich Dritten Schaden oder Nutzen zufügen können. Ein Motorradfahrer fährt mit seinem privaten Gefährt allein, aber den Lärm hören Tausende. Ein Landwirt ist Eigentümer der auf seinem Acker wachsenden Kornblumen, aber zahlreiche Spaziergänger erfreuen sich an ihnen.

Diese Phänomene sind als Externe Effekte bekannt – extern, weil sie dem Regelungsprinzip des Marktes offenbar entgehen. Der Motorradfahrer muss nicht für den erzeugten Lärm bezahlen (müsste er es, so würde er leiser fahren); der Landwirt erhält im Allgemeinen keinen Lohn für den in seinem Fall positiven Externen Effekt.

Das zweite Beispiel lässt uns beim Blick in die Landschaft aufhorchen – offenbar ließen sich zahlreiche weitere Beispiele dieser Art finden und sind die Externen Effekte hier ein echtes Problem. Ferner bietet sich eine Lösung an, die sogar schon lange praktiziert wird: Wird der Landwirt durch ein Agrarumweltprogramm für die „Produktion" nicht nur von Weizen, sondern auch von Kornblumen honoriert, dann werden nicht nur die Kosten gedeckt, die die Kornblumen ihm in Gestalt verringerter Getreideerträge hervorrufen, sondern er kann auch angereizt werden, die Kornblumen in größerem Umfang bereitzustellen. Der Externe Effekt wird *internalisiert*. Selbstverständlich stehen hier die Kornblumen als Symbol für die Artenvielfalt auf Kulturland schlechthin.

Obwohl sich das Konzept der Externen Effekte recht gut bewährt hat, ist es in der modernen ökonomischen Theorie durch das der Öffentlichen Güter weitgehend abgelöst worden, welches die betreffenden Probleme noch konsequenter zu analysieren gestattet. Der Begriff des Öffentlichen Gutes oder (synonym) des Kollektivgutes geht auf SAMUELSON (1954) zurück: Während sich ein Privatgut dadurch auszeichnet, dass zum einen vollständige Nutzungskonkurrenz besteht (eine Apfelsine, die A konsumiert, kann nicht auch von B konsumiert werden) und zum zweiten völlige Ausschließbarkeit erreicht wird (besitzt A das Property Right, so kann er B vom Genuss fernhalten), gelten für das Öffentliche Gut genau die umgekehrten Eigenschaften: Es besteht keine Nutzungskonkurrenz (genießt A einen schönen Sonnenuntergang, so „nimmt" er ihn dadurch B nicht „weg") und es ist kein Ausschluss möglich (ist der Sonnenuntergang überhaupt zu beobachten, so von Jedermann).

Es ist sehr wichtig und wird zuweilen sogar in der Wissenschaft verkannt, dass mit den genannten Begriffen Eigenschaften von Gütern, nicht aber Eigentumsformen beschrieben werden. Ein Bahnhof ist ein Öffentliches Gut, nicht weil er dem Staat gehört, sondern weil er die beiden genannten Eigenschaften in erheblichem Umfang besitzt. Die Beobachtung der Realität zeigt indessen schnell, dass das lupenreine Öffentliche Gut ebenso schwer zu finden ist wie das lupenreine Privatgut. Die meisten Güter neigen in ihren Eigenschaften entweder zu dem einen oder zu dem anderen Grundtyp. Auf einer leeren Autobahn konkurrieren die wenigen Autos kaum um die Fahrbahn, ist aber erst einmal der Stau eingetreten, dann kommen sie sich durchaus ins Gehege. In Deutschland gibt es bei der Autobahn (noch) keinen Ausschluss – jeder, der über die notwendige Qualifikation verfügt und ein Auto fährt, darf sie benutzen. In Frankreich werden an Kassenhäuschen zahlungsunwillige Autofahrer zurückgewiesen, es erfolgt ein Ausschluss und in diesem Sinne eine „Privatisierung".

Die Verhältnisse lassen sich in einem simplen Diagramm sehr anschaulich zeigen. Links unten im Kasten der Abb. 6.1 findet sich der polare Grenzfall des Privatgutes (100 % Nutzungskonkurrenz, 100 % Ausschluss). Gegenüber rechts oben liegt der Grenzfall des Öffentlichen Gutes (jeweils 0 %). Die Ecke links oben wird vom „Club Gut" besetzt. Hier können unerwünschte oder nicht zahlungswillige Subjekte zu 100 % ausgeschlossen werden, wer aber dabei ist, genießt Freiheit von Nutzungskonkurrenz. Besonders problematisch ist die Ecke rechts unten (100 % Nutzungskonkurrenz, 0 % Ausschluss). Jeder darf zugreifen, aber was einer erhält, nimmt er dem anderen weg.

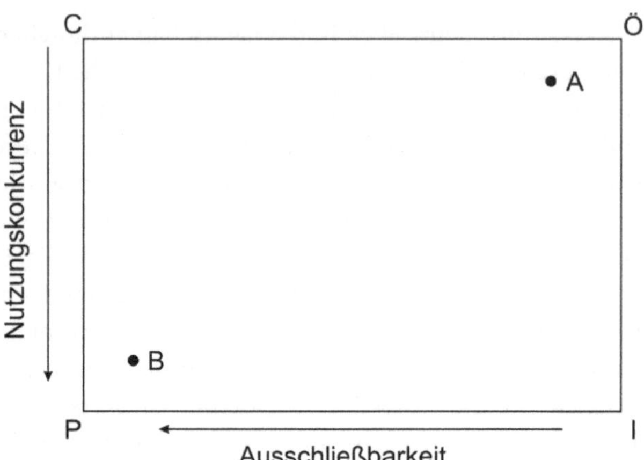

P: Privatgut, Ö: Öffentliches oder Kollektivgut, C: Clubgut, I: Improper Public Good

Abb. 6.1 Kontinuum zwischen Privaten und Öffentlichen Gütern. Erläuterung im Text

Ein gutes Beispiel ist ein unregulierter Fischgrund, der sehr oft der Übernutzung anheimfällt. Hier gibt es keine allgemein akzeptierte deutsche Bezeichnung; im Englischen sagt man „Improper Public Good" oder „Impure Public Good".

Jedes Gut auf der Welt kann im Kasten verortet werden. Sind die Eigenschaften des Öffentlichen Gutes weitgehend, aber nicht perfekt erfüllt, so liegt der Fall A vor; beim Gut in der Nähe der Ecke unten links im Fall B besteht ein Privatgut, welches jedoch gewisse Wirkungen auf Dritte, das heißt Externe Effekte aussendet. Dies ist nur eine andere Formulierung dafür, dass Dritte nicht vollständig vom Genuss (oder von der Plage im Falle des Motorradfahrers) ausgeschlossen werden.

Die Theorie der Öffentlichen Güter hält zahlreiche interessante Fragen bereit, wie z. B. die, welches der optimale Umfang eines solchen Gutes ist. Man kann von allem zu viel oder zu wenig haben. Die Tücken des Öffentlichen Gutes sind in der ökonomischen Theorie ausgiebig erörtert worden. Ein Problem ist die Nichtausschließbarkeit. Ist ein Öffentliches Gut vorhanden, so kann es jeder genießen, ohne dafür zu bezahlen. Ein Zwang zur Zahlung ist nur durchzusetzen, wenn Nicht-Zahler ausgeschlossen werden können, was nur bei Privatgütern möglich ist. Ein potenzieller Anbieter eines Öffentlichen Gutes muss damit rechnen, dass sich dessen Nutzer als „Free Rider" oder „Trittbrettfahrer" verhalten, also nicht zahlen werden. Dies wird ihn dazu veranlassen, von jedem Angebot abzusehen.

Ebenso wie der Anreiz, ein Öffentliches Gut nicht anzubieten, weil die Gefahr besteht, dass niemand bezahlt, besteht der Anreiz, sich vor der Beteiligung an den Kosten zu drücken. Aus egoistischer Sicht ist es optimal, wenn *andere* zahlen. Die anderen denken aber ebenso. Im Kapitel 4.2 oben sind als Beispiel Ackerwildkräuter genannt worden, die es in mehreren Ländern gibt. Jedes Land meint zumindest unausgesprochen, dass die anderen zahlen sollten. So erklärt sich die vielfach zu machende Beobachtung, dass Pri-

vatgüter oder gewöhnliche Waren bis zur Plage im Überfluss vorhanden sind, an Öffentlichen Gütern dagegen überall Knappheit herrscht, sei es im Bildungs- und Gesundheitswesen und eben auch im Naturschutz. Theoretisch interessierte Leser konsultieren
den Anhang 4.

6.1.9   Anreiz

In einer zivilisierten Gesellschaft haben sich selbstverständlich alle Subjekte nach Recht
und Gesetz zu verhalten. Was verboten ist, darf nicht getan werden, selbst wenn man es
gern täte. Wer es dennoch tut, wird durch staatliche Autorität davon abgehalten oder
bestraft. Diese Wachsamkeit des Staates kann erhebliche Ressourcen binden.

So wichtig Pflichterfüllung ist, wäre es doch der Natur des Menschen nicht angemessen, nicht auch auf seine Neigungen zu blicken. Es macht einen großen Unterschied, ob
ein Mensch etwas gern und aus eigenem Antrieb tut oder ob er etwas tut oder unterlässt,
nur weil er muss.

Dies gilt auch im Wirtschaftsleben. Wie oben schon erwähnt, wurde selten die Pflicht
des Einzelnen, der Gemeinschaft nützlich zu sein, größer geschrieben als während der
Jakobinerherrschaft in der Französischen Revolution. Obwohl pflichtvergessene Bäcker
barbarisch bestraft wurden, gab es kaum Brot. Kaum war Robespierre selbst enthauptet
und waren die Jakobiner beseitigt, waren die Brotregale wieder voll.[6]

Bis 1948 lag auch in den deutschen Westzonen die Wirtschaft am Boden, die Läden
waren leer. Am 21. Juni wurde die Währungsreform eingeführt und die Zwangsbewirt-
schaftung weitgehend aufgehoben. Es wird berichtet, dass noch am selben Tage die Läden plötzlich voller Ware waren. Von diesem Datum an geschah in Westdeutschland ein
raketenartiger Wirtschaftsaufschwung – das „Wirtschaftswunder".

In beiden Fällen wurde eine Pflichtwirtschaft durch eine Eigennutzwirtschaft ersetzt –
es musste nicht mehr aus Pflicht, sondern durfte dem Anreiz folgend produziert werden,
Geld zu verdienen. Philosophisch ist es durchaus ein Paradox, dass eine Wirtschaft aus
„gutem" gemeinnützigen Antrieb so erfolglos und eine aus, wenn auch nicht manifest
„schlechtem", so doch moralisch sicherlich niedriger stehendem eigennützigem Antrieb
so erfolgreich ist. Aber daran gibt es nicht zu deuteln; der Wettbewerb zwischen der
Pflichtökonomie des Sozialismus und der Eigennutzökonomie der Marktwirtschaft hat
dies in allen Punkten bestätigt.

6.1.10 Verteilung

Ökonomen interessieren sich sehr für Effizienz und wenig für Verteilungsfragen. Damit
unterscheiden sie sich von allen übrigen Staatsbürgern, die sich sehr wohl dafür interessieren, wie viel vom Gesamtreichtum jeweils auf sie selbst und wie viel auf andere ent-

---

6 Meisterliche Darstellung der Zeit in „Die Götter dürsten" von Anatole FRANCE (O. J.)

fällt. Im folgenden Kapitel 7 werden wir die notorischen Klagen der Landwirte über ihr nach ihrer Meinung unzureichendes Einkommen behandeln. Dass ein Aufsichtsratsmitglied für eine einzige Sitzung 10.000 € und ein naturverbundener und pflichtbewusster Landwirt für die Erhaltung der seltensten Arten gar nichts oder höchstens eine kümmerliche und unsichere (im nächsten Jahr schon wieder abgeschaffte) Belohnung von wenigen Euro erhält, dürfte für alle Personen, denen Gerechtigkeit etwas bedeutet, ein Problem darstellen.

Die Aufteilung des ökonomischen Gesamtprodukts auf die einzelnen beitragenden Mitglieder der Gesellschaft ist ein Problem, welches die alten klassischen Ökonomen stark interessiert hat. Die Verteilung ergibt sich teils über Automatismen wie dem Markt, teils über bewusste politische Entscheidungen mit Hilfe von Steuern und Subventionen oder gar Enteignungen und Schenkungen. Unter Verteilungsgesichtspunkten ist von Interesse, in welcher Höhe, nach welchen Kriterien und über welche Mechanismen Personen und Unternehmen, die Leistungen für den Naturschutz in der Landschaft erbringen, entlohnt werden.

6.2 Bedeutung in der Landschaft

Der Leser wird bei der Lektüre der obigen Prinzipien schon an ihre Bedeutung in der Landschaft und zahlreiche Anwendungsmöglichkeiten und -probleme gedacht haben. In der Landschaftspraxis tätige Menschen werden es nicht als persönliche Herabsetzung empfinden, sondern gern zugeben, dass sie sich oftmals mit den philosophischen und ökonomischen Dimensionen des *Wertbegriffes* noch nicht auseinandergesetzt haben. Es ist auch nachvollziehbar, wenn sie dem dargestellten Wertsubjektivismus mit Misstrauen begegnen. Sie sind schon zu vielen Zeitgenossen begegnet, die falsche Auffassungen vom Naturschutz haben und möchten nicht akzeptieren, dass jeder sein eigenes Wertsystem mit sich herumtragen darf, wie es ihm beliebt. Weniger überzeugend ist die im Naturschutz verbreitete Ansicht, dass die unwissende Allgemeinheit hier überhaupt nichts zu entscheiden habe, sondern dass er allein eine Sache von Experten sei. Bei der technischen Umsetzung von Maßnahmen ist natürlich Expertenwissen erforderlich. Sind Ziele gesetzt – etwa dass auf dem Territorium Deutschlands keine Arten der Kulturlandschaft aussterben dürfen –, dann entscheiden Experten, welche Maßnahmen und wie viele davon zu treffen sind. Aber wer setzt dieses Ziel?

Einen dem Naturschutz holden Kaiser, der es seinen Untertanen anbefehlen könnte, gibt es nicht. Es muss aus der Gesellschaft kommen, und das sind eben alle Menschen. Naturschützer sollten wissenschaftlichen Erhebungen über die Bewertung des Naturschutzes in der Bevölkerung, wie sie im Kapitel 3.4 vorgestellt wurden, weniger Ablehnung entgegenbringen. Zumindest besitzen diese den großen Vorteil, die „schweigende Mehrheit" zu erfassen. Es gehört zum Kalkül der dem Naturschutz abholden Minderheiten und deren lärmenden Interessenvertretern, den Eindruck zu erwecken, für alle oder wenigstens für die Mehrheit zu sprechen. Der Naturschützer begegnet in seiner Praxis derartigen Schreihälsen nur zu oft und fällt tatsächlich darauf herein, dies für die Volksmeinung zu halten.

Geld und Monetarisierung sind Reizworte für viele Naturschützer; Naturschutz habe darüber zu stehen. Dass er insofern nicht darüber steht, als er Geld kostet und zu wenig davon für ihn vorhanden ist, braucht nicht erwähnt zu werden. Nachvollziehbar ist aber die Irritation bei dem Gedanken, dass Naturschätze selbst im Geldmaßstab bewertet werden. Hier haben philosophisch und ökonomisch inkompetente Veröffentlichungen (VESTER 1987, jüngst MIOSGA 2011) in unrühmlicher Weise zur Meinungsbildung oder besser -verwirrung beigetragen. Leider finden Arbeiten mit dem Titel „Was ist ein Blaukehlchen wert?" immer wieder ihre Leserschaft. HAMPICKE hat mehrfach (1998, 1999) die Grenzen der Monetarisierung aufgezeigt; eine Lektüre könnte hier vieles klären. Eine Population von Blaukehlchen kann *Kosten* hervorrufen (was viele mit Wert verwechseln) und kann eine bestimmte *Zahlungsbereitschaft* wecken, die Momentaufnahme und Anhaltspunkt für die subjektive Bewertung durch die Befragten ist. Eine volle Erfassung subjektiver Bewertung würde die Befragung der zukünftigen Menschen erfordern, was nie gelingen kann. Das Blaukehlchen ist aus ethischen Gründen zu erhalten, solange die Kosten des Erhalts heute zumutbar sind. Die Kosten nicht speziell für das Blaukehlchen, aber für einen vorzeigbaren Minimalschutz der Kulturlandschaft sind oben im Kapitel 5.6 zusammengestellt worden. Es fällt schwer, sie mit 0,8 Promille des Bruttoinlandsproduktes als unzumutbar zu bezeichnen.

Das Prinzip der *Konsumentensouveränität* ist mit Bezug auf den Naturschutz zwiespältig zu interpretieren. Der an behördlichen Naturschutz gewöhnte Beobachter wird schnell urteilen, dass es natürlich nicht gelten dürfe. In der Tat – wäre die Bereitschaft der Nachfrager, Kosten zu tragen, zu gering, um in hinreichendem Umfang Naturschutz zu betreiben, gäbe es zwingende Gründe, auch gegen ihren ökonomischen Willen Mittel bereitzustellen (vgl. erneut Anhang 5). Das Argument kann jedoch umgedreht werden: Die oben im Kapitel 3.4 vorgelegten Ergebnisse von Zahlungsbereitschaftsstudien geben zumindest Hinweise darauf (Gewissheit besteht noch nicht), dass der Wille der Allgemeinheit, Kosten zu tragen, eher höher ist als der von Behörden und politischen Eliten, die sich dem Volkswohl auf ihre Weise verantwortlich fühlen. Sollte sich dieser Befund erhärten, so wäre mit Blick auf das Ergebnis ein Naturschutz nach dem Prinzip der Konsumentensouveränität erfolgreicher als der bisher praktizierte. Auch dann bliebe es freilich dabei, dass dieses Prinzip nicht in jeder Hinsicht und bei jedem Problem das Maß aller Dinge ist.

Was *Norm und Preis* betrifft, so ist evident, dass im Denken fast aller mit dem Naturschutz befassten Personen und Institutionen, insbesondere Ämtern, die Norm eine sehr bedeutende und der Preis eine sehr unbedeutende Rolle spielt. Naturschützer sehen ihr Anliegen als Pflicht, die der Staat sanktionsbewehrt einzufordern habe. Folglich neigen sie stark zu etatistischer Gesinnung, führen Defizite auf zu lasche Gesetze, unfähige Minister und Versäumnisse im Vollzug zurück und wetteifern mit ihren Gegnern in endlosem Paragraphengezänk.

Nicht nur im Agrarbereich, sondern in der gesamten Gesellschaft wird Naturschutz als eine *Schranke* ökonomischer Produktions- sowie privater Konsumtätigkeit betrachtet. Alle dürfen ihren Interessen nachgehen, aber nur so lange, wie sie einen definierten Mindestbestand der Natur nicht beschädigen. So ähnlich würde man den Mietern eines Hauses auftragen: Sie dürfen sich entfalten, müssen aber Haus und Mobiliar dabei schonen.

Diese Sicht ist durchaus nicht falsch. Selbstverständlich müssen der ökonomischen Betätigung Grenzen gesetzt werden, wenn durch sie Zerstörungen drohen. Landwirte, die Einschränkungen aus Naturschutzgründen allein als behördliche Gängelei ansehen, die durch die Wahl gefügigerer Entscheidungsträger schnellstmöglich rückgängig gemacht werden sollten, verdienen in dieser Beziehung Aufklärung.[7] Die Sicht ist aber einseitig. Es kann nur erreicht werden, dass sich gesetzestreue Bürger an die Beschränkungen halten. In einer Situation aber, in der die Artenvielfalt in der landwirtschaftlich genutzten Kulturlandschaft vielfach bereits klar unter ein Mindestniveau gefallen ist, sodass *Verbesserungen* des Zustandes dringend wünschbar sind, ist sie problematisch, weil sie keinerlei Anreize zur Verbesserung setzt.

Psychologisch ist der Auftritt des Naturschutzes allein als Gebieter von Normenfolgsamkeit noch problematischer. Von Privatpersonen, die sich in der Landschaft vergnügen, kann billigerweise verlangt werden, dass sie Bestimmtes nicht tun dürfen – sie sollen nicht mit dem Auto oder Motorrad fahren, wo man laufen muss, keinen Müll ablagern und so weiter. Wer aber wie der Landwirt sein Einkommen in der Landschaft erzielt und ständig gesagt bekommt, was er alles nicht darf – oder verschärft, was er früher durfte, aber heute nicht mehr darf – wird systematisch dazu erzogen, den Naturschutz als Gegner wahrzunehmen, wobei dann auf seiner Seite Übertreibungen, die an den Stammtischen des eigenen Milieus Beifall finden, fast automatisch wachsen.

Ökonomisch gesehen führt die Wahrnehmung des Naturschutzes allein unter Pflichtgesichtspunkten zu Widersprüchen. Naturschützer verlangen, dass Landnutzer Beiträge hierzu leisten, ohne dabei auf finanzielle Belohnungen zu blicken, weil eben Naturschutz ein so hochrangiges Ziel ist. Die Gewährleistung der Welternährung, die Bekämpfung des Hungers durch landwirtschaftliche Produktion, ist aber ein Ziel gleich hohen Ranges. Folglich müssten Landwirte auch ihre Produkte ohne Gewinnabsicht und allein aus Pflichterfüllung abliefern. Solche Forderungen wurden genau in den schon oben erwähnten diktatorischen und historisch erfolglosen Regimes, wie bei den Jakobinern, aber keineswegs nur bei ihnen, gestellt, mit den beschriebenen Konsequenzen. Wenn umgekehrt in erfolgreichen Gesellschaften das hohe Ziel der Ernährungssicherung finanzielle Belohnungen denen in Aussicht stellt, die ihm dienen, warum wäre das bei dem ebenso hohen Ziel des Naturschutzes nicht auch zu erwägen?

---

[7] Diese Haltung, soweit es sie geben sollte, zeigt interessante Ähnlichkeiten mit Beobachtungen in den (damals wirklich) neuen Bundesländern kurz nach der Wende. Dort hielten zahlreiche Autofahrer, unter denen etliche sich selbst und andere in den Tod rasten, Verkehrsregeln für Akte unterdrückerischer Despotie, die in der „Freiheit" keinen Platz hätten.

Bei den Stichworten *Markt und Tausch* kommen als erstes die Märkte für landwirtschaftliche Produkte in den Sinn. Oben ist festgestellt worden, dass eine Marktwirtschaft entgegen verbreiteter Ansicht zwar durchaus eine immanente Ethik besitzt, nämlich die, die Ressourcenausstattung des Tauschpartners zu achten und mit ihm nur Geschäfte zu tätigen, denen auch er zustimmt. Ist das aber gewährleistet, dann läuft alles Weitere automatisch ab, wie insbesondere die Preisbildung als Ergebnis von Angebot und Nachfrage. Kein Anbieter hat einen moralischen Anspruch auf einen hohen und kein Nachfrager einen solchen auf einen niedrigen Preis, so sehr man mitfühlend beides ihnen wünschen würde. Wie im folgenden Kapitel 7 beschrieben, litt die Landwirtschaft in West- und ab 1990 in Gesamtdeutschland Jahrzehnte lang unter einem Preisdruck auf ihre Produkte, der nicht nur Anlass für massive und viel kritisierte staatliche Intervention zu ihren Gunsten war, sondern trotz dieser ihre ökonomische Gesamtsituation chronisch drückte. Das hatte auch Einfluss auf ihre Bereitschaft zur Mitwirkung im Naturschutz, dem nicht selten und mit sehr fragwürdiger Begründung ein Anteil an der Schuld für die unbefriedigende Einkommenslage zugeschrieben wurde und wird.

Die ökonomische Gesamtlage und insbesondere das Preisgefüge im landwirtschaftlichen Sektor sind also für den Naturschutz in der Kulturlandschaft von so großer Bedeutung, dass nicht an ihnen vorbeigeblickt werden darf. Aber auch im Naturschutz selbst sind die zu beobachtenden Transaktionen eine Analyse wert. Bekanntlich beruht er neben der Normeinhaltung auf einem zweiten Prinzip, bei dem durchaus Geld fließt. Der Vertragsnaturschutz insbesondere auf der Basis der EU-kofinanzierten Agrarumweltprogramme mutet auf den ersten Blick durchaus „ökonomischer" an als das Ordnungsrecht mit seinen Ge- und Verboten. Ansatzweise ist dies gewiss so, jedoch werden wir später in den Kapiteln 8 und 9 erkennen müssen, dass auch dort von einem echt ökonomischen Geist, wie er zwischen fairen Tauschpartnern herrschen sollte, wenig zu spüren ist. Bei den die Gelder für Agrarumweltprogramme verwaltenden Behörden werden Bürokratie und Überwachung sehr groß und wird so etwas wie Kaufmannsgeist eher klein geschrieben. Dass die Allgemeinheit bei den Landwirten Naturschutzleistungen schlicht *kauft* – nach denselben Regeln, wie gewöhnliche Waren gekauft werden –, davon sind die Verhältnisse noch weit entfernt. Dazu gehörte, dass der Verkäufer an einer Transaktion auch verdienen darf, was auf Märkten erst den Anreiz schafft, die nachgefragten Leistungen zu erbringen. Bei Agrarumweltprogrammen gilt aber seit 2005 das Prinzip, dass der teilnehmende Landwirt zwar seine Kosten erstattet bekommt, aber nichts darüber hinaus verdienen darf.

Zur fundamentalen Bedeutung der *Verfügungsrechte* bei der Landnutzung sind oben schon wichtige Beispiele gegeben worden. Alles Ordnungsrecht und alle Regeln können als Spezifizierungen von Verfügungsrechten interpretiert werden. Oft implizieren Verbote in zuweilen verkannter Weise Erlaubnisse: Wenn es nach der Düngeverordnung verboten ist, mehr als 170 kg Stickstoff pro Hektar und Jahr mit organischem Dünger auszubringen, ist es erlaubt, bis zu dieser Höhe zu düngen. Das kann in wichtigen Biotopen viel zu viel sein. Sehr grob – wir werden später auf Feinheiten, Lücken und Unklarheiten stoßen – gilt, dass bei der Verfügung über den Boden dieser selbst vor Schaden bewahrt werden muss und dass auch andere Landschaftsressourcen, wie insbesondere Gewässer, schonend zu behandeln sind. Die Gesamtheit der Regeln hierzu ist die *Gute fachliche Praxis* in der Landwirtschaft. Diese erhält eine besondere Pointe dadurch, dass ihre Einhaltung ohne finanzielle Erstattung oder Belohnung verlangt wird. Wer Geld dafür verlangt, dass er Regeln einhält, gleicht – einer in der Fachöffentlichkeit scherzhaft gezogenen Parallele zufolge – einem Autofahrer, der einen Euro verlangt, wenn er die Rote Ampel respektiert. Wir werden diesen auf den ersten Blick voll plausiblen Vergleich im Kapitel 8.5 darauf abprüfen, ob er wirklich so tragfähig ist.

Wie oben bereits festgestellt, wird das Verfügungsrecht über Acker- und Grünlandflächen fast immer ohne Auflagen hinsichtlich der Artenvielfalt verliehen. Es ist gestattet, sämtliche Pflanzen außer der angesäten Nutzpflanze zu vernichten, insbesondere durch den Herbizideinsatz. Naturschützern kam es immer schwer über die Lippen, dies *Gute fachliche Praxis* zu nennen. Das Beispiel ist jedoch ein guter Anknüpfungspunkt, um ein Missverständnis auszuräumen. Nicht wenige Beobachter neigen dazu, das vorgefundene Gesamtmuster der Verfügungsrechte in der Landschaft als selbstverständlich und alternativlos, quasi als naturgegeben oder gar aus naturwissenschaftlichen Fakten folgend anzusehen.[8] Es erscheint „natürlich", dass Erosion hervorzurufen verboten und Unkraut zu vernichten erlaubt ist. In Wirklichkeit beruhen alle Regeln auf gesellschaftlicher Übereinkunft, die auch gänzlich anders als beobachtet ausfallen könnte. Oben ist schon darauf hingewiesen worden, dass Verfügungsrechte umdefiniert – eingeschränkt, entzogen oder erweitert – werden können, freilich selten ohne Konflikte.

Effizienz ist ein Stichwort, von dem uneingeschränkt gesagt werden darf, dass im Naturschutz mehr von ihm zu wünschen wäre. Die Lenkung von hohen Geldmitteln in weniger wichtige Verwendungen und das Fehlen geringer Mittel dort, wo sehr viel mit ihnen erreicht werden könnte – diese Beobachtungen haben schon zahlreiche Naturschützer gemacht. Im Kapitel 5.2.5.2 sind Beispiele gezeigt worden, in denen Spitzenbiotope mit Mitteln „aus der Portokasse" gesichert werden könnten und trotzdem ständig gefährdet bleiben. Wie HAMPICKE (1985) berichtet, war das vor Jahrzehnten nicht anders. Auf sinnlose Geldversenkungen an anderen Stellen ist im Kapitel 5.4 hingewiesen worden; dieser Missstand ist besonders im Rahmen der deutschen Eingriffsregelung nach dem BNatSchG, §§ 14 ff. zu beklagen, vgl. hierzu das Kapitel 10.1.

Kosten exakt aufzuspüren und sie von Transferkomponenten abzusondern, ist eine fortwährende Aufgabe des Ökonomen in der Landschaft. Die „wahren" volkswirtschaftlichen Kosten des Naturschutzes in der Agrarlandschaft unterscheiden sich von den Geldströmen, die hier fließen, sehr beträchtlich. Wenn durch politische Entscheidungen (Förderungen der Ersten Säule, Energiepflanzenförderung u. a.) ein wichtiger Produktionsfaktor wie die Fläche noch teurer gemacht wird, als er schon ist, dann spürt der Naturschutz dies zuerst. Oft ergibt sich die verfahrene Situation, dass er, um sich durchzu-

---

[8] Dem Leser mit philosophischem Blick unterläuft ein solcher Irrtum schon deshalb nicht, weil es sich um einen naturalistischen Fehlschluss – die Ableitung einer normativen Soll-Aussage aus empirischen Fakten – handelt.

setzen, Förderungen *gegen* den Naturschutz durch eigene Konkurrenzförderungen „überbieten" muss oder besser müsste, wenn er könnte.

Naturschutz besitzt in starkem Maße die Eigenschaft eines *Öffentlichen Gutes* und wäre in der Abb. 6.1 (Kapitel 6.1.8) etwa beim Punkt A zu lokalisieren. Allerdings ist die interessante Beobachtung zu machen, dass das, was die theoretischen Ökonomen am meisten beschäftigt, hier in der Praxis nur geringere Bedeutung besitzt. Ein anderes Problem, in der modernen Institutionenökonomie freilich nicht verkannt, ist wichtiger. Ökonomen finden den theoretisch gewiss bestehenden Anreiz fatal, in Gegenwart von Öffentlichen Gütern den „Free Rider" oder Schwarzfahrer zu spielen, das heißt die Nichtausschließbarkeit vom Genuss dazu zu benutzen, umsonst etwas zu konsumieren, wofür eigentlich bezahlt werden müsste. Darin sehen sie sozusagen einen zersetzenden Bazillus für das Gemeinwesen. Sie verkennen dabei, dass die Energie, diesem Anreiz nachzugeben, bei realen Menschen nicht nur im Zusammenhang mit dem Naturschutz begrenzt ist. Normale Menschen haben viele Fehler, aber sie sind im Umgang mit Kollektivgütern kooperativer (in der Alltagssprache: „ehrlicher"), als Ökonomen von ihnen erwarten.[9] In Ländern, wo für den Genuss hochwertiger Biotope Eintrittsgeld genommen wird, ist wenig Verweigerung, dieses zu gewähren, zu spüren. Im Kapitel 3.4 ist von der durchaus bemerkenswerten Zahlungsbereitschaft der Allgemeinheit für den Naturschutz berichtet worden. Der Naturschutz wird nicht vom Free Rider gelähmt, wenn mit ihm normale Durchschnittsbürger gemeint sind.

Viel wichtiger ist das Problem, dass die Nachfrage nach dem Öffentlichen Gut *gebündelt* werden muss. Naturschutz kann nicht wie eine Ware in kleinen Portionen über den Ladentisch vom Anbieter zum Nachfrage wandern, sondern erfordert kollektives Handeln. Institutionen müssen stellvertretend für alle einzelnen Bürger deren Ansprüche an Naturschutz formulieren, deren Zahlungsbereitschaft nach ihm einsammeln, diese gegebenenfalls durch eine aus ethischen Motiven gespeiste zusätzliche Zahlungsbereitschaft ergänzen[10] und in wirksame Nachfrage bei den potenziellen Anbietern, den Landnutzern, transformieren. Dieser Prozess läuft zu einem gewissen Grade ab, aber, wie die voranstehenden Bemerkungen schon andeuten und die nachfolgenden genaueren Betrachtungen belegen werden, in unzureichender Weise. Die gesellschaftliche Nachfrage nach Naturschutz in der Agrarlandschaft in Gestalt der Agrarumweltprogramme und ähnlicher Einrichtungen ist dem Problem nicht angemessen organisiert. Für solche Phä-

---

[9]   Vor vielen Jahren wurde an der Universität Basel unter Studenten ein Experiment durchgeführt. Diese wurden bewusst in eine Situation versetzt, in der sie leicht den Free Rider spielen, also ein Kollektivgut ohne Bezahlung genießen konnten. Die einzigen, die diese Situation egoistisch und unkooperativ ausnutzten, waren Studenten der Wirtschaftswissenschaft höheren Semesters, die die Theorie der Öffentlichen Güter in Vorlesungen gehört hatten, vgl. POMMEREHNE & SCHNEIDER (1980).

[10]   Das ist erforderlich, wenn die summierte Zahlungsbereitschaft aller Bürger für die Finanzierung eines hinreichenden Naturschutzprogramms nicht ausreichen sollte. Ein Vergleich der Ergebnisse des Kapitels 3.4 mit denen des Kapitels 5.6 deutet darauf hin, dass diese Situation eher nicht zu befürchten ist.

nomene ist die Bezeichnung *Politikversagen* geläufig; wir möchten nicht von Versagen, aber von deutlichen Defiziten sprechen.

Zum Stichwort *Anreiz* ist schon manches gesagt worden. Nicht nur bietet ein allein auf Pflichten, Verboten, Strafen und anderen Sanktionen[11] beruhender Naturschutz keinerlei Aufmunterung, ihm aktiv zu dienen; selbst die ansatzweise ökonomischen Elemente, wie Agrarumweltprogramme und Vertragsnaturschutz, sind von allen ökonomischen Anreizen an die Landnutzer, sich ihrer zum eigenen Vorteil zu bedienen, bereinigt worden. Wie schon erwähnt, dürfen allein Kosten erstattet werden, sodass man sich fragt, warum sich überhaupt ein Betrieb für die Teilnahme interessiert.

Für den Ökonomen ist das eine unmögliche Situation, und dass ihre Unmöglichkeit kaum im öffentlichen Bewusstsein wahrgenommen wird, zeigt nur, welche geringe Bedeutung ökonomische Rationalität im allgemeinen Denken besitzt. Die größten Vermögen werden zusammengerafft durch das Anbieten von Diensten etwa im Bereich von Medien und zeitgeistlicher „Kultur", die keinen ernsthaften Qualitätstest jemals bestehen würden; wer aber das nicht nur für den Nachdenklichen hochwertige, sondern sogar im alltäglichen Politikbetrieb ständig als ungeheuer wichtig gepriesene Gut Naturschutz oder Biodiversität produziert und anbietet, darf daran nicht verdienen. Vulgo: Wer Minderwertiges erzeugt, wird reich, wer Kostbares erzeugt, darf es nicht werden. Die Abwesenheit von ökonomischen Anreizen zugunsten des Naturschutzes wird in diesem Buch als das größte Defizit in diesem Problemkreis angesehen. Schon im Jahre 1996 veranstaltete die OECD (Organisation For Economic Co-Operation and Development) eine große Konferenz zu den Anreizwirkungen im Naturschutz (OECD 1997). Nicht einmal auf diese Stimme hört man in der Praxis. Der Ökonom ist sich sicher: Wäre Naturschutz ein gut bezahltes Gewerbe, dann wäre er ebenso erfolgreich wie alle anderen gut bezahlten Gewerbe.

Auf das Thema *Verteilung* angesprochen, fällt zunächst jedem Beobachter die im Laufe der Zeit herausgezüchtete extreme Bescheidenheit der Naturschützer auf. Man möge vorschlagen, was man will – jedes Mal ist die Reaktion darauf, es sei „unbezahlbar". Man hat sich an Mini-Etats, Mini-Entlohnungen, ständige Reduktionen und Pfennigfuchserei gewöhnt, die bei solchen, denen Geld das Leben ist, geradezu Hohn auslösen würde. Wenn internationalen Konventionen gemäß der Erhalt der Biodiversität auf der Erde ein hohes Ziel ist, dann ist solche Pfennigfuchserei völlig unangemessen.

Die erste Frage, welche Opportunitätskosten die Gesellschaft generell für dieses Ziel eingehen soll, ist für den, der das Prinzip der Nachhaltigkeit ernst nimmt, schnell zu beantworten: so hohe, dass die Biodiversität in ihrer Gänze für nachfolgende Generationen erhalten bleibt.

---

[11] Der Unterschied zwischen Strafen und sonstigen Sanktionen ist für den Juristen sehr wichtig. Strafen dürfen nur von Hoheitsträgern ausgesprochen werden (deshalb heißt die Drohung für Schwarzfahrer in der Straßenbahn nicht, dass ihnen eine Strafe blüht, sondern ein „erhöhtes Beförderungsentgelt"). Sonstige Sanktionen sind z. B. Entzüge von Fördergeld im Rahmen der Cross Compliance, vgl. Kapitel 8.3.

Die zweite Frage ist, *wer* in der Gesellschaft für den Naturschutz bezahlen soll. Würde man die Lasten auf die Minderheit abwälzen, die in der Praxis (und im Auftrag der gesamten Gesellschaft) letzte Hand bei der Artenverdrängung anlegt – auf die Landwirte –, so würden, wie das voranstehende Kapitel gezeigt hat, auf den Einzelnen sehr schnell völlig untragbare Belastungen folgen. Eine solche Lösung würde nicht nur massiven Widerstand und ebensolche Unkooperativität auslösen, sondern müsste darüber hinaus als ungerecht angesehen werden. Alle, auch die 97 % Nicht-Landwirte, besitzen eine Pflicht zum Naturschutz. Das Modell, wonach Landwirte von der Allgemeinheit für Naturschutzmaßnahmen entlohnt werden (wie im Falle von Agrarumweltmaßnahmen), setzt diesen Gerechtigkeitsgedanken um. Es ist aber nicht nur gerecht, die Lasten auf die Allgemeinheit anstatt auf Minderheiten zu verteilen, sondern auch klug. Verteilt auf die Gesamtgesellschaft sind die Kosten des Naturschutzes mäßig bis trivial, für den Einzelnen eher gar nicht wahrnehmbar. Sie sind im Vergleich zu den Plagen, die die Gesellschaft wirklich drücken – Gesundheitswesen, Renten, Staatsverschuldung, Währungskrisen –, nicht der Rede wert. Es muss geradezu als tragisch bezeichnet werden, dass Naturschutz für den Einzelnen teuer, ja seine Existenz gefährdend sein kann, obwohl er von der gesamten Gesellschaft „aus der Portokasse" bezahlt werden könnte (vgl. Kapitel 5.6). Wird der Einzelne belastet oder fühlt er sich auch nur von solcher Belastung, vielleicht sogar zu Unrecht, bedroht, so wird er leicht geneigt sein, eine Abwehrhaltung einzunehmen, mit der er leicht Gesinnungsgenossen findet. Schnell braut sich dann eine Gegnerschaft zusammen, die den Naturschutz dann auch für alle möglichen Missstände verantwortlich macht, mit denen er nichts zu tun hat.

Die dritte Frage, in welcher Höhe diejenigen, die dem Naturschutz wirklich dienen, entlohnt werden sollen, ist weniger leicht zu beantworten, weil hier ein Werturteil maßgeblich ist: Welchen Lohn gönnt die Gesellschaft für diese Leistung? Man beachte, dass sich eine solche Frage bei Privatgütern, die auf Märkten gehandelt werden, nicht stellt, weil der Automatismus des Marktes bei der Preisbildung selbst die Höhe der Konsumenten- und Produzentenrenten festlegt (Näheres im Kapitel 9.3). Hier liegt ein weiteres Problem beim Umgang mit Öffentlichen Gütern vor. Eine Gesellschaft, die ihr Bekenntnis zum Biodiversitätserhalt ernst meint, belohnt Natur schützende Aktivitäten nicht nur aus der listigen Absicht heraus, einen Anreiz dafür zu setzen, diesem Ziel zu dienen, sondern auch deshalb, weil Bürger, die sich hierfür einsetzen, in der Tat ein angemessener Lohn zu vergönnen ist.

Die voranstehend aufgeworfenen Gedanken werden helfen, die folgenden drei Kapitel zu strukturieren. Das nachfolgende Kapitel 7 widmet sich der Ökonomie des landwirtschaftlichen Sektors, den als Reaktion darauf getroffenen agrarpolitischen Maßnahmen und den politischen Initiativen zur Herbeiführung eines Mindestmaßes an Naturschutz in der Agrarlandschaft. Das mit „Pflicht" betitelte Kapitel 8 analysiert das Ordnungsrecht in der Landschaft und weitere Verpflichtungen, denen sich Betriebe unterwerfen müssen, wenn sie agrarpolitische Subventionen erhalten möchten („Cross Compliance"). Im Kapitel 9 wird erörtert, welche Anreize in der Landschaft zur Förderung der Biodiversität existieren, wie unzureichend sie sind und was an ihre Stelle zu setzen wäre.

Die Landwirtschaft in der Volkswirtschaft – Agrarökonomie und -politik

Zusammenfassung

Die in diesem Buch vorgeschlagene Initiative zu Gunsten der traditionellen Kulturlandschaft kann nur in Zusammenarbeit mit der Landwirtschaft gelingen. Hierfür bedarf es nicht nur der Kenntnis der augenblicklichen ökonomischen Lage, vielmehr muss, nicht zuletzt zum Verständnis der heute maßgeblichen Institutionen, aber auch Überzeugungen und Ideologien, der Weg dieses Wirtschaftssektors während der vergangenen Jahrzehnte verstanden werden. Die agrarökonomische Theorie hat die besondere Situation und die Schwierigkeiten der Landwirtschaft in einer wachsenden Industriegesellschaft, die zu dem allgemein bekannten massiven Staatseinfluss geführt haben, analysiert; das Ergebnis wird hier kurz gefasst wiedergegeben. Von 1950 bis etwa 2000 waren geringe Einkommens- und Preiselastizitäten für Agrarprodukte wirksam, denen ein rasanter Produktivitätsfortschritt gegenüberstand, sodass ein beständiger Preisdruck infolge eines Überangebotes resultierte. Die ökonomische Theorie sah und sieht noch in der Abwanderung von Arbeitskraft aus der Landwirtschaft die einzige Abhilfe aus dieser Situation. Solche Abwanderung gab und gibt es, jedoch war sie nie hinreichend, um den Einkommensdruck zu verhindern. Die von der Theorie empfohlene Abhilfe stieß und stößt im Übrigen auf Widerspruch aus unterschiedlichen Gesellschaftskreisen. Die praktische Agrarpolitik sah sich von Anbeginn an zur Unterstützung der Landwirtschaft genötigt, zuerst lange Zeit in Gestalt künstlich erhöhter Abnahmepreise, die ab 1992 schrittweise in produktionsunabhängige Zahlungen umgewandelt wurde. Diese „Erste Säule" reiner Subvention besteht noch immer; daneben werden in einer „Zweiten Säule" Maßnahmen zur Entwicklung des ländlichen Raumes gefördert, zu denen auch spezielle Honorierungen natur- und umweltgerechter Produktionsweisen gehören. Durch überbordende Bürokratie und auch aus anderen Gründen hat dieses System in den letzten Jahren an Attraktivität für

U. Hampicke, *Kulturlandschaft und Naturschutz*,
DOI 10.1007/978-3-8348-8236-3_7, © Springer Fachmedien Wiesbaden 2013

die Landwirtschaft verloren. Der wachsende Lebensstandard großer Bevölkerungsteile besonders in Asien im Bereich noch hoher Einkommenselastizität der Nachfrage nach Agrarprodukten lässt erwarten, dass sich die jahrzehntelange Epoche des Preisdruckes abmildert oder gar, dass sie abgelöst wird. Die Entwicklung ist abzuwarten. Die Weiterentwicklung der EU-Agrarpolitik nach 2013 lässt bisher außer leicht erhöhten Anforderungen an Umweltgerechtigkeit im Bereich der „Ersten Säule" („Greening") noch keine wesentlichen Neuerungen erkennen.

Die Landwirtschaft formt den größten Teil der Landschaft, die dieses Buch behandelt. Wie im Kapitel 2 gezeigt, bereicherte sie in früheren Jahrhunderten die Artenvielfalt außerordentlich und bewirkt heute meist das Gegenteil. Eine erneute Aufwertung der Kulturlandschaft ist nur im Dialog und in Kooperation mit der Landwirtschaft möglich. Dazu bedarf es der Kenntnis ihrer ökonomischen Situation, ihrer wichtigsten Probleme, der Institutionen, mit denen der Staat seinen starken Einfluss auf sie ausübt und nicht zuletzt der in diesem Wirtschaftsbereich lebendigen Denktraditionen und auch Ideologien. Ein Verständnis eröffnet sich nur bei einem historischen Zugang – wir blicken darauf, wie es zur heutigen Situation kam.

7.1   Landwirtschaft in Deutschland 1950–2000 im Lichte der agrarökonomischen Theorie

Anders als im Kapitel 5, der der Betriebswirtschaft der einzelnen Produktionszweige gilt, betrachten wir nun den Sektor Landwirtschaft als Ganzen. In Deutschland ruft dieser Sektor seit über 100 Jahren nach dem Staat. Der „Antrag Kanitz" im Jahre 1894 – in der Agrargeschichte als symbolischer Beginn des staatlichen Agrarinterventionismus gewertet (obwohl er abgelehnt wurde) – forderte die Verstaatlichung des Getreideaußenhandels verbunden mit Schutzzöllen, um insbesondere die Not leidende ostelbische Gutswirtschaft zu unterstützen. Forderungen, Diskussionen und Maßnahmen der letzten Jahrzehnte klingen zuweilen recht ähnlich, sodass man sich fragt, ob hier grundlegende ökonomische Probleme verborgen sind, die diesem Sektor eine Sonderstellung und vielleicht wirklich eine staatliche Schutzbedürftigkeit verleihen. Wenn die Landwirtschaft ein chronisches Einkommensproblem mit sich herumträgt, so wird dies auch ihre Bereitschaft schmälern, an Umorientierungen in Richtung auf mehr Naturschutz teilzunehmen. Der Ruf „Wir haben genug Sorgen, verschont uns vom Naturschutz!" ist in der Tat zu hören.

Als im Zuge des sogenannten Wirtschaftswunders der allgemeine Lebensstandard in Westdeutschland schon in den frühen 1950er Jahren stieg, stellten die Landwirte und die Vertretung ihres Berufsstandes, der Deutsche Bauernverband, fest, dass dies für die landwirtschaftlichen Einkommen im Durchschnitt nur in geringerem Maße der Fall war;

man bemerkte und maß eine von Jahr zu Jahr steigende „Einkommensdisparität". Der damals sehr kämpferische Deutsche Bauernverband wollte die Bundesregierung mit Hilfe des 1955 verabschiedeten Landwirtschaftsgesetzes zwingen, diese Einkommensdisparität auf politischem Wege zu tilgen. Jeder Bauer sollte am steigenden Wohlstand ebenso wie die Städter teilhaben und jeder, der Bauer war, sollte es auch bleiben dürfen, wenn er dies wollte – das waren die Maximalforderungen. Sie wurden zwar nicht erfüllt, aber die Landwirtschaft erfuhr staatliche Hilfen in starkem Maße, was sich im Rahmen der später gegründeten Europäischen Gemeinschaft und ihrer Gemeinsamen Agrarpolitik (GAP) fortsetzte.

Die Einkommensdisparität wurde von Seiten der Landwirtschaft damit erklärt, dass dieser Wirtschaftszweig wegen seiner Abhängigkeit von den unberechenbaren Launen der Natur, von Witterung, Bodenverhältnissen, Ernteschwankungen, schlechter Lagerfähigkeit seiner Produkte und so weiter systematisch benachteiligt und unternehmerisch eingeschränkt wäre. Diese Behauptung wurde von wissenschaftlicher Seite zu Recht nie geteilt. Vielmehr stellte der damals in Westdeutschland führende ORDO-Liberalismus[1] fest, dass die aus sehr vielen Kleinbetrieben bestehende Landwirtschaft sowohl auf der Zuliefer- als auch auf der Abnehmerseite von Unternehmen mit Marktmacht umgeben war, welche die jeweiligen Preise zu ihrem Vorteil und zum Nachteil der Landwirtschaft beeinflussen könnten. Die Landwirtschaft leide unter einem Wettbewerbsnachteil (NIEHAUS 1957). Wenn der Staat überhaupt eingreifen dürfe, dann hier auf dem Gebiet der Wettbewerbspolitik.

Obwohl Beobachtungen in jüngerer Zeit, etwa betreffend den Dauerkonflikt zwischen Landwirtschaft und Lebensmittelhandelsketten, die Vermutung nähren, dass dieses Argument nicht ganz gegenstandslos sein mag, zeigte sich doch, dass die Einkommensdisparität ganz anders zu erklären ist. Diese Erkenntnis reifte in dem Maße, wie die westdeutsche wissenschaftliche Agrarökonomie den Anschluss an die internationale ökonomische Theorie fand. Ein bahnbrechendes Dokument war HANAUS (1958) Schrift „Die Landwirtschaft in der Sozialen Marktwirtschaft". Weitere „Klassiker" der damaligen deutschsprachigen Agrarökonomik, deren Lektüre auch heute lohnt, sind vor allem HENRICHSMEYER 1971, ferner WEINSCHENCK & HENRICHSMEYER 1970, SCHMITT 1971, 1972, 1976 sowie TANGERMANN 1976.

Ist ein gewisses Wohlstandsniveau erreicht, so sinkt die *Einkommenselastizität der Nachfrage* nach landwirtschaftlichen Gütern. Erfährt ein Verbraucher im Zuge des Wirtschaftswachstums einen Einkommenszuwachs um beispielsweise 10 %, so wird er seine Ausgaben für Nahrungsmittel nicht auch um 10 %, sondern um weniger steigern. Er

---

[1] Der Name leitet sich aus der von der „Freiburger Schule" herausgegebenen Jahresschrift „ORDO" ab. Herausragende Vertreter dieser spezifisch deutschen Richtung der Wirtschaftspolitik waren Eucken, Röpcke, Müller-Armack und andere. Sie postulierte, dass der Marktwirtschaft ein starker staatlicher Rahmen gegenüberstehen müsste, der für funktionierenden Wettbewerb und Umverteilungen zu Gunsten der Schwachen zu sorgen habe. Ihr bedeutendster Praxisvertreter war der langjährige Wirtschaftsminister und spätere Bundeskanzler Erhard als Symbolfigur des „Wirtschaftswunders", welches man als Frucht der Anwendung ORDO-liberaler Grundsätze ansah.

wird das zusätzliche Einkommen überwiegend für andere Zwecke ausgeben. Sofern er seine Ausgaben für Nahrungsmittel überhaupt steigert, wird er trotzdem nicht mehr, sondern aus seiner Sicht höherwertige Produkte kaufen oder z. B. öfter im Restaurant speisen.

Dieses zusätzlich ausgegebene Geld kommt bei den Landwirten als Produzenten der Rohstoffe nur teilweise oder gar nicht an. Damit können die mengenmäßigen Lieferungen der Landwirtschaft an die übrige Wirtschaft nicht mit derselben Rate steigen, wie das Sozialprodukt wächst. Bleiben alle Preise konstant, so wächst das Sektoreinkommen der Landwirtschaft mit einer geringeren Rate als das Sozialprodukt und damit die Einkommen der übrigen Wirtschaftsteilnehmer. Diese simple Einsicht erklärt die Einkommensdisparität schon zu einem Teil.

Das Einkommen des Sektors Landwirtschaft könnte aber auch unter diesen Umständen mit derselben Rate wachsen wie das der übrigen Wirtschaft, wenn die Preise der landwirtschaftlichen Erzeugnisse stiegen. Die zu geringe Steigerung der Mengen würde dann durch eine Steigerung der Preise ergänzt. Unter rein marktwirtschaftlichen Wettbewerbsbedingungen bilden sich Preise durch Angebot und Nachfrage. Preiserhöhungen sind zu erwarten, wenn das Angebot im Vergleich zur Nachfrage geringer wird, wenn die Güter knapper werden.

Bereits im Kapitel 2.5 und speziell in der Tab. 2.1 ist auf die außerordentliche und früher für unmöglich gehaltene Steigerung der landwirtschaftlichen Produktivität in den vergangenen Jahrzehnten hingewiesen worden. Diese hat Agrarprodukte in beispielloser Weise „entknappt"[2], sodass an Stelle einer Preissteigerung ein chronischer Preis*druck* entstand. Ein scharfer Preisdruck hat die Agrarszene über Jahrzehnte hinweg beherrscht. Der Grund ist die geringe *Preiselastizität der Nachfrage* nach landwirtschaftlichen Produkten. Diese sind als Ganzes nicht substituierbar. Man braucht von ihnen unbedingt eine gewisse, aber man braucht nicht jede beliebige Menge. Sind Nahrungsmittel sehr knapp, so steigen ihre Preise in phantastische Höhen, was die städtischen „Hamsterer" in der Nachkriegszeit bis 1948 erfuhren, die Perserteppiche und Meißener Porzellan gegen einen Sack Kartoffeln tauschen mussten. Es ist nur der spiegelbildliche Effekt, dass Agrarpreise bei Überfluss ins Bodenlose sinken – man kann eben nicht mehr als essen. Geht es fast allen schlecht, dann geht es den Bauern noch relativ am besten, geht es den meisten gut, dann haben die Bauern Schwierigkeiten mitzuhalten.

Das Zusammenwirken niedriger Einkommens- und Preiselastizitäten mit einem extremen Produktivitätsfortschritt in der Agrarerzeugung liefert ein in sich konsistentes und überzeugendes Modell für die ökonomische Dauerkrise der Landwirtschaft in wachsenden, wohlhabenden Industriegesellschaften, genauer für den bis vor wenigen Jahren chronischen Preisdruck auf die Agrarerzeugnisse, die damit verbundene Einkommensmisere und den dadurch ausgelösten Staatsinterventionismus, dem freilich auf Seiten der

---

2 Die prägnante Wortschöpfung stammt von BONUS (1981, S. 95).

Konsumenten ein stark gesunkener Anteil der Ausgaben für Nahrungsmittel entsprach.[3] Der theoretisch interessierte Leser konsultiert eine einfache exakte mathematische Formulierung im Anhang 6. Das hier vorgestellte Modell reduziert die empirischen Gegebenheiten auf ihren entscheidenden Kern und sieht von allen Facetten ab. Wird dies kritisiert, so ist zu antworten, dass ein Rückgriff auf diese Facetten (die das Modell komplizierter und heuristisch eher blasser machen) seine quantitativen Aussagen noch bestärken würde. So haben chronische Preissteigerungen bei den von der Landwirtschaft erworbenen Vorleistungen (Mineraldünger, Pflanzenschutzmittel, Maschinen) bei gleichzeitigem Preisdruck auf der Produktseite die Einkommenssituation der Landwirtschaft noch prekärer gemacht als hier im einfachen Modell erklärt. Man darf zusammenfassen: Die Lebenserfahrung fast jedes westdeutschen Bauern ist, dass man Jahrzehnte lang kämpfen musste.

7.2 Kontroversen um das agrarökonomische Modell

Die Erklärung für die langjährige ökonomische Misere der Landwirtschaft beinhaltet genau das Gegenteil von dem, was die Interessenvertreter in den 1950er Jahren behaupteten: Nicht besondere Schwierigkeiten oder die Ungunst der Natur sind verantwortlich, sondern der ungezügelte technische Fortschritt, der von außen in die Landwirtschaft hineingetragen wird, die Mengen aufbläht und die Preise verdirbt und trotzdem von jedem individuellen Betrieb übernommen werden muss. Es war und ist nicht zu schwer, hohe Produktmengen zu erzeugen, sondern zu leicht.

Die Botschaft der Agrarökonomen an die Landwirte war und ist: Wenn Marktgesetze wirken, ist unter den geschilderten Umständen ein langsameres Wachstum des Sektoreinkommens der Landwirtschaft unausweichlich. Der Kampf dagegen ist ein Kampf gegen Windmühlen. Es gibt nur einen Weg, der sicherstellt, dass das Einkommen jedes Landwirts pro Kopf mit derselben Rate steigt wie das außerlandwirtschaftliche Pro-Kopf-Einkommen: Es muss eine Abwanderung von Arbeitskräften aus der Landwirtschaft geben, die ja durch den Fortschritt der Arbeitsproduktivität auch möglich ist. Der Fortschritt ermöglicht sie nicht nur, er erzwingt sie. Die landwirtschaftliche Einkommensmisere herrscht so lange, wie es zu viele Bauern gibt. Der insgesamt kleine Kuchen erlaubt nur dann ein befriedigendes Einkommen für jeden einzelnen Bauern, wenn auch deren Anzahl hinreichend klein ist. Die Empfehlung lautete und lautet teilweise immer noch: Strukturwandel, Abwanderung, „Wachse oder weiche".

---

[3] Diese Erfahrung wird auch „Engelsches Gesetz" genannt. Dieses kommt nicht allein durch eine geringe Einkommenselastizität der Nachfrage nach Nahrungsmitteln zur Wirkung, sondern verlangt als zweiten Bestimmungsgrund, dass die Preise für Agrarprodukte nicht steigen. Das wurde durch den Produktivitätsforschritt ermöglicht.

Die interne Konsistenz und analytische Korrektheit eines solchen Modells ist das eine, seine politische *Bewertung* ist etwas anderes. Die Agrarökonomen stießen mit ihren Empfehlungen von verschiedenen Seiten auf massiven Widerstand:

- Bauern, die nicht weichen wollten, obwohl ihr Betrieb nicht entwicklungsfähig war, wollten so etwas natürlich nicht hören.

- Die landwirtschaftliche Berufsstandsvertretung – der Deutsche Bauernverband – hatte kein Interesse daran, seine Klientel drastisch verkleinert zu sehen. Auch hatte er ihr versprochen, dafür zu kämpfen, dass jeder Bauer bei gutem Einkommen Bauer bleiben kann. In dieser Sicht konnte nicht wahr sein, was nicht wahr sein durfte.

- Konservative Bundes- und Landesregierungen wiesen die Einsichten der Ökonomen nach außen hin ebenfalls lange Zeit zurück, obwohl jene Ökonomen oft Mitglieder ihrer eigenen Wissenschaftlichen Beiräte waren.

- Das Konzept „Wachse oder weiche" stieß und stößt auch in weiten nichtlandwirtschaftlichen Bevölkerungskreisen auf Zurückweisung, unter anderem bei Anhängern grün-ökologischer politischer Programmatik sowie bei generellen Kritikern des Kapitalismus. Oft wird dort „klein" grundsätzlich mit „gut" und „groß" mit „schlecht" identifiziert. Große, moderne Betriebe seien für die Umwelt- und Naturschutzprobleme der Landwirtschaft in besonderem Maße verantwortlich, während der traditionelle Kleinbetrieb Garant nachhaltiger Landnutzung sei. Im Kapitel 3.1 ist bereits auf die Fragwürdigkeit dieser Auffassung hingewiesen worden. Zum einen sind die der Artenvielfalt besonders abträglichen Betriebsmittel Pestizide und Mineraldünger in beliebig kleine Portionen teilbar und können somit unabhängig von der Betriebsgröße eingesetzt werden. Zum zweiten sind flächenschwache („kleine")[4] Haupterwerbsbetriebe mehr als alle anderen zu intensiver Viehhaltung gezwungen, um ein hinreichendes Familieneinkommen zu sichern, was wegen der Nährstoffausträge insbesondere aus der Sicht des Gewässerschutzes problematisch ist. Das massenweise Ausscheiden von Personen aus der Landwirtschaft aufgrund ökonomischer Zwänge wurde und wird für sich als ein Übel angesehen und in historischer Reminiszenz als „Bauernlegen" angeprangert. Aufgebende Betriebe wurden als Opfer der Profitsucht angesehen. Gewiss kam es hier auch zu persönlichen Härten, jedoch erfolgten und erfolgen sehr viele Betriebsaufgaben eher undramatisch und im Wesentlichen, weil Hoferben keine Neigung zur Fortführung landwirtschaftlicher Tätigkeit verspüren.

Die Kritik am ökonomischen Erklärungsmodell war somit entweder interessengebunden oder ideologisch. Selten wurde und wird das Modell analytisch in Frage gestellt. Da es in sich stimmig ist, kann eine solche Kritik nur an seinen Annahmen ansetzen. Eine der wichtigsten ist, dass die Landwirtschaft allein Produkte auf Märkten verkauft. Nicht

---

[4] Die Beurteilung der Größe eines landwirtschaftlichen Betriebes allein am Flächenumfang ist einseitig, denn die Fläche ist nur ein Produktionsfaktor unter anderen. Gemüse- und Winzerbetriebe können auch bei relativ geringer Fläche „groß" sein, da diese Fläche sehr intensiv bewirtschaftet wird, vgl. Kapitel 7.5.2.

monetarisierte Größen aller Art, darunter die Umweltqualität, haben keinen Platz im Modell. Wird es um diese erweitert, so können sich ganz andere Konsequenzen ergeben:

- Die Methoden, welche die Arbeitsproduktivität und damit das Produktvolumen der konventionellen Landwirtschaft so stark vorangetrieben haben, können kritisiert werden. Ein Anhänger des Ökologischen Landbaus argumentiert, dass Mineraldünger, chemischer Pflanzenschutz und weitere Dinge Scheinfortschritte darstellten, denen langfristig hohe Umweltkosten folgen werden. Würde nur generell Ökologischer Landbau betrieben, so wäre das erzeugte Produktvolumen in einem Maße geringer als heute (nach Meinung seiner Befürworter aber auch qualitativ besser), dass sich das Problem der Überproduktion mit Preisverfall nie gestellt hätte.
- Im Vorgriff auf Ausführungen weiter unten ist auf bisher nicht bewertete positive Leistungen der Landwirtschaft hinzuweisen, sogenannte „Ökosystem-Dienstleistungen" auch auf dem Gebiet des Naturschutzes. Würde sich die Landwirtschaft so umorientieren, dass sie solche positiven Effekte in stärkerem Maße anbieten könnte – z. B. schöne Landschaften für die Erholung – und würden ihr jene *abgegolten*, dann könnten Einkommenseffekte eintreten, die die ökonomische Dauerkrise ebenfalls zumindest entschärfen würden.

7.3   Landwirtschaft in der DDR und ihre Erbschaft

Es wäre einseitig, nur die Entwicklung der Landwirtschaft im Westen Deutschlands zu betrachten. Nicht nur ist Kenntnis auch über den anderen Teil Deutschlands zu wünschen, das Thema ist vielmehr auch unter ökonomisch-theoretischem Blickwinkel von Interesse.

Die Agrarlandschaft im Osten Deutschlands ist auch heute (2012) noch weitgehend großbetrieblich strukturiert. Etwa 60 % der Fläche wird von den Nachfolgern der einstigen LPGs, heute überwiegend Agrargenossenschaften oder GmbHs, bewirtschaftet, die übrige Fläche etwa je zur Hälfte von meist ebenfalls flächenstarken sogenannten Personengesellschaften oder von „Wiedereinrichtern". Nur die letztgenannten Betriebe ähneln den im Westen vertrauten Bauernhöfen.

Die Landwirtschaft der DDR war planmäßig in die Gesamtwirtschaft integriert, sodass die oben beschriebenen, für den Westen typischen Probleme wie Preisdruck, Strukturwandel und Abwanderung nicht existierten. Nach der Wende wurde aber die dortige Landwirtschaft trotzdem zum schlagenden Beweis für die Richtigkeit des Modells der wissenschaftlichen Agrarökonomie. Der sich im Westen über Jahrzehnte hinziehende Prozess der Abwanderung von Arbeitskraft aus der Landwirtschaft wurde dort ruckartig in wenigen Jahren nachgeholt. Der Arbeitskräftebesatz der Landwirtschaft in Mecklenburg-Vorpommern sank von 1989 bis zum Jahr 1993 von etwa 170.000 auf etwa 30.000 Personen, also auf einen kleinen Bruchteil. Im Jahre 1989 betrug der Arbeitskräftebesatz in Mecklenburg-Vorpommern 13,4 AK pro 100 ha, aktuell (2010) nur 1,3 AK pro

100 ha, also ein Zehntel (!).[5] Während der DDR-Zeit wurden viele Arbeitskräfte unterbeschäftigt und „rein ökonomisch" betrachtet ineffizient in der Landwirtschaft gehalten, was sozialpolitisch durchaus nicht in jeder Hinsicht negativ zu beurteilen ist.

Umweltsünden sind auch für die DDR-Landwirtschaft bekannt geworden, besonders im Zusammenhang mit Massentierhaltungen und der Melioration von Niedermoorflächen. Die intensive Nutzung dieser sogenannten Saatgrasflächen verdrängte auf Hunderttausenden von Hektaren in Mecklenburg-Vorpommern und Brandenburg jede Artenvielfalt. Auch die Strukturausräumung der Landschaft und die Herstellung übergroßer Ackerflächen ist mit Recht kritisiert worden. In Mecklenburg-Vorpommern sind 14 % aller kleinen Fließgewässer mit einer Gesamtlänge von 5.628 km in Rohren unter die Erde verlegt worden (KRÄMER, 2005/2006, vgl. auch HAMPICKE 2009a und Abb. 4.9, Kapitel 4.6).

Auf der anderen Seite staunten Naturschützer aus dem Westen nach der Wende über die hohe Artenvielfalt, die insbesondere in Ackerlandschaften zu finden war. Die großen Äcker zeigten zwar wenig oberflächlich sichtbare Strukturvielfalt, waren jedoch bei näherem Hinsehen durchaus heterogen, etwa bezüglich der Feuchtigkeitsverhältnisse. Eine wichtige Ursache für verbliebene Artenvielfalt war, dass die Feldbaubrigaden es mit der Sorgfalt ihrer Arbeit gelegentlich nicht so wichtig nehmen mussten wie ein selbstständiger Bauer, weil sie von möglichen Ertragseinbußen nicht direkt finanziell betroffen waren. Da wurde schon einmal eine umständlich zu bearbeitende Ecke einfach ausgelassen. Hinzu kam ein vorübergehender oder auch ständiger Mangel an Betriebsmitteln, wie wirksamen Herbiziden – noch Jahre nach der Wende leuchteten riesige Sandäcker in Mecklenburg-Vorpommern im Juni im Blau der Kornblumen und im Rot des Klatschmohns (vgl. Farbtafel 11, die Aufnahme erfolgte freilich weit später).

Die heutigen Betriebsabläufe und eingesetzten Betriebsmittel sind dieselben wie im Westen, auch gelten natürlich alle Elemente der EU-Agrarpolitik. Die Chancen für mehr Naturschutz stehen bei der großbetrieblichen Struktur keineswegs schlecht, schon weil viele Betriebsleiter über eine sehr fundierte Ausbildung verfügen.

7.4　Agrarpolitik

7.4.1　Marktordnung

Das dargestellte Modell gilt für den hypothetischen Fall einer vollständigen Marktintegration der Landwirtschaft, in der sich Preise durch Angebot und Nachfrage ergeben und auch sonst keine staatlichen Interventionen erfolgen. Es ist eine Frage des politischen

---

[5] Arbeitskräftebesatz 1989, erschlossen aus Angabe von 13,4 AK/100 ha im AGRARBERICHT DER BUNDESREGIERUNG 1991, S. 140 und landwirtschaftlicher Fläche im Bundesland von ca. 1.350.000 ha. Arbeitskräftebesatz 1993 aus STATISTISCHES LANDESAMT MV 2003. Arbeitskräftebesatz 2010 aus AGRARBERICHT 2011, Tab. 2.3–1, S. 12.

Werturteils, ob und wie stark ein Wirtschaftssektor den Marktgesetzen überlassen bleiben soll. Eine Politik, die dem Fortbestand einer zahlreichen, in kleinen Betrieben organisierten Landbevölkerung einen hohen politischen Eigenwert zumisst, etwa weil sie damit die Bewahrung konservativer Werthaltungen (und Wählerstimmen) gesichert sieht, kann zu dem Entschluss kommen, das Wirken von Marktgesetzen einzuschränken. Eine andere Politik, die dem Markt zwar gesonnener ist, jedoch die Härten der mit ihm verbundenen Anpassungszwänge für unzumutbar hält, kann zum selben Schluss gelangen. Beide können sich freilich nicht den Konsequenzen ihrer Entscheidungen entziehen, die, wie die Erfahrung gezeigt hat, unter anderem in sehr hohen volkswirtschaftlichen Einkommenstransfers und Ineffizienzen bestanden.

Die Politik entschied sich gegen das freie Wirken der Marktkräfte und betreibt bis heute eine aktive Unterstützung des Agrarsektors, wenn auch mit unterschiedlichen Mitteln. Dies wird im Folgenden dargestellt, wobei vorauszuschicken ist, dass sich einerseits das Prinzip „wachse oder weiche" dennoch durchgesetzt hat. Der Agrarschutz hat den Strukturwandel möglicherweise verlangsamt, konnte ihn aber nicht blockieren. Andererseits bestanden trotz gewaltiger Transferzahlungen ununterbrochen Einkommensprobleme; die Abwanderungsraten waren im Sinne des Modells einfach zu gering. Nach einer detaillierten Berechnung hätte eine „gleichgewichtige Abwanderungsrate", die die Einkommensdisparität nicht verhindert, aber wenigstens auf dem gleichen Stand erhalten hätte, schon bei 4,7 % der Arbeitskraft pro Jahr liegen müssen (HENRICHSMEYER 1971). Die wirkliche Abwanderung, obwohl damals mit 4,4 % pro Jahr beachtlich (TANGERMANN 1976), konnte nicht verhindern, dass die Einkommensdisparität immer größer wurde.

Der Gemeinsame Agrarmarkt wurde mit der Gründung der EWG in den Römischen Verträgen von 1957 beschlossen. Die Ziele der Agrarpolitik waren eine zuverlässige Versorgung der Bevölkerung mit Nahrungsmitteln zu angemessenen Preisen und die Einkommenssicherung der Landwirtschaft; Umweltziele wurden erst viel später aktuell. Seitdem wird die Marktordnung und damit das wichtigste Segment der Einkommenspolitik durch die EU geregelt. Für unsere Zwecke können wir wie in der Übersicht 13 vereinfachen.

Seit den 1960er Jahren bis zum Jahre 1992 stand die Preisstützung für Agrarprodukte im Vordergrund. Wie die Übersicht 13 zeigt, wurden die Preise der „Grandes Cultures" (Getreide, Raps, Körnerleguminosen) sowie des Rind- und Schaffleisches vollständig vom Marktgeschehen abgekoppelt. Der Getreidepreis lag zeitweise fast beim Doppelten des Weltmarktpreises, um Einkommen in die Landwirtschaft zu schleusen. Dies setzte selbstverständlich eine rigide Außenhandelskontrolle mit entsprechenden Zöllen voraus. Aus kaum nachvollziehbaren Gründen wurden die Preise anderer wichtiger Produkte, wie des Schweinefleisches, aller Geflügelerzeugnisse und bei Feldkulturen der Kartoffel weit weniger oder gar nicht gestützt. Für zwei wichtige Produktgruppen gab es Sonderregelungen: Schon traditionell herrschte bei den Zuckerrüben eine Kontingentierung – nur dem Landwirt wurden sie zu akzeptablem Preis abgenommen, der einen Berechtigungsschein zur Ablieferung an die Zuckerfabrik vorweisen konnte.

Übersicht 13 Grundzüge der EU-Marktordnung vor 1992

Getreide, Ölfrüchte und Körnerleguminosen („Grandes Cultures") und Rindfleisch:
Garantierte Mindestpreise weit über Weltmarktniveau und rigider Außenhandelsschutz.
Wichtigste Maßnahme zur Einkommensstützung der Landwirtschaft

Zuckerrüben und Milch:
Kontingentierung. Nur Inhaber eines Quotenscheines erzielen einen akzeptablen Preis.
Mengenbegrenzung der Quoten zur Stützung des Preises – bei Zuckerrüben traditionell, bei
Milch seit 1984

Kartoffeln, Schweine- und Geflügelfleisch sowie Eier:
Geringe Preisbeeinflussung, allenfalls milder Außenhandelsschutz

Im Jahre 1984 wurde eine solche Kontingentierung als „Notbremse" auch auf dem
Milchmarkt eingeführt, um die außer Kontrolle geratene Überproduktion (die „Butter-
berge") in den Griff zu bekommen.

Diese Politik hatte es an sich, dass verschiedene Produktionsrichtungen in unter-
schiedlichem Maße vom Staatseingriff profitierten. Ob damit dem Lobbydruck mächti-
ger Gruppen nachgegeben wurde, sei dahingestellt; bemerkenswert ist jedoch, wie duld-
sam Benachteiligungen einzelner Gruppe ertragen wurden. Die innerlandwirtschaftliche
Einkommensdisparität war erheblich.

Viel mehr Aufsehen erregten die den Außenhandel betreffenden Effekte. Nicht nur
bei Milch, sondern auch bei Zucker, Rindfleisch, Getreide und weiteren Produkten quol-
len bald Überschüsse, die auf dem Binnenmarkt nicht abzusetzen waren. Diese wurden
vom Staat zu hohen Preisen aufgekauft und teilweise kostspielig gelagert. Vernichtungs-
aktionen für Lebensmittel wurden allerdings in den Medien übertrieben und waren nicht
die Regel. Vielmehr wurden die überschüssigen Mengen irgendwann exportiert.

Nun zeigte sich der Geburtsfehler der EWG-Agrarmarktorganisation, auf den Wissenschaftler frühzeitig hingewiesen hatten, ohne dass sie Gehör gefunden hätten (PRIEBE
1962). Bei der Gründung der gemeinsamen Agrarpolitik in der „6er-EWG"[6] war die
Politik der Überzeugung, dass dieser Raum mit hoher Bevölkerungszahl und vergleichsweise geringer Fläche immer auf Netto-Importe von Agrarprodukten angewiesen sein
würde. Man konnte sich die Produktivitätssteigerungen, die später kamen, nicht vorstellen. Man wähnte sich sogar besonders klug mit dem erdachten Außenhandelsschutz:
Jede auf dem Weltmarkt zu niedrigem Preis gehandelte Tonne Getreide wurde beim
Import an der Grenze mit einem satten Zoll belegt, um den Preis auf das Binnenniveau
heraufzuschleusen. Die EWG-Administration hoffte, auf diese Weise eine bequeme und
dauerhafte Einkommensquelle zu besitzen.

---

[6] Unterzeichner der Römischen Verträge waren die Benelux-Staaten, Frankreich, Westdeutschland und Italien.

Wachsen die Selbstversorgungsgrade bei den wichtigen Produkten aber auf über 100 % und wird die Europäische Landwirtschaft zu einem Netto-Exporteur, so kehrt sich der Spieß um: Der Staat muss eine Tonne Getreide zum hohen Preis von den Landwirten kaufen und diesen Preis mit Hilfe eine Exportsubventionen herunterschleusen, damit sie auf dem Weltmarkt verkäuflich ist. Die Lagerhaltungskosten und Exporterstattungen wuchsen sich so monströs aus, dass das System in dieser Form nicht mehr zu halten war. Darüber hinaus wurden handelspolitische Konflikte geschürt. Internationale Organisationen, wie das General Agreement on Trade and Tariffs (GATT) und später die World Trade Organisation (WTO), forderten zunehmend faire, auf die Bevorzugung einheimischer Produzenten verzichtende Handelsbeziehungen ein. Exportsubventionen waren damit nicht vereinbar. Auch eine Kritik, dass solche Exporte in Entwicklungsländer die dortige Landwirtschaft behinderten, war und ist nicht von der Hand zu weisen.

Weniger eindeutig ist die Frage zu beantworten, ob gerade die Hochpreispolitik die Überschussproduktion hervorgerufen habe bzw. ob eine andere Preispolitik die letztere hätte abmildern können. Elementare ökonomische Logik unterstellt in der Tat, dass hohe (aus der Sicht der Produzenten „gute") Preise ein Angebot forcieren sollten. Exakte Kalkulationen und auch die späteren Erfahrungen bei niedrigeren Preisen zeigen hingegen, dass die wichtigsten Produktionszweige der Landwirtschaft mehr oder weniger bei jedem Preisniveau betriebswirtschaftlich am besten abschneiden, wenn Flächenerträge und tierische Leistungen maximiert sind. Solange die Produktion überhaupt lohnend ist, sollte hiernach der Preis pflanzlicher Produkte die Erzeugungsmenge nur in geringem Umfang steuern können. Eher ist dies in der tierischen Erzeugung zu erwarten, wo schlechte Preise dazu veranlassen können, Tiere abzuschaffen.

Die sogenannte McSharry-Reform des Jahres 1992 brachte eine tiefgreifende Wende. Die hohen Preise für die Grandes Cultures und das Rind- und Schaffleisch wurden schrittweise gesenkt. Die bisher in den künstlichen Preisen enthaltene Einkommensstützung erfolgte nun über Flächen- und Tierkopfprämien (Übersicht 14), sogenannte Preisausgleichsmaßnahmen. Die Subventionen blieben damit an die Produktionszweige gekoppelt und in gewisser Weise auch an den Produktionsumfang, denn die Flächenprämien waren in ertragsstarken Regionen höher als in ertragsschwachen. Dennoch erfolgte eine erkennbare Einkommensumlenkung zu den ertragsschwächeren Regionen und wurden die aus der Sicht der WTO ärgsten Verstöße gegen ein faires internationales Handelswesen abgemildert. Für die Wahrnehmung in der Öffentlichkeit ist nicht ohne Belang, ob Agrarsubventionen in der Produktpreisen versteckt sind oder offen als Kontobewegung ausgezahlt werden. Ihr Charakter als Zahlung ohne Gegenleistung (negative Steuer) ist im zweiten Fall deutlicher erkennbar, sodass es manchen landwirtschaftlichen Kreisen lieber gewesen wäre, man wäre beim alten System geblieben. Zwei Aspekte sind weiterhin bemerkenswert:

Erstens wurden Subventionen im Allgemeinen nur den Betrieben gewährt, die sich in Gestalt von Flächenstilllegungen aktiv an einer Begrenzung der Produktionsmengen beteiligten. Auf den stillgelegten Flächen durften Produkte angebaut werden, die die herkömmlichen Agrarmärkte nicht belasten, wie Raps als nachwachsender Rohstoff oder Energieträger.

Übersicht 14   McSharry-Reform von 1992

Getreide, Ölfrüchte und Körnerleguminosen („Grandes Cultures") und Rindfleisch:
Schrittweise Rückführung der Preise auf (seit 2007 stark gestiegenes) Weltmarktniveau.
Ersatz der zuvor in den administrierten Preisen enthaltenen Einkommensstützung durch
„Preisausgleichsmaßnahmen" in Gestalt von Flächenprämien bei den „Grandes Cultures"
und Tierkopfprämien beim Rind- und Schaffleisch. Verpflichtung zur Flächenstilllegung

Zuckerrüben und Milch:
Beibehaltung der Kontingentierung bei zunehmender Aufweichung im Milchbereich infolge
großzügiger Quotenvermehrung

Kartoffeln, Schweine- und Geflügelfleisch sowie Eier:
Kaum Änderungen

Flankierende Maßnahmen:
Agrarumweltprogramme, Altersruhestandsregelung und Aufforstungsanreiz

Zweitens wurden „flankierende Maßnahmen" eingeführt, unter ihnen die für die vorliegende Thematik wichtigen Agrarumweltprogramme. Landwirte konnten Verträge abschließen, in denen sie sich zu besonders umweltfreundlichen Nutzungen verpflichteten und wurden dafür honoriert. Hierauf wird im Kapitel 7.7 näher eingegangen.

Im Jahre 2003 erfolgte eine erneute Reform. Unter dem Druck der WTO einerseits und den finanziellen Zwängen der EU-Osterweiterung wurden auf einer Agrarministerkonferenz in Luxemburg Änderungen vorgezogen, die ursprünglich erst für spätere Jahre vorgesehen waren. In Kraft traten sie am 1. Januar 2005. Die drei entscheidenden Stichworte sind *Entkoppelung, Cross Compliance* und *Modulation*.

Die reinen Subventionen, nunmehr „Erste Säule" genannt, werden von den jeweiligen Produktionszweigen nahezu vollständig abgekoppelt. Stark vereinfacht dargestellt, bekommt jeder Betrieb auf entsprechenden Antrag hin die Summen, die er zuvor in Gestalt von Flächen- und Tierkopfprämien erhalten hatte, als eine „Betriebsprämie" ausgezahlt und kann seine Betriebszweige nunmehr frei wählen. Er braucht z. B. keine Mutterkühe mehr zu halten, um die früheren Tierkopfprämien nun als Betriebsprämie zu genießen. Die Mitgliedsstaaten der EU erhielten recht weitgehende Freiheiten der Ausgestaltung des neuen Systems. Während die Betriebsprämie in Frankreich längerfristig in Kraft bleiben soll, entschied sich Deutschland dafür, sie mittels eines „Kombimodells" bis zum Jahre 2013 allmählich in eine regional leicht differenzierte, aber für Acker- und Grünland gleichermaßen geltende allgemeine Flächenprämie umzuwandeln. Jeder landwirtschaftliche Betrieb erhält dann eine Grundsubvention nach Maßgabe seiner Flächenausstattung. Die Umwandlung der Betriebs- in die allgemeine Flächenprämie bringt erhebliche Umverteilungseffekte innerhalb der Landwirtschaft mit sich. Die Ausgestaltung der Prämienansprüche ist im Detail wesentlich komplizierter als hier dargestellt, was jedoch für die vorliegenden Zwecke von geringem Belang ist (vgl. DVL und NABU 2005).

Tab. 7.1 Marktordnungsausgaben der EU in Deutschland 2010 („Erste Säule").
(Quelle: Statistisches Jahrbuch über ELF 2011, Tabelle 202, S. 183)

		Millionen €
Ausfuhrerstattungen		28,2
darunter	Milch	13,7
	Rindfleisch	10,6
	Eier und Geflügel	3,1
Interventionen und Beihilfen		256,3
darunter	Getreide	49,3
	Milch	90,5
	Zucker	27,1
	Obst und Gemüse	38,4
	Rohtabak	12,3
	Wein	30,7
	Trockenfutter	7,9
Sonstiges		–17,0
Betriebs- und Flächenprämien		5.283,7
Zusammen		5.551,2

Die aus der Schweizerischen Agrarpolitik übernommene Cross Compliance beinhaltet, dass alle Zahlungsansprüche nur vorbehaltlich dessen gelten, dass ein Betrieb Mindestanforderungen unter anderem im Umweltbereich erfüllt, die sich im Wesentlichen an der „Guten fachlichen Praxis" orientieren, teils aber auch abweichend formuliert sind (Einzelheiten im Kapitel 8.3). Während ein Betrieb, der Umweltvorschriften missachtet, zuvor allein ordnungsrechtlich belangt werden konnte, droht ihm nun auch ein teilweiser oder im Extremfall vollständiger Entzug von Subventionen und sonstigen Zahlungen. Erscheint eine solche Regelung vom Prinzip her als nachvollziehbar und gerechtfertigt, so hat doch, wie später näher illustriert, ihre bürokratische und nicht immer gerechte Umsetzung in der Praxis zu viel Verdruss geführt.

Unter Modulation wird die schrittweise Umlenkung von Zahlungen aus der Ersten in die „Zweite Säule" der EU-Politik verstanden. Die Zweite Säule beinhaltet alle Maßnahmen, die der ländlichen Entwicklung dienen, darunter die Agrarumweltprogramme. Mit dieser Umlenkung können Zahlungen ihrer Subventionsfunktion entkleidet und zu Honorierungen für nachprüfbare Leistungen werden. Dies ist nicht nur aus spezieller Naturschutzsicht, sondern auch allgemein-ordnungspolitisch zu begrüßen. Die EU befördert die Modulation unter anderem auch deshalb mit Nachdruck, weil die Akzeptanz für die reinen Subventionen der Ersten Säule in der Öffentlichkeit zu schwinden droht.

Gleichwohl ist das Volumen der Umlenkung noch bescheiden; die Erste Säule umfasst in Deutschland mit etwa 5,5 Milliarden € pro Jahr (Tab. 7.1) mehr als doppelt so hohe Mittel wie die Zweite und zehn Mal so hohe wie alle Agrarumweltprogramme zusammen.

Übersicht 15   Entwicklung der Marktordnung 2007–2013 in Deutschland

Preispolitik: Rückführung fast aller Preisstützungen, allgemeine Orientierung an Weltmarktpreisen.

2007: Entkoppelung aller Subventionen von der Produktion. Umwandlung aller produktionsbedingten Zahlungen (Flächen- und Tierprämien) in eine Betriebsprämie („Erste Säule") der Agrarpolitik. Einführung der Cross Compliance und Modulation

2007–2013: In einem „Gleitflug" schrittweise Umwandlung der Betriebsprämie in eine allgemeine, für alle Kulturen einschließlich Grünland gültige regionale Flächenprämie.

Ab 2013: In der „Ersten Säule" nur noch regionale Flächenprämie, voraussichtlich Weiterentwicklung von Cross Compliance und Modulation.

Der Modulation stehen nicht nur die Interessen derjenigen entgegen, die von der Ersten Säule am meisten profitieren, sondern auch die Finanzpolitiker der Mitgliedsstaaten bzw. in Deutschland der Bundesländer. Während die Mittel der Ersten Säule zu 100 % aus Brüssel fließen, muss die Zweite Säule von den Ländern kofinanziert werden. Die Übersicht 15 fasst die Entwicklung der Marktordnung in Deutschland in der Periode 2007–2013 zusammen.

7.4.2   Strukturpolitik

Die EU hat sich lange Jahre voll auf die Marktordnung konzentrieren müssen, weil die dort erforderlichen Mittel immer weiter anschwollen und für eine gestaltende Strukturpolitik schlicht zu wenig übrig blieb. Dies hat sich erst in jüngerer Zeit mit der Konzeption der Zweiten Säule gewandelt (Näheres im Kapitel 7.7). Die Strukturpolitik wurde also lange in großem Umfang in nationaler Regie betrieben. Für die vorliegende Thematik sind die Infrastrukturmaßnahmen in der Agrarlandschaft von besonderem Interesse. Wie schon im Kapitel 2.5 angesprochen, standen diese Maßnahmen in der Vergangenheit den Anliegen des Naturschutzes meist entgegen, weil sie in Gestalt von Flurbereinigungen, Entwässerungen, Wegebauten und anderem einseitig auf die Bedürfnisse der landwirtschaftlichen Produktion zugeschnitten waren. In Deutschland war und ist die „Gemeinschaftsaufgabe Verbesserung der Agrarstruktur und des Küstenschutzes" nach Artikel 91a GG (GAK) die führende Institution auf diesem Gebiet. Sie wird zu 60 % vom Bund und zu 40 % von den Ländern finanziert und verwaltet darüber hinaus Mittelzuflüsse aus der EU. Die Tab. 7.2 fasst die Tätigkeiten und das Mittelvolumen der GAK für das Jahr 2009 zusammen.

Auch in der Agrarstrukturpolitik, speziell in der Flurbereinigung, haben sich Ansichten gewandelt; Ökologie, Naturschutz und Landschaftsbild werden nunmehr in ihrer Bedeutung vielfach erkannt. Deshalb sind die über hohe Mittel verfügenden Institutionen auf diesem Gebiet zumindest potenziell wichtige Partner für den Naturschutz geworden.

Tab. 7.2 Aufwendungen der Gemeinschaftsaufgabe Verbesserung der Agrarstruktur und des Küstenschutzes (GAK) 2010. (Quelle: Statistisches Jahrbuch über ELF 2011, Tabelle 201, S. 182)

	Millionen €
Verbesserung der ländlichen Strukturen: Entwicklungskonzepte, Regionalmanagement, Flurbereinigung, Nutzungstausch, Infrastruktur, Dorferneuerung, Umnutzung, Kooperationen, Breitbandversorgung	250,4
Einzelbetriebliche Förderung	178,8
Marktstrukturverbesserung	30,1
Ausgleichszulage	109,7
Markt- und standortangepasste Landbewirtschaftung	115,1
Landwirtschaftliche Maßnahmen, zusammen	684,1
Forstwirtschaftliche Maßnahmen	41,0
Wasserwirtschaft	186,4
Küstenschutz	156,7
Sonstiges	17,3
Zusammen	1.085,5

Tab. 7.3 Haushalt des Bundesministeriums für Landwirtschaft, Ernährung und Verbraucherschutz 2010. (Quelle: Statistisches Jahrbuch über ELF 2011, Tabelle 199, S. 181)

	Millionen €
Altershilfe	2.263,2
Krankenversicherung	1.261,9
Sonstige Sozialleistungen	373,3
Zusammen	3.898,4
Verbraucherpolitik, Forschung, Fischerei, nachwachsende Rohstoffe u. a.	553,1
Zusammen	4.451,5

Strittig ist nach wie vor, inwieweit sich die GAK dem Naturschutz widmen darf. Sie führt ihn nicht im Namen, weil er bei ihrer Gründung noch keine Rolle spielte. Wegen der sehr eifersüchtigen Kompetenzabgrenzung im föderalen System der Bundesrepublik sind Gemeinschaftsaufgaben verfassungspolitisch ein „heißes Eisen".

7.4.3   Sozialpolitik

Nur der Vollständigkeit halber ist berichtenswert, dass der Haushalt des Bundesministeriums für Ernährung, Landwirtschaft und Verbraucherschutz (BMELV) zum weit überwiegenden Teil der landwirtschaftlichen Sozialpolitik, insbesondere Zuschüssen zu Alters- und Krankenversicherungen, dient (Tab. 7.3). Natürlich ist auch das BMELV ein wichtiger Mitspieler in Fragen der Landschaftsentwicklung, jedoch sind die dort bestehenden finanziellen Spielräume eng.

7.5 Struktur und wirtschaftliche Lage des Sektors Landwirtschaft im Jahre 2010

7.5.1 Arbeitskraft

Die Tab. 7.4 weist den Arbeitskräftebestand der deutschen Landwirtschaft im Jahre 2007 aus. Werden alle, auch teilweise und nicht ständig beschäftigte Arbeitskräfte addiert, so resultieren daraus etwa 1,25 Millionen Arbeitskräfte; bezogen auf die Zahl der Erwerbstätigen in Deutschland von etwa 40 Millionen ist dies ein Anteil von etwas über 3 %. Ein besseres Maß für die tatsächlich erbrachte Arbeitsleistung ist die Arbeitskräfteeinheit (AK-Einheit), die einer voll beschäftigten erwachsenen Person entspricht. Werden die etwa 530.000 AK-Einheiten auf die landwirtschaftliche Fläche bezogen, so resultiert ein durchschnittlicher Besatz von 3,12 AK pro 100 ha Fläche mit allerdings großen Unterschieden je nach Produktionsrichtung und Betriebsgröße. Garten- und Weinbaubetriebe benötigen einen wesentlich höheren Arbeitskräftebesatz, während flächenstarke Marktfruchtbetriebe ohne Viehhaltung in Ostdeutschland zuweilen mit unter einer AK pro 100 ha LF auskommen.

7.5.2 Betriebsstruktur

Die Tab. 7.5, 7.6 und 7.7 zeigen die betrieblichen Strukturen der deutschen Landwirtschaft im Jahre 2007 am Kriterium der Flächengröße. Ist diese auch nicht das einzige Strukturmerkmal eines landwirtschaftlichen Betriebes, so ist es doch ein wichtiges.

Es gibt sowohl in West- als auch in Ostdeutschland kleine und große Betriebe. Die Tab. 7.5 weist aus, dass in Deutschland über die Hälfte der landwirtschaftlich genutzten Fläche (8,845 von 16,954 Millionen ha) von Betrieben über 100 ha Flächenausstattung genutzt wird. Dabei beträgt in den alten Ländern die durchschnittliche Flächenausstattung der Betriebe über 100 ha 3.659.500/22.791 = 161 ha, während sie in den neuen Ländern 5.176.900/9.033 = 573 ha beträgt. In den neuen Ländern bewirtschaften etwa 1.500 Betriebe jeweils mehr als 1.000 ha, Betriebe mit 5.000 ha sind keine Seltenheit. In den alten Ländern wird etwa ein Drittel der Fläche von Betrieben mit mehr als 100 ha, in den neuen Ländern über 90 % der Fläche von solchen Betrieben bewirtschaftet. Rechnet man die Betriebe zwischen 50 und 100 ha ebenfalls zu den zumindest „etwas" größeren, so wird deutlich, dass relativ bis sehr flächenstarke Betriebe inzwischen ein erhebliches Gewicht besitzen – in Ostdeutschland als Erbschaft der sozialistischen Wirtschaft und in Westdeutschland als Ergebnis eines Jahrzehnte langen Strukturwandels.

Die Situation der kleinen bis „sehr kleinen" Betriebe kann nicht beurteilt werden, ohne gleichzeitig einen Blick auf ihren Erwerbscharakter und ihre Produktionsrichtung zu richten. Nach ihrer Rechtsform werden Einzelunternehmen, Personengesellschaften und Juristische Personen unterschieden.

Tab. 7.4 Arbeitskräfte in der Landwirtschaft 2007. (Quelle: Statistisches Jahrbuch über ELF 2010, Tabelle 87, S. 83 (b), Tabelle 54, S. 55)

	1.000
Familienarbeitskräfte	728,6
– voll beschäftigt	186,9
– teilweise beschäftigt	541,7
Nicht-Familienarbeitskräfte	186,6
– voll beschäftigt	118,5
– teilweise beschäftigt	68,1
Nicht ständig beschäftigte Arbeitskräfte	336,3
Zusammen	1.251,4
AK-Einheiten [a]	529,7
Landwirtschaftlich genutzte Fläche (ha)	16.954
AK/100 ha	3,12

[a] Definition im Text. Die Agrarstrukturerhebung erfolgt nur alle fünf Jahre, deshalb Daten von 2007.

Tab. 7.5 Landwirtschaftliche Betriebe nach Größenklassen der Fläche 2007.
(Quelle: Statistisches Jahrbuch über ELF 2010, Tabelle 31, S. 34/35)

ha	Alte Länder		Neue Länder		Deutschland	
	Betriebe	Fläche 1.000 ha	Betriebe	Fläche 1.000 ha	Betriebe	Fläche 1.000 ha
<2	23.078	18,9	1.873	1,1	25.476	20,4
2–5	54.340	183,4	5.871	19,3	60.405	203,4
5–10	49.033	356,0	3.541	25,5	52.685	382,3
10–20	63.983	957,5	3.725	53,7	67.848	1.013,2
20–30	32.514	808,2	1.732	42,4	34.314	852,2
30–50	46.471	1.817,5	1.955	76,2	48.508	1.896,9
50–100	50.949	3.563,8	2.350	169,7	53.399	3.740,6
≥100	22.791	3.659,5	9.033	5.176,9	31.879	8.845,3
darunter						
100–200			2.636	382,9		
200–500			2.988	1.019,2		
500–1.000			1.902	1.192,2		
≥1.000			1.507	2.582,6		
Zusammen	343.159	11.364,8	30.080	5.564,8	374.514	16.954,3

Tab. 7.6 Einzelunternehmen und ihre Flächen nach Größenklassen und Erwerbscharakter 2007. (Quelle: Statistisches Jahrbuch über ELF 2010, Tabelle 37, S. 41)

ha	Betriebe 1.000	davon HE 1.000	davon NE 1.000	1.000 ha zusam.	1.000 ha HE	1.000 ha NE	Betriebe % NE	Fläche % NE
<2	22,9	6,9	15,9	18,7	5,0	13,7	69,4	73,3
2–5	58,8	6,3	52,5	198,0	21,5	176,5	89,3	89,1
5–10	51,3	8,4	42,9	372,1	62,8	309,3	83,6	83,1
10–20	66,2	20,9	45,2	988,4	327,3	661,1	68,3	66,9
20–30	33,2	18,1	15,2	824,9	454,0	371,0	45,8	45,0
30–50	46,4	33,5	12,9	1.812,9	1.320,4	492,5	27,8	27,2
50–100	48,7	42,1	6,6	3.398,5	2.988,0	440,5	13,6	13,0
≥100	22,7	21,3	1,4	3.977,8	3.758,5	219,4	6,2	5,5
Zusam.	350,1	157,5	192,6	11.572,7	8.902,4	2.684,0	55,0	23,2

HE: Haupterwerb, NE: Nebenerwerb. Zur Definition vgl. Fußnote 7.

Einzelunternehmen sind die traditionellen Familienbetriebe („Bauernhöfe"), Personengesellschaften werden von mehreren Unternehmern gemeinsam bewirtschaftet, sind meist recht flächenstark und besitzen in den neuen Bundesländern eine gewisse Bedeutung. Juristische Personen (GmbH, Agrargenossenschaften usw.) sind überwiegend große LPG-Nachfolgebetriebe in den neuen Ländern.

Die Tab. 7.6 enthält nur Einzelunternehmen, die in Deutschland knapp 70 % der Fläche bewirtschaften, und gliedert sie nach Größenklassen und Erwerbscharakter. Ein Haupterwerbsbetrieb erzielt den überwiegenden Teil seiner Einkünfte aus der landwirtschaftlichen Tätigkeit, während der Inhaber eines Nebenerwerbsbetriebes einer außerlandwirtschaftlichen Tätigkeit nachgeht, die ihm den größten Teil seines Einkommens gewährt.[7]

Unter den Betrieben von 2 bis 10 ha sind 80 bis 90 % Nebenerwerbsbetriebe. Auch bis zur Größe von 30 ha spielen sie eine erhebliche Rolle. Werden in der Tabelle die Größenklassen bis zu 30 ha addiert, so zeigt sich, dass hier 74 %, also fast drei Viertel, aus Nebenerwerbsbetrieben bestehen. Dieser Anteil wird, bezogen auf Ackerbau- und Grünlandbetriebe, noch größer, wenn von Sonderkulturbetrieben abgesehen wird, hierzu unten ausführlicher.

Bestimmte Formen der Nebenerwerbsbetriebe sind für Fragen der Kulturlandschaftsentwicklung und des Naturschutzes von erheblicher Bedeutung. Hiervon sind entwicklungsunfähige, unter anderem noch Milchkühe haltende Betriebe, in denen mit hoher

---

[7] Haupterwerbsbetriebe sind Einzelunternehmen und Personengesellschaften mit 16 oder mehr EGE und mindestens einer AK. Nebenerwerbsbetriebe sind Betriebe von 8 bis unter 16 EGE oder unter einer AK. Eine EGE (Europäische Größeneinheit) entspricht einem Gesamt-Standarddeckungsbeitrag von 1.200 (Agrarpolitischer Bericht 2011, S. 97).

Arbeitsbelastung sehr geringe Einkommen erwirtschaftet werden, eher auszuschließen.[8] Der ideale Nebenerwerbsbetrieb verlegt sich auf Betriebszweige mit hoher Arbeitsproduktivität. Er möchte einen möglichst guten „Stundenlohn" erwirtschaften und auch Freizügigkeit, wie die Möglichkeit von Urlaub, genießen. Er ist nicht genötigt, ein möglichst hohes Einkommen in absoluten Werten aus der Landwirtschaft zu erzielen. Daher bieten sich für ihn bestimmte landschaftsökologisch erwünschte Extensivbetriebszweige an. Ein Beispiel ist im Kapitel 5.2.3 mit der Heuwerbung vorgestellt worden. Insgesamt ist der Nebenerwerbsbetrieb als ein interessanter Partner des Naturschutzes anzusehen und zu bewerben. Nebenerwerbsbetriebe sind sehr zahlreich (55 % aller Betriebe nach Tab. 7.6) und bewirtschaften mit 2.684 Millionen ha knapp 16 % der landwirtschaftlich genutzten Fläche.

Weiteren Aufschluss bietet die Tab. 7.7, in der insbesondere Betriebe mit kleiner Fläche nach ihrer Produktionsrichtung gruppiert werden. Eingangs ist festgestellt worden, dass die Fläche nur ein Produktionsfaktor unter mehreren ist und die Größe eines Betriebes nur teilweise bestimmen kann. Betriebe mit der Produktionsrichtung Gartenbau (einschließlich Zierpflanzen und Baumschulen), Weinbau und Obstbau können auch bei geringem Flächenumfang nicht als „klein" bezeichnet werden. Ähnliches gilt für Pferde haltende Betriebe („Reiterhöfe"), die bei gut zahlender Kundschaft auch mit kleineren Flächen existieren können. Die Tab. 7.7 stellt die Ackerbau-, Futterbau-, Veredlungs- und Gemischtbetriebe diesen Sonderkulturbetrieben gegenüber und weist aus, dass in der Größenklasse unter 5 ha zwei Drittel aller Betriebe Gartenbau-, Weinbau-, Obstbau- und Pferdehaltungsbetriebe sind. In den Größenklassen darüber schrumpft dieser Anteil, ist aber immer noch beachtlich.

Unter den in der Statistik als klein bis sehr klein ausgewiesenen Betrieben befindet sich also ein erheblicher Anteil, der keineswegs als „zu" klein anzusprechen ist, weil er auf kleiner Fläche mit hohem Kapitaleinsatz sehr intensiv und durchaus im Haupterwerb erfolgreich wirtschaften kann. Dies erklärt auch den zunächst auffallenden Effekt in der Tab. 7.6, dass der Anteil der Nebenerwerbsbetriebe in der Klasse unter 2 ha niedrig ist und erst darüber ansteigt.

---

[8] Besonders in Bayern, wo der Strukturwandel gebietsweise stark gebremst verlief, gibt es Stimmen, die dieser Beurteilung widersprechen werden. Hier finden sich zahlreiche Nebenerwerbsbetriebe mit wenigen Milchkühen, deren Leiter oft gleichzeitig im Erholungsgewerbe tätig sind. Ihre Zählebigkeit ist in der Tat bemerkenswert; erfahrungsgemäß ertragen sie Perioden schlechter Milchpreise besser als professionelle Großbetriebe, die auf tägliche Liquidität angewiesen sind. Ihre Voraussetzungen sind abgeschriebene Gebäude und Maschinen, sodass Fixkosten unberücksichtigt bleiben, sowie die Bereitschaft, für einen sehr geringen „Stundenlohn" zu arbeiten. Ob diese Bereitschaft bei jüngeren und künftigen Betriebleitern anhält, muss abgewartet werden. Allein der Umstand, von abgeschriebener Substanz zu leben, bedeutet jedoch, dass dieses Betriebsmodell nicht dauerhaft sein kann. Schon im Jahre 1971 stellte WEINSCHENCK fest, dass ein schlechtes wirtschaftliches Umfeld weniger die ganz kleinen Betriebe trifft als vielmehr die entwicklungsfähigen, aber auf Liquidität angewiesenen.

Tab. 7.7 Landwirtschaftliche Betriebe nach Produktionsrichtung und Flächengröße 2007, 1.000 Betriebe. (Quelle: Statistisches Jahrbuch über ELF 2010, Tabelle 38, S. 42)

ha	<5 ha	5–10	10–20	20–30	30–50	50–100	≥100 ha	Zu-sammen
Gartenbau a)	9,5	1,1	0,7	0,3	0,3	0,2	0,1	12,2
Weinbau	14,1	2,7	1,9	0,5	0,4	0,2	0,1	19,9
Obstbau	4,9	1,0	1,0	0,4	0,3	0,1	0,1	7,8
Pferdehaltung b)	26,4	13,6	7,9	2,3	1,8	1,4	0,9	54,3
Intensivbetriebe zusammen	54,9	18,4	11,5	3,5	2,8	1,9	1,2	94,2
Milcherzeugung, Rinderhaltung	7,8	10,8	23,7	14,7	22,4	23,3	8,9	111,6
Veredlung	2,3	1,0	1,8	1,5	2,7	2,8	0,6	12,7
Gemischbetriebe	9,1	9,1	12,6	6,7	10,8	14,2	8,8	71,3
Tierbetonte Be-triebe zusammen	19,2	20,9	38,1	22,9	35,9	40,3	18,3	195,6
Ackerbau	10,3	13,0	17,8	7,9	9,8	11,0	12,4	82,2
Alle Betriebe	84,4	52,3	67,4	34,3	48,5	53,2	31,9	372,0

a) einschließlich Zierpflanzen und Baumschulkulturen, b) einschließlich Schafe u. a.

Wird in der Statistik nach Betrieben ausgeschaut, die besondere Einkommensprobleme stellen und aus diesen Gründen möglicherweise auch für den Naturschutz zu Sorge Anlass geben können, so müssen weniger die sehr kleinen als die in traditionellen Maßstäben kleinen bis mittelgroßen Betriebe genannt werden, soweit sie Haupterwerbsbetriebe sind. In Tab. 7.7 stechen Milch-, Rindermast und Rinderaufzuchtbetriebe hervor, die in den Größenklassen ab 10 ha erhebliche Anteile einnehmen. Handelt es sich hier um Nebenerwerbsbetriebe (was die Tabelle nicht unterscheiden lässt), so greift die oben geäußerte Kritik einer unverhältnismäßigen Arbeitsbelastung; handelt es sich aber um Haupterwerbsbetriebe, so besteht bei der geringen Flächenausstattung von oft unter 50 ha ein Einkommensproblem. Im Jahre 2007 gab es in Deutschland noch fast 55.000 Milchvieh haltende Betriebe mit unter 30 Milchkühen, fast 15.000 Betriebe mit unter 10 (Statistisches Jahrbuch über ELF 2010, Tabelle 145, S. 130).

Diese Betriebe, einschließlich der aus den Produktionsrichtungen Veredlung und Gemischtbetriebe, stehen unter dem Druck, möglichst viel Vieh auf begrenzter Fläche zu halten, was zu Nährstoffüberschüssen führen muss. Im Jahre 2007 wurden auf knapp 470.000 ha mehr als 2,5 Großvieheinheiten (GV) je 100 ha landwirtschaftlicher Fläche gehalten, was landschaftsökologisch bedenklich ist (Statistisches Jahrbuch über ELF 2010, Tab. 141, S 127). Nach Tab. 7.7 sind in den Größenklassen von 5 bis 50 ha etwa

100.000 bis 120.000 Betriebe mit einer Fläche von 2,5 bis 3 Millionen ha zu schätzen, die in diese Gruppe fallen. Sie finden sich vorzugsweise in Regionen mit weniger dynamischem Strukturwandel in der Vergangenheit, besonders im Süden und Südwesten Deutschlands. Sie stellen sowohl unter ökologischen als auch einkommenspolitischen Aspekten eher die „Sorgenkinder" dar als die ganz kleinen Betriebe.

7.5.3   Einkommen und Förderung des Sektors Landwirtschaft

Die sektorale Wirtschaftsleistung der Landwirtschaft kann in verschiedener Weise ausgedrückt werden. Die Tab. 7.8 summiert ihre Verkaufserlöse. Dies ergibt ein gutes Bild über die Verflechtung mit nachgelagerten Wirtschaftssektoren, die die verkauften Produkte empfangen, jedoch nur ein näherungsweises Bild von der vollen Leistung, da landwirtschaftliche Produkte in erheblichem Umfang nicht verkauft, sondern selbst verwendet werden, wie etwa Viehfutter.

Man erkennt in der Tabelle, dass der Wert der tierischen Erzeugnisse mit knapp 59 % den der pflanzlichen mit gut 41 % deutlich übersteigt. Dieser Effekt ist jedoch noch viel stärker, wenn bei den pflanzlichen Produkten hochwertige Erzeugnisse aus Garten- und Weinbau und sonstige Sonderkulturen (Zeile 3) ausgesondert werden und der Wert der tierischen Erzeugnisse allein dem der großflächigen Feldkulturen gegenübergestellt wird. Dann macht er zwei Drittel der Erlöse aus. Dieser Wert war in der alten Bundesrepublik jahrzehntelang noch höher und ist erst durch den großflächigen viehschwachen Ackerbau in den neuen Ländern und die in jüngerer Zeit gestiegenen Preise für pflanzliche Erzeugnisse etwas reduziert worden.

Futterbau und tierische Veredlung besitzen also ein sehr großes Gewicht. Vereinfacht, aber im Kern treffend kann gesagt werden, dass Rentabilität und Arbeitsbelastung bei Feldkulturen günstiger zu beurteilen sind als bei der Viehhaltung, speziell der Milchkuh- und Schweinehaltung. Nicht umsonst halten flächenstarke Betriebe weniger Vieh pro Fläche, nicht selten gar keines. Das können sie sich leisten, nicht jedoch kleine Familienbetriebe im Haupterwerb, die zur Erlangung eines Mindesteinkommens auf die innerbetriebliche „Aufstockung" durch Viehhaltung angewiesen sind. Man darf folgern, dass zahlreiche Betriebe Vieh an der Grenze der ökologischen Verträglichkeit und darüber hinaus halten, weil sie es müssen.

Die Verflechtung der Landwirtschaft mit den vorgelagerten Wirtschaftssektoren wird durch das Volumen der zugekauften Vorleistungen in Tab. 7.9 deutlich. Ein sehr erheblicher Anteil der Verkaufserlöse wird also wieder für Vorleistungen ausgegeben.

Oft wird die Frage nach dem Verhältnis zwischen den Markterlösen der Landwirtschaft und der staatlichen Förderung gestellt. Es existieren sogar internationale Statistiken und Rangordnungen darüber, wie groß der Anteil der landwirtschaftlichen Einkommen aus staatlichen Transfers ist, wobei die EU meist einen vorderen Mittelplatz einnimmt. Bei solchen Aussagen ist sehr genau darauf zu achten, *wie* gerechnet wird.

Tab. 7.8 Verkaufserlöse der deutschen Landwirtschaft 2010. (Quelle: Statistisches Jahrbuch über ELF 2011, Tabelle 181, S. 161)

		Millionen €
1	Pflanzliche Erzeugnisse	15.139
2	– darunter Feldkulturen:	
	Getreide, Kartoffeln, Zuckerrüben, Ölsaaten, Eiweißpflanzen, Gemüse	10.814
3	– darunter Kulturen:	
	Obst, Wein, Hopfen, Tabak, Champignons, Blumen und Zierpflanzen, Baumschulerzeugnisse, Sonstiges	4.325
4	Tierische Erzeugnisse	21.555
5	– darunter Milch	9.013
6	– darunter Schweine	6.576
7	Zusammen	36.694
8	– Anteile pflanzlicher zu tierischen Erzeugnissen	41,3 %/58,7 %
9	Zusammen nur Feldkulturen	32.369
10	– Anteile Feldkulturen zu tierischen Erzeugnissen	33,4 %/66,6 %

Tab. 7.9 Zugekaufte Vorleistungen der deutschen Landwirtschaft 2010. (Quelle: Statistisches Jahrbuch über ELF 2011, Tabelle 185, S. 164)

	Millionen €
Saat- und Pflanzgut	938
Energie und Schmierstoffe	3.596
Dünge- und Bodenverbesserungsmittel	2.107
Pflanzenschutzmittel	1.502
Tierarztleistungen und Medikamente	831
Zugekaufte Futtermittel	6.478
Instandhaltung von Maschinen	1.949
Instandhaltung von Gebäuden	663
andere Güter und Dienstleistungen	4.353
Zusammen	*22.417*

Ohne innerbetrieblich erzeugte und von Landwirtschaftsbetrieben zugekaufte Futtermittel und landwirtschaftliche Dienstleistungen.

Die Tab. 7.10 nimmt zunächst die Verkaufserlöse und Zukäufe aus den Tab. 7.8 und 7.9 auf und weist in der Zeile 3 deren Differenz aus. Als Zuwendungen werden allein die Prämien der Ersten Säule (Tab. 7.1), die Zahlungen der Zweiten Säule aus der ELER-Verordnung sowie die sozialpolitischen Hilfen (Tab.7.3) erfasst. Diese Zuwendungen betragen etwa 34 % der Verkaufserlöse und etwa 86 % der Differenz zwischen Verkaufs-erlösen und Zukäufen, also des am Markt erzielten Nettoeinkommens.

Tab. 7.10 Verkaufserlöse der Landwirtschaft und Zuwendungen 2010

		Millionen €
1	Verkaufserlöse [a]	36.694
2	Zukäufe [b]	22.417
3	Differenz	14.277
4	Prämien der Ersten Säule [c]	5.551
5	ELER Gesamtaufwendungen (gerundet) [d]	2.340
6	Sozialpolitik (gerundet) [e]	4.450
7	Zuwendungen zusammen (gerundet)	12.341
8	Zuwendungen: Verkaufserlöse	34:100
9	Zuwendungen: Diffferenz	86:100

[a] gemäß Tab. 7.8, [b] gemäß Tab. 7.9, [c] gemäß Tab. 7.1, [d] DVS 2008, S. 13, ein Siebtel des Anschlages für die Periode 2007–2013, [e] gemäß Tab. 7.3.

Tab. 7.11 Wertschöpfung der Landwirtschaft und Zuwendungen 2010.
(Quelle: Statistisches Jahrbuch über ELF 2011, Tabelle 184, S. 164)

		Millionen €
1	Produktionswert zu Herstellungspreisen	46.070
2	Vorleistungen	32.120
3	Bruttowertschöpfung	13.949
4	Abschreibungen	8.082
5	Nettowertschöpfung zu Herstellungspreisen	5.867
6	Saldo Abgaben/Subventionen	6.468
7	Nettowertschöpfung zu Faktorkosten	12.335
8	Saldo Abgaben/Subventionen : Produktionswert	14:100
9	Nettowertschöpfung zu Herstellungspreisen : Saldo Abgaben/Subventionen	90:100

Die Tab. 7.11 folgt einem anderen, im volkswirtschaftlichen Rechnungswesen geläufigeren Prinzip: Hier wird zunächst die Bruttowertschöpfung der Landwirtschaft als Differenz zwischen ihrem Produktionswert und ihren Vorleistungen (beide einschließlich der nicht vermarkteten Produkte) gebildet. Die Nettowertschöpfung zu Marktpreisen ergibt sich nach Abzug der Abschreibungen, also der Wertverluste des dauerhaften Produktivvermögens, vor allem Gebäude, Maschinen und Vieh. In der Statistik werden dieser Nettowertschöpfung zu Marktpreisen Abgaben und Subventionen gegenübergestellt, die in der Tab. 7.11 zu einem Saldo zusammengefasst sind. Es handelt sich dabei *nicht* um die in der Tab. 7.10 erfassten Zuwendungen, sondern im Wesentlichen nur um die Prämien aus der Ersten Säule. Addiert zur Nettowertschöpfung zu Marktpreisen ergibt sich die Nettowertschöpfung zu Faktorkosten.

Obwohl die zuletzt dargestellte Rechnung im volkswirtschaftlichen Rechnungswesen etabliert ist, muss ihre Aussagekraft bezüglich der landwirtschaftlichen Einkommen geringer als die Rechnung in der Tab. 7.10 angesehen werden, welche auf Markttransaktionen abzielt. Ein weiterer Kritikpunkt ist die wenn auch der Subventionssystematik des Rechnungswesens entsprechende, jedoch sachlich sehr unvollständige Erfassung der staatlichen Transferleistungen in der Zeile 6. Diese Zahl wird gelegentlich dem Produktionswert der Landwirtschaft gegenübergestellt (Zeile 8 in Tab. 7.11, wie auch in Tabelle 194, S. 177 des Statistischen Jahrbuches über ELF 2011), woraus sich ein sehr geringer Anteil der Transferleistungen, in der genannten Tabelle von 14 %, ergibt. Dies als den Grad der Subventionierung der Landwirtschaft aufzufassen, führt grob in die Irre. Aussagekräftiger ist dann schon die Gegenüberstellung der Nettowertschöpfung zu Faktorkosten mit dem in der Tab. 7.11 definierten Saldo aus Abgaben und Subventionen. Beide Ziffern liegen in derselben Größenordnung.

Bei aller Vorsicht erscheint die Aussage, dass die am Markt erzielten Einkünfte (Verkaufserlöse minus Zukäufe in Tab. 7.10) etwa, besser gesagt höchstens so groß sind wie die wichtigsten staatlichen Zuwendungen (die Zeile 7 in Tab. 7.10 enthält auch nicht alle), die Wahrheit am ehesten zu treffen. So gesehen, ist es vertretbar festzustellen, dass die deutsche Landwirtschaft etwa 50 % am Markt und 50 % durch den Staat verdiene.

Die Verteilung des Gesamteinkommens auf Betriebe und Personen ist außerordentlich heterogen, sodass es in den vergangenen Jahrzehnten immer weniger Sinn machte, von einer „guten“ oder einer „schlechten“ Einkommenslage des gesamten Sektors zu sprechen. Regelmäßige Presseberichte über die Gewinnentwicklung sind vollends irreführend, solange sie nicht erklären, was hier „Gewinn“ ist. Im bäuerlichen Betrieb enthält er auch das Arbeitseinkommen der Familie, im ostdeutschen Großbetrieb im Wesentlichen nur die Verzinsung des Eigenkapitals. Das Landwirtschaftsgesetz von 1955 verlangt den regelmäßigen Vergleich landwirtschaftlicher mit nichtlandwirtschaftlichen Einkommen einschließlich der Bezifferung des „Abstandes“ zwischen ihnen und deren Dokumentation für die Öffentlichkeit. Nachdem die wissenschaftliche Agrarökonomie jahrzehntelang die Fragwürdigkeit der Berechnungsweisen aufgezeigt hat, wird diese Vergleichsrechnung in den heutigen, nur noch alle vier Jahre erscheinenden Agrarberichten offenbar nur noch als eine Pflichtübung ohne viel Engagement durchgeführt (vgl. Agrarpolitischer Bericht 2011, S. 31 f.).

Die hier präsentierten Zahlen zur Marktordnung, Struktur- und Sozialpolitik erschöpfen noch keineswegs das Gesamtvolumen der gesellschaftlichen Leistungen an die Landwirtschaft. Ein Heer nichtlandwirtschaftlicher Kräfte arbeitet, bezahlt von der Allgemeinheit, für landwirtschaftliche Belange,[9] die natürlich indirekt zur Allgemeinheit zurückfließen. Eine gründliche (und mühsame) Erhebung würde weitere direkte und indirekte Transfers unter anderem auf folgenden Gebieten erkennen lassen:

---

[9] Ihre Zahl könnte die der aktiven Landwirte im Haupterwerb übersteigen, man spricht auch von „mehr Häuptlingen als Indianern“.

- Steuerverzichte des Staates – die Landwirtschaft ist auf vielen Gebieten gegenüber der gewerblichen Wirtschaft privilegiert,
- Investitionsförderungen auch außerhalb von Programmen der EU oder der GAK. Es gibt in Mecklenburg-Vorpommern kein größeres Vorhaben beliebiger Art, das nicht durch die angeblich klamme Landesregierung gefördert würde.
- Kostenlose Dienstleistungen der Verwaltung – Landwirtschaftsämter unterstützen Betriebe bei Antragstellungen und weiteren Aktivitäten, für die gewerbliche Unternehmungen kostenpflichtige Dienste in Anspruch nehmen müssen.
- Bereitstellung technischer Infrastruktur – zahlreiche Fachleute arbeiten staatlich finanziert in landwirtschaftsnahen Kontroll-, Prüfungs- und Planungsinstitutionen. Die in der Tab. 7.2 bezifferten Ausgaben für agrarstrukturelle Maßnahmen erfassen nur die Kosten deren technischer Durchführung, nicht aber die der bloßen Unterhaltung etwa der Flurbereinigungsämter, insbesondere die Entlohnung der dort Beschäftigten. Dasselbe betrifft die Beschäftigten in Veterinär-, Pflanzenschutz-, Milch- und Tierleistungskontrollämtern und viele andere.
- Forschung – während die Industrie einen großen Teil der angewandten und auch Grundlagenforschung für ihre Belange in eigener Regie und auf eigene Kosten tätigt, sind diese Bereiche für die Landwirtschaft weitgehend in Öffentlicher Hand. Es bestehen fließende Übergänge zum voranstehenden Punkt, wenn an Ressortforschungsanstalten zu Fleisch, Milch, Tierseuchen und Weiteres gedacht wird. Die Saatgutversorgung einschließlich Forschung (auch zur „grünen" Gentechnik) ist eine der wenigen privatwirtschaftlich betriebenen Bereiche dieser Art.

Die Landwirtschaft ist also mit der übrigen Wirtschaft nur teilweise über Marktmechanismen verbunden; umfangreiche Transaktionen beruhen vielmehr auf explizitem politischem Willen. Dass trotzdem nicht wenige Betriebe echten Grund zu Klagen haben – die sich nicht allein auf zu niedriges Einkommen, sondern auch auf dessen Unsicherheit, auf überbordende Bürokratie, zu geringes Ansehen in der Gesellschaft und anderes beziehen – ist auf der einen Seite bedrückend. Auf der anderen Seite kann ein Wirtschaftsbereich, der in diesem Umfang staatlich gefördert wird, nicht von sich weisen, dass mit der Förderung Erwartungen und Ansprüche der Gesellschaft verbunden sind, die es mit den eigenen Interessen abzustimmen gilt. Nur ein beständiger Dialog kann hier die erforderlichen Brücken schlagen.

7.6   Wie geht es nach 2013 weiter?

7.6.1   Plötzlich gute Preise – eine völlig neue Situation?

Während der ersten Dekade des 21. Jahrhunderts haben sich einige Gegebenheiten verändert, die für die Jahrzehnte zuvor charakteristisch waren. Am auffälligsten sind die drastischen und unerwarteten Preissprünge insbesondere für Getreide und Ölsaaten seit

2007. Kein Landwirt hatte zuvor erlebt, dass der Roggenpreis in wenigen Jahren auf das Dreifache stieg.[10] Ist das das Ende der jahrzehntelangen Agrarpreismisere? Zunächst sollte der Blick darauf gerichtet werden, dass es auch andere, weniger spektakuläre, aber für die Dynamik der Agrarmärkte möglicherweise folgenreiche Veränderungen gibt.

- Breite Schichten der deutschen Bevölkerung genießen kein Einkommenswachstum mehr, im Gegenteil sinken ihre Realeinkommen, obwohl es nach wie vor Wirtschaftswachstum gibt. Somit büßt die früher so lautstark erhobene Klage der Landwirtschaft, nicht genügend am Einkommenswachstum teilzunehmen, an Aktualität ein.

- Das physische Produktivitätswachstum in der Landwirtschaft in Deutschland erscheint schwächer oder legt zumindest eine „Pause" ein. Wie die Abb. 7.1 zeigt, sind seit dem Jahre 2000 die Flächenerträge und seit 2005 die Milchleistungen im Durchschnitt nicht mehr gestiegen, wie es für frühere Jahrzehnte immer selbstverständlich gewesen war. Angesichts der Vielfalt der möglichen systematischen oder auch zufälligen Ursachen für diese Trendänderung (z. B. der Jahreswitterung) ist zwar eine Zeitreihe von wenigen Jahren noch nicht voll aussagekräftig, bemerkenswert ist die Beobachtung aber durchaus.

- Neben dem chronischen Preisdruck lag ein Grund für die frühere Einkommensmisere der westdeutschen Landwirtschaft in der vielfach rückständigen Betriebsstruktur. Viele Betriebe im Haupterwerb waren so klein, dass sie selbst bei besseren Produktpreisen keine Familie gut hätten ernähren können. Auch heute noch gibt es solche Betriebe, jedoch zeigen die Zahlen im Kapitel 7.5, dass der Strukturwandel auch in Westdeutschland Dinge verändert hat. Wie unter anderem die zunehmende Verteuerung von Flächen belegt, ist rein betriebswirtschaftlich das Prinzip „wachse oder weiche" nach wie vor gültig, jedoch spielt sich dies auf einem höheren Niveau ab. Dazu kommt die soziologische Perspektive: Wäre überhaupt zu wünschen, dass der Anteil der Menschen, die in der Landwirtschaft tätig sind, noch geringer wird, sich eventuell noch mehr von der übrigen Gesellschaft abkapselt, sodass sich der übergroße Teil der Gesellschaft einschließlich ihrer Kinder und jungen Menschen innerlich noch mehr von Landarbeit und Nahrungsproduktion entfernt?

Somit wird deutlich, dass drei wichtige Erklärungsmuster für die Schwierigkeiten des Agrarsektors und Anlässe für das Eingreifen des Staates an Bedeutung verloren haben. Die außerlandwirtschaftlichen Einkommen laufen den Bauern nicht mehr davon, der Produktivitätsfortschritt verdirbt nicht mehr alle Preise, und es kann nicht mehr so leicht behauptet werden, dass es generell zu viele Bauern gebe. Nicht nur lebt aber die Erinnerung an diese Verhältnisse in den (zumindest westdeutschen) Köpfen fort, auch das gesamte Gerüst der hierfür geschaffenen staatlichen Institutionen und Einflussnahmen auf die Landwirtschaft existiert bis heute unverändert und wird von seinen Nutznießern massiv verteidigt.

---

[10] Vgl. Tab. 5.11, Kapitel 5.2.5.4.

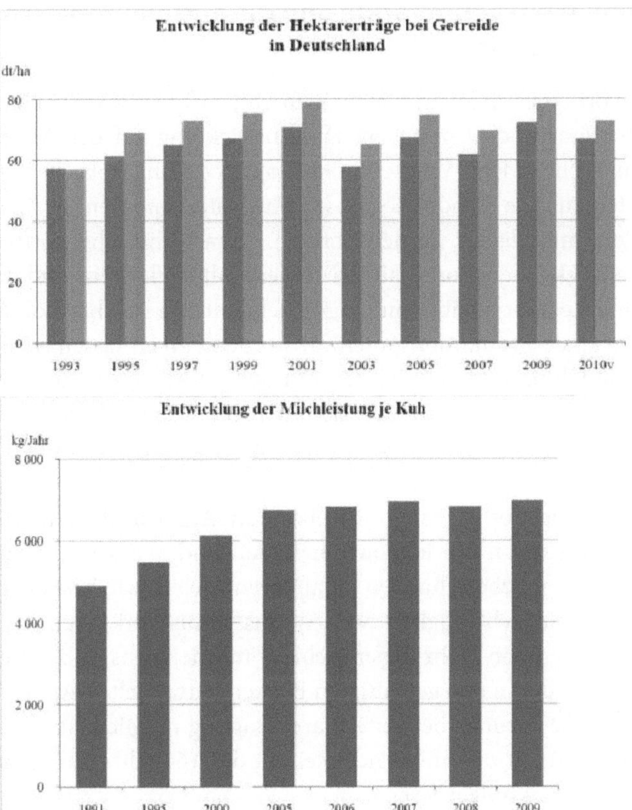

Oben links: Getreide allgemein, oben rechts: Weizen.

Abb. 7.1 Entwicklung der Hektarerträge bei Getreide und der Milchleistung je Kuh.
(Quelle: Statistisches Jahrbuch ELF 2010, Seite XLIV und XLV. Mit freundlicher Genehmigung
des Wirtschaftsverlags NW Bremerhaven)

Nun kommen noch die hohen Preise hinzu. Hier sind plötzliche erratische Ausschläge
von einem langfristigen Trend zu unterscheiden. Die plötzlichen Ausschläge folgen aus
dem Zusammenwirken mehrerer kurzfristiger Umstände, wie schlechter Ernten in Teilen der Welt, sich leerender Läger und nicht zuletzt einer lebhaften Rohstoffspekulation.
Ein *Trend* nach oben ist dagegen Ausdruck gestiegener Kaufkraft, und zwar in einem
Einkommensbereich, in dem die Einkommenselastizität der Nachfrage nach Agrarprodukten hoch ist. Genau so ist es bei den Bürgern der neu entstehenden Mittelklasse in
Asien, insbesondere China. Ärmere Menschen als diese spüren zwar Mangel und Hunger, haben aber kein Geld, um Nachfrage zu entfalten, reichere haben Geld, aber nicht
mehr Hunger, um mehr Nahrungsmittel zu kaufen. Ist diese Einschätzung der Situation
richtig, so ist sie eine weitere glänzende Bestätigung der neoklassischen ökonomischen
Agrartheorie, nur unter veränderten Bedingungen.

7.6.2 Künftige Welt-Agrarmärkte und die mitteleuropäische Kulturlandschaft

Treten nicht unvorhergesehene Entwicklungen ein, so wird es weltweit eine Nachfrage-steigerung nach Agrarprodukten geben. Die Entwicklung auf der Angebotsseite ist je-doch bei Weitem nicht so klar. Wie schon im Kapitel 4.6 angesprochen, existieren einer-seits bisher untergenutzte Produktionsreserven, unter anderen in Osteuropa, die in nachhaltiger Weise mobilisiert werden können. Agrartechnische Fortschritte, etwa bei der Entwicklung trockenheits- und salzresistenter Kulturpflanzen, sind denkbar. Auf der anderen Seite sind Ressourcenübernutzungen bekannt, die bei ihrer künftig zwingenden Einstellung das globale Produktionspotenzial werden sinken lassen. Große Ströme, wie der Gelbe Fluss in China und der Colorado in den USA, werden so stark für landwirt-schaftliche Bewässerungen genutzt, dass sie nur mehr wenig Wasser ins Meer ergießen. In Indien und in den USA wird fossiles Grundwasser genutzt, was sich ebenso erschöp-fen wird wie Erdöl.

Bei der Ausweitung des globalen Angebots an Agrarprodukten ist nicht nur auf Nachhaltigkeit in Bezug auf die Ressourcen Böden und Wasser zu achten, sondern es bestehen auch Konkurrenzbeziehungen zu anderen Zielen, wie besonders der Biodiver-sität. Es mag rein technisch möglich werden, aus tropischen feuchten Tieflandsböden zuverlässige Lieferanten von Nahrungsmitteln zu machen, was in der Vergangenheit an der geringen Eignung der in den gemäßigten Breiten entwickelten Agrartechnik scheiter-te. Damit wären große Sprünge bei der Agrarerzeugung möglich, aber wäre es wert, den Amazonasurwald dafür zu opfern? Erneut sei auf das 160 Jahre alte Zitat von J. St. Mill am Schluss des Kapitels 4 hingewiesen.

Nutznießer der Preissteigerungen bei Getreide und Ölsaaten sind zunächst die Erzeu-ger pflanzlicher Grundprodukte. Wie in Tab. 7.8 schon ausgewiesen, wird aber in Deutschland ein viel größerer Teil der Verkaufserlöse der Landwirtschaft aus tierischen Produkten erzielt. Wer Schweine mästet, hat zunächst einmal nur höhere Futterkosten. Er hofft auf die Kostenweitergabe an die Verbraucher, was angesichts der Sättigung bei der inländischen Nachfrage nicht einfach ist. Der globale Trend ist für den deutschen Schweinemäster nur segensreich, wenn die internationale Nachfrage nach den Produk-ten seiner Schweine steigt, also wenn z. B. Russen und Chinesen mehr deutsche Wurst essen. Wohl deshalb ist der Europäischen Kommission die Wettbewerbsfähigkeit ihrer Landwirtschaft ein großes Anliegen (vgl. Kapitel 7.6.4 unten).

Nach wie vor ist die Milchwirtschaft eine starke Stütze der deutschen Landwirtschaft. Auch sie wird von der Steigerung der (hier Kraft-) Futterkosten betroffen, wenn auch anteilig weniger stark als die reine Veredlung (Schweine- und Geflügelproduktion). Die indirekten Folgen dürften wichtiger sein, wie die Steigerung der Opportunitätskosten der Milcherzeugung auf dem Ackerland, weil dort alternativ teure Marktfrüchte wachsen können. Das mag dann wieder Folgen für die Grünlandnutzung haben. Wie im Kapi-tel 5.2.4 ausgeführt, kann die Milcherzeugung auf dem Grünland bzw. ihre Rückkehr naturschutzfachlich begrüßenswert sein, wenn bestimmte flankierende Maßnahmen, wie die traditionelle Fütterung der Färsen, getroffen werden.

Die Zukunft der Milcherzeugung ist ein eigenes kompliziertes Thema, was trotz seiner landschaftsökologischen Relevanz hier nur gestreift werden kann. Die mediennotorischen Preiskriege der jüngeren Vergangenheit haben ihre Ursache weniger in der Boshaftigkeit von Aldi und Lidl als darin, dass immer noch zu viel Milch erzeugt wird. Würden sich die europäischen Milcherzeuger auf die Belieferung des Frischesektors[11] sowie auf hochwertige, nicht leicht zu substituierende Markenprodukte („Schweizer Hartkäse", „Camembert de Normandie" usw.) spezialisieren, so hätten sie dort wenig billige internationale Konkurrenz zu fürchten. Für derartige Produkte gibt es auch eine lebhafte internationale Nachfrage. Ob es aber im Wettbewerb mit Neuseeland gelingt, einen künftigen gigantischen globalen Pizza-Billigkäsemarkt zu beliefern, ist zweifelhaft.

Der Erzeugung technischer Energieträger auf dem Acker ist ein eigenes Kapitel gewidmet (Kapitel 10.2). Von den deutschen Energiepflanzen geht natürlich kein Einfluss auf die Weltmarktpreise von Nahrungsmitteln aus, möglicherweise aber auf die Preise inländischer landwirtschaftlicher Produktionsfaktoren, insbesondere auf die Flächennutzung. Pachten und Kaufpreise für Flächen können auch aus diesen Gründen steigen. Analog zur Milcherzeugung stellen Rekordpreise für Getreide einen Kostenfaktor für die Biogaserzeugung mit Mais dar.

Schließlich haben selbst die unmittelbaren Nutznießer der Preishausse für Getreide und Raps, die Marktfruchtbetriebe, in der kurzen Zeit seit 2007 lernen müssen, wie schnell die Preise für ihre Betriebsmittel, wie Mineraldünger, Pflanzenschutzmittel, Maschinen und Flächen, den Produktpreisen nach oben folgen, sodass der Segen zum erheblichen Teil weitergegeben werden musste.

Es ist zusammenzufassen, dass jenseits aller kurzfristigen Flatterhaftigkeit mit einem mäßigen, aber stabilen Aufwärtstrend des Preisniveaus für pflanzliche Grundprodukte in den kommenden Jahrzehnten zu rechnen ist. Nicht alle Betriebsformen werden dabei aber gewinnen, weil die tierische Erzeugung eine große Rolle spielt. Trotzdem wird die bisherige Form und Struktur der Agrarsubventionen in der Öffentlichkeit auf zunehmende Kritik stoßen. Man wird immer lauter fragen: „Wer braucht noch einen Zuschuss von 300 € pro Hektar und Jahr, wenn er auf diesem Hektar einen dreimal so hohen Deckungsbeitrag erwirtschaftet?" Auch ist in Erinnerung zu rufen, dass die Maßnahmen der heutigen Ersten Säule von 1992 bis etwa zum Jahr 2000 in ihrer damaligen Gestalt *Preisausgleichsmaßnahmen* hießen. Man kam von der Bezeichnung ab, weil man der Öffentlichkeit nicht glaubte zumuten zu können, einen Preisausgleich über unbegrenzte Zeit zu finanzieren. Wenn nun das Weltmarktpreisniveau die Größenordnung der früher in der EU künstlichen Agrarpreise erreichen sollte, gibt es gar nichts mehr auszugleichen.

---

[11] Frischmilch, Joghurt, Quark usw. Diese Produkte sind nicht über große Entfernungen transportwürdig und machen etwa ein Drittel der deutschen Milcherzeugung aus.

7.6.3   Ordnungspolitische Positionen in Deutschland

Im November 2009 veröffentlichte der Rat von Sachverständigen für Umweltfragen (SRU 2009) eine Denkschrift zur Neugestaltung der Agrarpolitik. Deren Kernstück besteht in der Forderung, die Zahlungsansprüche aus der Ersten Säule an wesentlich höhere Leistungen insbesondere für die Biodiversität zu knüpfen als bislang von der Cross Compliance gefordert. Nach Schweizer Vorbild soll jeder Betrieb 10 % seiner Fläche ökologischen Ausgleichsszwecken überstellen, etwa durch traditionell-extensive Nutzung. Auch wenn die schweizerischen Praxiserfahrungen bisher durchaus nicht voll überzeugen (BOSSHARD et al. 2010), ist die Forderung des SRU aus ökologischer Sicht beachtlich. Ähnliche Forderungen werden auch von Seiten der Umweltverbände (Gemeinsames Papier 2011) sowie von anderen besorgten Stimmen, wie etwa der Michael-Otto-Stiftung für Umweltschutz (2010) erhoben.

Der Wissenschaftliche Beirat Agrarpolitik beim BMELV sieht eine solche „Ökologisierung" der Ersten Säule kritisch, weil er diese Säule für grundsätzlich nicht zu rechtfertigen hält. Er sieht sie mit Recht als Element der Einkommenspolitik, die nach dem Grundsatz der Subsidiarität nicht in die Kompetenz der EU fällt (WBA 2010, 2011). Man kann die Erste Säule noch weitergehend kritisieren. In einer Sozialen Marktwirtschaft erfolgen Einkommensstützungen nach Maßgabe persönlicher Bedürftigkeit, nicht aber nach dem Kriterium der Zugehörigkeit zu einer Berufsgruppe. Zahlreiche außerlandwirtschaftliche Gewerbetreibende könnten identische Ansprüche stellen. Einem Tischlermeister, der kämpfen muss, ist nicht zu vermitteln, dass sein Kollege aus der Landwirtschaft etwa 300 € pro Jahr überwiesen bekommt, nur weil ihm ein Hektar Fläche gehört. Auch ist die Bedürftigkeit längst nicht aller Agrarbetriebe sicher festgestellt.

Es fehlt natürlich nicht an Versuchen, die Erste Säule zu rechtfertigen. Dass es sich um eine Prämie dafür handele, dass die offene Landschaft gepflegt aussehe und nicht „verwildere", kann ökologisch kundige Beobachter nur erheitern; gleichwohl ist dieser Spruch auf dem Lande immer noch viel zu hören. Wo Rechtfertigungen nachprüfbar sind, halten sie keinem Examen stand. Das Johann-Heinrich-von-Thünen-Institut errechnete, dass die in der EU gegenüber der übrigen Welt höheren Ansprüche an Umwelt- und Tierschutz sowie Lebensmittelsicherheit eine Zahlung der Ersten Säule von etwa 19 € pro Hektar und Jahr rechtfertigen würden (ZIMMER et al. 2010, S. 45). Die Studie ist kritisiert worden, aber selbst wenn ihr Ergebnis (unwahrscheinlicherweise) deutlich zu klein wäre, wäre immer noch keine Rechtfertigung der gegenwärtigen Zahlungen abzuleiten. Im Kapitel 8.5 dieses Buches wird die Erste Säule als Ausgleich für Anforderungen an den Ressourcenschutz noch einmal einer näheren Betrachtung unterzogen und wird ein Konzept vorgeschlagen, welches überzeugender als die bisherigen Rechtfertigungen sein könnte.

Die Erste Säule ist in ihrer gegenwärtigen Form nicht verallgemeinerungsfähig und ein ordnungspolitischer Fremdkörper in einer Sozialen Marktwirtschaft. Dem Wissenschaftlichen Beirat ist darin Recht zu geben, dass der SRU mit seinem Konzept ordnungspolitisch halbherzig bleibt. Pragmatisch gesehen, wäre es jedoch unklug, dieses Konzept abzulehnen, wenn es das einzige sein sollte, was kurz- bis mittelfristig eine Rea-

lisierungschance hat. Die Zukunft der Ersten Säule wird leider weniger vom ordnungspolitischen Grundsatzdenken als von Machtkonstellationen, der fiskalischen Lage sowie
der Entwicklung der wichtigsten Agrarpreise und damit der landwirtschaftlichen Einkommenssituation abhängen.

7.6.4 Der Vorschlag der EU-Kommission

Die Marke 2013 wird EU-weit als Abschluss eines Modernisierungsprozesses der Agrarpolitik angesehen, sodass schon seit längerem gefragt wird, wie es danach weitergeht. In
Deutschland ist das Datum besonders bedeutungsreich, weil dann auch die oben beschriebene „Gleitflugphase" in die regional einheitliche Flächenprämie abgeschlossen
sein wird.

Im November 2010 lancierte die EU-Kommission zunächst ein Papier mit noch recht
vagen Aussagen (Kommission der EU 2010). Darin wird erinnert, dass laut FAO-
Projektion eine weltweite Steigerung der Agrarproduktion um 70 % bis 2050 erforderlich
ist, was als Aufruf zu weiterer Intensivierung verstanden werden kann. Auch die Wettbewerbsfähigkeit der europäischen Landwirtschaft auf globalen Märkten nimmt einen
hohen Rang im Papier ein und – für die Kommission zweifellos besonders wichtig – die
gerechte Verteilung der EU-Fördermittel auf die nunmehr 27 Mitgliedsstaaten. Umwelt-
und Ressourcenschonung werden wiederholt, die Pflege der Biodiversität wird dagegen
nur sehr randlich angesprochen.

Im Oktober 2011 veröffentlichte die Kommission dann ihre definitiven Vorschläge
für die Planungsperiode 2014-2020 (Kommission der EU 2011). Wie zu erwarten, geht es
unter anderem um Umverteilungen der Mittel zu den bisher zu wenig bedachten Neu-
mitgliedern der EU in Osteuropa und um eine Deckelung der Zahlungen für sehr große
Betriebe, was in Deutschland vehement bekämpft wird. Die landschaftsökologisch be-
deutsamsten Vorschläge sind in der Übersicht 16 zusammengefasst. An der Spitze steht
die Eingrünung („Greening") der Ersten Säule. 30 % ihrer Prämien sollen nur Betrieben
gezahlt werden, die 7 % ihrer Ackerfläche ökologischen Ausgleichsbiotopen zuführen;
Öko-Betriebe sind ausgenommen.[12] Dies ähnelt der Schweizer Praxis und dem Vorschlag des SRU. Ferner ist eine Mindestvielfalt bei der Ackernutzung nachzuweisen und
ist Grünland in strengerem Umfang als bisher zu erhalten.

Der politische Prozess im Jahre 2012 unter Einschluss des Europäischen Parlaments
und des Ministerrates wird entscheiden, wie viel davon umgesetzt werden wird. Trotz
intensiver Diskussion auf vielen Ebenen fehlt es bei der Niederschrift dieses Buches an
jeglicher Konkretisierung. Welche Anforderungen werden an ökologische Ausgleichsflächen gestellt? Wie werden Biotope mit offensichtlicher Ausgleichsfunktion, die es schon
gibt, aber nicht mehr im Besitz von Agrarbetrieben sind, angerechnet? Eine Welle von
Streitigkeiten und umfangreiche Transaktionskosten erscheinen vorprogrammiert.

---

12 Der Wert von 7 % ist identisch mit dem in der Schweiz geforderten.

Übersicht 16   Vorschläge der EU-Kommission für die Agrarpolitik nach 2013

Eingrünung: 30 % der Prämien der Ersten Säule werden nur an Betriebe gezahlt, die folgende Voraussetzungen erfüllen (ausgenommen Öko-Betriebe):

Umwandlung von 7 % des Ackerlandes in ökologische Ausgleichsflächen
Anbau von mindestens 3 Feldfrüchten, keine unter 5 % und über 70 % des Ackerlandes
Höchstens 5 % Dauergrünlandumbruch

Straffung der Cross Compliance-Regelungen
Kofinanzierung der Zweiten Säule einheitlich 50 %
Obergrenze der Prämien für sehr große Betriebe
Prämien nur an aktive Landwirte

Zu allem Überfluss werden Anfang Mai 2012 plötzlich ganz neue Vorschläge auch von deutscher Seite in den politischen Raum lanciert, die die Kommission mit ihrer umfangreichen Vorarbeit nur brüskieren können.

7.7   Agrarumweltpolitik

7.7.1   Agrarumweltprogramme früher und heute – die „Zweite Säule"

7.7.1.1   Allgemeines und Programme von 1992 bis 2005

Angeregt durch vorbildliche Aktivitäten in einigen Regionen, ersonnen gewisse Bundesländer schon vor der McSharry-Reform von 1992 Programme des Vertragsnaturschutzes, wobei Landwirte für naturschutzförderliche Wirtschaftsmaßnahmen Honorierungen erhielten. Die Zeit dafür reifte auch auf EU-Ebene; nach dem ersten Schritt der „Effizienzverordnung" (VO (EWG) 797/85) aus dem Jahre 1985 erfolgte der Durchbruch 1992 in Gestalt der schon oben erwähnten „flankierenden Maßnahmen", geregelt durch die VO (EWG) 2078/92. Die Entwicklung in Österreich bis 2004 behandeln gemeinsam mit wegweisenden Anregungen für die Zukunft PENKER et al. (2004).

Um in den Genuss der EU-Kofinanzierung zu kommen, mussten die Bundesländer ihre schon bestehenden Programme überarbeiten und von der EU genehmigen lassen. Es entstand eine große Vielfalt von Programmen, die von Wissenschaftlern der damaligen Bundesforschungsanstalt für Landwirtschaft FAL (heute Johann-Heinrich-von-Thünen-Institut) synoptisch zusammengestellt wurden (PLANKL 1999). Die Übersicht 17 zeigt drei typische Programme der VO 2078/92 aus sehr vielen. Rund ein Viertel der gesamten Landwirtschaftsfläche Deutschlands wurde in die Programme einbezogen, was bis heute etwa so geblieben ist.

Übersicht 17   Agrarumweltprogramme im Rahmen der Verordnung (EWG) 2078 von 1992 in deutschen Bundesländern (typische Beispiele) – erste „flankierende Maßnahmen" zum Umweltschutz. (Quelle: PLANKL 1999, S. 52, 83, 134)

Bundesland und Programmbezeichnung	Prämienhöhe DM/ha	Wichtigste Anforderungen
Mecklenburg-Vorpommern, Grünlandrenaturierung	400	Keine chemische Pflanzenbehandlung, keine Düngung, kein Umbruch, keine Veränderung des Bodenreliefs, keine Ausbesserung und Nachsaat der Grasnarbe, kein Entwässerungsausbau, kein Mähen vom 1. April bis 31. Mai, Walzen und Schleppen nur vor dem 1. April, Einhaltung eines hohen Wasserstandes, Beweidung vom 1. Mai bis 30. November mit 1,5 bis 2 Rindern pro ha, Mähen ab 1. Juni von innen nach außen, biotopgestaltende Maßnahmen sind zu dulden.
Baden-Württemberg, Förderung ökologischer Anbauverfahren im Ackerland, Beibehaltung	200	Verbot synthetischer Pflanzenschutzmittel (Ausnahmen), mineralische Ergänzungsdünger nicht in direkt pflanzenverfügbarer Form, vorhandenen und zugekauften Wirtschaftsdünger nur in angepassten Mengen (2 GV/ha) – ferner müssen sämtliche Vorschriften der VO (EWG) 2092/91 (über Öko-Landbau) erfüllt werden, z. B. artgemäße Tierhaltung.
Nordrhein-Westfalen, Ackerrandstreifen-Programm	700	Keine mechanische, thermische oder elektrische Bekämpfung von Ackerwildkräutern, Verzicht auf Herbizide, Verzicht auf Kalkstickstoff, Gülle und Klärschlamm, 3 bis 6 m Breite (Vorgewende 12 m), Vorkommen von Arten der Roten Liste, Vorkommen bestimmter Ackerwildkräuter, nicht mehr als zwei Mal Maisanbau, keine Untersaat.

Bis in die heutige Zeit hält sich eine deutliche Untergliederung der von der EU kofinanzierten Programme in einen umfangreicheren Zweig, der offensichtlich dem Schutz der Ressourcen Boden und Gewässer dient, und einen weniger umfangreichen mit ausdrücklicheren Zielsetzungen in Bezug auf Arten und Biotope. Wir werden auf diese Problematik ausführlich zurückkommen. Zuweilen wird nur die erste Gruppe mit „Agrarumweltprogramm" und die zweite mit „Vertragsnaturschutz" bezeichnet. Hier spielen auch institutionelle Umstände eine Rolle. Da die erste Gruppe offenbar enger an die landwirtschaftliche Erzeugung anschließt, erfolgt die nationale Kofinanzierung in Deutschland durch die „Gemeinschaftsaufgabe Verbesserung der Agrarstruktur und des Küstenschutzes" (GAK), an der sich der Bund mit 60 % der Kosten beteiligt. Der Naturschutz im spezielleren Sinne ist dagegen eine Angelegenheit der Länder, welche über Kompetenzabgrenzungen gegenüber dem Bund sehr streng wachen. Daher wird die zweite Gruppe in Deutschland allein durch die Länder geregelt und kofinanziert. Ferner wird die erste Gruppe in der Regel von Landwirtschaftsbehörden und die zweite von Naturschutzbehörden administriert.

Mit dem Begriff „Vertragsnaturschutz" ist indessen vorsichtig zu verfahren, da er nach GÜTHLER & OPPERMANN (2005: 12) in verschiedenen Bundesländern unterschiedlich definiert ist. Unter ihm können alle Agrarumweltprogramme mit ausdrücklichem Akzent auf die Artenvielfalt verstanden werden, wie in Bayern, oder auch nur Maßnahmen, die ganz unabhängig von EU-Programmen durchgeführt werden, wie in Brandenburg. Die durch den Föderalismus erzeugte Vielfalt an Programmen, Bezeichnungen und Maßnahmen mag auch kreativen Wettbewerb widerspiegeln, führt jedoch in Verbindung mit pausenlosen Neuerfindungen zu einem außerordentlich unübersichtlichen, ja verwirrenden Gesamtbild.

Der Vertragsnaturschutz wird im Allgemeinen nicht pauschal angeboten, sondern ist auf ausgewählte Flächen oder „Gebietskulissen" beschränkt.[13] Er erfordert eine intensivere fachliche Zusammenarbeit zwischen Behörden und Agrarbetrieben und kann daher als qualitativ höher stehend als die auf den Ressourcenschutz abzielenden Agrarumweltprogramme angesehen werden.

Zurück zur VO 2078/92: Mit ihr verfolgten die Agrarumweltprogramme drei gleichberechtigte Ziele: die Verbesserung der Umweltqualität einschließlich des Naturschutzes, die Marktentlastung und die Einkommensschaffung. Über die Umweltqualität hinaus erwartete man wegen der in den Programmen meist vorgesehenen Extensivierung der Flächennutzung auch Beiträge zur Erzeugungsminderung. Da die Programme schwerpunktmäßig in landschaftlich attraktiven, aber hinsichtlich der Agrarerzeugung eher benachteiligten Regionen nachgefragt wurden und werden, wo die landwirtschaftlichen Betriebe größere Einkommensprobleme haben, sah man in ihnen auch ein Mittel zur Verteilung zusätzlicher Einkommen.

Die Erfahrung hat gezeigt, dass trotz nunmehr 20-jähriger Förderung eine Erfolgskontrolle auf Schwierigkeiten stößt; Studien kommen zu recht unklaren Ergebnissen (KLEIJN & SUTHERLAND 2003, umfangreiche Literatursammlung in WILHELM 1999). Ohne Zweifel gibt es Beispiele für hervorragende Erfolge besonders beim Vertragsnaturschutz (SCHUMACHER 2007, GÜTHLER et al. 2012), jedoch stehen ihnen zahlreiche Fälle entgegen, die weniger glänzen.

Die Kritik an der Ausgestaltung der Agrarumweltprogramme ist so alt wie die Programme selbst. Schon früh wurden zu starre Vorgaben beklagt. Zum Schutz der Gelege von Wiesenbrütern werden z. B. Fristen festgesetzt, die für die erste Mahd eingehalten werden müssen (etwa: „nicht vor dem 15. Juni"). Solche Fristen müssten regional und an

---

[13] Zunehmend erfolgt dies auch bei Programmen für den Ressourcenschutz, vgl. Kapitel 8.4.

die phänologische Entwicklung in jedem Jahr angelehnt gesetzt werden und würden dann um zwei bis drei Wochen variieren. Solche Feinheiten lassen sich anscheinend schwer administrieren. Manche Programme enthalten blanken Unsinn, wie etwa den Passus im „Programm für naturschutzgerechte Grünlandnutzung" des Landes Mecklenburg-Vorpommern (Übersicht 17), wo bis heute (2012) jede Düngung verboten ist, obwohl die betreffenden Flächen in historischer Zeit ihren Charakter dadurch erhielten, dass sie durchaus mäßig gedüngt wurden.

Es wurden Regelungen getroffen, bevor die Wissenschaft den jeweiligen Sachverhalt zuverlässig experimentell erfasst hatte. So ist es z. B. verfehlt, Grünland zu „extensivieren", indem schlagartig die Zahl der Schnitte reduziert und sonst nichts vorgenommen wird. Das Ergebnis ist eine artenarme überständige Grasnarbe. Sachgemäß ist die Vornahme früher und häufiger Schnitte während einiger Jahre ohne Düngung, um die Trophie des Standortes zu senken. Auch dann dauert es oft lange, bis sich die Artenvielfalt wieder vermehrt (vgl. Kapitel 4.4.2.3).

Verträge gelten in der Regel für fünf Jahre. Danach kann der Landwirt zur intensiven Bewirtschaftung zurückkehren, wenn dies wirtschaftlicher erscheint. Wenn damit die zuvor erbrachten Leistungen für Umwelt und Natur wieder liquidiert werden, entsteht natürlich die Frage nach dem Sinn der in die Verträge investierten öffentlichen Mittel.

Doch sind im Vorliegenden einzelne Mängel von geringerem Interesse als vielmehr die Frage, ob die Verwaltungspraxis systematisch Tendenzen hin zu fachlich unzureichenden Programmen befördert. Dafür gibt es gewisse Anzeichen; das Stichwort „Administrierbarkeit" ist schon gefallen. Man kann es den mit Agrarumweltprogrammen befassten Verwaltungen, die selbst unter Personalknappheit und Aufgabenüberhäufung leiden, kaum verübeln, wenn sie bei der Gestaltung der Programme besonderen Wert auf die „Administrierbarkeit" selbst zu Lasten der naturschutzfachlichen Treffsicherheit legen. Bei aller Kritik dürfen auch die schon erwähnten erfolgreichen Fälle nicht vergessen werden.

Während der Gültigkeit der VO 2078/92 haben in Deutschland einige Landesregierungen deren physische Zielsetzungen verhältnismäßig stiefmütterlich behandelt und dafür viel Ehrgeiz darauf verwendet, die durch sie gebotenen Möglichkeiten der Einkommensschaffung auszuschöpfen. Das Ergebnis waren Programme der sogenannten „Grundförderung", deren Nutzen für Umwelt und Natur fraglich war. Die Beispiele in der Übersicht 18 können keinen ökologisch Kundigen überzeugen. Sie mögen eine gewisse De-Intensivierung in der Landschaft bewirkt haben, waren jedoch zu mehr nicht in der Lage. Neben der Frage, ob die eingesetzten Mittel zu rechtfertigen waren, entstanden hieraus zwei Probleme:

Zum einen war die Außenwirkung sehr ungünstig. Gegnern jeder Agrarprotektion fiel es leicht, die Programme als mehr oder weniger normale Unterstützung der heimischen Landwirtschaft in einem „grünen Mäntelchen" herabzusetzen, die die Prinzipien fairen internationalen Handels kaum weniger verletzten als herkömmliche Zahlungen. Zuweilen fiel es schwer, hier zu widersprechen.

Übersicht 18 Beispiele für Agrarumweltprogramme mit geringen Anforderungen im Rahmen der VO (EWG) 2078/92, die offensichtlich der Einkommensschaffung dienten. (Quelle: PLANKL 1999, S. 94, 143)

Bundesland und Programmbezeichnung	Prämienhöhe DM/ha	Wichtigste Anforderungen
Bayern, Umweltbezogene Grundförderung	40	Einhaltung der Empfehlung „Umweltgerechter Pflanzenbau in BY“, Schadschwellenprinzip, Beachtung von Beratungsempfehlungen im Pflanzenschutz, maximal 170 kg N/ha Wirtschaftsdünger, Bodenuntersuchungen, standorts-, pflanzenbedarfs- und bodenangepasste N-Düngung. Kein Grünlandumbruch
Sachsen, Integriert kontrollierte Verfahren Grundförderung	80	Pflanzenschutz nach Schadschwellenprinzip sowie nach Prognosen, N-Düngung nach Beratung und N_{min}, Bodenuntersuchungen, ordnungsgemäße Silagebereitung, Schlagkartei, kein Dauergrünlandumbruch, dreigliederige Fruchtfolge, standortgerechte Sorten, Grunddüngung nach Nährstoffgehalt und pH-Wert, Düngung nach max. 2 GV/ha, Gülleausbringung nach Empfehlungen, Lagerräume für 180 Tage

Noch heikler war und ist zum anderen auch heute noch die Frage, ob die mit der „Grundförderung“ und ähnlichen Maßnahmen verfolgten Ziele überhaupt honorierbar waren und sind und ob ihre Erbringung eine Angelegenheit der Freiwilligkeit sein kann. Etliche Anforderungen in der Übersicht 18 sind inzwischen generell geboten, ohne honoriert zu werden. Besonders fragwürdig war und ist die Honorierung von Maßnahmen gegen die Bodenerosion. § 17 Bundes-Bodenschutzgesetz (BBodSchG) gebietet jedem Landnutzer, Erosion zu vermeiden. (vgl. Übersicht 21, Kapitel 8.1.1). Noch heute erfolgen aber finanzielle Honorierungen des Bodenschutzes (etwa Programme 3, 4 und 6 in Übersicht 25, Kapitel 8.4) und erscheinen damit als Belohnungen für Taten und Unterlassungen, die ohnehin geboten sind.

Die hier aufgeworfenen Fragen sind letztlich verfassungsrechtlicher Natur und somit fundamental. Sie betreffen den Artikel 14, Absatz 2 Grundgesetz der Bundesrepublik Deutschland (GG), wonach der Gebrauch des Eigentums auch dem allgemeinen Wohl dienen soll. Wer es mit diesen Grundlagen des gesellschaftlichen Zusammenlebens ernst meint, wundert sich über den laxen Pragmatismus, mit dem lange mit dem Thema umgegangen worden ist. Eine klare Abgrenzung der Rechte und Pflichten insbesondere des Grundbesitzers beim Umgang mit seiner Ressource ist nicht zuletzt im Interesse des sozialen Friedens und zur Vermeidung unendlicher Streitigkeiten erforderlich.

Wir werden diese sehr wichtigen Fragen im folgenden Kapitel 8 in einem systematischen Kontext wieder aufnehmen und fahren hinsichtlich der Entwicklung der Agrarumweltmaßnahmen zunächst chronologisch fort. Im Jahre 2000 wurde die VO 2078/92 durch eine neue VO 1257/99 abgelöst. Sie brachte auf dem Papier die erforderliche Klarheit. Von nun an dienten Agrarumweltmaßnahmen ausschließlich Umweltzielen; die zuvor gleichberechtigten Teilziele Marktentlastung und Einkommensschaffung mussten mit anderen Maßnahmen verfolgt werden. Honorierbar sollte von nun ab nur das sein, was über die „Gute fachliche Praxis" hinausgeht, deren Erfüllung von jedem Landnutzer auch ohne Honorierung erwartet wird. Diese Klarstellung hätte eigentlich sofort Initiativen zur unmissverständlichen und umfassenden Definition der Guten fachlichen Praxis und zur Revision der Inhalte von Agrarumweltprogrammen wecken müssen. Die deutschen Landesregierungen ließen sich jedoch viel Zeit und auch die EU, welche alle von ihr kofinanzierten Programme genehmigen muss, zeigte sich längere Zeit tolerant.

7.7.1.2 Die ELER-Verordnung

Erst die richtungsweisenden Beschlüsse von 2003, die 2005 in Kraft traten, brachten eine Siebung der Agrarumweltprogramme mit sich. Eine sorgfältige und vollständige Zusammenstellung der Maßnahmen (THOMAS et al. 2009) zeigt, dass im Jahre 2008, neun Jahre nach Erlass der VO 1257/99, nun doch eine stärkere Ausrichtung an über die Gute fachliche Praxis hinausgehenden Zielsetzungen und eine Zurückdrängung der fragwürdigen „Grundförderung" früherer Jahre stattfindet. Etliche Maßnahmen, die früher gefördert wurden, sind mit der Zeit zur Pflicht ohne Bezahlung erklärt worden. Die Befürchtungen in der Landwirtschaft, hier Nachteile zu erleiden, besonders wenn diese Entwicklung immer weiter voranschreitet, sind zwar zunächst nachvollziehbar. Auf der anderen Seite sollte beachtet werden, dass parallele Entwicklungen in der Industrie trotz gelegentlich sehr pessimistischer Voraussagen so gut wie nie zu Überforderungen der Unternehmen geführt haben.

Seit 2005 sind auch Agrarumweltprogramme in eine umfassende Regulierung der „Zweiten Säule" durch die VO 1698/05 – die ELER-Verordnung[14] – eingebettet. Diese Verordnung regelt nicht nur die Agrarumweltprogramme, sondern die meisten EU-geförderten Entwicklungsmaßnahmen im ländlichen Raum und ist somit Instrument einer ambitionierten Strukturpolitik. Obwohl sie bei Drucklegung des vorliegenden Buches rein terminlich gesehen ausläuft – die EU-Agrarpolitik entscheidet üblicherweise in siebenjährigen Schritten –, sei sie hier im Detail beschrieben. Sie wird aller Voraussicht nach eher graduell als prinzipiell geändert werden.

Die ELER-Verordnung gliedert sich gemäß Übersicht 19 in vier Schwerpunkte. Den deutschen Bundesländern wurden von der EU für die Periode 2007 bis 2013 Mittel in Höhe von rund 8,1 Milliarden € zugewiesen. Gemeinsam mit nationalen Kofinanzierungen und sogenannten top-ups (freiwillige nationale Zusatzzahlungen) waren für die Zweite Säule in Deutschland etwa 16,4 Milliarden € oder im Schnitt pro Jahr etwa 2,34 Milliarden € veranschlagt (DVS 2008, S. 13).

---

14 ELER: Europäischer Landwirtschaftsfonds für die Entwicklung des ländlichen Raumes.

Übersicht 19   Schwerpunkte („axes") in der ELER-Verordnung. (Quelle: DVS 2008, S. 13)

Schwerpunkt 1:   Wettbewerbsfähigkeit von Land- und Forstwirtschaft
Schwerpunkt 2:   Umweltschutz und Landschaftspflege durch nachhaltiges Land-
                 management
Schwerpunkt 3:   Wirtschaftliche Diversifizierung und Verbesserung der Lebensqualität
Schwerpunkt 4:   Aktivitäten im Rahmen von Leader

Die Bundesländer besitzen erhebliche Freiheiten bei der Lenkung der Mittel in die vier Schwerpunkte, müssen jedoch mindestens 25 % von ihnen für den Schwerpunkt 2 vorsehen, in welchem Agrarumweltprogramme und Vertragsnaturschutz (Code 214) sowie Ausgleichszulagen (Code 211 und 212) die finanziell stärksten Anteile besitzen. Länder wie Niedersachsen, Sachsen-Anhalt und Mecklenburg-Vorpommern haben sich prompt mit dieser Minimalforderung begnügt. Hamburg unterschreitet sie sogar und Niedersachsen bedient den Schwerpunkt 1 bestens. Soweit dort z. B. eine betriebliche Investitionsförderung erfolgt (Code 121), unterscheidet sich das in der Wirkung wenig von allgemeiner Subventionierung und damit den Zielen der Ersten Säule. Dagegen lenken Bayern, Baden-Württemberg und Nordrhein-Westfalen jeweils 59,1 %, 58.9 % und 54,1 % ihrer Mittel in den Schwerpunkt 2 und unterstreichen damit ihre Wertschätzung der traditionellen Kulturlandschaft. Länder wie Mecklenburg-Vorpommern und Sachsen fördern besonders stark den Schwerpunkt 3 (Übersicht 20). Unter den Maßnahmen, die hier der Verbesserung der Lebensqualität dienen sollen, finden sich einige wichtige mit Umweltbezug. Mit „Leader" im Schwerpunkt 5 werden Innovationen und Entwicklungen gefördert, die aus eigener Initiative in Regionen entstehen.

Die geradezu demonstrative Zurückhaltung einiger Länder bei der Bedienung des Schwerpunktes 2 (man argwöhnt, sie würden die 25-%-Regel nur erfüllen, weil sie dies müssen) sowie die allgemeine Kürzung der Mittel für Agrarumweltprogramme um etwa 20 % sind in Naturschutzkreisen verständlicherweise negativ aufgenommen worden. Dem ist entgegenzuhalten, dass der Gesamterfolg selbst der gekürzten Mittel weitaus höher sein könnte, wenn sie zielstrebiger besonders lohnenden Verwendungen zugeführt würden. Nach wie vor versickern Mittel höchst ineffizient.

FREESE (2012) ist eine genaue Auswertung darüber zu verdanken, wie die Bundesländer in den Jahren 2009 und 2010 die Mittel für Agrarumweltprogramme und darüber hinaus für andere Zwecke aus dem ELER-Fonds eingesetzt haben; die Ergebnisse für 2010 finden sich in den Tab. 7.12 und 7.13. Rechnerisch sind nach Tab. 7.12 über 4,4 Millionen Hektar in einem Programm für den Ressourcenschutz und fast 0,7 Millionen Hektar im Vertragsnaturschutz, jedoch gibt es Doppelzählungen, wenn eine Fläche an beiden Programmarten teilnimmt. Die Abgrenzung zwischen Ressourcenschutz und Vertragsnaturschutz ist in manchen Fällen, wie bei der Umwandlung von Acker- in Grünland, nicht ohne Willkür möglich. Der Autor grenzt großzügig zugunsten des Naturschutzes ab, sodass Flächenumfang und Mittelvolumen für hochrangigen Naturschutz als eher geringer anzunehmen sind.

Übersicht 20 Schwerpunktsetzungen der Bundesländer beim Einsatz der ELER-Mittel. (Quelle: DVS 2008, S. 13. Rundungsfehler (Zahlen summieren sich nicht zu 100 %) in der Quelle)

Bundesland	SP 1 (%)	SP 2 (%)	SP 3 (%)	SP 4 %)
Bayern	21,3	59,1	15,7	3,6
Baden-Württemberg	27,4	58,9	9,8	3,2
Brandenburg und Berlin	35,2	30,9	26,5	4,8
Hamburg	62,4	15,9	16,9	3,2
Hessen	20,3	38,7	28,6	11,6
Mecklenburg-Vorpommern	28,3	23,8	41,7	6,2
Niedersachsen und Bremen	55,1	19,3	19,4	4,6
Nordrhein-Westfalen	27,1	54,1	14,6	3,6
Rheinland-Pfalz	38,1	38,6	15,9	5,8
Saarland	16,8	36,1	30,8	14,6
Sachsen	22,1	31,8	39,7	4,7
Sachsen-Anhalt	33,7	23,4	35,4	4,2
Schleswig-Holstein	29,0	27,9	31,5	11,6
Thüringen	33,7	39,2	28,4	4,1

SP: Schwerpunkte wie in Übersicht 19.

Tab. 7.12 Vertragsflächen und Auszahlungen 2010 bei Agrarumwelt- und Vertragsnaturschutzmaßnahmen im Rahmen von ELER. (Quelle: FREESE 2012, Tabelle 3, S. 72)

	Fläche (ha)		Ausgaben (€) [a]	
	Ressourcenschutz	Naturschutz	Ressourcenschutz	Naturschutz
Baden-Württemberg	1.340.829	178.087	78.291.516	21.456.316
Bayern	949.873	162.955	118.671.181	62.304.630
Berlin und Brandenburg	230.798	36.721	30.079.806	4.255.113
Hamburg	4.646	1.283	442.722	395.818
Hessen	89.016	29.085	13.556.987	5.007.183
Mecklenburg-Vorpommern	111.823	51.062	16.850.000	9.220.000
Niedersachsen und Bremen	453.188	46.412	22.006.640	12.426.870
Nordrhein-Westfalen	173.184	30.793	28.761.192	10.198.733
Rheinland-Pfalz	122.926	16.884	15.080.427	6.214.652
Saarland	28.905	1.022	2.974.398	315.702
Sachsen	164.800	26.543	11.648.847	8.660.200
Sachsen-Anhalt	374.596	15.311	28.309.474	4.256.345
Schleswig-Holstein	55.186	23.444	5.849.000	7.122.000
Thüringen	330.792	61.202	21.087.741	19.805.078
Zusammen	*4.430.562*	*680.804*	*393.609.931*	*171.638.640*

[a] einschließlich top-ups und Altverpflichtungen, ohne rein national finanzierte Maßnahmen, ohne Zahlungen für Tierschutz und genetische Ressourcen, Doppelzählungen möglich.

Tab. 7.13 Ausgezahlte Mittel für Naturschutzziele 2010 im Rahmen von ELER, 1.000 €. (Quelle: FREESE 2012, Tabelle 5, S. 74)

ELER-code		Bayern [a]	Hessen [b]	Alle Bundesländer
214	Agrarumweltmaßnahmen und Vertragsnaturschutz [c]	62.305	5.007	171.639
214	Förderung genetischer Ressourcen	–	–	2.141
215	Tierschutzmaßnahmen [d]	7.800	–	19.336
213	Natura 2000 und WRRL im Offenland	201	o	15.593
224	im Wald	–	–	546
225	Waldumweltmaßnahmen	249	–	2.464
227	nicht produktive Investitionen im Wald	110	–	110
323	Erhaltung und Verbesserung des ländlichen Erbes	15.100	300	88.991
216	nicht produktive Investitionen	2.279	–	2.344
412	lokale Entwicklungsstrategien und Umweltschutz	–	o	196
	Zusammen	*88.044*	*5.307*	*303.365*

[a] als Flächenstaat mit höchstem Mittelvolumen, [b] als Flächenstaat mit geringstem Mittelvolumen außer Saarland, [c] nur naturschutzorientierte und für die WRRL eingesetzte Mittel, [d] nur Grünlandbeweidung. o keine Auszahlungen, – nicht angeboten.

Die Gesamtmittel umfassen etwa 560 Millionen €, wovon 70 % in den Ressourcenschutz fließen. Der Wert von etwa 171 Millionen € für den Vertragsnaturschutz liegt deutlich über dem von GÜTHLER & ORLICH (2009) in Höhe von 119 Millionen €, was mit der erwähnten Abgrenzung zu erklären sein dürfte. Bei abweichenden Angaben in der Literatur ist auch zu beachten, dass die Tab. 7.12 einige kleinere Programme und rein national finanzierte Zusatzvorhaben nicht enthält. Auch ist stets der Unterschied zwischen veranschlagten und tatsächlich verausgabten Mitteln zu beachten.

Die Tab. 7.13 fasst alle im Jahre 2010 in Deutschland für Naturschutzziele ausgezahlten Mittel aus dem ELER-Fonds zusammen. Sie enthält alle Posten aus dem Schwerpunkt 2 außer den Ausgleichszulagen (Code 211 und 212), dafür aus dem Schwerpunkt 3 den Posten „Erhaltung und Verbesserung des ländlichen Raums" (Code 323). Neben dem Gesamtvolumen in der rechten Spalte sind Bayern als Land mit dem höchsten und Hessen als der Flächenstaat mit dem geringsten Volumen (außer dem Saarland) herausgehoben.[15] Einige Bundesländer eifern Bayern, andere dem im Übrigen wohlhabenden Hessen nach, und nichts könnte die unterschiedliche „Naturschutz-Kultur" in deutschen Föderalismus deutlicher zeigen als diese Zahlen.

---

[15] Die Originaltabelle bei FREESE (2012) führt alle Bundesländer auf.

Nächst den Mitteln für den Vertragsnaturschutz (ohne Ressourcenschutz) steht der Posten „Erhaltung und Verbesserung des ländlichen Erbes" finanziell an zweiter Stelle, gefolgt mit Abstand von Tierschutzmaßnahmen (Code 215) und Zahlungen für Natura 2000 sowie für die Wasserrahmenrichtlinie (WRRL, Code 213). Der zuletzt genannte Ansatz von nur etwa 15,6 Millionen € illustriert die unbegreifliche Unterfinanzierung auf diesem Gebiet. Würden diese Mittel allein in die FFH-Flächen außerhalb des Waldes in Deutschland im Umfang von etwa 400.000 Hektar fließen (vgl. Tab. 4.2, Kapitel 4.5.2), so ergäben sich im Schnitt knapp 40 € pro Hektar und Jahr. Das liegt nach den Berechnungen im Kapitel 5.2 dieses Buches in der Größenordnung von einem Zehntel (!) der Kosten typischer und notwendiger Flächennutzungen in diesen Gebieten. Bei einer solchen Verteilung bliebe im Übrigen nichts für Vogelschutzgebiete als zweites Element von Natura 2000 und für die WRRL übrig. Nach FREESE (2012, S. 75) fließen auch erhebliche Anteile des Postens „Erhaltung und Verbesserung des ländlichen Erbes" im Umfang von etwa 89 Millionen € in Natura-2000-Gebiete. Auch damit lassen sich die Nutzungs- und Pflegebedürfnisse nicht finanzieren, sodass der schlechte Zustand eines erheblichen Anteils dieser Gebiete nicht verwundern kann.

Der im Kapitel 7.6.4 schon genannte Vorschlag der EU-Kommission für die Zeit nach 2013 tangiert das Agrarumwelt- und Vertragsnaturschutzwesen unter anderem insofern, als mittels der „Eingrünung" eine Kernaufgabe der Zweiten Säule in die Erste fallen soll. Wie schon erwähnt, fehlt es an Konkretisierungen, sodass die weitere Entwicklung abgewartet werden muss.

7.7.2 Finanzvolumen für den Naturschutz

Die Tab. 7.14 kumuliert im oberen Teil die voranstehend diskutierten Posten und fügt einige kleinere aus der nationalen Naturschutzförderung hinzu. Der Gesamtwert von etwa 365 Millionen € dürfte als solcher unstrittig sein. Ihm fehlen jedoch sehr zahlreiche, teils geringe, teils beachtliche Posten der verschiedensten Art, die zu einer hohen zusätzlichen Summe führen können. Politische Körperschaften auf dezentraler Ebene, wie Kreise und Gemeinden, Verbände, Kirchen, Unternehmen und Privatpersonen finanzieren Naturschutzmaßnahmen. Naturschutzverbände werden staatlich unterstützt. Bei Investitionen in der Landschaft werden begleitende Maßnahmen getroffen. Hier ragt die Eingriffsregelung nach § 14 BNatSchG heraus, die unten im Kapitel 10.1 noch kritisch betrachtet werden wird. Es ist leider unmöglich, die jährlich von Eingriffsverursachern geleisteten Zahlungen genauer zu schätzen, sie dürften jedoch über der Summe des oberen Teils von Tab. 7.14 liegen.

In ihrem unteren Teil führt die Tabelle einige Posten auf, die dem Naturschutz schon dienen, ihm nahestehen oder näherstehen könnten. Die Ausgleichszulage wird Betrieben gezahlt, die in Regionen wirtschaften, welche als für die landwirtschaftliche Nutzung benachteiligt angesehen werden. Sie soll diese Nachteile kompensieren. Viel Kritik ist schon an ihr geübt worden dergestalt, dass sie zu lasche Anforderungen an eine die Landschaft pflegende Nutzung stelle. Dies ließe sich ändern.

Tab. 7.14 Finanzvolumen für den Naturschutz in der offenen Kulturlandschaft Deutschlands

	Millionen € 2010
Direkte Naturschutzmittel	
ELER-Schwerpunkt 2 [a]	214
Mittel aus Schwerpunkt 3 [a]	89
EU-Life-Natur [b]	30 [c]
Projekte des Bundes von gesamtstaatlicher Bedeutung	14
Bundesprogramm biologische Vielfalt	15
EE-Vorhaben des BMU [d]	3
Zusammen	365
Weitere Prämien und dem Naturschutz nahe Mittel, Umwidmung möglich	
Ausgleichszulage	254 [e]
Prämie der Ersten Säule für hochwertiges Grünland	300
Agrarumweltmaßnahmen für Ressourcenschutz	394 [a]
Direkte und umwidmungsfähige Mittel	*1.313*

[a] gemäß FREESE (2012, S. 74), vgl. auch Tab. 7.12, [b] diese und folgende drei Angaben gemäß FREESE (2012, S. 76), [c] Mittelwert aus angegebenem Intervall, [d] EE: Entwicklung und Erprobung, [e] 2009, Statistisches Jahrbuch über ELF 2011, Tabelle 200, S. 181. Alle Zahlen leicht gerundet.

Die Förderung der Ersten Säule in Gestalt der in Deutschland ab 2013 gezahlten regional einheitlichen Flächenprämie im Bereich von etwa 300 € pro Hektar und Jahr kann in „normalen" landwirtschaftlich genutzten Biotopen natürlich nicht als Bestandteil der Naturschutzförderung gewertet werden, denn auf sie besteht ein gleicher Anspruch auch bei intensiver Nutzung. Besteht jedoch auf produktionsschwachem, aber artenreichem Grünland nur die Alternative, entweder eine naturschutzfachlich erwünschte, ja zwingend notwendige Nutzung zu betreiben, wie etwa die Schafhutung auf Kalkmagerrasen, oder die Flächen durch Brachfallen zu entwerten, dann kann die Zahlung aus der Ersten Säule durchaus als Teil der notwendigen Finanzierung der im Kapitel 5.2 dargestellten Kosten der Nutzung aufgefasst werden. Deshalb wird diese Zahlung in der Tab. 7.14 für eine Million Hektar angesetzt.[16]

---

[16] In einem bemerkenswerten Urteil (EuGH C-61/09) entschied der Europäische Gerichtshof 2010, dass Flächen, bei denen die landwirtschaftliche Nutzung in erster Linie Ziele des Naturschutzes und weniger solche der Produktion verfolgt, Förderungen der Ersten Säule genießen dürfen. Dies betrifft unter anderem Schafhutungen. Der EuGH musste entscheiden, weil offenbar Kreise – man muss es so nennen – die Dreistigkeit besessen haben, die Fähigkeit solcher Flächen, Förderungen der Ersten Säule zu genießen, zu bestreiten. Mitten in der Hochpreisperiode wurde behauptet, dass nur Marktfruchtbetriebe mit intensiver Landwirtschaft, die gerade in Einkommen schwammen, der Förderung der Ersten Säule würdig wären, während Schafhutungen, die der Förderung dringend bedürfen (vgl. Kapitel 5.2.1), leer auszugehen hätten.

Die knapp 400 Millionen €, die in Agrarumweltprogrammen für den Ressourcenschutz verausgabt werden, ließen sich für den Naturschutz akquirieren, wenn für den Ressourcenschutz andere Quellen erschlossen werden könnten. Dazu erfolgen Ausführungen und Vorschläge im Kapitel 8.5. Die Tab. 7.14 lässt zusammenfassend folgern, dass, sofern die angesprochenen Aufwertungen und Umwidmungen realisiert werden und zusätzliche, derzeit nicht quantitativ erfassbare Mittel genutzt werden könnten, gute Chancen bestehen, die Kosten des im Kapitel 5.6 dargestellten Kulturlandschaftsprogramms weitgehend oder allein durch Umwidmungen zu decken.

7.7.3 Negative Entwicklungen seit 2005

Die finanzielle Situation des Naturschutzes ist zwar unbefriedigend, aber nach der Tab. 7.4 auch nicht so schlecht wie zuweilen behauptet. Jenseits des Finanziellen sind jedoch Entwicklungen zu beobachten, die besorgniserregend bis haarsträubend genannt werden müssen.

Bei aller Anerkennung der Europäischen Einigung als historischer Leistung maßt sich die Verwaltung in Brüssel Entscheidungsbefugnisse in einem Detail an, die mit dem Prinzip der Subsidiarität schwer vereinbar sind. Solange die EU Maßnahmen kofinanziert, mag man anerkennen, dass sie über deren Ausgestaltung wacht. Möchte aber ein Bundesland gut durchdachte, regionsspezifische, wirksame und kostengünstige Vertragsnaturschutzvorhaben durchführen und dabei in vollem Umfang *selbst* finanzieren, so muss es trotzdem in Brüssel um Erlaubnis bitten (in Jargon: es notifizieren lassen). Das Bundesland könnte unter dem Deckmantel der Ökologie seine Bauern gegenüber anderen in der EU bevorzugen.

Offenbar auch durch den Einzug der Cross Compliance ist eine Erscheinung befördert worden, die in allen gesellschaftlichen Bereichen zu einer Plage ausartet: die Bürokratie. Kooperationswillige Agrarbetriebe wenden sich von der Teilnahme an Agrarumweltprogrammen ab, weil sie auch hier mit behördlicher Detailregulierungswut überschüttet werden oder dies zumindest nachvollziehbar befürchten. Die Abb. 7.2 zeigt die Titelseite des Thüringischen Kulturlandschaftsprogrammes (TMLNU 2008). Dieses Programm ist fachlich durchaus gut konzipiert, in seinem Erscheinungsbild jedoch offenbar ausschließlich an Amtspersonen und nicht an Bürger gerichtet. Das Paragraphenkauderwelsch in der Abb. 7.2 setzt sich auf den nächsten Seiten fort – eine Einladung zur Mitwirkung bei der Wiederherstellung von Artenvielfalt stellt man sich anders vor.

Die Lektüre des Programms von 56 Seiten erhellt, dass 24 Seiten (42 % des Inhalts) von einem tabellarischen klein gedruckten Katalog von Sanktionen gefüllt sind, die Betriebe zu gewärtigen haben, sollten sie sich Vertragsverletzungen schuldig machen. Diese sind akribisch sortiert nach: leicht, mittel oder schwer – fahrlässig, grob fahrlässig oder vorsätzlich – einmalig, wiederholt, wiederholt in einem Jahr auf derselben Fläche, wiederholt in einem Jahr auf einer anderen Fläche, wiederholt nicht im selben Jahr, aber im Förderzeitraum auf einer Fläche oder einer anderen usw. usf. – für jede dieser sehr zahlreichen Kombinationen gibt es eine andere Sanktion.

Programm zur Förderung von umweltgerechter Landwirtschaft, Erhaltung der Kulturlandschaft, Naturschutz und Landschaftspflege in Thüringen (KULAP 2007)

Förderrichtlinie des Thüringer Ministeriums für Landwirtschaft, Naturschutz und Umwelt vom 30.04.2008

1   Zuwendungszweck, Rechtsgrundlagen
1.1   Das Land Thüringen gewährt auf der Grundlage

- der VO (EG) Nr. 1698/2005 des Rates vom 20. September 2005 über die Förderung der Entwicklung des ländlichen Raums durch den Europäischen Landwirtschaftsfonds für die Entwicklung des ländlichen Raums (ELER),
- der VO (EG) Nr. 1320/2006 der Kommission vom 5. September 2006 mit Bestimmungen für den Übergang auf die Förderung der Entwicklung des ländlichen Raums gem. der VO (EG) Nr. 1698/2005 des Rates,
- der VO (EG) Nr. 1974/2006 der Kommission vom 15.12.2006 mit Durchführungsbestimmungen zur VO (EG) Nr. 1698/2005 des Rates über die Förderung der Entwicklung des ländlichen Raums durch den Europäischen Landwirtschaftsfonds für die Entwicklung des ländlichen Raums (ELER),
- der VO (EG) Nr. 1975/2006 der Kommission vom 07.12.2006 mit Durchführungsbestimmungen zur VO (EG) Nr. 1698/2005 hinsichtlich der Kontrollverfahren und der Einhaltung anderweitiger Verpflichtungen bei Maßnahmen zur Förderung der Entwicklung des ländlichen Raums in Verbindung mit
- der VO (EG) Nr. 1782/2003 des Rates vom 29. September 2003 und der VO (EG) Nr. 796/2004 der Kommission vom 21. April 2004,
- der Rahmenregelung der Gemeinschaft für staatliche Beihilfen im Agrar- und Forstsektor 2007 – 2013 (Mitteilung der Kommission, ABl. C 319 vom 27.12.2006),
- der Grundsätze für die Förderung einer markt- und standortangepassten Landbewirtschaftung im jeweils gültigen Rahmenplan der Gemeinschaftsaufgabe „Verbesserung der Agrarstruktur und des Küstenschutzes" sowie
- des von der Europäischen Kommission genehmigten Entwicklungsprogramms für den ländlichen Raum des Freistaats Thüringen in der Förderperiode 2007 bis 2013 (Förderinitiative Ländliche Entwicklung in Thüringen - FILET)

Abb. 7.2 Titelseite des Thüringischen Kulturlandschaftsprogramms. (Quelle: TMLNU 2008)

Wer z. B. bei der Maßnahme N21 (Pflege des Grünlandes durch Beweidung mit Schafen/Ziegen) zuwiderhandelt, indem er ein Pferd dazustellt, muss bei einmaliger Tat die Beihilfen im betreffenden Jahr für das jeweilige Feldstück, bei Wiederholung aber die Beihilfen im Verpflichtungszeitraum für das jeweilige Feldstück zurückzahlen.

Man beruft sich bei der Anfertigung solcher Kataloge auf Vorgaben der Direktzahlungsverpflichtungsverordnung, die die ELER-Verordnung umsetzt. Der Fleiß, mit dem sie angefertigt wurden, ist dennoch bemerkenswert. Jeder Betrieb und Vertragspartner ist in diesem Denken ein potenzieller Erschleicher von Fördermitteln. Wir überlassen es der soziologischen Bürokratieforschung zu ergründen, was zu derartigen kafkaesken Entartungen treibt, die man früher nicht für nötig hielt und die in einem Staat mit einem ausgefeilten Vertragsrecht eigentlich überflüssig sind. Offenbar ist die Angst in Behörden, von Rechnungshöfen des nicht hinreichend akribischen Umgangs mit öffentlichen Mitteln bezichtigt zu werden, ein stärker treibendes Motiv als der Wunsch, etwas Sinnvolles für die Landschaft zu tun.

Ein weiteres, im Kapitel 6.2 schon genanntes Problem trägt dazu bei, die doch unerlässliche Begeisterung von Landnutzern für die Kulturlandschaft eher zu lähmen als zu befeuern. Bei der Berechnung der Honorierung für Maßnahmen oder Unterlassungen im Rahmen von Agrarumweltprogrammen wurde bis zum Jahre 2004 so vorgegangen, dass der teilnehmende Betrieb über den Ausgleich seiner wirtschaftlichen Nachteile hinaus eine Prämie von bis zu 20 % der Fördersumme genießen konnte, die den Anreiz, am Programm teilzunehmen, erhöhen sollte. Diese Anreizkomponente ist mit den am ersten Januar 2005 in Kraft getretenen Luxemburger Beschlüssen von 2003 abgeschafft worden. Statt der Anreizkomponente dürfen jetzt Transaktionskosten geltend gemacht werden. Deren Erhebung ist ein eigenes Problem; fest steht aber, dass nur noch tatsächlich entstandene Kosten erstattet werden dürfen; der Agrarbetrieb darf mit anderen Worten bei einer Leistung für Umwelt und Natur keinen Gewinn erzielen.

Die Frage, warum dann ein Betrieb am Programm überhaupt noch teilnimmt, sich die damit verbundene Bürokratie aufbürdet sowie akzeptiert, dass ihn eine fünffach höhere Kontrolldichte bei der Cross Compliance trifft,[17] scheint man sich noch nicht vorgelegt zu haben. Wir werden ihr unten im Kapitel 9.3.2 nachgehen.

Die Neuregelung offenbart einen Abgrund ökonomischen Unverständnisses. Überall in der Marktwirtschaft ist das Gewinnstreben legitimer Anreiz und Motor der wirtschaftlichen Entwicklung. Ohne den Gewinnanreiz hätte es die Wohlstandsmehrung der letzten 250 Jahre nicht gegeben. Unendlich oft sind wir belehrt worden, wohin eine Wirtschaft führt, in der es kein Gewinnstreben geben darf: in Stagnation, Ineffizienz, letztlich in den Ruin; dies habe das Schicksal der DDR und des gesamten Sozialismus nur zu deutlich gezeigt. Der Naturschutz in der Kulturlandschaft der Europäischen Union soll also seit 2005 nach dem Prinzip „Gewinnverbot" gestaltet werden, das den Sozialismus in den Ruin geführt hat.

Der Ökonom schüttelt den Kopf. Die EU beruft sich auf Vorgaben der WTO. Die WTO unterscheidet „erlaubte", das heißt mit Handelsfairness vereinbare Subventionen von „unerlaubten", die Schritt für Schritt aus der Welt zu schaffen seien. Subventionen sind erlaubt, wenn sie ohne Sonderverdienst nur Kosten erstatten und unerlaubt, wenn die Empfänger darüber hinaus an ihnen verdienen (DERISSEN 2007). Zwei Bemerkungen sind hierzu in aller Kürze erforderlich.

Erstens scheint es den Experten der WTO an ökonomischer Begriffsklarheit zu ermangeln. Sie definieren jede staatliche Zahlung an jeden beliebigen Empfänger als „Subvention". Damit wären Gehälter an Staatsbedienstete, wie Professoren und Polizisten auch Subventionen. In Wirklichkeit ist eine Subvention eine Zahlung des Staates an ein

---

[17] Mit Bezug auf die Erste Säule wird 1 % aller Betriebe stichprobenmäßig kontrolliert. Bei Zahlungen aus der Zweiten Säule erhöht sich diese Quote auf 5 % (StMELF 2009).

Wirtschaftssubjekt *ohne* Gegenleistung, sie ist eine negative Steuer. Da bei Agrarumwelt-programmen eine Gegenleistung erbracht wird, liegt gar keine Subventionierung, son-dern eine gewöhnliche Honorierung vor. Wenn ein Straßenbauamt für neue Alleebäume zahlt, die es von einer Firma pflanzen lässt, so spricht auch niemand von einer „Sub-vention".

Zweitens beeilt sich die EU in (sonst nicht zu beobachtendem) erstaunlichem Eifer, die WTO-Vorgabe umzusetzen. Bekanntlich schreitet die WTO gegen einen Handels-sünder nur ein, wenn sich andere Staaten über ihn beschweren. Es mag allerlei Material gegen die EU aus Wettbewerbsgründen vorliegen, nicht aber im Zusammenhang mit Agrarumweltmaßnahmen. Selbst wenn sich Neuseeland beschwert hätte, hätte man jahrelang abwarten und verhandeln können, wie man es sonst gern tut. Die Schweiz betreibt eine fachlich erfolgreiche Agrarumweltpolitik, die keineswegs mit WTO-Vorga-ben vereinbar ist. Der vorauseilende Gehorsam der EU in dieser Sache kann sich nur damit erklären, dass er sich mit den Interessen der Länderfinanzminister und Rech-nungshöfe trifft, denen der billigste Naturschutz gerade gut genug ist.

7.7.4   Zusammenfassende Beurteilung des Naturschutzes in der Agrarlandschaft

Auch der Leser, der manches anders sieht, wird sich dem Gesamturteil nicht entziehen, dass der Umgang mit dem kostbaren Gut „Kulturlandschaft" in Deutschland und der gesamten EU zu wünschen übrig lässt. Nach wie vor besteht ein krasses Missverhältnis zwischen der Großzügigkeit, mit der Mittel in die Erste Säule fließen und der Detailver-sessenheit, mit der über die buchstabengetreue Verwendung der geringeren Mittel für Naturschutz gewacht wird. Wobei die Erste Säule Subventionen an Empfänger austeilt, deren Bedürftigkeit sehr unterschiedlich zu beurteilen ist, während die Zweite Säule Gegenleistungen honorieren soll. Es mag sein, dass Rechnungshöfe primär zu prüfen haben, ob öffentliche Mittel regelkonform verausgabt werden und weniger, ob die hier maßgeblichen Regeln sinnvoll sind. In der öffentlichen Wirkung erscheint dennoch ein Rechnungshof, der kein Wort über Milliarden der Ersten Säule verliert, sich aber als Detektiv für die Zweite Säule geriert (oder auch nur in der Wahrnehmung von Betroffe-nen dies jederzeit zu werden droht), als Mitakteur in einem Spiel, dessen Regeln nicht mehr überzeugen.

Ein ebenso krasses Missverhältnis besteht zwischen der Vagheit in fundamentalen Dingen, wie den Pflichten der Landnutzer gemäß Artikel 14, Absatz 2 GG und der Per-fektionierungswut im Nebensächlichen. Man erhält den Eindruck, dass viele, die sich zur Guten fachlichen Praxis zu Wort melden, in technisch-pragmatischer Oberflächlichkeit befangen bleiben und die Tiefe dieses Gegenstandes gar nicht erfassen. Dies wird eine Diskussion im folgenden Kapitel 8 erfordern.

Naturschutz und Agrarumweltpolitik sind von derselben Gesellschaftsplage betroffen, die das Leben in fast allen übrigen Bereichen lähmt: der überbordenden Bürokratie. Wenn landwirtschaftliche Betriebsleiter ohne Freizeit Formulare ausfüllen sollen, die außer Amtspersonen niemand versteht, braucht man sich über ihre sinkende Kooperationsbereitschaft zum Naturschutz nicht zu wundern.

Geradezu bizarr mutet den Ökonomen die – vielen in der „Szene" befangenen Akteuren selbstverständlich erscheinende – Regelung an, dass überall in der Wirtschaft an der Bereitstellung nachgefragter Leistungen verdient werden darf (und teilweise monströs verdient wird), nur nicht bei der Lieferung eines der kostbarsten und knappsten Güter, dem Naturschutz. Den ökonomischen Anreiz zur Kooperation mit der Liquidierung der alten „20 %-Regelung" auszulöschen, muss auf der ordnungspolitischen Ebene als eine der größten Fehlentscheidungen der letzten Jahre angesehen werden.

Es mag sein, dass manches aus Sicht der Praxis hier zugespitzt dargestellt ist und man sich dort besser arrangiert als gedacht. Wenn ein Spielraum besteht, in neue Agrarumweltprogramme auf geschickte Weise 20 % Transaktionskosten anstatt des alten 20-%-Gewinnzuschlags einzuschmuggeln, ohne dass die Transaktionskosten näher bestimmt werden müssen, dann lässt es sich damit ganz gut leben – so hört man es aus der Praxis. Dem ordnungspolitisch denkenden Beobachter wird man freilich nicht verübeln, wenn er im „Durchwursteln" keinen guten Ersatz für überzeugende Regeln sieht.

Pflicht

Zusammenfassung

Wie alle anderen Wirtschaftstätigen auch, arbeiten Landwirte in einem Geflecht von Ge- und Verboten, nicht zuletzt zum Schutz von Natur und Umwelt. Die Regeln der Guten fachlichen Praxis sind in gesetzlichen und untergesetzlichen Normen fixiert. Sie verlangen den Schutz von Böden und Gewässern, weniger den der Atmosphäre und der Biodiversität. Einige Normen sind klar formuliert, die Mehrzahl jedoch vage. Die Gute fachliche Praxis markiert die Grenze zwischen Umweltleistungen, die die Landnutzer auf eigene Kosten zu erbringen haben, und den darüber hinausgehenden, für die sie von der Gesellschaft eine Honorierung erwarten können. Dieser Umstand lässt die Nichtberücksichtigung der Anliegen der Biodiversität in der bisher formulierten Guten fachlichen Praxis zunächst mit der Interpretation akzeptieren, dass diesem Anliegen durch gesellschaftliche Zahlungen an die Landwirtschaft genügt wird. Seit dem Jahre 2005 ist ein zweites Normensystem in Kraft, das der „anderweitigen Verpflichtungen" („Cross Compliance"). Landwirte erhalten Zahlungen aus der „Ersten" und der „Zweiten Säule" nur, wenn sie diese Verpflichtungen erfüllen, zu denen über die ohnehin ordnungsrechtlich gebotenen hinaus einige zusätzliche gehören, die deutlich präziser als die Regeln der Guten fachlichen Praxis formuliert sind. Eine Betrachtung zeigt, dass ein erheblicher Teil der Agrarumweltprogramme, die definitionsgemäß über die Gute fachliche Praxis hinausgehen sollen, in Wirklichkeit deren Anliegen fördert. Was von der Guten fachlichen Praxis unentgeltlich gefordert wird, erweist sich offenbar als zu lasch, andernfalls brauchte es die zusätzlichen Programme nicht zu geben. Man hält es für ökonomisch unzumutbar, die Landwirtschaft Regeln der Guten fachlichen Praxis zu unterwerfen, die wirklich überzeugen würden. Hieraus entspringt der Vorschlag dieses Buches, die Verbindung zwischen Guter fachlicher Praxis und Zumutbarkeitsgrenze zu lösen, die Gute fachliche Praxis ohne Rücksicht auf betriebliche Zumutbarkeit so scharf zu definieren, wie sie sein sollte und den Teil

U. Hampicke, *Kulturlandschaft und Naturschutz,*
DOI 10.1007/978-3-8348-8236-3_8, © Springer Fachmedien Wiesbaden 2013

ihrer Erfüllung, der den Betrieben nicht zugemutet werden kann, durch Beihilfen auszugleichen. Dieser Vorschlag verlangt, die Gute fachliche Praxis, „so wie sie sein sollte", zu definieren, die Grenze der Zumutbarkeit zu nennen und die Finanzierung der Beihilfen zu gewährleisten. Es wird vorgeschlagen, hierfür die „Erste Säule" heranzuziehen, die, dem Verständnis der Landwirtschaft folgend, der Ausgleich für besonders hohe Anforderungen nicht zuletzt an Rücksichtnahme an die Umwelt in der EU ist. Unter Hervorrufung erheblicher Umverteilungen würde aus einer Geldquelle „mit der Gießkanne" eine wirkliche Hilfe an die Landwirtschaft zur Erfüllung strenger Umweltauflagen.

In diesem Kapitel widmen wir uns den Pflichten, denen Agrarbetriebe bei ihrer Wirtschaftstätigkeit genügen müssen. Dabei sehen wir hier über die ebenfalls wichtigen Aspekte von Lebensmittelsicherheit, Produktqualität, Tierwohl usw. hinweg und beschränken uns im Wesentlichen auf solche, die für Landschaft und Naturschutz wichtig sind. Wie im Kapitel 6.1.5 schon erläutert, ist die Gesamtheit der Pflichten nur ein anderer Ausdruck für das Muster der Gewährung von Verfügungsrechten (Property Rights) in der Landschaft. Aufbauend auf dem Artikel 14, Absatz 2 des Grundgesetzes der Bundesrepublik Deutschland (Sozialpflichtigkeit des Eigentums) unterliegt besonders die Verfügung über Grundbesitz und seine Bewirtschaftung Schranken, die das Gemeinwohl erfordert. Die Verfügung wird überwiegend nicht als Dominium, sondern als Patrimonium gewährt. Im Folgenden werden diese Schranken kurz vorgestellt, auf ihre Sachdienlichkeit, Treffsicherheit und Widerspruchsfreiheit geprüft und werden Anregungen für ihre Weiterentwicklung gegeben. Dies alles geschieht aus strikt ökonomischer Perspektive; ein Jurist sieht vieles ganz anders.

Nicht nur Landnutzer unterliegen Pflichten. Sie sind zwar dem materiellen Konflikt mit dem Naturschutz am nächsten und legen letzte Hand an bei der Reduktion der Artenvielfalt in der Agrarlandschaft, tun dies aber letztlich im Auftrag der übrigen Gesellschaft, indem sie große Mengen preisgünstiger Produkte erzeugen, was die Rücksichtnahme auf die Artenvielfalt durchweg und in geringerem Maße sogar die auf die Ressourcen Boden, Gewässer und Atmosphäre hintanstellen lässt. Geht es darum, dem gesellschaftlich und politisch anerkannten Ziel der Nachhaltigkeit zu genügen, welches den Erhalt der überkommenen Artenvielfalt einschließt, so sind selbstverständlich alle Gesellschaftsmitglieder angesprochen. Sind sie nicht Landnutzer, so erfüllen sie diese Pflicht, indem sie Mittel bereitstellen, damit die Landnutzer die Artenvielfalt stärker befördern können. Konkret bezahlen sie die letzteren dafür, wie bei Maßnahmen des Vertragsnaturschutzes.

Die Landnutzer leisten Beiträge, indem sie auf solche Praktiken verzichten, die zwar (oft nur kurzfristigen) ökonomischen Erfolg versprechen, aber mit dem Grundsatz der Nachhaltigkeit nicht vereinbar sind. Sie können nicht erwarten, für jede Art von Rücksichtnahme auf die Integrität von Böden, Gewässern und auch der Biodiversität von der übrigen Gesellschaft finanziell honoriert zu werden. Dieses Kapitel soll klären helfen, wie diese Rücksichtnahme nach Ausmaß und Struktur definiert werden sollte.

8.1 Gute fachliche Praxis

8.1.1 Vier Kern-Gesetze

Der EU-weit übliche Begriff der „Guten fachlichen Praxis" löste während der 1990er Jahre den zuvor in Deutschland gebräuchlichen Terminus „Ordnungsgemäße Landwirtschaft" ab. Gemeint ist in beiden Fällen ein Satz von Regeln, die bei der Ausübung landwirtschaftlicher Tätigkeit eingehalten werden müssen.

Die vier wichtigsten Rechtsnormen zur Konkretisierung der Guten fachlichen Praxis sind das Bundes-Naturschutzgesetz, das Bundes-Bodenschutzgesetz, die Düngeverordnung und das Pflanzenschutzgesetz. Teilweise setzen diese Rechtsnormen EU-Recht in nationales Recht um. Diese Normen sind ordnungs- oder gar strafrechtlich bewährt.

Die Übersicht 21 enthält die zentralen Aussagen des Bundes-Naturschutzgesetzes und des Bundes-Bodenschutzgesetzes zur Guten fachlichen Praxis. Es wird deutlich, dass die meisten Bestimmungen sehr allgemeiner Natur sind und der Konkretisierung bedürfen; wichtige Handlungen oder Unterlassungen werden „nach Möglichkeit" gefordert.

Die Düngeverordnung, ermächtigt durch das Düngemittelgesetz, setzt die EU-Nitratrichtlinie um, enthält jedoch darüber hinaus weitere Elemente, insbesondere bezüglich des Phosphors. Im Gegensatz zu den beiden zuvor genannten Rechtsquellen enthält sie sehr präzise Angaben. Vor jeder Düngung ist der Bedarf festzustellen. Die Düngung muss sich am Aufnahmevermögen der Pflanzen orientieren. Regelmäßig sind Bodenuntersuchungen vorzunehmen und sind deren Ergebnisse aufzubewahren, auch sind Abstände von Gewässern und Vorschriften bezüglich der eingesetzten Geräte einzuhalten. Auf Ackerland dürfen nicht mehr als 170 kg pro Hektar und Jahr Stickstoff in Form organischer Düngemittel verabreicht werden. Auf Grünland erhöht sich dieser Wert bei Vorlage gewisser Voraussetzungen auf 220 kg pro Hektar und Jahr.

Das Pflanzenschutzgesetz regelt das Inverkehrbringen von Pflanzenschutzmitteln und deren Anwendung, von der geforderten Fachkunde und Zuverlässigkeit der Anwender über die Dokumentation der applizierten Mittel bis zur Tauglichkeit der eingesetzten Geräte. Dieses Gesetz enthält ebenfalls klarere Aussagen als die beiden erstgenannten, zweifellos auch deshalb, weil es sich auf spezielle technische Aspekte bezieht.

8.1.2 Konkretisierungen und weitergehende Anforderungen

Die teils sehr allgemein formulierten Regeln verlangen nach Konkretisierung. Im Bundesanzeiger (1999) ist ohne Autorschaft ein Standpunktpapier zum § 17 BBodSchG veröffentlicht. Im Jahre 2002 veröffentlichte die Bundesregierung eine Handreichung zur Vorsorge gegen Bodenschadverdichtungen und Bodenerosion (BMVEL 2002) und im Jahre 2010 eine ebensolche für das Gebiet des Pflanzenschutzes (BMELV 2010). Auch Landesregierungen und andere maßgebliche Institutionen geben Materialien zur Konkretisierung der Guten fachlichen Praxis heraus.

Übersicht 21 Forderungen zur Guten fachlichen Praxis im Bundes-Naturschutzgesetz und im Bundes-Bodenschutzgesetz

§ 5, Absatz 2 Bundes-Naturschutzgesetz

1. Die Bewirtschaftung muss standortangepasst erfolgen und die nachhaltige Bodenfruchtbarkeit und langfristige Nutzbarkeit der Flächen muss gewährleistet werden;
2. Die natürliche Ausstattung der Nutzfläche (Boden, Wasser, Flora, Fauna) darf nicht über das zur Erzielung eines nachhaltigen Ertrages erforderliche Maß hinaus beeinträchtigt werden;
3. die zur Vernetzung von Biotopen erforderlichen Landschaftselemente sind zu erhalten und nach Möglichkeit zu vermehren;
4. die Tierhaltung hat in einem ausgewogenen Verhältnis zum Pflanzenbau zu stehen und schädliche Umweltauswirkungen sind zu vermeiden;
5. auf erosionsgefährdeten Hängen, in Überschwemmungsgebieten, auf Standorten mit hohem Grundwasserstand sowie auf Moorstandorten ist ein Grünlandumbruch zu unterlassen;
6. die Anwendung von Dünge- und Pflanzenschutzmitteln hat nach Maßgabe des landwirtschaftlichen Fachrechts zu erfolgen.

§ 17 Bundes-Bodenschutzgesetz

Zu den Grundsätzen der Guten fachlichen Praxis gehört insbesondere, dass

1. die Bodenbearbeitung unter Berücksichtigung der Witterung grundsätzlich standortangepasst zu erfolgen hat;
2. die Bodenstruktur erhalten oder verbessert wird;
3. Bodenverdichtungen, insbesondere durch Berücksichtigung der Bodenart; Bodenfeuchtigkeit und von den zur landwirtschaftlichen Bodennutzung eingesetzten Geräten verursachten Bodendrucks, so weit wie möglich vermieden werden;
4. Bodenabträge durch eine standortangepasste Nutzung, insbesondere durch Berücksichtigung der Hangneigung, der Wasser- und Windverhältnisse sowie der Bodenbedeckung, möglichst vermieden werden;
5. die naturbetonten Strukturelemente der Feldflur, insbesondere Hecken, Feldgehölze, Feldraine und Ackerterrassen, die zum Schutz des Bodens notwendig sind, erhalten bleiben;
6. die biologische Aktivität des Bodens durch entsprechende Fruchtfolgegestaltung erhalten oder gefördert wird und
7. der standorttypische Humusgehalt des Bodens, insbesondere durch eine ausreichende Zufuhr an organischer Substanz oder durch Reduzierung der Bearbeitungsintensität erhalten wird.

Weniger verbindlich sind Verlautbarungen aus der Wissenschaft oder Kreisen von Fachleuten, die eher den Status von Vorschlägen für die Weiterentwicklung von Normen besitzen. Insbesondere die geringe Wirksamkeit der Normen der Guten fachlichen Praxis im Bereich des Naturschutzes in der Agrarlandschaft gab Anlass zu mehreren Stellungnahmen. Das Bundesamt für Naturschutz veröffentlichte einen Forderungskatalog (BfN 2000, vgl. Übersicht 22), von dem inzwischen einige Punkte Bestandteile des Fachrechts oder der Cross Compliance geworden sind. KNICKEL et al. (2001) erarbeiteten ebenso wie PLACHTER et al. (2005) detailliertere Kriterienkataloge.

Übersicht 22   Forderungskatalog des Bundesamtes für Naturschutz für die Gute fachliche Praxis. (Quelle: BfN 2009)

Geschützte, schutzwürdige und gefährdete Biotope erhalten,

Pufferzonen an der Grenze zu Biotopen nach Einzelfallprüfung nicht düngen und dort keine Pestizide sprühen,

wenigstens fünf Prozent der Nutzfläche als ökologische Ausgleichsfläche nachweisen, wobei Weiden zur Mutterkuhhaltung oder Öko-Äcker gerechnet werden,

Hecken, Waldsäume und Feldraine und Ähnliches ebenso erhalten wie punktförmige Trittsteinbiotope, etwa Quellen, Kleinmoore, Tümpel oder Einzelbäume,

für eine Mindestdichte solcher schützenswerter Bestandteile sorgen, wobei deren Flächenanteil ein bis zwei Prozent betragen müsste,

Feld für Feld den Einsatz von Düngemitteln und Daten zur Nährstoffbilanz in einer so genannten Schlagkartei dokumentieren, die kontrolliert wird,

im Winter zwischen Mitte November und Mitte Februar nicht düngen,

höchstens zwei Großvieheinheiten (etwa zwei Rinder mit einer Tonne Lebensgewicht und entsprechend mehr kleinere Nutztiere) je Hektar Nutzfläche halten,

die Erkenntnisse des integrierten Pflanzenschutzes anwenden und dokumentieren (Einsatz von Nützlingen zur Bekämpfung von Schädlingen, Chemie auf dem Acker als letztes Mittel der Wahl),

auf Dauergrünland keine Pestizide einsetzen,

den Boden angepasst an den jeweiligen Standort bearbeiten, dabei Humus und Bodenlockerheit erhalten, wie es das BBodSchG fordert,

in Flussauen, Überschwemmungsgebieten und auf Hängen mit starkem Bodenabtrag kein Grünland zu Acker umbrechen,

kein genmanipuliertes Saatgut einsetzen.

Aus dem umfangreichen Katalog der zweitgenannten Veröffentlichung greift die Übersicht 23 die Aspekte heraus, die sich auf spezielle Artenschutzziele beziehen. In die Praxis umgesetzt, würde mit deren Umsetzung ohne Zweifel ein bedeutend höheres Niveau des Naturschutzes erreicht werden; wir werden auf diesen Punkt zurückkommen.

8.1.3   Probleme

8.1.3.1   Weiche Formulierungen

Wie bereits angemerkt, erschweren weiche Formulierungen in der Regel die Feststellung, ob ihnen im Einzelfall genügt wird oder nicht. Wenn, wie in § 17, Absatz 2, Satz e BBodSchG, der Bodenabtrag „nach Möglichkeit" vermieden werden soll und er dennoch erfolgt, so fällt es oft leicht zu behaupten, dass eben keine Möglichkeit zu seiner Vermeidung bestand, solange nicht definiert ist, was „möglich" oder „unmöglich" bedeutet. Man fragt sich beim Wort „möglichst", ob damit die Ausschöpfung *technischer* Möglichkeiten (die unter Inkaufnahme beliebig hoher Kosten fast immer bestehen) oder die

Erfüllung der Anforderung im *wirtschaftlich* zumutbaren Maße gemeint ist. Landschaftselemente sollen „nach Möglichkeit" wieder vermehrt werden – ein Agrarbetrieb kann dies in seinem Bereich leicht als „unmöglich" ansehen.

8.1.3.2   Schwierige Inhaltbestimmung

Bestimmte Inhalte der Guten fachlichen Praxis sind zwar vom Grundsatz her klar, aber im Detail objektiv schwer zu definieren und zu überwachen, wie z. B. die Vermeidung von Bodenschadverdichtungen und Strukturschäden. Solche werden als Folge des Einsatzes schwerer Maschinen und hoher Lasten auf dem Acker vermutet, jedoch sind sich Fachleute uneinig (ISENSEE & SCHWARK 2006). Ein schwerer Schlepper übt zwar einen höheren Bodendruck aus, gestattet aber durch seine hohe Schlagkraft auch, die Bodenbearbeitung bei günstiger Witterung und günstigem Bodenzustand ohne Verdichtungsrisiko und Verschlämmung rasch durchzuführen.

Zahlreiche Betriebe bemühen sich mit technischen Mitteln wie Doppelbereifung, solchen Anforderungen aus eigenem Interesse nachzukommen, schon weil die Behebung von Bodenverdichtungen, soweit sie überhaupt gelingt, wiederum Kosten in Gestalt höheren Treibstoffverbrauchs beim folgenden Pflügen erfordert. Bei extremen Bodenverhältnissen unternehmen Betriebe Anstrengungen auch, um dem „Versacken" schwerer Maschinen vorzubeugen.[1] Klare Regelungen, was erlaubt und was verboten ist, sind schwerer zu erlassen als auf anderen Gebieten (vgl. aber BMVEL 2002). Die Schärfe des Problems hängt von Bodenart, Jahreszeit und Jahreswitterung ab. Betriebe stehen bei kritischen Verhältnissen unter Druck. Die Versuchung ist groß, es dann mit Regeln nicht so genau zu nehmen – von der schwierigen Kontrollierbarkeit ganz abgesehen.

8.1.3.3   Übertretungen

Kein Zufall dürfte hingegen sein, dass dort, wo Bestimmungen eindeutig und quantitativ sind, auch Übertretungen eindeutig festgestellt werden. WERNER & BRENK (1997, vgl. auch WERNER 2005) berichten, dass zur Zeit ihrer Untersuchung fast 60 % der Veredlungsbetriebe in Nordrhein-Westfalen die Vorgabe der Düngeverordnung von maximal 170 kg Stickstoff aus Wirtschaftsdünger pro Hektar und Jahr nicht einhielten – unter Duldung der zuständigen Behörden, die in einer Durchsetzung der Vorschrift offenbar eine untragbare Härte für zahlreiche Betriebe sahen.[2]

Diese Art des Vollzugsdefizits aus sozialer Nachsicht kann Verständnis wecken. Andere Übertretungen können es weniger. Schon im Jahre 1989 berichtete DER SPIEGEL, dass in der damaligen Bundesrepublik die Landwirtschaft ihre Wirtschaftsfläche allein

---

[1] Bei der Getreideernte im Jahre 2010 versackte ein Mähdrescher auf der Insel Rügen. Beim Versuch, ihn zu bergen, riss eine Kette und tötete einen jungen Mann. Noch schlimmer war es 2011. In aller Hast versuchten Betriebe, ihre Mähdrescher von Rad- auf Raupenantrieb umzubauen. Ob eine Ernte geborgen werden kann oder nicht, kann über die Existenz eines Betriebes entscheiden. Strenge Anforderungen des Bodenschutzes auch auf die Gefahr hin durchzusetzen, einen Betrieb zu ruinieren, ist ein heikles Problem, vgl. aber Kapitel 8.5 im Folgenden.

[2] Güllebörsen mögen inzwischen teilweise abgeholfen haben.

durch die Übertretung von Eigentumsgrenzen auf illegale Weise um etwa 50.000 Hektar vermehrt habe, wie durch das Pflügen von Weg- und Waldsäumen, die nicht zur Ackerfläche gehörten.

Seit dem 1. Januar 2010 ist das Ausbringen von Gülle mit zentralen Prallverteilern, mit denen nach oben abgestrahlt wird, verboten.[3] Der Prallteller bewirkt eine flächendeckende Verteilung der Gülle auf dem Boden. Wird jene nicht sofort eingearbeitet, was in wachsenden Feldbeständen und im Grünland unmöglich ist, so wird in Abhängigkeit von Boden-pH, Feuchtigkeit, Temperatur und anderen Faktoren Ammoniak von der Bodenoberfläche freigesetzt (DÖHLER & HORLACHER 2010).

Die Beobachtung im Gelände zeigt, dass horizontale Prallteller nach wie vor in Gebrauch sind. Wer allerdings klug ist, biegt den Prallteller so, dass er nicht mehr ganz nach oben abstrahlt, womit dem Verbot ausgewichen, aber fast dieselbe Menge an Stickstoff in die Atmosphäre verbracht wird. Im Interesse des Atmosphärenschutzes sind alle Prallteller zu verbieten – die geltende Regelung kann nur als verzagt, sozusagen vorsätzlich Hintertüren eröffnend, angesehen werden. Schleppschlauchverteiler und Schleppschuhe sollten die Geräte der Wahl sein.

Im Oktober 2011 ging die Nachricht durch die Medien (DER SPIEGEL 2011), dass einer Studie zufolge in Nordrhein-Westfalen nur 17 % aller Masthähnchen gesetzeskonform ohne die Verabreichung von Antibiotika gemästet werden. Alle anderen erhalten Mittel, die nur in Krankheitsfällen zulässig sind, hier aber allen Indizien zufolge zur Wachstumsbeschleunigung verabreicht werden. Man fragt sich, wo die Strafe für derart gravierende Gesetzlosigkeit bleibt.

Das BNatSchG fordert im § 5, Absatz 4, dass „ auf erosionsgefährdeten Hängen, in Überschwemmungsgebieten, auf Standorten mit hohem Grundwasserstand sowie auf Moorstandorten … ein Grünlandumbruch zu unterlassen" ist (vgl. auch Übersicht 21). Wenn im Interesse eines angeblichen Umweltzieles, nämlich der Biogaserzeugung aus Mais (Näheres im Kapitel 10.2) organischer Boden zu Ackerland umgebrochen wird, so ist dies schlicht gesetzwidrig. Die gängige Formulierung, dass hier ein „Vollzugsdefizit" vorliege, ist eine Verharmlosung. Wer es als Bürger selbstverständlich findet, Gesetzen zu folgen, nennt dies einen Gesetz*bruch*.

Die Grenze zwischen gedehnter Auslegung von Vorschriften und offener Illegalität sind fließend, ein gewisser Anteil landwirtschaftlicher Betriebe nimmt es mit Vorschriften nicht genau oder hält sich zum Ausgleich für die Fährnisse, denen er ausgesetzt ist (Einkommensproblemen, überbordender Bürokratie, mangelndem Ansehen in der Öffentlichkeit usw.), für berechtigt, sie nicht so genau nehmen zu müssen. Der Wissenschaftliche Beirat Agrarpolitik beim BMELV mahnt an, „… durch geeignete Kontroll- und Sanktionsmechanismen für den Vollzug bestehenden Rechts zu sorgen". (WBA 2012, S. 17).

---

[3] DüngeVO § 3, Absatz 10 in Verbindung mit Anlage 4.

8.1.3.4 Lücken in der Definition

Übersicht 23 Naturschutzfachliche Konkretisierung der Guten fachlichen Praxis in der Landwirtschaft nach PLACHTER et al. 2005, Auswahl. (Quelle: PLACHTER et al. 2005, Anhang 2, S. 189–306)

Sachverhalt, der Teil der Guten fachlichen Praxis werden soll [a]	Maßnahmen des Mindeststandards [b]	Honorierbare Zusatzleistungen [b]
A11 Artenreiche Zönosen früher Sukzessionsstadien auf Rotationsbrachen	Zulassen spontaner Vegetationsentwicklung auf zeitweiligen Brachen	Gezielte Förderung standortangepasster Zielarten
A 13 Artenreiche standortangepasste Ackerwildkrautgemeinschaften	Reduktion von Bekämpfungsmaßnahmen auf das wirtschaftlich notwendige Maß	Anlage von Ackerrandstreifen
A 14 Hohe Lebensraumqualität der Ackerflächen für wirbellose Tierarten	Aussparen von Teilflächen beim Pflanzenschutz	Anlage von Buntbrachen, Blühsteifen usw.
A 15 Brutplatzqualität für die Feldlerche	Möglichst vielfältige Fruchtfolgen	Anlage von „Lerchenfenstern"
A 16 Berücksichtigung wandernder Amphibienarten	Vermeidung ätzender oberflächig applizierter Düngemittel	Wanderkorridore herstellen und respektieren
A 17 Berücksichtigung migrierender Gänse	–	Förderung der Rastbedingungen
B 4 Schutz von Ruderalarten im Umfeld der Betriebsgebäude	Erhalt und Pflege vorhandener nitrophile Säume	Lokale Entsiegelung
B 5 Artenfördernde Gestaltung von Scheunen und Lagergebäuden	Erhalt vorhandener Nistmöglichkeiten und Quartiere	dto., Neueinrichtung
G 8 Erhalt von Brutplätzen für den Großen Brachvogel	Erhalt von Streuwiesen und Feuchtgrünland	Später Mahdtermin
G 10 Erhalt von Brutplätzen für den Wachtelkönig	wie Brachvogel	wie Brachvogel
L 14 Überlebensfähige Populationen des Rebhuhns	–	Verbesserung der Lebensraumqualität
L 15 Überlebensfähige Population des Feldhasen	Minimierung bewirtschaftungsbedingter Tierverluste	Anlage von Saumstrukturen

[a] mit Nummer des Naturschutzqualitätsziels aus Anhang 2, [b] wichtige Beispiele aus zahlreichen.

Darüber hinaus ist festzustellen, dass die Gute fachliche Praxis Definitionslücken enthält. Dinge, die unter sie fallen sollten, bleiben unberücksichtigt. Zuerst kommt die Artenvielfalt in der Kulturlandschaft in den Sinn und die Defizite, welche PLACHTER et al. (2005) zur Erarbeitung des umfangreichen Katalogs in der Übersicht 23 veranlasst haben. Die bisherigen Regeln der Guten fachlichen Praxis konzentrieren sich auf den Schutz der sogenannten „abiotischen" Landschaftsressourcen,[4] auf Böden und Gewässer. Wie im folgenden Kapitel 8.2 ausgeführt, gibt es freilich auch Argumente *für* eine solche engere Definition, sodass wir die in jenem Kapitel geführte Diskussion abwarten wollen.

Ganz klar kommt in der bisherigen Fassung der Guten fachlichen Praxis das Schutzgut der Atmosphäre zu kurz, welches als das „abiotischste" aller angesehen werden darf. Hier ist manifeste Luftverschmutzung von der Emission klimawirksamer Gase zu unterscheiden.

Die Landwirtschaft emittiert etwa 560.000 t Ammoniak (NH_3) pro Jahr in die Atmosphäre, weit überwiegend aus Tierhaltungen (HAENEL et al. 2010). Die Emissionen erfolgen etwa zu einem Drittel aus der Ausbringung organischer Dünger, einem Drittel aus dem Stallbereich der Tierhaltung und dem übrigen Drittel aus sonstigen Quellen (DÖHLER & HORLACHER 2010). Es handelt sich beim NH_3 um pflanzenverfügbaren Stickstoff, der in terrestrischen, limnischen und marinen Ökosystemen eutrophierend wirkt, was verhindert werden muss. Der Schutz der Atmosphäre schließt also indirekt den Schutz der genannten Ökosysteme ein. Technische und organisatorische Wege, die Emissionen stark zu reduzieren, stehen offen, wenn auch ein überzeugendes Verfahren, organischen Dünger ohne größere Verluste in wachsende Bestände einzubringen, noch aussteht. Es dürften wiederum Erwägungen der Zumutbarkeit sein, die bisher keine Pflicht zur Beschreitung der offen stehenden Wege erheben ließen. Wie schon im Kapitel 2.7 angesprochen, kann davon ausgegangen werden, dass die Reduktion der Ammoniakemissionen längst zum verbindlichen Stand der Technik erklärt worden wäre, wenn der Emittend nicht die Landwirtschaft, sondern die Industrie wäre.

Klimawirksame, das heißt im Infrarot absorbierende Spurengase mit Bezug zur Landwirtschaft sind Kohlendioxid (CO_2), Methan (CH_4) und Lachgas (N_2O). Das Kohlendioxidproblem wird hauptsächlich im Zusammenhang mit Mooren diskutiert, worauf im Kapitel 4.4.3 kurz eingegangen worden ist. Allerdings sind auch Mineralböden umfangreiche CO_2-Speicher, und Nutzungsänderungen, wie insbesondere die Umwandlung von Grünland in Ackerland oder umgekehrt, können Quellen- oder Senkeneffekte auslösen. Es gibt Initiativen, eine angemessene Beachtung dieser Probleme zum Bestandteil der Guten fachlichen Praxis zu machen (LABO 2010). Was die Methanquelle der Wiederkäuer anbetrifft, dürfte es geringe Möglichkeiten einer effektiven Steuerung geben außer der, die Anzahl dieser Tiere zu reduzieren. Lachgas entsteht bei Nitrifizierungs- und Denitrifizierungsprozessen im Boden. Gewiss führt eine Intensivierung der Stickstoffumsätze im Boden tendenziell auch zu erhöhter Lachgasproduktion, jedoch ist gegenüber Zahlenangaben Skepsis geboten. Diese beruhen auf Extrapolationen von einer

---

4   Vgl. Fußnote 1, Kapitel 1.

weitaus zu geringen Anzahl exakt durchgeführter Feldversuche und sind damit wissenschaftlich fragwürdig (BUTTERBACH-BAHL & KIESE 2008).

Was die Lücken bei der Definition der Guten fachlichen Praxis anbetrifft, so ist zu resümieren, dass abgesehen von dem sogleich näher betrachteten Problem der Biodiversität der Einbezug klimawirksamen Emissionen in das Regelwerk mit Ausnahme des CO_2 derzeit schwierig bis unmöglich erscheint, während Stoffe manifester Luftverschmutzung, wie insbesondere Ammoniak, schon längst hätten berücksichtigt werden sollen.

8.2   Ein Pakt zwischen der Landwirtschaft und der übrigen Gesellschaft?

Entgegen dem ersten intuitiven Urteil erscheint die Schwerpunktsetzung bei den Regeln der Guten fachlichen Praxis auf Böden und Gewässer und die Vernachlässigung der Belange der Artenvielfalt unter bestimmten Bedingungen als plausibel und hinnehmbar, insbesondere wenn das Schutzgut Atmosphäre dabei weniger als bisher „vergessen" wird.

Hier ist auf die Funktion der Guten fachlichen Praxis bezüglich der *Kostenverteilung* zwischen Landwirtschaft und Nicht-Landwirtschaft zu blicken. Die Gute fachliche Praxis definiert die Schwelle, bis zu der Tätigkeiten und Unterlassungen unentgeltlich gefordert werden, weil dies den Betrieben zumutbar erscheint. Dieselbe Schwelle definiert, ab wann sie honorierungswürdig sind.

In diesem Verständnis beinhaltet das Fehlen des Ziels der Artenvielfalt in der Definition der Guten fachlichen Praxis nicht, dass deren Belange ungewürdigt bleiben müssten, sondern nur, dass der Landnutzer dafür nicht finanziell verantwortlich ist. Es scheint hier ein impliziter Vertrag zwischen Landwirtschaft und Nicht-Landwirtschaft etwa des Inhalts vorzuliegen: „Die Landwirte schützen auf ihre Kosten Boden und Gewässer (die Atmosphäre sollte auch dabei sein) und die Nicht-Landwirte bezahlen für alle Maßnahmen zugunsten der Artenvielfalt." Der Grund für diese Kostenverteilung ist nach den Ausführungen des Kapitels 5 dieses Buches klar: Es ist im Allgemeinen für einen Landnutzer unmöglich, substanzielle Artenvielfalt auf großen Flächen selbst zu finanzieren. Ein Schäfereibetrieb, der keine Zahlungen für seine Landschaftspflege erhält, überlebt nicht lange. Selbst eine traditionelle zweischürige Wiese ist mit heutigen Wirtschaftsanforderungen kaum noch vereinbar, wenn der Standort intensivierungsfähig ist und der Betrieb unter Druck steht. Demgegenüber erscheint die Rücksichtnahme auf Böden und Gewässer den Landnutzern im Allgemeinen zumutbar.

Ein solches Modell besitzt, politisch gesehen, durchaus einen Charme. Konsequent umgesetzt, das heißt bei strenger und lückenloser Definition der Guten fachlichen Praxis auf der einen und der Verfügung über hinreichende Mittel zur Honorierung der Leistungen für die Artenvielfalt auf der anderen Seite erscheint es tauglich, gute Erfolge zu zeitigen. Im Kapitel 8.5 werden wir allerdings der Frage nachgehen, ob die Verhältnisse bezüglich der Zumutbarkeit – „ja" bei Boden, Wasser und Atmosphäre, „nein" bei der Biodiversität – wirklich so einfach liegen. Es wird sich zeigen, dass das Grundmodell differenziert werden muss.

8.3   Cross Compliance – anderweitige Verpflichtungen

8.3.1   Grundanforderungen an die Betriebsführung

Seit 2005 wird die Gute fachliche Praxis durch ein zweites System überlagert. Nach Schweizer Vorbild legte die EU fest, dass Zahlungen des Staates aller Art an die Landwirtschaft nur erfolgen, wenn die Empfänger ein Normensystem beachten: das der „Anderweitigen Verpflichtungen" oder der „Cross Compliance" (CC). Wer die hier genannten Normen verletzt, muss mit Kürzungen oder im Extremfall gar Streichungen seiner Zahlungsansprüche rechnen. Im Folgenden wird die Regelung dargestellt, wie sie bis 2013 gilt. Es ist zu erwarten, dass die CC nach 2013 in Teilen gestrafft wird, aber im Wesentlichen erhalten bleibt.

Wie die Übersicht 24 verdeutlicht, enthält die Liste der CC-Anforderungen nahezu sämtliche Regelungen, die die EU spezifisch zur Landwirtschaft erlassen hat – nicht allein solche mit Umweltbezug, sondern auch hinsichtlich der Lebens- und Futtermittelsicherheit, des Tierschutzes, der Tierseuchen und der Tierkennzeichnung, also der sprichwörtlichen Ohrmarken.[5] Alle Regelungen sind in Deutschland auch Bestandteil des nationalen Rechtes. Verstöße ziehen damit sowohl ordnungsrechtliche Sanktionen als auch eine Gefährdung der Zahlungsansprüche nach sich. Soweit sich die Regelungen auf den Boden- und Gewässerschutz beziehen, sind sie auch Bestandteile der oben diskutierten Guten fachlichen Praxis.

Im Detail ist das Regelungswerk wesentlich komplizierter als in der Übersicht 24 dargestellt. Aus jeder Richtlinie oder Verordnung werden genau die Artikel aufgezählt, die für die Betriebsführung maßgeblich sind. Bei der FFH-Richtlinie wenden sich nur bestimmte Anforderungen direkt an den Landnutzer; er darf in diesen Gebieten z. B. keine Gebäude errichten, wenn diese den Schutzzweck gefährden. Die Pflicht, die Lebensraumtypen durch rechtliche, administrative oder vertragliche Maßnahmen in gutem Zustand zu erhalten, liegt bei den Behörden.

---

[5] Einen guten Überblick bietet die Broschüre „Cross Compliance 2009", herausgegeben von den Bayerischen Staatsministerien für Ernährung, Landwirtschaft und Forsten sowie für Umwelt und Gesundheit (StMELF 2009).

Übersicht 24 Cross Compliance – Grundanforderungen an die Betriebsführung.
(Quelle: StMELF 2009)

Bestimmte Artikel folgender EU-Richtlinien bzw. Verordnungen müssen von den Landnutzern eingehalten werden:

92/43/EWG	Fauna-Flora-Habitat (FFH)
79/409/EWG	Vogelschutz
80/68/EWG	Grundwasser
86/278/EWG	Klärschlamm
91/676/EWG	Nitrat
2008/71/EG	Kennzeichnung und Registrierung von Schweinen
VO(EG) 1760/2000	Kennzeichnung und Registrierung von Rindern
VO(EG) 21/2004	Kennzeichnung und Registrierung von Schafen und Ziegen
91/414/EWG	Pflanzenschutzmittel
96/22/EG	Verbot bestimmter Futterstoffe
VO(EG) 178/2002	Lebensmittelrecht und -sicherheit
VO(EG) 999/2001	Verhütung, Kontrolle und Tilgung von BSE
85/511/EWG	Bekämpfung der Maul- und Klauenseuche
2000/75/EG	Bekämpfung und Tilgung der Blauzungenkrankheit
92/119/EWG	Bekämpfung anderer Tierseuchen
91/629/EWG	Mindestanforderungen für den Schutz von Kälbern
91/630/EWG	Mindestanforderungen für den Schutz von Schweinen
98/58/EG	Schutz landwirtschaftlicher Nutztiere

Bundes- oder Landesrecht kann über die Anforderungen der Cross Compliance hinausgehen. In diesem Fall gewärtigt ein Übertreter nur ordnungsrechtliche Sanktionen. Ein komplizierter Fall folgt aus dem Verhältnis zwischen der EU-Nitratrichtlinie und der deutschen Düngeverordnung. Generell ist nur die Einhaltung der Nitratrichtlinie relevant. Genießt ein Betrieb jedoch auch Zahlungen aus der Zweiten Säule, dann erstrecken sich die anderweitigen Verpflichtungen auch auf die Regelungen der Düngeverordnung zum Phosphor.

8.3.2   Erhaltung landwirtschaftlicher Flächen in einem guten landwirtschaftlichen und ökologischen Zustand und Dauergrünlanderhaltung[6]

Zusätzlich zu den fachrechtlichen Ansprüchen verlangt die Cross Compliance von den Betrieben vier weitere Leistungen und von den regional zuständigen Behörden eine zusätzliche. Sie werden hier auf das Wichtigste reduziert genannt.

---

[6] Der Fachjargon bedient sich hier der unschönen Abkürzung „glöz" für „guten landwirtschaftlichen und ökologischen Zustand". Ältere werden an „gröfaz" erinnert.

Erosionsvermeidung: Bis 2010 galt: Mindestens 40 % der Ackerflächen eines Betriebes müssen in der Zeit vom 1. Dezember bis zum 15. Februar entweder eingesät sein, oder die auf der Oberfläche verbleibenden Pflanzenreste dürfen nicht untergepflügt werden. Nicht durch Erosion gefährdete Äcker sind hiervon befreit. Bestehende Ackerterrassen dürfen nicht beseitigt werden. Die allgemeine 40-%-Regel weicht 2010 einer Behandlung für jeden individuellen Ackerschlag entsprechend seiner Erosionsanfälligkeit. Dafür entsteht ein flächendeckendes Erosionskataster (kompakte Darstellung in www.aelf-sw.bayern.de).

Erhaltung der organischen Substanz im Boden und Schutz der Bodenstruktur: Im Ackerbau müssen mindestens drei Kulturen eine Fruchtfolge bilden, jede muss mindestens 15 % der Fläche umfassen. Wird dies nicht eingehalten, muss alle drei Jahre eine Humusbilanzierung vorgenommen werden, die einen Verlust von höchstens 75 kg Humus-C pro Hektar und Jahr ergeben darf. Wird auch das nicht eingehalten, so muss alle sechs Jahre eine Humusuntersuchung des Bodens erfolgen, die einen Gehalt von mindestens 1 % Humus bei Böden mit weniger als 13 % Tonanteil und mindestens 1,5 % Humus bei Böden mit über 13 % Tonanteil nachweisen muss. Der Betriebsleiter muss an Fortbildungen teilnehmen. Das Abbrennen der Stoppel ist untersagt.

Instandhaltung von aus der landwirtschaftlichen Erzeugung genommenen Flächen: Nicht genutzte Äcker müssen begrünt oder der Selbstbegrünung zugeführt werden; nicht genutztes Grünland muss entweder jedes Jahr gemulcht oder gehäckselt oder mindestens alle zwei Jahre mit Abfuhr des Gutes gemäht werden.

Landschaftselemente: Es ist verboten, Hecken, Baumreihen, Feldgehölze, Feuchtgebiete und Einzelbäume, jeweils hinsichtlich Mindestgröße usw. spezifiziert, zu beseitigen.

Dauergrünlanderhaltung: Hat sich während eines definierten Zeitraumes in einer Region – in Deutschland in einem Bundesland – die Fläche des Dauergrünlandes um mehr als 5 % verringert, so sind die Behörden verpflichtet, weiteren Umbruch einer Genehmigung zu unterwerfen. Hat er sich um mehr als 8 % verringert, so können (ab 10 % müssen) die Behörden von den betreffenden Betrieben eine Neuanlage von Grünland verlangen.

8.3.3   Cross Compliance und Zweite Säule

Auch alle Anforderungen, denen sich Betriebe unterwerfen müssen, die an Agrarumweltprogrammen teilnehmen und dafür Honorierungen erhalten, sind Cross Compliance bewehrt. Wer vertraglich zusichert, nicht zu düngen, und es doch tut, wird sanktioniert. Schon im Kapitel 7.7.3 ist berichtet worden, dass die Kontrolldichte bei Betrieben, die Zahlungen aus der Zweiten Säule genießen, fünffach erhöht ist.

8.3.4 Landschaftsökologische Beurteilung der Cross Compliance

Die Anforderungen der Cross Compliance sind wesentlich konkreter formuliert als in den Rechtsmaterien zur Guten fachlichen Praxis; z. B. ist nirgendwo von „möglichst" die Rede. Bestimmte Dinge müssen getan oder unterlassen werden.

Da in Deutschland etwa zwei Drittel des Ackerlandes mit Wintergetreide und Winterraps bestellt wird (Statistisches Jahrbuch über ELF 2011, Tabelle 102, S. 100), ist nur eine Minderheit von Betrieben von den Regeln zur Erosionsvermeidung betroffen. Traditionelle Sommerkulturen wie Kartoffeln und Zuckerrüben nehmen in keinem Betrieb 60 % der Ackerfläche ein. Die Regel trifft also neben kleinflächig wirtschaftenden Gemüsebaubetrieben vor allem Betriebe mit hohem Maisanteil, verstärkt durch den Energiepflanzenanbau (vgl. Kapitel 10.2). Sie müssen zu geeigneten Abhilfen wie Frühjahrsfurche und/oder Zwischenfruchtbau greifen, soweit sie sich nicht durch den Nachweis der Abwesenheit von Erosionsgefahr davon befreien können. Auch mit den Anforderungen an die Humuswirtschaft werden die meisten Betriebe keine Probleme haben. Durch die Regeln werden allein Humus übermäßig zehrende Spezialpraktiken ausgeschlossen, wie übermäßiger Strohverkauf, Unterlassung der Zufuhr von organischem Material bei Daueranbau Humus zehrender Früchte und ähnliches. Die Anforderungen an die Pflege nicht genutzter Flächen, insbesondere von Grünland, führen zu keinen hohen Kosten, und das Gebot, Strukturelemente zu schonen (wie auch im Bundes-Naturschutzgesetz, vgl. Übersicht 21), muss bei der heutigen Armut derselben in hoch produktiven Regionen als Selbstverständlichkeit angesehen werden. Man darf resümieren, dass die betrachteten Anforderungen von der Masse der Betriebe ohne Probleme erfüllt werden und eher dazu da sind, einzelne Auswüchse zu begrenzen.

Umgekehrt ist zu fragen, ob die Regelungen hinreichend zur Schonung der Landschaftsressourcen beitragen. Bei der Umsetzung der Cross Compliance gewährt die EU den Mitgliedsstaaten erhebliche Freiheiten, und es ist bemerkenswert, dass in Deutschland ein Punkt keine Beachtung fand, der auf EU-Ebene durchaus diskutiert wurde, nämlich das schon oben angesprochene Thema Bodenverdichtung durch Schlepper und Maschinen. Eine Untersuchung, wie die Cross Compliance in anderen EU-Staaten durchgeführt wird, wäre eine eigene Arbeit; MÜNCHHAUSEN et al. (2009: 146 ff.) berichten z. B. von weitaus detaillierteren Regelungen zum Bodenschutz in Großbritannien.

Man möchte die Vorschriften zur Erosionsvermeidung und zum Humuserhalt so interpretieren, dass dort, wo sie eingehalten werden, nach Auffassung des Regelgebers keine Gefahr für die Schutzgüter besteht. Nun ist aber bekannt, dass Erosion nicht nur im Winter vorkommt, sondern sich in Kulturen mit später Bodendeckung, wie Mais und Zuckerrüben, ganz besonders bei frühsommerlichen Starkregen auswirkt. Aus diesem Grund und aus anderen sind die Regeln als Schritt in die richtige Richtung, aber gemessen am Problemdruck als nicht ausreichend anzusehen.

Von der Regel zur Instandhaltung landwirtschaftlicher Flächen dürften Äcker nach der in den letzten Jahren eingetretenen Flächenknappheit nur in wenigen Fällen betroffen sein, Grünland aber umso mehr. Im Kapitel 5.2 sind die hohen Kosten der Grünlandpflege mit Weidetieren dargestellt worden. Es besteht für die Besitzer solcher Flächen ein starker Anreiz, auf kostengünstige Pflege mit dem Mulchgerät umzusteigen. Agrarökonomen wundern sich, dass dies bisher nur in geringem Maße erfolgte. Die wesentlich teurere Grünlandpflege mit Tieren kann jedoch kaum ordnungsrechtlich oder per Cross Compliance eingefordert werden, wenn die dafür benötigten Mittel den Betrieben nicht verfügbar gemacht werden. Immerhin ist der Schutz des Grünlandes gegen die Vereinahmung durch Gehölze, die schon viele wertvolle Flächen mageren Grünlandes hat verloren gehen lassen, gewährleistet.

Besonders kritisiert wird die Vorschrift gegen den Grünlandumbruch, die zum Glück in einigen Bundesländern (Bayern, Brandenburg/Berlin und Rheinland-Pfalz) durch schärfere Landesgesetze übertroffen wird. Der von der gültigen Cross-Compliance-Regelung tolerierte Grünlandverlust von bis zu 10 % in einer Referenzperiode erscheint sehr hoch. Noch problematischer ist freilich der qualitative Aspekt. Die Regeln der Cross Compliance zum Erhalt von wenigstens 90 % des Grünlands erlauben durchaus Umbrüche und Umwandlungen in Ackerland, sofern fehlendes Grünland neu angelegt wird. In der Fachwelt ist aber unbestritten, dass die Qualität von Grünlandflächen, insbesondere ihr Artenreichtum, fast immer mit ihrem Alter zusammenhängt. Wenn also alte artenreiche Flächen durch frisch angelegtes Saatgrasland ersetzt werden, dann ist mit Blick auf die Artenvielfalt der Verlust fast ebenso hoch, als würde gar kein Ersatz erfolgen.

Oppermann et al. (2010b) folgern aus ihrer umfassenden Studie, dass die Cross-Compliance-Regelungen im Hinblick auf den Biodiversitätsschutz nicht ausreichen. Während sie für die Vogelwelt als wenigstens nicht schädlich eingestuft werden, verlangt der Schutz von Vegetation und wirbellosen Tieren weitergehende und vor allem standörtlich differenzierte Maßnahmen. Die Autoren fordern unter anderem, von einem schematischen Mulchgebot abzugehen und stattdessen rotierend ungemulchte Teile zu tolerieren, ferner ein striktes Umbruchverbot für Grünland, eine Pflicht für jeden Betrieb zur Vorhaltung ökologischer Ausgleichsflächen sowie einen Ausbau der Agrarumweltmaßnahmen (S. 330 ff.).

8.3.5 Beurteilung der Cross Compliance im Allgemeinen

In der nichtlandwirtschaftlichen Öffentlichkeit dürfte positiv beurteilt werden, dass die Empfänger hoher Direktzahlungen als Gegenleistung sinnvolle Auflagen zu erfüllen haben. Wie gezeigt, handelt es sich in vielen Fällen um Auflagen, die das Ordnungsrecht ohnehin fordert, und dass jemand bei ihrer Missachtung nicht allein ordnungs- oder strafrechtliche Konsequenzen, sondern auch Minderungen seiner Zahlungsansprüche riskiert, wird weithin als fair und konsequent angesehen. Wie ebenfalls gezeigt, konkretisiert die Cross Compliance in anderen Fällen Auflagen, die in den Rechtsmaterien zur Guten fachlichen Praxis allzu vage formuliert sind.

Gegen das Grundkonzept der Cross Compliance ist somit wenig einzuwenden. Die Praxis seit 2005 zeigt auf der anderen Seite aber auch Schattenseiten. Schon das Nebeneinander zweier Konzepte – Guter fachlicher Praxis und Cross Compliance –, ihre teilweise Überlappung und Verzahnung, dann aber auch wieder Unterschiede zwischen ihnen, fordern Behörden und Betriebsleitern hohe Aufmerksamkeit ab, die zumindest die letztgenannten lieber auf andere Aspekte ihrer Betriebsführung lenken würden. Betriebsleiter empfinden den Grundsatz ungerecht, dass sich bei spezifischen Verstößen, etwa bezüglich der Ohrmarken von Tieren, Sanktionen auf alle Teile des Betriebes erstrecken, auch auf die, die mit der Unregelmäßigkeit nichts zu tun haben. Ferner befürchten sie ständige Verschärfungen, insbesondere dass Leistungen, die heute noch über Agrarumweltmaßnahmen entgolten werden, morgen zu Teilen der Cross Compliance werden und damit unentgeltlich erbracht werden müssen. Dazu ist schon oben bemerkt worden, dass auch Standards im technischen Umweltschutz im Bereich der Industrie, des Siedlungswasserwesens usw. über Jahrzehnte hinweg verschärft wurden und dass daran kein Weg vorbeiführt, wenn es Gesundheit und Umweltschutz erfordern. Zu diskutieren ist allein der Aspekt der *Zumutbarkeit*.

Leider hat sich im Zuge der Cross Compliance zuweilen eine Atmosphäre des Kontrollierens, des Misstrauens, ja sogar der Vorverurteilung ausgebreitet, wie sie im voranstehenden Kapitel 7.7.3 beschrieben wurde. Die Verhältnisse sind umso unverständlicher, als es oft um geringe Geldsummen geht, während Zahlungen der Ersten Säule, deren Legitimation immer schwächer wird, weiterhin in Milliardenhöhe fließen.

8.4 Gute fachliche Praxis, Cross Compliance und Agrarumweltprogramme

Wir kehren nun zur Beurteilung der im Jahre 2012 verbindlichen Guten fachlichen Praxis zurück mit dem Ziel, Vorschläge für ihre Weiterentwicklung zu erarbeiten. Dazu betrachten wir die in den deutschen Bundesländern nach der ELER-Verordnung angebotenen Agrarumweltprogramme, und zwar speziell diejenigen, die weniger naturschutzfachlich als produktionsbezogen orientiert sind und damit durch die GAK kofinanziert werden. Dabei stützen wir uns auf die verdienstvolle Zusammenstellung von THOMAS et al. (2009).

Die in solchen Programmen verlangten Leistungen verraten deshalb viel über die gültige Fassung und Abgrenzung der Guten fachlichen Praxis, weil sie definitionsgemäß über dieselbe und auch über die Forderungen der Cross Compliance hinausgehen müssen. Gute fachliche Praxis muss auch ohne Förderung durch Agrarumweltprogramme eingehalten werden. Die Übersicht 25 fasst die GAK-kofinanzierten Programme in Deutschland zusammen und hebt einige Aspekte hervor. Dabei wird z. B. der Ökologische Landbau nicht näher betrachtet – keineswegs in seiner Geringschätzung (vgl. Kapitel 10.3), sondern weil hier andere Fragen im Vordergrund stehen. Der Leser erhält sehr viel reichere Informationen in der Quelle zur Übersicht 25.

Übersicht 25 Von der GAK geförderte Agrarumweltprogramme in deutschen Bundesländern. (Quelle: THOMAS et al. 2009)

	Programminhalt	Honorierungs-richtlinie durch GAK (€/ha.a)	Anbietende Bundesländer [a]	Nur in Gebiets-kulissen
1	Ökologischer Landbau	[b]	alle	
	Maßnahmen im Ackerbau:			
2	Fruchtfolgen	50	4	6
3	Zwischenfrüchte, Untersaaten	70	8	4
4	Mulch- und Direktsaat	54	9	1
5	Gülleausbringung	30	5	
6	Erosionsminderung im Futterbau	170	0	
7	Herbizidverzicht in Dauerkulturen	156	1	
8	Blühflächen, Schonstreifen	55–540	10	7
9	Biologische Schädlingsbekämpfung	29–191	4	
	Maßnahmen im Grünland:			
10	Umwandlung Acker in Grünland	239	6	4
11	Extensivierung, Betrieb	110	8	
12	Extensiverung, Teilflächen	110–200	5	
13	Sommerweide Rinder		1	
14	Laufställe		5	
15	erfolgsorientierte Maßnahmen [c]	50–110	3	

[a] Gesamtzahl = 14, da Niedersachsen und Bremen sowie Brandenburg und Berlin jeweils ein Programmpaket anbieten, [b] unterschiedlich, vgl. Quelle, S. 21, [c] vgl. Kapitel 9.4.5.

Bei den Programmen 2 und 3 handelt es sich um Inhalte, die in qualitativer Hinsicht auch Forderungen der Cross Compliance sind. Eine Doppelung wird dadurch vermieden, dass die Programme quantitativ mehr verlangen – eine vier- bis fünfgliederige Fruchtfolge anstatt einer dreigliederigen sowie Bodenbedeckungen über die geforderten 40 % der Ackerfläche hinaus. Die Programme 3, 4, 6 (nicht angenommen), 8 (teilweise) und 10 dienen ganz offenkundig dem Boden- und teils auch Gewässerschutz, wobei 6, 8 und 10 ganzjährig wirken, was den Forderungen der Cross Compliance abgeht. Genau dieselben Programme werden in zahlreichen Bundesländern, teils sogar in ihrer Mehrzahl, nur in Gebietskulissen angeboten. Die Tendenz, sich auf Gebietskulissen zurückzuziehen, verdankt sich dem Umstand, dass Mittel knapper geworden sind, sodass sie dorthin gelenkt werden, wo sie am dringendsten gebraucht werden. So werden Schonstreifen, Umwandlungen von Teilflächen in Grünland, aber auch die übrigen Programme dieses Typs vorwiegend in Gewässernähe angeboten, um den Zielen der Wasserrahmenrichtlinie (WRRL) zu dienen.

Es stellen sich mehrere Fragen. Offenbar reichen die durch die Gute fachliche Praxis, so wie definiert, und die Cross Compliance geforderten Maßnahmen nicht aus, andernfalls brauchten die Programme nicht angeboten zu werden. Ein besonders illustratives Beispiel ist das Programm 5 (Gülleausbringung) in Übersicht 25. Oben im Kapitel 8.1.3.3 wurde berichtet, dass horizontale Prallteller bei der Gülleausbringung verboten sind. Die Intention der Regelung – Stickstoffeinträge in die Atmosphäre zu minimieren – ist ebenso offenkundig wie die Zaghaftigkeit bei ihrer Umsetzung. Nun wird im Programm 5 die umweltschonende Gülleausbringung in fünf Bundesländern mit 30 € pro Hektar und Jahr honoriert. Es wird genau das honoriert, was durch die Definition der Guten fachlichen Praxis zur Pflicht zu machen versucht, aber offenbar angesichts erwarteter Widerstände nicht zu verlangen gewagt wird. Bei diesem gravierenden ordnungspolitischen Problem tritt die mehr technische Frage, wie mit einer derart geringfügigen Honorierung Betriebe veranlasst werden sollen, teure und die Atmosphäre wirklich schonende Geräte anzuschaffen, in den Hintergrund.

Zum Erosionsproblem zurückkehrend, fordert, wie in Übersicht 21 festgehalten, § 17, Nummer 4 BBodSchG, dass Bodenabträge möglichst vermieden werden. Soweit sie trotz dieses Gesetzes toleriert werden, wird also ihre Vermeidung nicht für „möglich" gehalten. Nun zeigen aber die Agrarumweltprogramme, dass doch mehr „möglich" ist; denn wären sie unwirksam, so wären sie überflüssig und würden kaum angeboten werden. Die oben im Kapitel 8.1.1 gestellte Frage, ob das BBodSchG technische oder ökonomische „Möglichkeit" meint, kann nur so beantwortet werden, dass hier ökonomische Überlegungen den Ausschlag geben. Die Gute fachliche Praxis verlangt vom Flächennutzer, im Rahmen des ihm ökonomisch Möglichen und Zumutbaren Erosion zu vermeiden.

Einerseits ist dies nachvollziehbar; es kann schlechthin nichts Unmögliches verlangt werden. Andererseits ist es problematisch, eine Praxis, die zum befriedigenden Ressourcenschutz offensichtlich nicht ausreicht (sonst bedürfte es keiner ergänzenden Agrarumweltprogramme), „gut" zu nennen. Eine Praxis ist „gut", wenn sie wirklich gut und nicht, wenn sie ökonomisch zumutbar ist. Auch ein umgekehrt argumentierender Standpunkt, wonach der durch die Gute fachliche Praxis und die Cross Compliance gesicherte Ressourcenschutz durchaus schon hinreiche („gut genug" sei) und die Programme nur willkommene Ergänzungen über das Notwendige hinaus darstellten, kann nicht überzeugen. Bei allgemeiner Mittelknappheit wären zusätzliche Ausgaben dort, wo die Verhältnisse bereits als „gut genug" angesehen werden, kaum zu rechtfertigen, vielmehr sollten diese Mittel dann woanders eingesetzt werden.

So ist zu schließen, dass die durch Ordnungsrecht und Cross Compliance herbeigeführte Landnutzung noch nicht zu einem wünschenswerten Ressourcen- und Naturschutz führt und dass dies die Motivation für das Angebot der betrachteten Agrarumweltprogramme ist. Eine wirklich Gute fachliche Praxis, wie sie sein *sollte*, verlangte noch mehr, wird aber aus Gründen der Zumutbarkeit nicht zur Regel gemacht, sondern honoriert. Folgt man hier, dann besteht ein Problem in der Freiwilligkeit der Teilnahme an den Programmen. Freiwilligkeit heißt, dass kein Betrieb zu tadeln ist oder gar Unrecht begeht, wenn er nicht teilnimmt. Unter den geschilderten Umständen bedeutet Nicht-Teilnahme jedoch, die Standards der Guten fachlichen Praxis, wie sie definiert sein *sollten*, nicht zu erreichen.

Das Problem besteht in verschärfter Form, wo nicht die Gute fachliche Praxis, wie sie sein sollte (weshalb mit Agrarumweltprogrammen nachgeholfen wird), sondern wo sogar in Kraft befindliche Normen Leistungen verlangen, deren Erfüllung in der Praxis dann über freiwillige Verträge zu sichern versucht wird. § 32, Abs. 3 BNatSchG fordert in Umsetzung der Richtlinie 92/43/EWG geeignete Pflege- und Entwicklungsmaßnahmen in FFH-Biotopen, um Zustandsverschlechterungen, insbesondere Artenverluste in diesen zu verhindern. So wird z. B. in einem FFH-Kalkmagerrasen die Fortführung der Schäferei verlangt, die nach Kapitel 5.2.1 äußerst defizitär ist. Was wird, wenn sich kein Schäfer findet?

In der Praxis fließt ein immer größerer Anteil der Mittel für Agrarumweltprogramme in pseudo-freiwillige (in Wirklichkeit obligatorische) Verwendungen zur Erfüllung der Anforderungen der FFH- und auch der Wasserrahmenrichtlinie. Rechtlich scheint dies kein Problem zu sein. Die Richtlinie erlaubt im Artikel 6 und das umsetzende BNatSchG im § 32 den Einsatz vertraglicher Lösungen zur Erfüllung der in Natura-2000-Gebieten erhobenen Pflichten. Wenn die Mitgliedstaaten ihre Pflicht auf diese Weise erfüllen, erhebt die EU keine Einwände.

Ein Rückblick auf die Verteilung der Qualitätsklassen wichtiger Biotope in Übersicht 1 (Kapitel 3.2) zeigt freilich, dass die Pflicht in Deutschland nur unvollkommen erfüllt wird.

Erfüllen Mitgliedstaaten die Anforderungen von Richtlinien und Verordnungen der EU nur mangelhaft oder gar nicht, so wird dies frühestens nach Anfertigung und Prüfung der im Artikel 15 vorgeschriebenen Berichte, also nachdem viel Zeit ins Land gegangen ist (während derer weitere landschaftsökologische Verluste eingetreten sein können), dazu führen, dass die Kommission aktiv wird und gegebenenfalls beim Europäischen Gerichtshof Klage erhebt. Man muss folgern, dass die Schwerter des EU-Rechtes offenbar so scharf nicht sind.

Auch wenn es die einschlägigen Vorschriften erlauben, mutet die Praxis, Anliegen, die zwingend geboten sind, mittels freiwilliger Verträge umzusetzen, zu denen niemand gezwungen werden kann, zunächst fremd an. Man darf jedoch nicht übersehen, dass in der Marktwirtschaft der allergrößte Teil zwingender Bedürfnisse vertraglich und nicht hoheitlich erfüllt wird. Kein Landwirt *muss* Weizen erzeugen, dennoch haben viele Menschen (nicht alle auf der Welt) Brot. Im Kapitel 6.1.9 ist von den kläglichen Ergebnissen aller Versuche, solche Probleme hoheitlich zu regeln, berichtet worden. Blickt man auf die Ergebnisse, so ist die Praxis freiwilliger Verträge folglich nicht abzulehnen, wenn eine hohe Wahrscheinlichkeit dafür besteht, dass aufgrund ihrer finanziellen Attraktivität genügend Leistungsbereitschaft mobilisiert werden kann. Dann wird die oben geäußerte und an sich berechtigte Frage „Was wird, wenn sich kein Schäfer findet?" zu einer hypothetischen: Gut bezahlt, wird sich einer finden. Die bestehenden Probleme und Misserfolge sind somit nicht auf das Prinzip Freiwilligkeit an sich, sondern auf eine Kombination von Freiwilligkeit, mangelnder Motivation und unzureichender Mittel zurückzuführen.

8.5 Vorschlag für eine Neuorientierung

8.5.1 Trennung von Guter fachlicher Praxis und Honorierungsschwelle

Es ist also doch nicht so einfach wie oben im Kapitel 8.2 zunächst beschrieben, wonach die Landwirtschaft auf ihre Kosten die sogenannten abiotischen Landschaftsressourcen intakt erhält und für die Förderung der Biodiversität von der übrigen Gesellschaft honoriert wird. Boden- und Gewässerschutz sind offenbar *nicht* im hinreichenden Umfang auf eigene Kosten der Landwirtschaft zu gewährleisten und damit ihr zumutbar, sonst gäbe es keine ergänzenden Agrarumweltprogramme. Umgekehrt lassen sich Leistungen bei der Förderung der Biodiversität denken, die flächenstarken Betrieben ohne Weiteres zumutbar wären. Einem 5.000-Hektar-Betrieb im Osten Deutschlands wäre viel eher zuzumuten, wenige Hektar ohne Förderung für den Biodiversitätsschutz abzuzweigen, als einem flächenschwachen Familienbetrieb in Westfalen, seinen Viehbestand zur Korrektur seiner Stickstoffbilanz abzustocken.

Die aufgezeigten Schwierigkeiten resultieren aus der auf den ersten Blick einleuchtenden, in Wirklichkeit jedoch problematischen Verknüpfung der Guten fachlichen Praxis mit der Schwelle der Honorierbarkeit. Die Lösung des Problems besteht darin, diese Verknüpfung aufzukündigen und die Schwelle und die Gute fachliche Praxis *unabhängig voneinander*, die erste nach ökonomischen und die zweite allein nach ökologisch-fachlichen Kriterien zu definieren.

Wie in der Abb. 8.1 verdeutlicht, ergeben sich drei Fälle: Der Sektor A beinhaltet Maßnahmen der Guten fachlichen Praxis, die einem Betrieb zumutbar sind, sodass sie ohne finanzielle Unterstützung eingefordert werden können. Auf den Sektor B (zumutbar, aber derzeit nicht Gute fachliche Praxis) kommen wir weiter unten noch einmal kurz zurück. Der Sektor C (Gute fachliche Praxis, aber nicht zumutbar) ist zunächst am interessantesten. Soll die Gute fachliche Praxis kompromissloser Standard ohne Ausnahmen werden, dann muss ihre Durchführung im Sektor C zwar gefordert, aber finanziell ausgeglichen werden.

Es wird vorgeschlagen, die Gute fachliche Praxis wesentlich anspruchsvoller als bisher zu definieren. Zumindest alle Leistungen, welche durch die Agrarumweltprogramme in Übersicht 25 honoriert werden, sollen obligatorisch werden, mit Sicherheit finden sich zahlreiche darüber hinausgehende. Aus den derzeitigen Mitteln der Ersten Säule wird ein Fonds gebildet, aus dem Beihilfen für die Erfüllung aller Anforderungen gezahlt werden, welche als den betroffenen Betrieben nicht zumutbar angesehen werden. Der Fonds finanziert mit anderen Worten den Sektor C in Abb. 8.1.

Die Loslösung von Guter fachlicher Praxis und Honorierungsschwelle mit der Zusicherung von Beihilfen für den Sektor C ist für beide Seiten – die „ökologische" und die „ökonomische" – eine Befreiung. Die Gute fachliche Praxis kann rein nach landschaftsökologischen Gesichtspunkten und frei von Rücksichtnahmen auf hier sachfremde betriebswirtschaftliche Umstände definiert werden.

Abb. 8.1 Relation von Guter
fachlicher Praxis und Zumutbarkeit. Erläuterung im Text

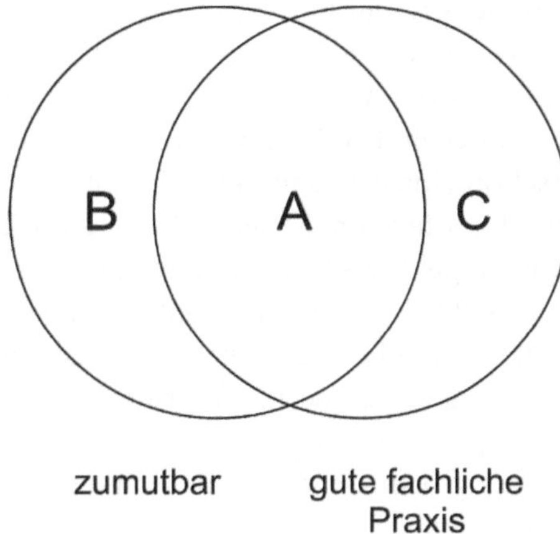

Die wirtschaftliche Seite verliert jedes (heute reges) Interesse daran, die Gute fachliche
Praxis möglichst lasch zu definieren und lebt nicht länger in ständiger Furcht vor Verschärfungen, wenn sie sicher ist, dass die Kräfte eines Betriebes übersteigende Aktivitäten und Unterlassungen zwar eingefordert, aber finanziell ausgeglichen werden.

8.5.2 Einwände

Natürlich wird es auf diesen Vorschlag zunächst Einwände hageln. Auf drei zu erwartende sei kurz eingegangen.

Erstens: Wäre der *bestehende* Zustand optimal oder wenigstens tragbar, brauchte es
keine Vorschläge für Neues zu geben und das vorliegende Buch wäre nicht geschrieben
worden. Das bestehende System ist aber viel problematischer als das vorgeschlagene.
Seine materiellen Ergebnisse sind ein unbefriedigender Schutz von Böden, Gewässern
und Atmosphäre, ein von wenigen Positivbeispielen abgesehen desolater Zustand der
Biodiversität, ein hoher Finanzaufwand ohne erkennbare Ziele, eine beträchtliche Versi-
ckerungsquote sowie eine schwindende Akzeptanz in der Öffentlichkeit. Das bestehende
System würde nur dann ordentlich funktionieren, wenn die Mengen der betrieblich
zumutbaren und die der sachlich-ökologisch zu fordernden Aktivitäten und Unterlassungen im Sinne der Guten fachlichen Praxis *zufällig* identisch wären (es nur den Sektor
A in Abb. 8.1 gäbe). Davon kann keine Rede sein. Weil die beiden Mengen A und $A \cup C$
in Abb. 8.1 nicht identisch sein können (mit anderen Worten C nicht leer ist), muss die
derzeitige Praxis geprägt sein von tendenziell laschen und mehr oder weniger sogar intendiert unklaren Anforderungen, um die es trotzdem ständig Streit gibt, von faulen
Kompromissen und davon, dass entgegen der Programmatik etliches, was als Gute fachliche Praxis angesehen werden müsste, im Rahmen freiwilliger Verträge doch honoriert
wird.

Zweitens ist ein Einwand zu antizipieren, der im Rat von Sachverständigen für Umweltfragen schon diskutiert wurde: Was geboten ist, muss erfüllt werden und kann nicht bezahlt werden. Zu rechtlichen Aspekten kann hier nichts gesagt werden, sondern nur zu ökonomischen. Hierbei kommt es auf den Charakter einer Zahlung an. Wird, wer eine Vorschrift einhalten kann und sie einhält, dafür noch *belohnt*, so spielt er tatsächlich die Rolle des schon im Kapitel 6.2 angesprochenen Autofahrers, dem das Halten an der Roten Ampel bezahlt wird. Wird aber jemand, der eine im Interesse des Gemeinwohls gebotene Pflicht mit eigenen Mitteln nicht erfüllen *kann*, durch eine Beihilfe in die Lage versetzt, sie erfüllen zu können, so ist das etwas völlig anderes.

Die vorgeschlagene Lösung ist keineswegs aus der Luft gegriffen. Vielmehr folgt sie dem Weg, der in der (westlichen) Bundesrepublik Deutschland seit Beginn der 1970er Jahre mit großem Erfolg im Bereich des technischen Umweltschutzes, besonders bei der Luftreinhaltung,[7] beschritten worden ist. Dort galt und gilt zwar mit Recht als Generalmaxime das Verursacherprinzip, jedoch ist dies immer dann, wenn angestrebte schnelle Erfolge die Zumutbarkeit für die Verursacher zu überfordern drohten, durch das Gemeinlastprinzip ergänzt worden. Nach ihm wird umweltgerechtes Verhalten (etwa die Reduktion von Emissionen) verlangt, werden aber die daraus insbesondere kurzfristig folgenden Lasten, soweit sie als unzumutbar angesehen werden, von der Allgemeinheit in Gestalt von Erstattungen (etwa für Filteranlagen zu Reduktion von Emissionen) getragen. Genau diesem Vorbild folgt das hier vorgelegte Konzept. Im Übrigen müsste die im Kapitel 7.6.3 erwähnte Rechtfertigung der Ersten Säule an dem hier diskutierten Einwand scheitern, wenn er triftig wäre. Nach ihr versetzt die Erste Säule die EU-Landwirtschaft in die Lage, die gegenüber dem Rest der Welt höheren Anforderungen an Umwelt-, Gesundheits- und Tierschutz zu erfüllen.

Andere Konzepte zur Reform der EU-Agrarumweltpolitik sind dem hier unterbreiteten Vorschlag durchaus ähnlich. So fordern OPPERMANN et al. (2010a), die bisherige Erste Säule in eine gezielte Zuwendung zum Ressourcenschutz umzuwandeln. Allerdings werden dort auch Aktivitäten und Zahlungen zur Förderung der Biodiversität unter „Ressourcenschutz" gefasst, wofür im Vorliegenden weiter unten ein anderer Weg vorgeschlagen wird.

Drittens möge akzeptiert werden, dass mit dem Vorliegenden ein *Grundgedanke* zur Diskussion gestellt wird, mehr nicht. In einer solchen Situation ist es fair, zuerst den Grundgedanken als solchen auf seine Konsistenz, Widerspruchsfreiheit, Sachgerechtigkeit und seine Allokations- und Verteilungswirkungen zu überprüfen, bevor auf weitere und durchaus auch wichtige Aspekte besonders hinsichtlich seiner Praktikabilität einge-

---

[7] Um 1980 emittierten die beiden damaligen deutschen Staaten zusammen etwa 10 Millionen Tonnen SO_2 pro Jahr mit außerordentlich bedrückenden Folgen für die Lebensqualität besonders in der DDR, aber auch in Teilen der BRD. Heute ist diese Luftverschmutzung auf 400.000 Tonnen pro Jahr, also auf 4 % (!) des damaligen Wertes zurückgegangen. Warum soll ein solcher Erfolg nicht auch auf dem Gebiet der Landschaftsqualität möglich sein? Das Problem ist dort komplexer, aber die Kosten sind in volkswirtschaftlichen Maßstäben viel geringer als im technischen Umweltschutz (vgl. Kapitel 5.6).

gangen wird. Es muss erlaubt sein, einen Grundgedanken zur Diskussion zu stellen, ohne bereits Patentlösungen für alle sich eröffnenden Detailprobleme vorlegen zu können. In diesem Buch geht es um ordnungspolitische Grundsätze.

8.5.3 Neudefinition der Guten fachlichen Praxis

Die Gute fachliche Praxis kann lasch, streng oder noch strenger definiert werden. Wie streng sie definiert wird, ist ein Ergebnis gesellschaftlicher *Bewertung*. Naturwissenschaftliche Erkenntnisse sind zwar zur Entscheidungsfindung unerlässlich, können aber allein nicht darüber befinden, ob z. B. die Wasserqualität eines Sees wie im Jahre 1850 oder im Jahre 1950 wiederhergestellt werden soll. Wir bewegen uns inmitten von „Soll-Aussagen", die nie mit empirischen, also „Ist-Aussagen" begründet werden können. Wer dies versucht, begeht einen naturalistischen Fehlschluss. Letztendlich muss die Gesellschaft bzw. müssen ihre dafür legitimierten Organe eine Abwägung zwischen Zielen und Kosten vornehmen und dabei unverantwortliche Laschheit auf der einen und unbezahlbare Utopie auf der anderen Seite vermeiden.

Eine solche Navigation zwischen Scylla und Charybdis ist aussichtsreich. Nicht nur bestehen umfangreiche naturwissenschaftliche Kenntnisse, die selbstverständlich heranzuziehen sind. Viel wichtiger ist, dass die gerade erwähnten unerlässlichen gesellschaftlichen *Bewertungen* explizit oder implizit bereits vorliegen. Es gilt allein, ihnen konsequenter als bisher zu genügen.

- Erstens ist auf in Kraft befindliche Rechtsquellen zu blicken, wie z. B. die Wasserrahmenrichtlinie der EU. Eine unverwässerte Umsetzung ihrer Anforderungen würde die landwirtschaftliche Flächennutzung gebietsweise erheblich verändern. Allein der Widerruf zahlreicher Abschwächungen bei ihrer Umsetzung in Bundes- und Landesrecht würde die Gute fachliche Praxis kaum wiedererkennen lassen. Ein Beispiel ist die Reduktion der Breite der Gewässerrandstreifen von ursprünglich zehn auf fünf Meter (§ 38 WHG). Das Gesetz lässt nahezu beliebiges Ermessen der regional zuständigen Behörden zu, auch hiervon zu befreien, so dass selbst die verwässerte Variante mehr defizitäre als konsequente Vollzüge kennt – nicht einmal ein fünf Meter breiter Gewässerrandstreifen, der richtig bewirtschaftet oder gepflegt ist, ist überall zu entdecken (Abb. 8.2).
- Zweitens wurde zwar oben kritisch angemerkt, dass andere Rechtsquellen, wie die zu Beginn dieses Kapitels in der Übersicht 21 genannten, zu vage formulieren. Dennoch ist auch aus ihnen eine Intention herauszulesen. Das BBodSchG verlangt im § 17, Bodenabtrag „möglichst" zu vermeiden. Das „möglichst" ist oben schon kommentiert worden; hier kommt eine Bedenklichkeit wegen der Zumutbarkeit zum Ausdruck. Natürlich intendiert das BBodSchG weitgehenden Bodenschutz. Umzusetzen ist nicht die zaghafte Formulierung, sondern die Intention.

Abb. 8.2 Sehr schlechte fachliche Praxis: Der Maisacker wird bis an das Ufer eines ornithologisch wichtigen Sees in Oberschwaben gepflügt und gedüngt. (Foto: U. Hampicke)

- Drittens sind auch die in der Übersicht 25 zusammengestellten, die Gute fachliche Praxis ergänzenden Agrarumweltprogramme Resultate bereits erfolgter gesellschaftlicher Bewertung. Es gäbe sie nicht, wenn sie nicht für sinnvoll gehalten würden. An verschiedenen Stellen ist in diesem Buch vermutet worden, dass diese Programme den intendierten Umfang der Guten fachlichen Praxis („wie sie sein sollte") beschreiben, den man sich nur nicht getraut, verbindlich zu machen. Dieser Umfang sollte verbindlich werden. Auch soweit Anforderungen der Cross Compliance deutlicher formuliert und weitergehend sind als die der derzeit gültigen Guten fachlichen Praxis, sollen sie maßgeblich sein. Ein Beispiel sind die Anforderungen an die Fruchtfolgegestaltung.

- Viertens liegen auf wichtigen Gebieten eindeutige politische Zielstellungen vor, die nur auf ihre Umsetzung warten. Wenn sich Deutschland zum ambitionierten Klimaschutz verpflichtet und Millionen Bürger – Autofahrer wie Hausbesitzer und Mieter – dazu zwingt, hierfür Kosten aufzuwenden, dann darf es schlicht auch keine klimaschädliche Bodennutzung auf Moorböden geben und müssen die 440.00 Hektar Ackerland auf diesen Böden (Kapitel 4.4.3) zumindest in Grünland umgewandelt werden. Alles andere ist inkonsistent.

- Fünftens gibt es eine Fülle von Gutachten, Stellungnahmen, Vorschläge und Forderungen ausgewiesener Fachleute, denen keinerlei Parteilichkeit gegen Landnutzer oder für weltfremde ökologische Zielsetzungen vorgeworfen werden kann. Stellvertretend für viele andere seien GUTSER et al. (2010) genannt, worin unter anderem auf die Widersprüchlichkeit der geltenden Normen in Bezug auf die Schonung von Gewässern und Bodenhumus hingewiesen wird. Die Umsetzung dieses Fachwissens in die Praxis wäre dem Gemeinwohl dienlich und scheitert bisher allein an Widerständen seitens der Landnutzer und mit ihnen verbündeter Behörden und politischer Entscheidungsträger. Zusammengefasst liegt genügend Material vor, um eine wesentlich strengere, Nachhaltigkeit sichernde und dennoch praktikable Gute fachlich Praxis zu entwerfen und die Allgemeinheit von ihr zu überzeugen.

8.5.4   Zumutbarkeit

Man könnte erwägen, die Zumutbarkeitsschwelle für jeden Betrieb individuell zu bestimmen. So verlockend dieser Weg zunächst erscheint, ist er jedoch nicht nur wegen des damit verbundenen Aufwandes (der bei der heutigen Datenverfügbarkeit sogar bewältigt werden könnte), sondern vor allem aus ordnungspolitischen Gründen nicht gangbar. Dem individuellen Betrieb Pflichten danach zu sortieren, ob er sie aus eigener finanzieller Kraft oder von der Gesellschaft unterstützt erbringen soll, setzte voraus, ihm ein Soll-Einkommen zu definieren, das nicht unterschritten werden darf. Hiermit würde man sich fast den Forderungen des DBV aus dem Jahre 1955 nähern, wonach jeder Bauernhof das Recht haben sollte, lebensfähiger Bauernhof zu bleiben. Keine andere Branche hätte ein solches Privileg. Der Versuch, ein Soll-Einkommen für jeden Betrieb festzulegen, würde permanent von Einkommensschwankungen aufgrund wechselnden Agrarpreisniveaus erschüttert, behinderte den Strukturwandel, wo er notwendig ist, und würde Anreize zur Anpassung und zu Innovationen im Betrieb unterlaufen.

Es bleibt nur der sehr viel einfachere und durchaus nicht in jeder Hinsicht befriedigende Weg einer sektoralen Lösung. Nach ihr ist alles zumutbar, was, wie im Kapitel 8.1 beschrieben, die derzeitige Fassung der Guten fachlichen Praxis beinhaltet.[8] Die Väter dieser Fassung müssen dies angenommen haben, sonst hätten sie nicht so entschieden. Alles, was darüber hinausgeht, ist als unzumutbar anzusehen. Wer hier folgt, schließt, dass alles, was in der neu vorzuschlagenden Fassung der Guten fachlichen Praxis („wie sie sein sollte") über den derzeitigen Stand hinausgeht, den Betrieben von der Allgemeinheit erstattet werden sollte. Es handelt sich dabei um den Sektor C in der Abb. 8.1.

Ein großer Vorteil dieser Lösung ist ihre Einfachheit zumindest im Prinzip. Die strengere Gute fachliche Praxis, wie sie sein sollte, kann klar definiert werden, und die Kosten, die sie hervorruft, nach den Ausführungen des Kapitels 5 ebenfalls. Allerdings gibt es auch Probleme, die teils abgemildert werden können, teils in Kauf genommen werden müssen.

---

[8] Wie die im Kapitel 8.1.3.3 genannten Tolerierungen von Verletzungen der Guten fachlichen Praxis nach derzeitiger Definition belegen, wird auch sie nicht in vollem Umfang für zumutbar gehalten.

Technischer Fortschritt, Lernprozesse und andere Effekte ermöglichen, Anforderungen an Leistungen von Betrieben für den Ressourcenschutz ohne Nachteile für dieselben mit der Zeit zu verschärfen. Die deutsche Industrie hat unter solchen graduellen Verschärfungen der Umweltschutzstandards in den letzten Jahrzehnten wahrlich nicht gelitten. Die Doktrin, dass alles, was über die bisher geforderte Gute fachliche Praxis hinausgeht, finanziell unzumutbar und daher zu erstatten ist, berücksichtigt derartigen Fortschritt nicht und ist sogar geeignet, ihn zu behindern. Politische Regelungen müssen so beschaffen sein, dass sie zu Fortschritten und Kostensenkungen in der Umweltschutztechnik anreizen, nicht aber, dass sie ermöglichen, sich auf einem Stand „auszuruhen".[9] Die hier unzweifelhaft erforderlichen Dynamisierungen seien künftiger Diskussion überlassen.

Wie schon erwähnt, wäre manches, was über die bisherige Fassung der Guten fachlichen Praxis hinaus zu fordern ist, gewissen Betrieben ohne Weiteres auf eigene Kosten zumutbar. Wiederholt sind Beispiele genannt worden; es handelt sich hier um den Sektor B in Abb. 8.1. Im ersten Entwurf für das vorgeschlagene Konzept sei dieser Aspekt nicht näher ausgearbeitet. Dass manche, denen es gut anstünde, einen Beitrag zu leisten, sich dem entziehen können, ist ein geringeres Problem, als andere, die scharf rechnen müssen, zu überfordern. Deshalb bleibe auch dieser Aspekt ein Arbeitsfeld für die Zukunft.

8.5.5 Finanzierung

Der Sektor C in Abb. 8.1 – Gute fachliche Praxis, die aber nicht zumutbar ist – sollte aus der bisherigen Ersten Säule finanziert werden. Dies entspricht zwar nicht deren ursprünglicher Intention als Ausgleich für die nach 1992 abgesenkten Preise, wohl aber voll dem ihr in den Jahren nach 2000 zugewachsenen Zweck, einen Ausgleich für die in der EU höheren Anforderungen an den Ressourcen- und Tierschutz sowie die Lebensmittelsicherheit zu bieten. In der bisherigen Form der gleichmäßigen Verteilung von Flächenprämien wird dieser Zweck in keiner Weise erfüllt. Das Argument sei aber akzeptiert und bei den Hörnern gepackt: Es soll ernst gemacht werden mit der Funktion der Ersten Säule als Finanzausgleich für hohe Anforderungen der Guten fachlichen Praxis. Das bedeutet, von der Gießkanne abzugehen und die Mittel gezielt dorthin fließen zu lassen, wo besonders hohe Anforderungen erhoben werden, deren Erfüllung den Betrieben auf eigene Kosten nicht zugemutet werden kann. Die Erste Säule erhielte eine solide Rechtfertigung, die dazu beitragen könnte, ihre irgendwann drohende Liquidation abzuwenden.

---

[9] Der Nordrhein-Westfälische Innenminister Matthöfer nannte in den 1970er Jahren Kräfte, die einen Fortschritt der Umweltschutztechnik verhindern wollten, das „Schweigekartell der Oberingenieure". Dies ist zum geflügelten Wort noch in heutigen Lehrbüchern der Volkswirtschaftslehre geworden, vgl. CEZANNE 2005, S. 56.

Natürlich käme es zu erheblichen Umverteilungen innerhalb der Landwirtschaft. Wer geringe Mühe hat, auch höhere Anforderungen der Guten fachlichen Praxis zu erfüllen, braucht auch nur geringe Mittel dafür und wird gegenüber der bisherigen Gießkanne, die ohne jede Begründung rund 300 € pro Hektar und Jahr versprüht, verlieren. Die Mittel werden dort zusammengezogen, wo größere Aufgaben bestehen, was im Einzelfall zu wesentlich höheren Einsätzen pro Hektar führen kann.

Die protestierenden Verlierer der Umverteilung haben ein systematisches Argument für sich, welches eine Prüfung lohnt und gegebenenfalls zu abmildernden Eingriffen führen muss. Sie können geltend machen, dass die Regelungen der bisherigen Guten fachlichen Praxis wohl zumutbar waren und auch ertragen wurden, aber eben nur unter der Prämisse, dass man die Zahlungen der Ersten Säule in voller Höhe genoss. Allzu stark dürfte das Argument nach der im Kapitel 7.6.3 zitierten Studie von PLANKL et al. (2010) nicht sein. Auch ist daran zu erinnern, dass der deutsche Weg der Umsetzung der Beschlüsse von 2003, die Umwandlung der Betriebsprämie in eine allgemeine Flächenprämie, ebenfalls erhebliche Umverteilungen mit sich gebracht hat, gegen die aber wenig Protest zu vernehmen war.

Eine zuverlässige Schätzung des erforderlichen Finanzvolumens erfordert eine eigene Studie, die es wert wäre zu unternehmen. Die derzeitigen Mittel der Ersten Säule sind in Deutschland über dreizehnmal so groß wie alle Mittel aus Agrarumweltmaßnahmen für den Ressourcenschutz (vgl. Tab. 7.1 und 7.12). Das durch diese Maßnahmen geförderte Niveau des Ressourcenschutzes ließe sich also spielend finanzieren; erwägenswert erscheint ein vier- bis fünfmal so großes Volumen. Es versteht sich, dass diese Mittel im Gegensatz zu Honorierungen von Naturschutzmaßnahmen die Bezeichnung „Beihilfe" zu Recht führen und daher allein Kosten decken und keine Anreizkomponenten enthalten.

Gewiss ist es keine leichte Aufgabe, das Konzept bis zur betrieblichen Ebene herab zu realisieren und jeweilige standörtliche Verhältnisse zu berücksichtigen. Umfangreiche Datenbanken auf allen Gebieten haben jedoch Entscheidungshilfen geschaffen, die früher nicht für möglich gehalten wurden; ein Beispiel ist das im Kapitel 8.3.2 schon erwähnte flächendeckende Erosionskataster.[10] Relativ leicht zu berechnen sind Fälle, bei denen es um graduelle Anpassungen ohne Strukturänderungen geht, etwa Reduktionen des Viehbestandes, schonendere Formen der Bodenbearbeitung, wie hangparalleles Pflügen, Abstandhaltung von Gewässern beim Spritzen von Pflanzenschutzmitteln oder auch Investitionen in umweltschonende Maschinen und Baulichkeiten. Nicht nur teuer, sondern auch organisatorisch schwierig wird es, wenn Betriebe umzustrukturieren sind. Wird einem auf Ackerbau spezialisierten Betrieb vorgeschrieben, einen großen Teil seiner Fläche in Grünland umzuwandeln, so muss dieses Grünland in der Regel auch in-

---

[10] Der zu erwartende Streit um die „Eingrünung" nach dem Vorschlag der EU-Kommission für 2013 (vgl. Kapitel 7.6.4) kann nach Befürchtungen von Experten zu Auseinandersetzungen um Anrechnungen auf der räumlichen Ebene von Quadratmetern führen. Wenn dafür eine hinreichende Datenbasis besteht, dann für den vorliegenden Vorschlag erst recht.

nerbetrieblich verwertet werden können. Die hier entstehenden Schwierigkeiten (JESSEL et al. 2006) sind die Strafe dafür, dass Ackerbau zu lange auf Standorten zugelassen wurde, wo er nicht hingehört. Es besteht jedoch ein umfangreiches und effizientes Netz an Institutionen wie Flurneuordnungsämter, Landgesellschaften und andere, die sich nicht zuletzt über das Instrument des Flächentausches derartigen Herausforderungen in der Vergangenheit durchaus gewachsen gezeigt haben. Der Bau einer neuen Autobahn verlangt vielleicht etwas geringere landwirtschaftliche Umstrukturierungen in ihrer Umgebung als erhöhte Anforderungen an die Schonung eines Flusses. Dennoch sollte das, was im ersten Fall bisher immer gelungen ist, auch im zweiten Fall gelingen. Den betroffenen Betrieben sind Hilfestellungen und zumutbare Zeithorizonte bei notwendigen Umorientierungen zu gewähren.

Die Zweite Säule würden durch die vorgeschlagene Reform um die Mittel für ressourcenschonende Agrarumweltprogramme in Höhe von etwa 400 € Millionen pro Jahr entlastet. Wie schon in der Tab. 7.14 und im begleitenden Text angesprochen, könnte diese Summe dem Biodiversitätsschutz zufließen. Werden die im Kapitel 4.4.2.6 behandelten umfangreichen Synergieeffekte zwischen Ressourcen- und Biodiversitätsschutz genutzt, dann dürften auch die in Tab. 7.14 bezifferten Mittel für den letzteren in Höhe von etwa 1,3 € Milliarden zur Deckung seiner in Tab. 5.14 mit 1,7 bis 2 Milliarden € geschätzten Kosten ausreichen, da der Ressourcenschutz einen erheblichen Teil dieser Kosten mittrüge. Damit ist das Gesamtkonzept kostenneutral, die Mittel werden allein dahin gelenkt, wo sie im Interesse des Gemeinwohls hingehören.

8.5.6 Gute fachliche Praxis und Artenvielfalt

Das Problem wurde bereits mehrfach angesprochen. Kann man eine Praxis „gut" nennen, die zwar Böden, Gewässer und Atmosphäre schützt, aber auf dem Acker nicht das harmloseste Kraut duldet, fast alle Blumen vom Grünland verbannt und Strukturelemente zwischen den Nutzflächen soweit möglich tilgt? Die Antwort des Naturschützers ist ein klares „Nein". Er fordert, eine hinreichende Berücksichtigung der Biodiversität in der Nutzlandschaft ebenso zur Pflicht zu erheben, wie dies auch für den Schutz der übrigen Ressourcen gilt.

Hier ist zunächst schwer zu widersprechen. Im Kapitel 5 ist zwar genügend Material dafür vorgelegt worden, dass die Forderung, Biodiversität in anspruchsvoller Form ohne finanzielle Hilfe bereitzustellen – sie mit anderen Worten zum Bestandteil des Sektors A in Abb. 8.1 zu machen – von Ausnahmen abgesehen aussichtslos und damit zu verwerfen ist. Dies wäre jedoch nicht der Fall, wenn zwar mehr Biodiversität zu respektieren oder zu entwickeln verlangt würde, hierfür jedoch, wie bei den Aktivitäten im Sektor C in Abb. 8.1, die notwendigen Beihilfen fließen würden. Ein Modell dieser Art könnte funktionieren.

So plausibel und intuitiv ansprechend die Position des Naturschützers zunächst ist, muss hier doch etwas tiefer gebohrt und auf die Ausführungen des Kapitels 6.1.5 zur gesellschaftlichen Distribution von Property Rights zurückgeblickt werden, woraus sich ein erster Grund dafür ableitet, das Problem der Biodiversität anders als das der physischen Landschaftsressourcen zu sehen.

Die Ausgabe solcher Flächennutzungsrechte ist immer eine Werturteilsentscheidung, in welche – spielt nicht schiere Macht die Hauptrolle – Überlegungen zur Gerechtigkeit, zur Anreizwirkung und zu den Konsequenzen einfließen müssen. Nutzungsrechte können extrem freizügig oder extrem restriktiv oder dazwischen definiert werden. Extreme Freizügigkeit bleibt nur bei sehr geringem Nutzungsdruck ohne destruktive Folgen oder wenn die Nutzer technisch nicht in der Lage sind, die betreffende Ressource zu beschädigen. Bauern vor 100 Jahren hätten die Artenvielfalt von Äckern, Wiesen und Weiden ohne Weiteres nach Belieben reduzieren dürfen, aber sie konnten es mit ihren Mitteln nur selten; es gab kein Problem. Aus heutiger Sicht lag der Fehler darin, diese Freizügigkeit beizubehalten, als wirkungsvolle Techniken zur Beseitigung der Artenvielfalt entwickelt wurden mit den entsprechenden Konsequenzen. Theoretisch hätte man frühzeitig gegensteuern und die Bauern daran „gewöhnen" können, dass die Flächenbewirtschaftung nicht das Recht zur restlosen Austreibung der Artenvielfalt gewährt. Unter einem solchen hypothetischen Regime hätten sich andere technische und wirtschaftliche Verhältnisse herausgebildet, vielleicht gäbe es überall ein ähnliches System wie den Ökologischen Landbau. Die Entwicklung nahm aber einen anderen Lauf.

Mit Hinblick auf die Biodiversität war und ist die Verfügungsgewalt des Landwirtes auf seinen Produktionsflächen im Allgemeinen extrem freizügig, mit Blick auf die Auswirkungen auf Gewässer war sie es weniger und hinsichtlich der Ressource Boden war sie es nie. Weder vor 100 noch vor 50 Jahren hätte unwidersprochen die Parole ausgegeben werden können, dass der Bauer nach Belieben Gewässer verschmutzen und Bodenabtrag hervorrufen dürfe, so wie er aber nach Belieben das „Unkraut" vernichten durfte. Im Gegenteil genoss die Bewahrung oder Schaffung von Bodenfruchtbarkeit durch Urbarmachung, Entwässerung oder Abtorfung und eben auch Unkrautbekämpfung ein hohes Ansehen, vgl. hierzu Goethe im Kapitel 2.4 (Abb. 2.1). Wird also vom heutigen Landwirt Bodenschonung verlangt, so ist dies keine neue Forderung, sondern eine Verschärfung einer schon bestehenden und prinzipiell akzeptierten Einschränkung. Nicht ganz so und komplizierter liegt der Fall bei den Gewässern. Sie wurden in der mitteleuropäischen Geschichte wohl immer stiefmütterlich behandelt und waren nur dort in gutem Zustand, wo die Natur so gnädig war, hinreichende Wassermassen zur Verdünnung zu senden. Es mussten erst schwerwiegende Missstände eintreten, bevor teure Maßnahmen vorgenommen wurden, wie etwa die Anlage der Berliner Rieselfelder im 19. Jahrhundert. Vor 20 bis 30 Jahren herrschten zum einen geringe Ansprüche an die Gewässerqualität – in West-Berlin fand man es normal, bei 30 cm Sichttiefe zu baden[11] – und zum anderen standen punktförmige Emissionsquellen, insbesondere kommunale Kläranlagen mit schlechter Leistung, im Vordergrund der Diskussion. Erst nachdem deren Reinigungsleistung massiv gesteigert wurde, wurden die diffusen Emissionen in

---

[11] Ausführlich in HAMPICKE 1985.

Gewässer aus der Landnutzung als Hauptproblem erkannt. Die Gewässerreinhaltung und jüngst auch die Gewährleistung einer guten Gewässerstruktur sind heute gesellschaftlich allgemein akzeptierte Ziele. Wie beim Bodenschutz werden Einschränkungen der Landnutzung als vielleicht überzogene Verschärfungen, aber eben als Verschärfungen im Prinzip berechtigter Forderungen wahrgenommen. Eine ähnliche Resonanz ist bei Einschränkungen zum Schutz der Atmosphäre zu erwarten.[12]

Man kann es auch so ausdrücken: Die notwendige Verschärfung der Guten fachlichen Praxis in Bezug auf den Boden-, Gewässer- und Atmosphärenschutz wird als ein evolutiver Prozess wahrgenommen, den mancher gern zu bremsen trachtet, wenn er eigenen Interessen zuwiderläuft, in den man sich aber letzten Endes fügt. Artenvielfalt auf Nutzflächen zur Guten fachlichen Praxis zu erheben, wäre dagegen eine Revolution. Eine Revolution kann nötig sein und darf nicht gescheut werden, wenn ein zwingendes Anliegen nicht anders als mit ihr zu erreichen ist. Die Geschichte zeigt freilich, dass Revolutionen in vielfacher Hinsicht hohe Kosten verursachen, sodass gefragt werden sollte, ob es nicht klüger ist, einen anderen Weg zu wählen. Eine Pflicht zur Tolerierung und Wiederherstellung von Biodiversität in der Agrarlandschaft wird von vielen Nutzern, selbst wenn sie finanzielle Beihilfen zur Umsetzung erhalten, lange als Zumutung empfunden und bestenfalls halbherzig erfüllt werden. Halbherzigkeit ist aber auf diesem Gebiet der schlechteste Gefährte. Der Zwang mag erreichen, dass mancher Randstreifen angelegt und manches Strukturelement erhalten wird – wirklich qualitätvolle Biotope lassen sich jedoch nicht anordnen.

Ein zweiter Grund, das Problem der Biodiversität anders anzupacken, erscheint ebenso wichtig. Die Rücksichtnahme auf Böden, Gewässer und Atmosphäre erfolgt ihrem Wesen nach vorrangig durch Unterlassung, Verzicht und defensiven Aufwand. Dinge, die kurzfristige Vorteile versprechen, aber die Ressourcenbasis gefährden, müssen unterbleiben. Erhöhter Aufwand kann bei Arbeitsabläufen erforderlich sein, wie die Aussaat von Zwischenfrüchten, das Pflügen in bestimmter Richtung, die sofortige Einarbeitung von Gülle, er kann aber auch investiver Natur sein, wie bei emissionsarmen Baulichkeiten und Maschinen. Alle diese Aktivitäten und Unterlassungen lassen sich zwanglos als Formen der Regeleinhaltung verstehen. Die Pflege und noch mehr die Neuentwicklung von Artenreichtum in der Landschaft sind dagegen konstruktive Akte. Sie erfordern Interesse, Ideen, Initiative und Engagement. Die Praxis zeigt, dass nur dort, wo sich Landwirte innerlich dem Anliegen des Naturschutzes zuwenden, dauerhafte Erfolge er-

---

[12] In der Landschaft findet man im Kleinen eine universelle historische Regelmäßigkeit wieder: Zuerst werden Property Rights auf dem Land abgesteckt, wenn Knappheit entsteht. Der Grund ist die technisch relativ leichte Ausschließbarkeit anderer Nutzungswilliger. Es dauerte bis zum Jahre 1976, bis eine Welt-Meereskonferenz die „Freiheit der Meere" weitgehend aufhob und exklusive Nutzungsrechte für Küstenstaaten definierte. Die Hoffnungen, hiermit Ressourcen, insbesondere Fischbestände zu schonen, haben sich höchstens teilweise erfüllt. Das Kyoto-Protokoll von 1997 ist der erste Versuch, Nutzungsrechte in der Atmosphäre (in ihrer Eigenschaft als Aufnahmemedium für bestimmte Gase) zu schaffen.

zielt werden. Tiefere Ursache ist fast immer die Anleitung und der Zuspruch durch Personen, die ihr Vertrauen gewonnen haben und geduldig und langjährig mit ihnen zusammenarbeiten.

Der Wiederaufbau von Biodiversität ist keine pflichtgemäße Regelbefolgung, sondern eine konstruktive unternehmerische Tätigkeit, eine *Produktion* – in weitgehender Analogie zur Produktion herkömmlicher Agrargüter. Deshalb sollte sie anders verstanden und befördert werden als die Rücksichtnahme auf physische Landschaftsressourcen. Ein entscheidendes Stichwort ist der *Anreiz*, so wie es bei jeder Agrarproduktion der Fall ist. Die Gesellschaft „bestellt" bei den Landnutzern Artenvielfalt und erhält sie gegen angemessene und vor allem zuverlässige Entlohnung „geliefert". Die Entlohnung besitzt dieselbe Ernsthaftigkeit wie diejenige, die bei der Ablieferung herkömmlicher Agrarprodukte erfolgt.

Es gibt noch einen dritten Grund für die Sonderbehandlung der Biodiversität. Nicht nur geht es darum, auf Wahrnehmung und Befindlichkeit der Landnutzer Rücksicht zu nehmen sowie den konstruktiven Aspekt bei der Förderung der Artenvielfalt zu würdigen, sondern auch um ein sehr schlichtes Werturteil, das der Leser teilen mag oder nicht: Es ist das Wesen der Regeleinhaltung, dass man an ihr nicht verdient, sondern erforderlichenfalls eine Kostenerstattung genießt, die Unzumutbares abwendet. Wer dagegen ein so wertvolles und in der Landschaft extrem knapp gewordenes Gut wie die Artenvielfalt schafft, der verdient eine *Belohnung*, er *soll* mit dieser Leistung Geld verdienen.

Im anschließenden Kapitel 9 wird der vorgeschlagene Weg im Detail erläutert werden. Es versteht sich von selbst, dass bisherigen Konzepten mit dem Ziel, die Artenvielfalt als Bestandteil der Guten fachlichen Praxis zu befördern, durch das Vorgelegte in der Sache nicht im Geringsten widersprochen wird. Insbesondere der Katalog von Maßnahmen nach PLACHTER et al. (2005) in der Übersicht 23 behält als Liste von landschaftsökologisch begründeten Anforderungen und Zielsetzungen seine volle Gültigkeit, wenn auch die Realisierung der dort geforderten Maßnahmen auf andere Weise empfohlen wird.

Der hier vorgelegte Vorschlag versteht sich als eine Präzisierung und Differenzierung des im Kapitel 8.2 beschriebenen „Paktes" zwischen der allgemeinen Gesellschaft und den Landnutzern. Letztere sollen anspruchsvollere als bisher erwartete Maßnahmen zum Schutz von Böden, Gewässern und der Atmosphäre pflichtgemäß dulden oder durchführen, müssen sie aber nicht in vollem Umfang bezahlen. Die „Produktion" von Artenvielfalt wird ihnen dagegen von der gesamten Gesellschaft in Auftrag gegeben und über eine bloße Kostenerstattung hinaus entgolten.

Zusammenfassung

Die EU-Agrarumweltpolitik ist seit ihrem Anbeginn in den 1990er Jahren so konzipiert, dass der Schutz der Biodiversität in der Agrarlandschaft ein Element der Regeleinhaltung ist. Naturschutz ist eine Schranke wirtschaftlicher Tätigkeit in der Landschaft, ein Geflecht von Verboten. Damit ist Misstrauen und Widerstand von Seiten der Produzenten vorprogrammiert. Finanzielle Hilfen an diese in Gestalt der Agrarumweltprogramme haben hieran nichts Grundsätzliches geändert, insbesondere seitdem die frühere Anreizkomponente in Höhe von 20 % der Erstattungen abgeschafft wurde. Dieses Buch schlägt vor, die „Produktion" von Artenvielfalt in der Agrarlandschaft als vollgültige Parallele zur Produktion herkömmlicher Agrargüter anzusehen. Beide stehen zueinander „auf Augenhöhe"; je nach den Standortbedingungen dominiert die eine Produktionsrichtung oder die andere. Für die Produktion von Artenvielfalt gelten dieselben ökonomischen Gesetze wie für die herkömmliche Produktion, insbesondere die Möglichkeit der Rentenerzielung auf Seiten der Produzenten. Die Aussicht auf eine Produzentenrente ist der Antrieb für jede wirtschaftliche Tätigkeit in der Marktwirtschaft; die hier immanente Anreizwirkung und Dynamik ist für die Wiederherstellung von Artenvielfalt nutzbar zu machen. Es wird beschrieben, wie die derzeitige Praxis versucht, Renten bei der Biodiversitätsförderung abzuschöpfen – vor allem den verrufenen „Mitnahmeeffekt" zu tilgen, und erklärt, warum Betriebe, wenn auch mit stark gedämpfter Motivation, dennoch an Programmen teilnehmen. Es gibt keine Mitnahme, sondern nur Renten. Ein Vergleich mit anderen Gebieten, bei denen der Staat als Nachfrager von Leistungen auftritt, zeigt, dass dem Naturschutz eine diskriminierende Sonderbehandlung zukommt, für die es keine ordnungspolitische Rechtfertigung gibt. Ein konsequent nachfrageorientierter Naturschutz, der den Anbietern Anreize und Renten gewährt, muss freilich wissen, wie viel er für die erwarte-

U. Hampicke, *Kulturlandschaft und Naturschutz,*
DOI 10.1007/978-3-8348-8236-3_9, © Springer Fachmedien Wiesbaden 2013

ten Leistungen zu zahlen bereit ist. Diese Diskussion ist in Wissenschaft und Praxis noch nicht beendet bzw. hat kaum begonnen, was bei der bisherigen ordnungsrechtlichen Prädominanz im Naturschutz nicht verwundert. In fortschrittlichen Konzepten wird die ergebnisorientierte Honorierung von Naturschutzleistungen eine große Rolle spielen.

9.1 Eine „Währungsreform" für den Naturschutz

Wirtschaftliche Leistungsfähigkeit, Entwicklung und Fortschritt sind das Werk vieler couragierter Menschen. Dabei bezieht sich der Ehrgeiz zwar zu einem großen Teil auf die Erringung eigenen Vorteiles. Allerdings erwächst aus einem rohen Vorteilsstreben kein Segen, sondern nur, wenn es zivilisatorisch gezügelt ist. Wie im Kapitel 6 schon dargelegt, liegt ein wesentliches, wenn nicht *das* Kennzeichen zivilisierten Verhaltens darin, die Rechte des Gegenübers zu achten, andere nicht zu bestehlen, zu betrügen oder zu verletzen. Auch zeigt die Geschichte, dass wenn diese Voraussetzungen vorliegen, das aufgeklärte und vernünftige Eigeninteresse oft mit Wohlwollen und Empathie für andere verbunden ist, was sich in Engagement für das Gemeinwesen, in der Bereitschaft, Ehrenämter zu übernehmen oder in der Politik mitzugestalten, zeigt.[1]

Die Geschichte schritt voran, als die wirtschaftliche Initiative von Fesseln befreit wurde. Das geschah im 17. und 18. Jahrhundert in England durch die Emanzipation des Bürgertums, nach der Revolution in Frankreich, als die Aussaugung des Dritten Standes durch Adel und Klerus zu einem Ende kam, und noch später in Deutschland, als Zunftzwänge, Binnenzölle und die Bevormundung durch beschränkt-engherzige Bürokratie und Kleinstaaterei überwunden wurden. Es zeigte sich, dass zivilisiertes Eigeninteresse besser als behördliche Verwaltung in der Lage war, wirtschaftliche Entwicklungskräfte zu entfachen und Dinge vieler Art zu regeln.

Das 20. Jahrhundert lieferte weiteres Anschauungsmaterial in Gestalt des Scheiterns des Sozialismus als Pflichtökonomie, der keineswegs nur das Instrument schrecklicher Despoten war, sondern auch die Hoffnung unzähliger Menschen auf ein besseres, insbesondere gerechteres Leben. So traurig diese Erfahrung für viele war, ist sie ein Faktum.

Auf ein Ereignis, welches die Erfolge der Entfesselung von Wirtschaftsimpulsen gleichsam über Nacht demonstrierte, ist im Kapitel 6.1.9 bereits hingewiesen worden: die westdeutsche Währungsreform von 1948. Eine Weiche wurde gestellt und plötzlich lief vieles von selbst.

Nun sollen in der nachfolgenden Argumentation zwei Fehler nicht gemacht werden: Die Entfesselung der Wirtschaftskräfte führte keineswegs geradlinig in eine heile Welt

---

[1] Selbst vielen Ökonomen ist unbekannt, dass der berühmte Adam Smith lange vor Erscheinen seines „Wealth of Nations" im Jahre 1776 seine „Theory of Moral Sentiments" im Jahre 1759 veröffentlichte, worin genau diese Fragen angesprochen werden (SMITH 2000a, 2000b).

für alle. Bei Weitem nicht alles, was diese Entfesselung hervorgebracht hat, soll der Leser gut finden. Die Folgen waren im 19. Jahrhundert die Verelendung des Proletariats, im 20. und gewiss auch noch im 21. Jahrhundert die Gefährdung der Natur und jüngst eine beängstigende Destabilisierung der Finanzwelt – wer weiß, was uns noch bevorsteht. Solche Irrwege müssen vermieden werden, was, wenn wir uns auf die Gestaltung der Kulturlandschaft beschränken, wohl gelingen sollte. Zweitens soll die Gewährung des Eigennutzstrebens – natürlich in der oben geforderten zivilisierten Form – nicht als Allheilmittel angepriesen werden. Wie ernst dies gemeint ist, wird durch die ausführliche Behandlung der *Pflichten* zum Ressourcenschutz im voranstehenden Kapitel 8 bewiesen.

Wer ein gesellschaftliches Urteilsvermögen besitzt, muss sich aber sagen: Der Naturschutz in der Kulturlandschaft stagniert, die Mängel übertreffen die Erfolge. Die wichtigsten Instrumente in seinem Sinne sind der Appell an die Pflicht, Vorschriften einzuhalten sowie stark bürokratisierte und mit immer weniger ökonomischen Anreizen versehene Zusatzmaßnahmen, wie Agrarumweltprogramme. Wenn dies den Naturschutz in den vergangenen Jahrzehnten auf die goldene Bahn gebracht hätte, wäre das vorliegende Buch nicht geschrieben worden. So war es aber nicht, die Frage ist also:

Ist es nicht erwägenswert, die Kräfte, welche die allgemeine Wirtschaftsentwicklung vorangetrieben haben – oder, wenn man so will, die „guten Seiten" dieser Kräfte – auch für den Naturschutz zu mobilisieren? Wäre nicht zu erwarten, dass bei einer solchen Mobilisierung ein ähnlicher Effekt wie bei der westdeutschen Währungsreform auftreten würde? Damals waren Güter aller Art knapp und man verwendete die Jahre vor 1948 darauf, diese Knappheit zu verwalten, wobei sie eher noch zunahm. Als man dann den Anreiz setzte, Güter im eigenen Interesse zu erzeugen, war die Knappheit in Kürze hinweggeweht. Heute ist Artenvielfalt knapp und wird auf die Gefahr hin, noch knapper zu werden, mit einer Bürokratie verwaltet. Der Ökonom ist sich aus theoretischem Wissen und überwältigender empirischer Erfahrung heraus sicher, dass geeignete Anreize auch hier „entknappen"[2] würden. Naturschutz würde von den Landnutzern wie jede andere Wirtschaftstätigkeit betrieben, wenn er ein lohnendes Tätigkeitsfeld mit verlässlichem Einkommen wäre. Überall wird das Hohelied vom „Bauern als Unternehmer" gesungen – warum soll er dann nicht auch bei der Pflege der Kulturlandschaft ein Unternehmer sein?

9.2   Honorierung wie jede andere

Die Sprache ist immer verräterisch. Im Amtsdeutsch heißen Honorierungen für Landschaftsleistungen „Förderungen", „Zuwendungen", „Zulagen", „Beihilfen", „Erstattungen", „Erschwernisausgleiche" oder ähnlich. Dahinter steckt die Vorstellung, dass eine

---

[2] Vgl. Fußnote 2, Kapitel 7.

Behörde in Amtshandlung Geld verteilt, zwar nicht wie früher aus Gnade, aber dennoch aus einer hoheitlichen Attitüde.

Diese Zuwendungsattitüde hat längst auf die Empfänger abgefärbt, indem auch sie die darin enthaltenen Mittel wenig schätzen. In der Landwirtschaft wird verbreitet das Einkommen aus dem Produktverkauf als der eigentliche, solide Lohn und das aus Landschaftsleistungen als ein minderwertiges Zubrot aufgefasst, das es hauptsächlich gilt, geschickt „abzugreifen". Das ist ein schwerwiegender Missstand – Landschaftsleistungen müssen dieselbe Ernsthaftigkeit auf sich ziehen wie die Produkterzeugung.

Im Kapitel 8.5.5 ist geklärt worden, dass es die „Förderung" oder „Beihilfe" tatsächlich gibt, nämlich wenn einem Betrieb gewisse Handlungen oder Unterlassungen im Interesse des Gemeinwohls zwar vorgeschrieben werden müssen, nicht aber wirtschaftlich zugemutet werden können. Dann versetzt ihn die Beihilfe in die Lage, seine Pflicht zu erfüllen. Der Begriff ist jedoch völlig deplaciert, wenn es um freiwillig eingegangene Verträge geht, um Leistungen, die über die Pflicht hinausgehen, das heißt wenn wir aus der Welt der Verwaltung in die des Tausches übertreten. Der erste Schritt besteht dann darin, auch sprachlich deutlich zu machen, dass keine „Beihilfe", sondern dass ein *Preis* gezahlt wird. Der Staat *kauft* vom Landwirt eine Landschaftsleistung, so wie er von einem Bauunternehmen die Fertigung einer Straße kauft. Im letzteren Fall würde niemand daran denken, die Bezahlung des Tiefbauunternehmens eine „Beihilfe" zu nennen.

9.3   Dynamik auf Märkten

9.3.1   Der ideale Markt

Eine volle begriffliche Klärung erreichen wir, wenn wir die Entstehung von Preisen und Einkommen auf Märkten nachzeichnen. Der Leser findet weit detailliertere Behandlungen des Stoffes in jedem Lehrbuch der Mikroökonomie .

Die Abb. 9.1 zeigt das bekannte Preis-Mengen-Diagramm eines Marktes nach Alfred Marshall (1842–1924). Auf der Abszisse ist nach rechts der Erzeugungsumfang eines Gutes q und auf der Ordinate sind Geldbeträge aufgetragen. Die von links oben nach rechts unten weisende Kurve ist eine Nachfragekurve, die nach rechts oben weisende ist eine Angebotskurve. So geläufig diese Kurven selbst dem ökonomischen Anfänger erscheinen, so oft bleibt doch die Frage unbeantwortet, was sie exakt darstellen.

Jeder Punkt auf der Nachfragekurve bezeichnet die *maximale Zahlungsbereitschaft* der Nachfrager nach einer zusätzlichen („marginalen") Mengeneinheit des Gutes. Im Punkt A, wo die Nachfrager die Menge q_1 schon besitzen, sind sie bereit, für eine zusätzliche Einheit Δq (eine zusätzliche Apfelsine, ein Pfund Kaffee mehr) höchstens den Geldbetrag p_1 zu zahlen. Die marginale Zahlungsbereitschaft nimmt plausiblerweise nach rechts ab.

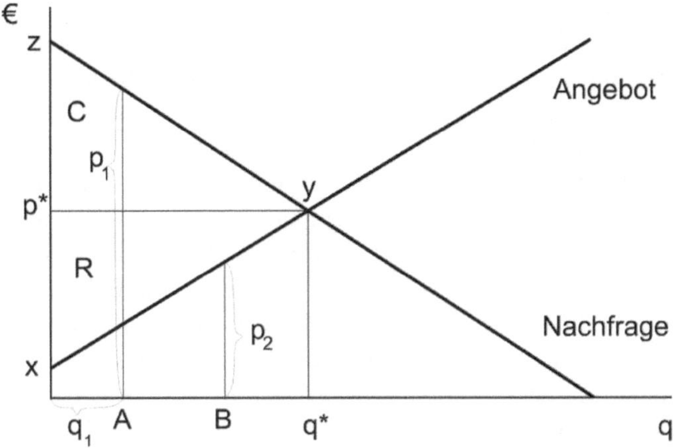

Abb. 9.1 Preis-Mengen-Diagramm nach Marshall. Nachfrage- und Angebotskurve sowie Renten

Je mehr man von einem Gut schon besitzt, umso geringer wird das Verlangen nach noch mehr.[3] Auch wenn die Anbieter der Ware keine exakte Kenntnis über diese Nachfragekurve besitzen, so wissen sie doch, dass sie zu einem sehr hohen Preis nur eine geringe Menge absetzen könnten. Die Bereitschaft, für eine geringe Menge einen hohen Preis zu zahlen, kann daher rühren, dass jeder eine Mindestmenge von dem Gut braucht oder dass manche Leute so viel Geld haben, dass sie es auch dann kaufen, wenn man es nicht unbedingt braucht, oder aus beiden Gründen.

Die auf David Ricardo (1772–1823) zurückgehende Angebotskurve ist der geometrische Ort aller *minimalen marginalen Kompensationsforderungen* der Verkäufer. Im Punkt B verlangen diese mindestens den Geldbetrag p_2 für eine zusätzliche Einheit Δq, weil dieser ihre Kosten für die zusätzliche Einheit deckt. Deshalb ist die Angebotskurve auch die gesellschaftliche *Grenzkostenkurve*. Ihrem Anstieg nach rechts liegt eine berühmte Überlegung Ricardos zugrunde: Nehmen wir an, beim Produkt q handele es sich um Getreide und die Anbieter sind Bauern. Wenige Bauern mit sehr gutem Boden können eine gewisse Menge von q zu geringen Kosten bereitstellen (links unten). Soll immer mehr Weizen erzeugt werden, so muss immer schlechterer Boden in Kultur genommen werden, wo die Erzeugungskosten immer höher werden. Die Bauern mit dem schlechten Boden müssen einen höheren Preis pro Einheit verlangen, um ihre Kosten zu decken.

Die Übertragung des Ricardoschen Gedankens in die moderne Industriewelt mit ihrer Massenproduktion und auf weiten Strecken sinkenden Grenzkosten ist nun nicht ganz unproblematisch. Für das, was im vorliegenden Zusammenhang klar werden soll, ist dies jedoch kein Problem. Es ist plausibel, bei Landschaftsleistungen zu unterstellen, dass diese im Allgemeinen von manchen Betrieben günstiger als von anderen angeboten werden können, womit sich eine nach rechts steigende Angebotskurve ergibt.

---

[3] Allein Geld scheint hier eine Ausnahme zu machen.

Zwar sind Anbietern und Nachfragern die genauen Verläufe der Kurven unbekannt, jedoch kann man sich sehr gut vorstellen, dass sich hier in einem Suchprozess (der von dem ebenso berühmten Ökonomen Léon Walras (1834–1910) analysiert wurde) ein Marktgleichgewicht mit der Menge q^* und dem Preis p^* herausbildet, wenn q immer von gleicher Qualität oder homogen ist. Versuchte nämlich ein Verkäufer, den Preis p_1 zu erzielen, so würde er zwar einige Käufer finden, die diesen Preis bezahlen würden, aber andere Verkäufer würden ihn unterbieten. Dies findet erst sein Ende, wenn sich für alle Einheiten der Gleichgewichtspreis p^* einpendelt, der zu einem Mengenumsatz q^* führt. Dann haben fast alle Käufer eine höhere marginale Zahlungsbereitschaft als diesen Preis und fast alle Verkäufer niedrigere Grenzkosten als diesen Preis; die Menge wird also gekauft und sie wird produziert. Nur bei dem „rechtesten" Verkäufer und dem „rechtesten" Käufer im Schnittpunkt von Angebots- und Nachfragekurve sind die Grenzkosten bzw. die Zahlungsbereitschaft gleich dem Preis; beide fahren ebenso gut, wenn sie nicht verkaufen bzw. kaufen. Man sagt, der Grenzanbieter und der Grenznachfrager sind indifferent.

Alle Verkäufer und alle Käufer bis auf die Grenzanbieter/nachfrager erzielen einen Gewinn, und genau deswegen verkaufen bzw. kaufen sie auch nur. Er besteht bei den Verkäufern in der Differenz zwischen ihren Produktionskosten und dem (höheren) Preis. Viele Verkäufer würden auch zu einem niedrigeren Preis als p^* anbieten, aber sie brauchen es nicht. Die Fläche R im Dreieck xyp^* ist der summierte Gewinn aller Verkäufer – ihre *Produzentenrente* oder *Ricardianische Rente*.[4] Viele Käufer würden auch einen höheren Preis als p^* zahlen, aber sie brauchen es nicht. Ihr Gewinn ist ganz analog die Fläche C im Dreieck p^*yz, also die summierte Differenz zwischen ihrer maximalen Zahlungsbereitschaft und dem Gleichgewichtspreis, nämlich die *Konsumentenrente*. Ersteht eine Laiin ein Gut, für das sie auch einen höheren Preis gezahlt hätte, als sie musste, so spricht sie erfreut von einem „Schnäppchen". Eine Ökonomin äußert dagegen professionell: „Heute habe ich eine hohe Konsumentenrente erzielt".

Noch etwas ist wichtig: Die Anbieter im linken Bereich der Abb. 9.1 erzielen satte Ricardianische Renten. Niemand neidet es ihnen anscheinend; es gibt keinen Streit. Niemand ruft, dass der Anbieter links unten seine Kunden „ausbeute" und nur einen niedrigeren Preis erzielen dürfe. Andere Preise in der Wirtschaft, auf die noch zu kommen sein wird, rufen in der Tat Murren hervor, nicht aber der Gleichgewichtspreis in einem wirklich funktionierenden Markt mit vielen Anbietern und Nachfragern. Der Grund dafür ist offensichtlich, dass dieser Preis von niemandem mit Macht festgesetzt wird. Er bildet sich automatisch und wird dadurch als objektiv anerkannt, in einer gewissen, durchaus nicht oberflächlichen Analogie zum Respekt vor Naturgesetzen (BOULDING 1976).

---

[4] Wir ziehen im Folgenden den zweiten Begriff aus zwei Gründen vor. Erstens bleibt die Rente besonders in Ricardos Modell nicht voll bei den Produzenten, wenn diese einen Teil davon an die Grundeigentümer weitergeben müssen. Zweitens gibt es andere Typen von Renten oder Gewinnen, die bei den Produzenten verbleiben, aber eine andere Entstehungsursache haben, vgl. unten Kapitel 9.3.3.

9.3.2 Agrarumweltprogramme im Lichte ökonomischer Theorie

Man kann sich vorstellen, wie sehr die Aussicht, Renten zu erzielen, die ökonomische Aktivität antreibt. Gelänge es einer Behörde, die gesamte Ricardianische Rente R in Abb. 9.1 etwa durch eine Steuer abzuschöpfen, sodass alle Anbieter zu „plusminus Null" arbeiten müssten, so wäre die Befürchtung berechtigt, dass jene sich andere Betätigungsfelder suchen und das Gut q gar nicht erzeugen, wenn ihnen Alternativen offen stehen. Jede Rente abzuschöpfen ist aber genau die im Kapitel 7.7.3 schon behandelte Absicht der VO 1698/05, wonach die frühere Anreizkomponente bei Agrarumweltprogrammen abgeschafft wurde. Vor einer Bewertung dieser Entscheidung stellen sich zwei Fragen: Gelingt die Rentenabschöpfung überhaupt und wenn sie gelingt, welches Motiv haben dann landwirtschaftliche Betriebe noch, an einem solchen Programm teilzunehmen?

Sie kann sie nicht gelingen. Die den Teilnehmern an Agrarumweltprogrammen angebotenen Zahlungen entsprechen dem, was man für durchschnittliche Kosten der Maßnahmen hält. Setzt man für eine geforderte Flächenbehandlung einen bestimmten Betrag, etwa 200 € pro Hektar und Jahr, an, so wird es Betriebe geben, die die Leistung zu geringeren Kosten bereitstellen können. Diese erzielen wie die Betriebe in Abb. 9.1 „links" von q* eine Ricardianische Rente. Andere vermögen die Leistung nur teurer zu erstellen („rechts" von q*) und nehmen folglich nicht am Programm teil. Anstatt dass sich wie in Abb. 9.1 ein Gleichgewichtspreis p* von allein einpendelt, setzt die Behörde einen solchen Preis fest. Nur für den Grenzanbieter trifft zu, was die Behörde will, nämlich dass Kosten und Erlös identisch sind. Wollte die Behörde wirklich alle Renten abschöpfen, so müsste sie die Angebotskurve und damit die Kosten aller einzelnen Anbieter kennen. So viele Informationen kann eine Behörde nur schwer erlangen, jedenfalls würde sich der Erhebungsaufwand kaum lohnen. Mit ihrer Preisfestsetzung tut die Behörde nichts anderes, als den Grenzanbieter zu definieren; würde sie statt 200 € pro Hektar und Jahr 300 € bieten, so würde dieser weiter rechts in Abb. 9.1 liegen, und die angebotene Menge der Leistung wäre größer. Theoretisch und wieder bei Kenntnis der Angebotskurve könnte die Behörde jede gewünschte Menge durch Auswahl eines passenden Angebotspreises leisten lassen.

Allerdings kann die Angebotskurve wie in Abb. 9.2 flach oder steil sein. Eine flach geneigte Angebotskurve A_1 ergibt sich, wenn alle Betriebe sehr ähnliche Kosten haben, wenn also der teuerste nicht viel teurer ist als der billigste. Dann sind die Ricardianischen Renten gering. Im Grenzfall einer horizontalen Angebotskurve betragen sie Null; alle Betriebe kommen nur auf ihre Kosten.[5]

---

[5] Dieser Fall ist zum Leidwesen der Anbieter nicht selten. Kommen drei Dinge zusammen:
– standardisierte Technik, alle tun ungefähr dasselbe,
– niedrige oder keine Zugangsschranken, das heißt Gewinne locken zusätzliche Anbieter an, die die angebotene Menge vergrößern,
– wenig lockende Alternativen für die Produzenten,
dann gibt es einen starken Druck auf die Rente. In der Landwirtschaft dürfte die Schweinemast ein Beispiel sein; man ist froh, wenn man auf seine Kosten kommt.

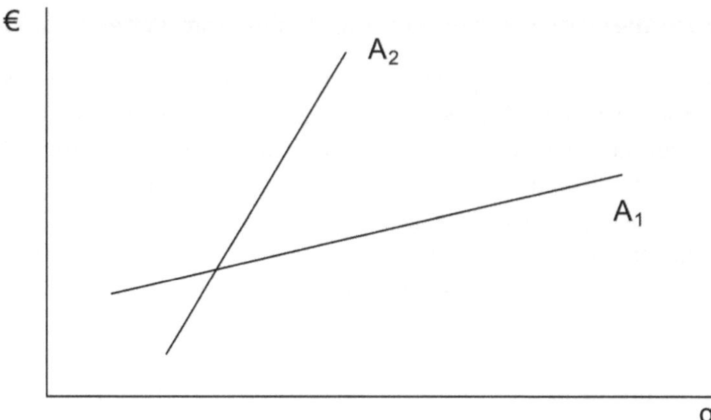

Abb. 9.2 Steile und flache Angebotskurve

Ist umgekehrt die Angebotskurve A_2 steil, das heißt, sind die Kostenunterschiede zwischen den Betrieben groß, dann genießen die billigen Anbieter hohe Renten.

Es bestehen unzureichende empirische Kenntnisse darüber, wie steil die Angebotskurven bei Landschaftsleistungen sind. Hier spielen die natürliche Beschaffenheit von Flächen, die interne Kostenstruktur von Betrieben und die Opportunitätskosten eine Rolle. Jede Entscheidung eines Betriebes, auch die, an einem Programm teilzunehmen oder nicht, wird vor dem Hintergrund der *Alternativen* gefällt, die dieser Betrieb besitzt. Richtet sich ein Programm an Betriebe etwa gleicher Bodengüte und stark standardisierter technischer Abläufe, wie bei verbreiteten getreidereichen Fruchtfolgen, so werden Opportunitätskosten und technischer Aufwand bei ihnen sehr ähnlich sein, sodass die Angebotskurve für eine Landschaftsleistung flach ist. Es können nur geringe Renten erzielt werden, sodass der Anreiz, an Programm teilzunehmen, gering ist. Es mag aber auch anders gelagerte Fälle geben.

Im Ackerbau ändern sich die Kosten für Betriebe, die an Programmen für den Wildkrautschutz teilnehmen, wegen der flatterhaften Produktpreise schnell und gravierend. Die Behörden können diesen Änderungen nicht schnell genug folgen. Um nicht alle Teilnehmer am Programm zu verlieren, werden Erstattungen in einigen Bundesländern so festgesetzt, dass sie auch bei hohen Produktpreisen einen Ausgleich bieten (vgl. GEISBAUER & HAMPICKE 2012, Tabelle 23, S. 36). Fallen dann die Produktpreise, so genießen die teilnehmenden Betriebe zumindest solange, wie die Behörden die Erstattungen nicht nach unten anpassen können, Gewinne. Den Beobachter ergreift eine gewisse Schadenfreude darüber, dass sich der im Kapitel 7.7.3 näher beschriebene Unsinn gar nicht administrieren lässt.

In der Praxis spielt eine weitere Überlegung eine Rolle. Bedeutet die Programmteilnahme für einen Betrieb weniger den Eingang von Opportunitätskosten durch Verzicht auf alternative Erlöse als vielmehr erhöhten Aufwand insbesondere an Arbeit, dann besteht ein Anreiz zur Teilnahme, wenn dieser Betrieb unausgelastete Arbeitskapazität besitzt. Der Anreiz besteht, weil auch bei einer allein kostenorientierten Honorierung ohne Gewährung von Gewinnen der zusätzliche Arbeitsaufwand nach bestimmten kalkulierten Sätzen abgegolten wird. Hier dürfte es sich vor allem um kleinere bäuerliche Betriebe handeln, auch solche im Nebenerwerb vor allem in ertragsschwächeren, aber hinsichtlich der Naturausstattung reicheren Regionen. Die angebotenen Programme entfalten eine Beschäftigungswirkung.

Man darf folgern, dass die Abschaffung der 20-%-Anreizpauschale die Bereitschaft zur Teilnahme am Programm insbesondere in landwirtschaftlich produktiveren Regionen mit standardisierter Technologie gesenkt hat, während in peripheren Regionen mit geringen Alternativen für die Betriebe eher ein Einkommenseffekt eingetreten ist. Die dortigen Betriebe erfahren eine „Lohnsenkung", nehmen aber weiter teil. Diese Folgerung deckt sich mit der empirischen Beobachtung, dass die Bereitschaft zur Programmteilnahme vor allem in produktiveren Regionen nachgelassen hat. Allerdings spielen dort die gestiegene Attraktivität von Alternativen (hohe Produktpreise, Energiepflanzenanbau) und das ohnehin schon vor der Absenkung zu niedrige Honorierungsniveau für Landschaftsleistungen ebenfalls mit.

9.3.3 Marktmacht und Innovation

Vervollständigen wir nach diesem Rückblick auf die Agrarumweltprogramme unsere theoretische Betrachtung von Märkten. Besonders dramatisch erscheint das Geschehen auf dem im Kapitel 9.3.1 analysierten Idealmarkt nicht. Zwar sendet auch er Impulse für technische Weiterentwicklungen aus. Die Anbieter versuchen, ihre Kosten zu senken, um ihre jeweilige Rente zu erhöhen, was dazu führt, dass auch der Gleichgewichtspreis sinkt. Ist dieses Potenzial ausgereizt, passiert nicht mehr viel. In anderen Sphären geht es turbulenter zu und gibt es Gewinnarten, die sich von den bisher betrachteten Renten unterscheiden.

In einem Monopol gibt es nur einen einzigen Anbieter für ein bestimmtes Gut. Der Fall ist in der Öffentlichkeit nicht beliebt; schon der Begriff ist negativ besetzt. Da die Kunden besonders dann, wenn das betreffende Produkt wichtig und schwer durch andere substituierbar ist, dem Monopolisten ausgeliefert sind und nicht auf Alternativen ausweichen können, kann dieser sie mit hohen Preisen leicht ausbeuten und eine *Monopolrente* erzielen. Diese Erscheinung war früher bei Staatsbetrieben wie Post und Bahn sowie bei Versorgungsunternehmen (Gas, Strom) mit regionalem Monopol verbreitet und ist auch heute noch längst nicht ausgestorben.

Überraschenderweise gibt es in der Landschaft durchaus Parallelen. Der Grund ist die außerordentliche Heterogenität der schützenswerten Biotope – keiner ist wie der andere. Die Anbieter von Landschaftsleistungen bieten kein homogenes Gut an wie in Abb. 9.1; im Extremfall besitzt einer die einzige Fläche mit einer schützenswerten Population etwa von Orchideen. Ist er dann im Vergleich zu einem Stromriesen auch nur ein „kleiner" Monopolist, so ist er dennoch einer. Man muss sich darüber im Klaren sein, dass eine dezidiert ökonomische Strategie des Naturschutzes, die solche Fälle nicht dem Ordnungsrecht überlassen will, hier auf Probleme stößt und lernen muss, sie zu bewältigen.

Es hat sich gezeigt, dass die oben erwähnten, typischen Versorgungsmonopole wenig wünschenswert sind. Nicht nur erzielen sie Monopolrenten, sondern sie ruhen sich auch darauf aus. Sie sind innovationsfeindlich, es gab z. B. bei ihnen jahrzehntelang nur ein und denselben Telefonapparat.[6] Es wäre dennoch falsch, das Phänomen des Monopolismus allein negativ zu beurteilen. Das Streben, der einzige zu sein, der ein bestimmtes Gut anbietet, setzt auch Erfindungsgaben frei. Der Lohn ist in den meisten Fällen ein nur temporäres Monopol, was unter dem Einfluss der Patentgesetzgebung nur so lange hält, bis Imitatoren nachziehen. Hieraus erklärt sich die ungeheure Warenvielfalt auf Märkten für Verbrauchsgüter. Jeder Anbieter redet seinen Kunden ein, dass es wohl verschiedene gewöhnliche Waschmittel, aber eben nur ein besonderes, das seiner Firma, gäbe. Wenn auch die Werbung die Produktheterogenität stark übertreibt und zahlreiche weitere fragwürdige Beobachtungen auf solchen Märkten gemacht werden müssen, dürfen doch die Innovationsfreudigkeit und das Phänomen der *Innovationsrente* nicht als solche herabgesetzt werden. Ein wenig davon wäre auch in der Landschaft wünschenswert.

9.3.4 „Mitnahmeeffekt"

Die folgende Passage steht im Widerspruch zur herrschenden Meinung in fast der gesamten Agrar- und Naturschutzszene. Dort ist der *Mitnahmeeffekt* ein geflügeltes Wort, und es werden Kreuzzüge zu seiner Bekämpfung organisiert. Man versteht unter ihm eine Zahlung, derer ihr Empfänger nicht als bedürftig oder würdig angesehen wird. Es gebe z. B. eine Regel, wonach das Vorkommen bestimmter Arten honoriert wird. Kann ein Landwirt die Arten vorweisen und verlangt er die Honorierung, ohne dass dies seine geübte Wirtschaftsweise beeinflusst oder zusätzliche Kosten hervorruft, so besteht ein Mitnahmeeffekt. Der Betroffene wird stigmatisiert als jemand, der eine Regel, die für ihn nicht geschaffen wurde, geschickt ausnutzt. Aus fiskalischer Sicht wird unnötig Geld ausgegeben, wenn anzunehmen ist, dass der Landwirt die Arten auch ohne Zahlung weiter erhalten würde. Rechnungshöfe erkennen es natürlich als ihre Aufgabe, solchen „Missständen" das Wasser abzugraben. Auch manche Berufskollegen sehen den Mitnehmer scheel an, erhält er doch gewissermaßen unehrenhaft Geld. Einkünfte verdiene nur, wer dafür auch seinen Rücken krümme.

Die Einstimmigkeit bei der Verurteilung des Mitnahmeeffektes bis in die Wissenschaft hinein ist bemerkenswert. Sie besitzt keinerlei ökonomisch-theoretische Basis und ist nur durch ein offenbar überall noch dominantes etatistisches Zuteilungsdenken zu erklären. Über die Zahlung wird nicht nach ökonomischen Gesichtspunkten von Knappheit, Wert, Effizienz und Anreiz, sondern allein nach solchen der Distribution

---

[6] Nicht jeder beurteilt dies negativ angesichts des heutigen hektischen Überflusses an Modellen, deren Bedienung dem, der Beständigkeit schätzt, eine Qual ist.

geurteilt. Das ist das vor-ökonomische Denken, welches vom Merkantilismus bis zum Sozialismus jede Dynamik unterband und unterbindet.

Man fragt sich, wie der Mitnahmeeffekt beurteilt würde, wenn die Landnutzer, die ihn genießen, ein höheres Drohpotenzial besäßen. Sie könnten damit drohen, bei Nicht-Honorierung ihre Wiese so zu intensivieren, dass die Blumen verschwinden würden, was völlig im Rahmen der Guten fachlichen Praxis, so wie bislang definiert, bliebe. Würde die Behörde das Wahrmachen einer solchen Drohung hinnehmen, so würde sie damit äußern, dass ihr die vormalige Leistung nicht besonders wertvoll erscheint. Dann müsste man aber fragen, warum sie für dieselbe Leistung eines anderen Landwirts, der sie unter Aufwendung von Kosten erbringt, zahlt. Ihr Verhalten wäre inkonsistent. Gäbe die Behörde aber der Drohung nach und zahlte, was sie als Mitnahme empfindet, so könnte ihr Verhalten nur opportunistisch genannt werden. Sie würde dann heute die Leistung des angeblichen Mitnehmers nur deshalb nicht bezahlen, weil dieser nicht nachdrücklich genug drohen kann.

Blicken wir auf die Abb. 9.1 zurück. Am linken Rand finden sich Anbieter, die das Gut q zu sehr niedrigen Kosten erzeugen und, da der Gleichgewichtspreis p* auch für sie gilt, eine hohe Produzentenrente erzielen. Man kann sich sogar Anbieter vorstellen, deren Kosten Null betragen.[7] Diese befinden sich in derselben Situation wie der Empfänger des Mitnahmeeffektes; letzterer ist also nur der Grenzfall maximaler Rentenerzielung. Der Mitnehmer ist in der Lage, eine Leistung, die durch einen Preis honoriert wird, der sich an weniger kostengünstigen Anbietern orientiert, zu sehr günstigen Kosten bereitzustellen. Während Ricardos Bauern auf gutem Boden (links in Abb. 9.1) ihre Produzentenrente ohne jeden Protest anderer erzielen können, wird dem Mitnehmer dies verwehrt.

Es gibt keine Mitnahme, es gibt nur Renten. Wer dem Bauern missgönnt, für Blumen bezahlt zu werden, die er selbst kostenlos oder mit geringen Kosten wachsen lässt, der muss dem Erben eines Grundstücks am Potsdamer Platz in Berlin, der ohne eigene Arbeit eine sehr hohe Rente erzielt, weil seine Fläche Millionen wert ist, dasselbe missgönnen. Das wäre ein Plädoyer für einen revolutionären Systemwechsel. Es ist inkonsistent, sehr hohe Renten im übrigen Wirtschaftsleben als Selbstverständlichkeit zu akzeptieren und sie nur im Naturschutz (wo sie unvergleichlich geringer sind) abzulehnen.

Es bleibt noch zu klären, ob die Art des Zustandekommens der Rente ihre Akzeptanz berühren kann. Die Bauern in Ricardos Modell (Abb. 9.1) erzielen ihre Rente aus privaten Zahlungen der Nachfrager und durch einen anonymen, als objektiv angesehenen Marktautomatismus. Der Teilnehmer am Agrarumweltprogramm erzielt sie dagegen aus

---

[7] Dieser zunächst unplausibel erscheinende Fall ist es keineswegs. Wenn ein Unternehmen ein Produkt unter Einsatz von Faktoren erzeugt, die abgeschrieben sind oder keine Alternativverwendung zulassen und damit keine Opportunitätskosten aufwerfen, dann ist die Erzeugung kostenlos. Ein Bauer zur Zeit Ricardos, der für seine und seines Pferdes Arbeit keine Alternativverwendung findet, dessen Getreide, wenn er es nicht aussäte oder an das Pferd verfütterte, verderben würde, und dessen Gerätschaft abgeschrieben ist, produziert umsonst.

öffentlichen Kassen (Steuergeldern) und durch eine bewusste politische Entscheidung. Es besteht die Frage, ob dieser Unterschied so gravierend ist, dass er im ersten Fall die Akzeptanz und im zweiten die Ablehnung rechtfertigt. Dabei wird vorausgesetzt, dass mit öffentlichen Mitteln selbstverständlich sorgsam umzugehen ist.

Wieder ist ein Vergleich aufschlussreich. Im Bereich der Landnutzung werden beim Anbau von Energiepflanzen, speziell für die Stromerzeugung auf der Basis von Mais und Biogas, nach dem Erneuerbaren Energien Gesetz (EEG) Förderungen gewährt (vgl. Kapitel 10.2). Diese stoßen auf eine sehr hohe Nachfrage. Der Schluss ist unvermeidlich, dass die Teilnahme für zahlreiche Landwirte äußerst vorteilhaft sein muss, was ökonomisch übersetzt nur heißen kann, dass hier Renten erzielt werden. Allerdings werden diese Renten aus Tarifen gespeist, die die Energieversorgungsunternehmen den Landwirten zahlen müssen, und nicht aus Steuermitteln. Zwar ist es den Verbrauchern weitgehend gleichgültig, ob sie den Biogasboom über die Stromrechnung oder über Steuern finanzieren, es ist aber nicht zu leugnen, dass eine fiskalische Belastung fehlt, was demjenigen, der *nur* fiskalisch (nicht allokationstheoretisch) denkt, wichtig genug sein mag.

Auch die Rente aus der Förderung der Energiepflanzen entspringt jedoch einer politischen Entscheidung, nicht einem anonymen Marktautomatismus. Wer als ordnungspolitischer Purist Renten nur akzeptiert, wenn sie marktgeneriert sind, kontert, dass die Energiepflanzenförderung in diesem Ausmaß eben auch abzulehnen sei.[8] Ein Marktpurismus dieser Art ist jedoch angesichts heutiger Realitäten unhaltbar. In der Gesamtwirtschaft ist der Staat auf allen Gebieten ein so bedeutender Nachfrager nach Leistungen, dass er längst nicht mehr als eine Randerscheinung angesehen werden kann. Ganz im Gegenteil ist (leider) eher der Bereich voll funktionierenden Wettbewerbs wie in der Abb. 9.1 zu einer Randerscheinung geworden. Man stelle sich vor, öffentliche Träger würden bei ihrer Nachfrage nach Gesundheitsleistungen, Infrastruktur, Wehrtechnik und anderem die Maßstäbe anlegen, die für den Naturschutz gelten. Einer Weltfirma für Militärflugzeuge würde mitgeteilt, dass man ein neues Modell bestelle, jedoch nur unter der Bedingung, dass die Firma mittels einer „Beihilfe" ihre Kosten decke und auf Gewinn verzichte. Dieselbe Überlegung für andere Branchen angestellt, etwa die Pharmaindustrie, unterstreicht nur ihre Absurdität. Allgemein wird akzeptiert, dass Lieferanten öffentlicher Nachfrage Gewinn nicht nur erzielen dürfen, sondern erzielen müssen, um ihre Unternehmen gesund zu halten. Nur unangemessen hohe Gewinne auf Kosten des Steuerzahlers sind inakzeptabel.

---

[8] Diese Ansicht kann aus *anderen* Gründen berechtigt sein, vgl. Kapitel 10.2.

9.3.5 Rendite als Element einer rationalen Landschaftsökonomie

Die voranstehenden Überlegungen weisen klar aus, dass der Naturschutz mit dem Renditeverbot nicht eine Regelbehandlung in der Marktwirtschaft, sondern eine diskriminierende Sonderbehandlung erfährt. Diese ist systemwidrig und erklärt sich aus der Verhandlungsschwäche der Anbieter, aus der Unfähigkeit der Administration zu ökonomischem Denken sowie daraus, dass das mit ihm verkörperte Anliegen in der Skala der gesellschaftlichen Bewertungen offenbar weit unter Pharmawesen, Infrastruktur und Wehrtechnik angesiedelt ist. Sie ist ein Ausdruck von politischem Opportunismus.

Es gibt vier gute Gründe, die dafür sprechen, dem Anbieter einer Landschaftsleistung einen Gewinn über seine Kosten hinaus in Analogie zur Ricardianischen Rente zu gönnen:

- Es entsteht ein individueller Anreiz, Landschaftsleistungen zu erbringen, sich möglicherweise sogar auf sie zu spezialisieren. Die Erfahrung zeigt, dass dieser Anreiz „Berge versetzen" kann.
- Es wird eine nur fair zu nennende Gleichbehandlung mit anderen Lieferanten staatlich nachgefragter Leistungen erreicht, bei denen Gewinne selbstverständlich toleriert werden.
- Es wird signalisiert, dass das Eintreten für die Biodiversität eine lobenswerte Gesinnung ist, die Wertvolles schafft und daher auch eine materielle Belohnung verdient.
- Es werden die Bedingungen angenähert, wie sie auf funktionierenden Wettbewerbsmärkten wie in Abb. 9.1 bestehen. Dieses Argument erscheint in ordnungspolitischer Sicht am stärksten. Der Wettbewerbsmarkt ist in der bürgerlichen Welt der Prototyp gelungener gesellschaftlicher Organisation schlechthin.[9] Die Wissenschaft zeigt mit mathematischen Methoden, dass eine ideale Marktwirtschaft einem bestimmten Optimalzustand entgegenstrebt, dem *Pareto-Optimum* (vgl. SOHMEN 1976). In der Welt der Güter und Waren wird jede gesellschaftliche Regel, die sich an diesem Idealtyp orientiert, begrüßt. Wie im Kapitel 6.1.8 geklärt, ist es allein der Eigenschaft der Landschaftsleistungen als Öffentliche Güter geschuldet, dass sich der Idealtyp nicht von selbst einstellt. Wer dieser Einstellung nachhilft, heilt einen ökonomischen Defekt.[10] Wer für die Gewährung Ricarianischer Renten eintritt, hat also nicht allein den individuellen Vorteil des jeweiligen Akteurs oder seine meritorische Belohnung und die damit verbundenen Anreize, mithin *distributive* Aspekte im Sinn, sondern zielt auch auf eine objektive, über das Individualinteresse hinausgehende gesamtwirtschaftliche *allokative* Effizienz ab. Wenn es für die Gesellschaft gut ist, dass der Weizen erzeugende Landwirt Gewinn erzielt, dann muss für den Kornblumen erzeugenden Kollegen dasselbe gelten.

---

[9] Auch bei Kant gibt es Anklänge an diesen Gedanken. Die „vollkommen bürgerliche Verfassung" erhält sich wie „ein Automat" selbst, vgl. KANT 1985, S. 27–29.

[10] WELLISZ (1964) spricht hier sehr treffend von der „Government-assisted invisible hand".

9.3.6   Naturschätze als Asset

Das Folgende mag dem Naturschützer, der der modernen Finanzwelt misstraut, unwillkommen sein. Gleichwohl darf dem Problem in ökonomischer Sicht nicht ausgewichen werden. Die Artenvielfalt in der Kulturlandschaft kann sich im Wettbewerb mit den Anforderungen der Güterproduktion (die ohne Artenvielfalt am besten gelingt) behaupten, wenn sie entweder ordnungsrechtlich durchgesetzt wird oder wenn sie ökonomisch lukrativ ist, sozusagen die Güterproduktion „aussticht". Es muss für den Betrieb dann lohnender sein, Artenvielfalt zu produzieren als sie im Interesse der Güterproduktion zu vernichten.

Die Erfahrung mehrerer Jahrzehnte genügt zur Erkenntnis, dass die erste Methode nicht taugt. Schon mehrfach hieß es in diesem Buch ungefähr: Wäre Naturschutz als Verordnung erfolgreich, wäre es nicht geschrieben worden. Auch wer, wie zahlreiche Naturschützer, der Ökonomie reserviert bis „wutbürgerlich" gegenübersteht, müsste nach den bisherigen Erfahrungen zumindest bereit sein, der ökonomischen Lösung eine Chance zu geben, sie einfach einmal zu versuchen.

Wer sich hierauf einlässt, akzeptiert das ökonomische Vorteilsstreben des landwirtschaftlichen Betriebes und darauf aufbauend das Konzept, aus Leistungen Einkommen erwirtschaften zu können. Naturschutzleistungen oder ganz konkret wertvolle Biotope müssen eine *Einkommensquelle* wie jede andere werden. Ist ein Agrarbetrieb Anbieter zweier miteinander um seine Produktionsfaktoren konkurrierender Leistungen, nämlich herkömmlicher Agrarprodukte und Naturschutz, so wird er die verfügbaren Produktionsfaktoren so auf die beiden Leistungen verteilen, dass ihre gesamte Wertschöpfung maximiert wird. Im schon erwähnten Anhang 3 sind für mathematisch interessierte Leser die Bedingungen für einen solchen optimalen Faktoreinsatz abgeleitet.

Schon in Übersicht 12 (Kapitel 5.3) ist am Beispiel des Flächeneigentums die Relation zwischen Einkommens*quelle* und tatsächlich fließendem Einkommensstrom erläutert worden. Wer eine solche Quelle besitzt, etwa einen Hektar Zuckerrübenacker, bezieht daraus ein Einkommen, entweder durch eigene Bewirtschaftung (usus) oder durch Überlassung an andere und Genuss des Pachtzinses (usus fructus). Die Einkommensquelle bezieht ihren Wert aus dem aus ihr fließenden Einkommen. Die quantitativmathematische Beziehung zwischen beiden wird durch Zins, Pachtzins, Miete oder Gleichwertigem ausgedrückt.

Die ökonomische Logik verlangt, dass wenn ein wertvoller Biotop einen zuverlässigen Einkommensstrom generiert, dieser Biotop dann eine ökonomische Anlage, eine Investition oder ein „Asset" ist und so bewertet werden muss. Erzielt ein Betrieb aus einem artenreichen Biotop in seinem Besitz ein zuverlässiges und dauerhaftes jährliches Einkommen von 1.000 €, dann besitzt dieser Biotop bei Unterstellung eines Diskontsatzes von 3 % pro Jahr (was insbesondere seit den Kapriolen der Finanzwelt in jüngerer Zeit ein eigenes Problem ist) einen Kaufwert von 1.000/0,03 = 30.000 €. Die ökonomische Logik erlaubt, die Einkommensquelle selbst zu handeln, zu kaufen oder zu verkaufen, ebenso wie Wertpapiere zu dem gerade vom Markt angegebenen Kurs.

Wer das nicht mag, muss zur Logik des Kapitalismus einen Gegenentwurf bieten, was ja schon versucht wurde. Solange das derzeitige Wirtschaftssystem zu bestimmen hat, wird gelten: Ist ein Maisacker teuer und ein Orchideenstandort billig oder ökonomisch nichts wert, ist der letztere gefährdet; Naturschützer können froh sein, wenn er gesetzlich recht und schlecht über die Zeit gerettet wird. Ist der Orchideenstandort teurer als der Maisacker, dann wird sein Eigner gut über ihn wachen und man braucht sich um ihn keine Sorgen zu machen.

9.4   Organisation der Nachfrage nach Landschaftsleistungen und Honorierungsweisen

Wenn im Bereich des Angebotes von Landschaftsleistungen Verhältnisse eingerichtet werden sollen, die trotz der Hindernisse, welche aus den Eigenschaften Öffentlicher Güter resultieren, der Dynamik auf funktionierenden Märkten möglichst nahekommen, so muss auch gefragt werden, wie die Organisation der Nachfrage in diesem Sinne gestaltet werden soll.

9.4.1   Herkömmliche Nachfrageäußerung

Landschaftsleistungen werden weit überwiegend von staatlichen Stellen und hochgradig zentralisiert nachgefragt. Das wichtigste Element sind die in den Kapiteln 7 und 8 ausführlich behandelten Agrarumweltprogramme. Sie werden in Deutschland zwar von Landesregierungen konzipiert, müssen aber das Placet aus Brüssel bekommen; der Zentralisierungsgrad ist mithin maximal. Mit sehr wenigen Ausnahmen bestehen sie aus einem Bündel von Maßnahmen und Unterlassungen, denen sich der Landwirt vertraglich unterwirft, um dafür eine am Durchschnitt orientierte Kostenerstattung zu erhalten. Diese Vertragsgestaltung heißt deshalb handlungsorientiert. Man erwartet, dass die geforderten Handlungen und Unterlassungen geeignet sind, Bestandteile der Biodiversität auf den Nutzflächen, seien es z. B. Pflanzen des Grünlandes oder auf Wiesen brütende Vögel, zu fördern. Bleibt der Erfolg aus, so wird die Vertragstreue des Landwirtes dennoch honoriert. Das allgemeine wissenschaftliche Urteil über diesen Typ ist einer viel zitierten Studie folgend (KLEIJN & SUTHERLAND 2003) nicht sehr positiv, gleichwohl sollten erfolgreiche Programme nicht vergessen werden.

Eine buntscheckige Vielzahl von kleineren Unternehmungen und Projekten, bei denen z. B. Kommunen oder Naturschutzverbände eine Nachfrage nach Naturschutz äußern, kann hier nur pauschal genannt werden, ohne auf Einzelheiten eingehen zu können. Allerdings gibt es, wie nachfolgend erläutert, gute Gründe, diese Formen zu stärken und auszuweiten.

9.4.2 Bündelung

Die bestehenden Systeme, mögen sie erfolgreich sein oder nicht, zeichnen sich durch eine Eigenschaft aus, die auch theoretisch als unerlässlich angesehen werden muss, nämlich die Bündelung. Darunter ist zu verstehen, dass sich eben nicht wie auf dem Markt für Privatgüter *einzelne* Nachfrager und *einzelne* Anbieter treffen können, sondern dass die bestehende Nachfrage der einzelnen gesammelt – gebündelt – werden muss, um den Anbietern als kollektive Nachfrage gegenüberzutreten. Dies folgt aus der Eigenschaft der Öffentlichen Güter, wie im Kapitel 6.1.8 erläutert. Auf dem Markt kauft ein einzelner Nachfrager eine Pampelmuse für *sich*, Dritte haben damit nichts zu tun. Handelt es sich um ein Kollektivgut, wie eine schöne Landschaft, so haben Dritte durchaus etwas damit zu tun, indem auch sie es genießen können, ohne es dem Nachfrager „wegzunehmen". Alle Nachfrager genießen das Gut gemeinsam und legen deshalb ihre Zahlungsbereitschaft zusammen, um das Gut gemeinsam zu erwerben. Allerdings erfolgt bisher in der EU die Bündelung mit Bürokratie und Zentralismus gepaart in starren Formen. Wirtschaftssubjekte und Kollektive, die ein zuweilen durchaus auch materielles Interesse an einer artenreichen und für die Erholung wertvollen Landschaft haben, besitzen wenig Gelegenheit, diese zu organisieren. Vor längerer Zeit versuchten Erholungsorte, über eine „Naturtaxe" in Analogie zur Kurtaxe Mittel zu sammeln, um sie an Landwirte als Entgelt weiterzureichen, was ihnen mit juristischen Gründen verwehrt oder zumindest erschwert wurde, sodass solche Versuche im Sande verliefen. Man kann sich gut vorstellen, dass Sanatorien und Rehabilitationszentren im Mittelgebirge ihren Patienten mehr Freude durch ausgedehnte blumenbunte Wiesen vor ihren Fenstern bereiten könnten als mit der Aufstellung von teuren Kübelpflanzen auf der Promenade. Die neben der Agrarumweltpolitik wichtigsten Akteure für die Bündelung der Nachfrage nach Naturschutz sind Verbände, wie der BUND und der NABU, die mit ihren Beiträgen und Spendenaufkommen plus zusätzlichen Fördermitteln des Staates Leistungen ermöglichen und nachfragen. Es trifft zu, dass jeder Mensch, der etwas für die Natur tun will, nur einem dieser Verbände beizutreten und Beitragszahlungen zu leisten braucht. Die Verbandssoziologie kennt freilich zahlreiche Gründe, warum dies zwar etliche Menschen mit Sinn für die Natur, aber eben nicht alle tun. Zusammenfassend besteht ein breiter Raum für Möglichkeiten, latente Zahlungsbereitschaft für Landschaftsleistungen zu aktivieren, was bisher mangels Phantasie und Innovationsgeist, aber auch zuweilen aktiv behindert, nicht ausgeschöpft wird.

9.4.3 Eintrittsgelder

In anderen Ländern ist es verbreiteter als in Deutschland, Zugangsschranken zu besonders wertvollen Biotopen zu erheben und damit, ganz analog der Maut auf der Autobahn, aus einem mehr oder weniger reinen Kollektivgut ein Clubgut zu machen. In einigen niederländischen Dünengebieten patrouilliert ein Rad fahrender Ranger, der von den Besuchern kleine Beträge einsammelt. Andere Gebiete sind nur mit gültigem Mitgliedsausweis für einen Naturschutzverein, dem der Biotop gehört, zu betreten. In Nationalparken werden auch in Deutschland teilweise erhebliche Eintrittsgelder verlangt, besonders beim Zugang mit dem Auto. Die Konzepte sind nicht immer überzeugend. So kann der Königsstuhl auf Rügen nur in Kombination mit einem recht teuren Ticket für das Besucherzentrum besichtigt werden, dessen medienüberladene Informations"tools" nicht jedermanns Geschmack sind. Hier sollen nicht alle Argumente für und wider solchen Gebühren wiederholt werden. Viele verständige Naturfreunde willigen in einen Obolus beim Besuch hochrangiger und Pflegekosten verursachender Biotope durchaus ein, wenn seine Verwendung überzeugt.

9.4.4   Ausschreibung

Nicht nur die Erhebung und Bündelung von Mitteln ist ein Problem, sondern auch die Form der Weiterleitung an die Agrarbetriebe, sozusagen die Art der Auftragserteilung. In zahlreichen Wirtschaftssektoren sind Ausschreibungen ein gängiges Instrument der Auftragsvergabe, und es liegt nicht fern, sie auch im Bereich von Natur und Landschaft zu erwägen. Wir beurteilen das Instrument zuerst im Hinblick auf seine Tauglichkeit für Naturschutzziele und wenden uns dann ökonomischen Aspekten zu.

Wer einen Auftrag ausschreibt, das heißt Unternehmen auffordert, Angebote zu unterbreiten, unterstellt, dass alle Bieter die Aufgabe etwa gleich gut zu lösen vermögen, nur eben unterschiedlich teuer sind. Ist von vornherein klar, dass es bei den potenziellen Bietern große Qualitätsunterschiede gibt, so wird man eher nach ihnen auswählen. So gesehen spricht nichts dagegen, Routinevorhaben in der Landschaft, deren Meisterung jedem einschlägigen Unternehmen zugetraut wird, auch auszuschreiben.

Solche Routinevorhaben gibt es durchaus, wie z. B. das Pflanzen einiger Bäume am Feldweg. Alle interessanten Fälle des Erhalts oder der Wiedergewinnung von Artenvielfalt sind jedoch keine Routine. Nur wer geringe qualitative Anforderungen stellt, übersieht dieses Problem. Besteht die Aufgabe, einen Kalkmagerrasen offen zu erhalten, gleich auf welche Weise, dann mag in einer EU-weiten Ausschreibung ein kostengünstiger maschineller Pflegertrupp aus Rumänien gewinnen. Wird gefordert, die Pflanzengesellschaft des Gentiano-Koelerietums zu entwickeln, die sich nur durch Schafbeweidung hält, dann engt sich der Kreis der in Frage kommenden Unternehmen auf Schäfer ein. Wird weiter gefordert, die individuellen Eigenschaften *dieses* Biotopes – Vorkommen besonders schutzwürdiger Arten, erosionsgefährdeter Stellen und anderes mehr – zu kennen, so wird an erster Stelle der Schäfer für ein aussichtsreiches Vorhaben in Frage kommen, der den Biotop seit Jahrzehnten kennt und bewirtschaftet hat – vielleicht noch wenige andere Personen. Man wird stark empfehlen, ihn oder diese heranzuziehen, auch wenn sie teurer sind als andere.

Salopp ausgedrückt mag eine ökonomische Vorstellung vielleicht lauten: Es gibt schätzungsweise 30 Äcker mit einem seltenen Unkraut, wir brauchen nur zehn, also schreiben wir aus und beauftragen die zehn billigsten, das Kraut zu schützen. Wird das Problem dann mit Fachkenntnis betrachtet, so wird festgestellt, dass es in Wirklichkeit nur fünf Äcker gibt, die alle bekannt und höchst schützenswert sind, jeder mit seinen spezifischen Stärken und Schwächen, die in geduldiger Diskussion mit den nicht immer leicht umgänglichen Bewirtschaftern besprochen werden müssen. So sieht der Naturschutz in der Praxis aus.

Die Ausschreibung wird von Ökonomen wegen ihrer Flexibilität geschätzt. Man kann jedes Jahr neu ausschreiben, und jedes Jahr mag ein anderer Anbieter der billigste sein. Die Erfahrung in der Landschaft zeigt dagegen, dass Maßnahmen nur dort erfolgreich sind, wo eine jahrzehntelange vertrauensvolle Zusammenarbeit zwischen Landwirten und Naturschützern besteht, wo man sich kennt und wo man gelernt hat, worum es geht. Naturschutz ist fast immer eine Langfristaufgabe, wo hektische Betriebsamkeit und ständige „Schnäppchenjagd" nichts zu suchen haben.

Erstaunlicherweise zeichnet sich die Diskussion um Ausschreibungen im Naturschutz selbst in hochrangiger Literatur durch Unklarheiten hinsichtlich des Begriffes der Effizienz aus. Effizienz im volkswirtschaftlichen Sinne heißt, knappe Ressourcen so anzuordnen, dass der gesamtwirtschaftliche Nutzen maximiert wird. Das wird (sehr) theoretisch im Modell des vollkommenen Wettbewerbsmarktes erreicht. In diesem Optimalzustand gibt es Konsumenten- und Produzentenrenten, deren Höhe von der Steilheit der Angebots- und Nachfragekurven abhängen. Befürworter der Ausschreibung sprechen sehr viel von Effizienz, meinen aber fast immer rein *fiskalische* Effizienz. Diese liegt vor, wenn die nachfragende Seite, in der Regel der Staat, eine Leistung so billig wie möglich erhält. Natürlich ist das auch ein wichtiger Punkt und ist Geldverschwendung im öffentlichen Bereich entgegenzutreten. In der Wissenschaft muss jedoch genau gesagt werden, was gemeint ist.

Vermutlich wird unterstellt, dass fiskalische Effizienz mit allgemein-volkswirtschaftlicher Effizienz parallel geht. Der billigste Anbieter hätte hiernach auch objektiv geringere Kosten als alle anderen, sodass es auch volkswirtschaftlich effizient ist, ihn zu beauftragen. Der billigste Anbieter kann aber auch der sein, der sich mit dem geringsten Lohn oder der geringsten Produzentenrente zufrieden gibt, der den Auftrag sogar annimmt, obwohl er ihm Verluste einbringt, weil er „im Geschäft" zu bleiben und beim nächsten Auftrag auf Gewinn hofft oder aus zahlreichen anderen Gründen. Das in diesem Buch im Kapitel 9.3.5 abgegebene Plädoyer für eine Gewährung der Rentenerzielung im Naturschutz als Mittel des Anreizes und aus den anderen drei dort angegebenen Gründen verträgt sich schlecht mit der offenkundigen Motivation der Ausschreibung, Renten zu kappen.[11] Auch passt schlecht zusammen, bei unverdienten Zahlungen der Ersten Säule in Milliardenhöhe die Achseln zu zucken, dort aber, wo Leistungen für die Landschaft erbracht werden, für den Fiskus das Höchstmögliche auf Kosten der Anbieter „herauszuholen". Dennoch sei, wie schon oben angesprochen, das Instrument der Ausschreibung nicht rundweg abgelehnt.

---

[11] Solange es darum geht, die im Kapitel 5.4 berichteten Mondpreise für Leistungen seitens des Landschaftsplanungs- und -baukomplexes zu kappen, ist freilich die Ausschreibung eine probate Methode.

Manche Autoren sind so von ihrem Instrument überzeugt, dass ihnen Fehlinterpretationen unterlaufen, die Kenntnismängel in Grünlandkunde und landwirtschaftlicher Betriebslehre verraten. So berichtet GROTH (2010) von einem Ausschreibungsprojekt in Schleswig-Holstein, bei dem Landwirte Grünland vorweisen sollten, welches innerhalb der hochintensiven Agrarlandschaft noch relativ artenreich war. Ob es eine Honorierung verdient, sei hier nicht beurteilt. Landwirte verlangten für die Leistung, vier Arten aus einem Katalog vorweisen zu können, zwischen 30 € und 150 € pro Hektar und Jahr und bei sechs Arten 50 € bis 250 € (Übersicht 26). Dies wird vom Autor als klarer Beweis unterschiedlicher Opportunitätskosten und damit als Beleg für die Sinnhaftigkeit der Ausschreibung gewertet. Nun sollte man wissen, dass Grünland nicht heute intensiviert und morgen wieder de-intensiviert werden kann. Die dem Programm angebotenen Grünlandflächen, deren Artengarnitur darauf hinweist, dass sie zumindest kein Alleinfutter für laktierende Kühe heutiger Leistung sind, waren also nie intensiviert, vermutlich wegen hofferner Lage, ungünstiger Wasser- und Bodenverhältnisse oder aus anderen Gründen. Alles weist darauf hin, dass das auf absehbare Zeit auch so bleiben wird. Denn würden die Betriebe erwägen, die Flächen so zu intensivieren, dass die traditionellen Grünlandarten verschwänden, würden sie mit anderen Worten die wirklichen Opportunitätskosten des Verzichts auf Intensivierung in Rechnung stellen, dann lägen ihre Forderungen nicht bei den oben genannten Mini-Beträgen, sondern beliefen sich den Ausführungen im Kapitel 5.2.4 zufolge in der Größenordnung von 1.000 € pro Hektar und Jahr (so auch schon von MÄHRLEIN (1990) vor vielen Jahren errechnet). So viel verliert ein Betrieb, wenn er darauf verzichtet, von einer ertragreichen Grünlandfläche Futter für laktierende Kühe zu ernten.[12] Was der Autor also als Selektion nach Opportunitätskosten interpretiert, ist in Wirklichkeit eine Selektion nach unterschiedlicher Dreistigkeit, sich etwas bezahlen zu lassen, was gemeinhin als „Mitnahme" bezeichnet wird (vgl. aber unsere Beurteilung im Kapitel 9.3.4) bzw. eine Selektion nach unterschiedlicher Risikofreudigkeit beim Bieten, denn wer zu viel fordert, läuft Gefahr, keinen Zuschlag zu erhalten.

9.4.5   Ergebnisorientierte Honorierung

Als Alternative zur handlungsorientierten Honorierung wird die ergebnisorientierte Honorierung diskutiert und in beschränktem Rahmen praktiziert. Sie rechtfertigt eine genauere Betrachtung. Bei ihr wird nicht honoriert, dass der Landwirt gewisse Maßnahmen oder Unterlassungen vornimmt, sondern dass er mit dem Vorkommen einer schützenswerten Art ein Ergebnis vorweisen kann.

Der Ökonom hält es für richtig, wenn Landschaftsleistungen, wie die Pflege und Entwicklung wertvoller Biotope, möglichst ähnlich nachgefragt werden wie Produkte und Dienstleistungen auf gewöhnlichen Märkten, auch wenn dem Grenzen gesetzt sind durch die Natur der Landschaftsleistungen als Öffentliche Güter. Auf jedem gewöhnli-

---

[12] Ähnlich verhält es sich, wenn die Flächen in Maisäcker für die Biogaserzeugung umgewandelt werden können.

chen Markt verlangen die Nachfrager ein Produkt und sind bereit, einen bestimmten Preis dafür zu bezahlen. Wie die Anbieter das Produkt hervorbringen, interessiert die Nachfrager nur ausnahmsweise und in bestimmten Zusammenhängen – z. B. mögen sie wissen wollen, ob bei seiner Herstellung Fairness herrscht, Menschenrechte eingehalten werden, keine Kinderarbeit im Spiel ist und so weiter. Sie zahlen aber für das Produkt. Im Agrarumweltwesen dagegen ist es bisher noch selten, dass eine direkte Nachfrage nach einem Ergebnis geäußert wird. Stattdessen erlegen die Nachfrager – in der Regel der Staat – den Anbietern bestimmte Maßregeln auf, von deren Einhaltung man die Hervorbringung des gewünschten Gutes erwartet. Im Vergleich zu eleganten Märkten ist das ein sehr umständliches Verfahren. Wer vorschlägt, doch gleich das Produkt nachzufragen, wird in der Szene oft als weltfremd angesehen, obwohl er nur das im Sinn hat, was sonst auf Märkten selbstverständlich ist.

Dabei sind die bisher wenigen Beispiele direkter Ergebnisnachfrage im Agrarumweltwesen von hohem Interesse und man hat schon einige Erfahrungen mit ihnen gewonnen. Die Übersicht 26 stellt einige Modelle der erfolgsorientierten Honorierung zusammen, darunter auch Varianten mit Ausschreibung. Alle Modelle in der Übersicht beziehen sich auf Grünland und honorieren das Vorkommen von Pflanzenarten. Das mit Abstand wichtigste Modell ist das der Schweizer Agrarpolitik; zu ihm und zu anderen erfolgreichen Aktivitäten finden sich umfangreiche Informationen in OPPERMANN & GUJER (2003) sowie in BfN 2006. Die Übersicht 26 kann keine Details wiedergegeben; der Leser konsultiert die angegebene Literatur.

Welche Wirkungen werden in Gang gesetzt, wenn es heißt: „ein Landwirt erhält eine bestimmte Geldsumme, wenn er auf seiner Wiese bestimmte Pflanzenarten in bestimmtem Populationsumfang nachweist"? Theoretische Ökonomen halten als erstes fest, dass der Landwirt nun viel mehr Freiheit besitze, denn es ist seine Sache, wie er die Pflanzen auf der Wiese hält. Keine Behörde weist ihn an, *wie* er es tun soll. Er kann aus mehreren Verfahren, welche die Blumen hervorbringen, die billigste oder für ihn am besten geeignete aussuchen. Das Argument ist prinzipiell richtig, wird aber in seiner Wirkung überschätzt. Ökonomen unterschätzen das Maß an Komplementarität, welches in der Landschaft herrscht. Beim vorliegenden Beispiel gibt es in der Tat noch Alternativen; die Wiese kann traditionell zur Heubereitung genutzt werden, vielleicht halten sich die Arten aber auch beim billigeren Mulchen. Aber je höherwertig das Landschaftsprodukt ist, umso spezifischer ist auch der Weg seiner „Herstellung", wie am Beispiel des Gentiano-Koelerietum auf der Schafweide schon oben gezeigt wurde. Bei allen qualitativ hochstehenden Biotopen ist die Verbindung zwischen dem Ziel und den ihm dienenden Instrumenten recht eng oder gar zwingend, sodass die Wahlfreiheit bei der Mittelwahl nicht sehr groß ist.

Bedeutsamer erscheint, dass nur bei der erfolgsorientierten Honorierung der Landwirt selbst ein Interesse am Erfolg der Maßnahme entwickelt. Im herkömmlichen handlungsorientierten Modell erfüllt er seine Pflichten (oder lässt sich bei kleinen Lässlichkeiten nicht erwischen), aber ihm ist gleichgültig, ob dadurch Blumen erscheinen oder nicht – so wird auch offen zugegeben.

Übersicht 26 Modelle ergebnisorientierter Honorierung im Naturschutz.
(Quellen: [a] OPPERMANN & GUJER 2003, insbesondere Tabelle 21, S. 179, [b] THOMAS et al. 2009,
[c] GEROWITT et al. 2006, [d] GROTH 2010)

Staat bzw. Bundesland und Programm	Fördervoraussetzungen	Honorierung pro ha und Jahr
Schweiz (Öko-Qualitätsverordnung ÖQV) [a]	Nachweis von Pflanzenarten aus mehreren regional differenzierten Listen. Kompliziertes Auswahl- und Prüfverfahren	500 SFr
Baden-Württemberg (MEKA III) [b]	Vorkommen von 4 Kennarten aus einer Liste von 28	50 €
Niedersachsen (Vertragsnaturschutz) [b]	Vorkommen von 4 bzw. 6 Kennarten aus einer Liste	105–215 €
Niedersachsen (regionales Projekt mit Ausschreibung) [c]	Gestaffelt Vorkommen von mindestens 8 Pflanzenarten bis zum Vorkommen von selteneren Zielarten; gewährte Honorare nach Bieterverfahren	81–173 € Bieterforderung pro ha und Jahr
Schleswig-Holstein (regionales Projekt mit Ausschreibung) [d]	Vorkommen von 4 Kennarten aus einer Liste Vorkommen von 6 Kennarten	30–150 € 50–250 €

Der Punkt ist nicht zuletzt deswegen so wichtig, weil auch der Landwirt nie allein kognitiv-rational entscheidet, sondern weil Emotionen sehr schnell hinzukommen. Wer an einem Programm, etwa bei MEKA III in Baden-Württemberg, teilnehmen will, muss die geforderten Arten schließlich kennen, in der Praxis oft: *wieder* erkennen lernen. Schnell wird dann die Erfahrung gemacht, dass, wer Arten kennt, diese auch schätzen oder gar lieben lernt. Dieselben Bauern, die früher jede Blume als Unkraut betrachteten, nehmen nun stolz an der Baden-Württembergischen „Wiesenmeisterschaft" teil und empfangen dafür Preise.

In der Praxis noch längst nicht in voller Bedeutung erkannt, aber zukunftsweisend ist der Aspekt der Kooperation. Wichtige Ziele in der Landschaft können nur in kooperativem Handeln mehrerer Betriebe erreicht werden. Soll z. B. ein längerer Bachlauf hervorragende Wasserqualität erhalten, so verlangt dies, dass alle Anlieger an Maßnahmen mitwirken. Erfolgt ein attraktives Honorierungsangebot, so werden die kooperationswilligen Betriebe andere zu überzeugen versuchen, an der Maßnahme mitzuwirken.

Wichtige Folgerungen ergeben sich für den Ökologischen Landbau, wenn unterstellt wird, dass er, insbesondere wegen des Verzichtes auf Pflanzenschutzmittel, manche Naturschutzleistungen leichter oder gar kostenfrei erbringen kann (vgl. das Beispiel im Kapitel 5.2.5.2). In konsequent handlungsorientierter Sicht verdient ein Betrieb des Ökologischen Landbaus, der gute Ackerwildkrautbestände aufweist, keine Honorierung, wenn sie ihm keine Kosten abverlangen. Er hat die Kräuter sowieso, eine Honorierung wäre sogar so etwas wie „Mitnahme". Das ist eine fragwürdige Missachtung der Leistungen, die er hier erbringt, die durch eine unspezifische Förderung dieser Wirtschaftsweise zu heilen oder zumindest abzumildern versucht wird (vgl. Kapitel 10.3). In erfolgsorientierter Sicht verdient jeder Betrieb, der schützenswerte Ackerwildkräuter vorweist, eine Honorierung ohne Rücksicht auf seine Betriebsweise und auf die Höhe der eingegangenen Kosten, weil allein der *Wert* dieser Kräuter zählt.

Lange ist kontrovers über die Kontrollierbarkeit diskutiert worden, obwohl die in die Praxis umgesetzten Programme keine besonderen Probleme melden. Neben den dort herangezogenen Pflanzenarten lassen sich weitere Arten, auch Tiere, nennen, die ausgezeichnete Indikatoren für die Umweltqualität sind. Auch sind sie leicht zu beobachten, was ehrenamtliche Mitglieder von Naturschutzorganisationen ohne Weiteres tun könnten. So etwa das Schachbrett (*Melanargia galathea*) – wo dieser Tagfalter in guten Populationen vorhanden ist, ist dies ein zuverlässiges Kennzeichen für traditionelles und artenreiches Grünland (Farbtafel 41). Die Larven gewisser Großlibellenarten, wie der gemeinen Keiljungfer (*Gomphus vulgatissimus*) leben jahrelang in Bächen oder Seen und verlangen eine hohe Wasserqualität (Farbtafel 42). Wenn also Imagines solcher Arten beobachtet werden können, so heißt dies, dass die Gewässerqualität nicht nur zum Zeitpunkt der Beobachtung, sondern jahrelang ununterbrochen sehr gut war; dieser Indikator integriert über die Zeit. Bei der handlungsorientierten Honorierung ist der Kontrollaufwand viel höher – theoretisch müsste jeder Landwirt 24 Stunden am Tag beobachtet werden, um sicher zu sein, dass seine Kühe nie zu dicht an den Bach oder See herankommen.

Die erfolgsorientierte Honorierung müsste auch von den Wächtern des fairen internationalen Handels akzeptiert werden. Bei keiner anderen Honorierungsweise wird so transparent, dass keine versteckte, andere Landwirte auf der Welt benachteiligende Subvention, sondern die Belohnung einer genuinen Leistung vorliegt. Erhält ein Landwirt Geld, weil er auf der Schwäbischen Alb eine seltene Pflanze fördert, so ist es absurd, dies als Benachteiligung seines Neuseeländischen Berufskollegen zu interpretieren. Leider scheinen weder die WTO noch die EU-Agraradministration der erfolgsorienterten Honorierung geneigt zu sein. Grund könnte das Denken in Mitnahmeeffekten sein. Dem schwäbischen Landwirt, der am „Blümleswiesenprogramm" von MEKA III teilnimmt, kann in der Tat unterstellt werden, dass er seine vier Wiesenblumen auch ohne die Honorierung erhalten würde, es sei denn, ihm werden attraktive Alternativen wie etwa der Maisanbau für die Biogaserzeugung eröffnet. Tritt dieser Fall ein, dann wird die bescheidene Honorierung für die Blumen ihn allerdings nicht davon abhalten, sie preiszugeben.

Es gibt nur zwei substanzielle Einwände gegen die erfolgsorientierte Honorierung. Der erste schränkt ihren Anwendungsbereich ein, und zwar wegen der vielfach sehr langen Wiederherstellungszeit verloren gegangener Artenvielfalt und der Ungewissheit des Erfolges. Alle bisher praktizierten Modelle bewirken, dass *vorhandene* Arten weiter gefördert werden (was sie in die Nähe der „Mitnahme" rückt). Kein Landwirt würde Einkommensverluste in der vagen Hoffnung tragen, dass künftig die vom Programm geforderten Pflanzenarten auf seiner Wiese erscheinen werden. Das Risiko ist unzumutbar. Es ist zu prüfen, ob es faire Möglichkeiten gibt, das Modell auch auf risikobehaftete Sachverhalte zu übertragen.

Der zweite Einwand lautet, dass die Förderung der jeweils katalogisierten Arten eher nicht der Hauptzweck des Verfahrens ist. Vielmehr sind diese Arten wiederum Indikatoren für eine bestimmte Biotopqualität. So könnte man auch gleich die Biotopqualität und nicht die Arten honorieren. Die Biotopqualität werde durch einen Satz vorgeschriebener Maßnahmen und Unterlassungen und damit durch die handlungsorientierte Honorierung ebenso wirksam gewährleistet. Dieser Einwand ist nicht von der Hand zu weisen, weshalb gut konzipierte handlungsorientierte Honorierungsmodelle ihren Platz behalten werden.

Für alle deutschen Modelle trifft zu, dass die geförderten Arten nicht in höchstem Maße schutzwürdig sind. Sie sind in der Landschaft stark zurückgegangen, aber nicht gefährdet. Hier sind aber vier Punkte zu beachten: (a) Im Kapitel 4.4.2.1 ist festgestellt worden, dass auch solche Arten Förderung verdienen. (b) Der Bewusstseinswandel, welcher bei den Landwirten im Zuge der Wiedergewinnung von Artenkenntnissen eingetreten ist, ist so wertvoll, dass er weiterhin unterstützt werden sollte. (c) Unbeschadet dessen können auch andere Maße für die Biotopqualität und als Richtschnur für Honorierungen erwogen werden. Statt einzelner Arten können pflanzensoziologische Kriterien herangezogen werden, wobei freilich eine Tendenz zu praxisferner Verwissenschaftlichung drohte. (d) Die Honorierung könnte leicht auf wirkliche Seltenheiten (Rote-Liste-Arten) ausgedehnt werden, wo der Schutz ihrer Populationen und teilweise sogar ihrer Individuen das unmittelbare Ziel ist. Das Schweizer Modell zeigt gewisse Tendenzen in diese Richtung.

Zusammenfassend ist die ergebnisorientierte Honorierung mindestens eine interessante und förderwürdige Ergänzung bestehender Verfahren. In ökonomisch-theoretischen Überlegungen ist sie klar das primär anzustrebende Prinzip.

9.5 Bewertung

9.5.1 Das Problem

Nun kommen wir zum schwierigsten Thema zurück, welches im Kapitel 3.4 schon angesprochen wurde; wir werden mehr Fragen stellen als Antworten geben. Der handlungsorientierte Naturschutz hat es in einer Hinsicht leichter (was ein Grund für seine bisherige Bevorzugung sein kann), weil er von der Kostenseite ausgeht. Stellen wir uns zur Veranschaulichung eine ästhetisch ansprechende Blumenwiese wie in Farbtafeln 16 und 22 vor. Die Verfahrens- und Opportunitätskosten ihres Erhalts können bestimmt und dem Bewirtschafter mit oder ohne Gewinnzuschlag erstattet werden. Damit scheint zwar ein praktisches Problem gelöst, jedoch ist in keiner Weise die Frage nach dem ökonomischen Wert der Wiese beantwortet.

Man darf allenfalls folgern, dass die Behörde, die den Vertrag mit dem Bewirtschafter abschließt, die Wiese mindestens so wertvoll einschätzt, wie sie kostet, sonst würde sie nicht zahlen. Es mögen zur Veranschaulichung 400 € pro Hektar und Jahr fließen – wer kann ausschließen, dass die Wiese „eigentlich" 4.000 € pro Hektar und Jahr wert ist? Bei der Zahlung kommen ferner Überlegungen darüber zum Ausdruck, wie viel der Bewirtschafter erhalten *soll*, also distributive Aspekte. Schließlich fragt man sich, woraus die Behörde ihre Legitimation zur Bewertung zieht – warum bewerten nicht die Bürger?

Man darf es fast so nennen, dass sich der handlungsorientierte Naturschutz um das Problem der Bewertung „drückt". Ein konsequenter ergebnisorientierter Ansatz kann dies nicht. Er setzt voraus, dass die Bewertung unabhängig von den Kosten erfolgt. Die Frage ist nicht, wie viel die Wiese kostet, sondern wie viel sie denen, die sie wollen, wert ist, wie viel jene also maximal für sie zu zahlen bereit sind – das ist ein großer Unterschied. Man muss hier klar sagen, dass auch die Praxis der ergebnisorientierten Bewertung das Problem bisher in keiner Weise gelöst hat.[13] Alle bisherigen Ansätze gehen pragmatisch vor – nicht zuletzt nach Höhe der verfügbaren Mittel. In Baden-Württemberg werden für Blumen auf der Wiese 50 € pro Hektar und Jahr bezahlt, in der Schweiz SFR 500. Was die Bewertung betrifft, sind diese Ansätze also inkonsequent.

9.5.2   Gesamt-Zahlungsbereitschaft als Ausgangspunkt

Ist aber Konsequenz hier überhaupt möglich? Im Kapitel 3.4 ist über die Zahlungsbereitschaft der Bevölkerung in Deutschland für den Naturschutz im Allgemeinen berichtet worden. Aus den Stichproben ergibt sich hochgerechnet auf die Grundgesamtheit eine Summe, die einen Vergleich mit den Kosten der im Kapitel 4.5.2 vorgestellten Gesamtprogramme nicht zu scheuen braucht. Dieses Ergebnis ist oben als ein in ökonomische Begriffe gefasstes Meinungsbild über die Bedeutung des Naturschutzes interpretiert worden. Die Befragten hätten angeben können, dass sie auch zusammen keine oder fast keine Zahlungsbereitschaft für den Naturschutz besäßen (was zahlreiche einzelne unter ihnen auch taten), oder sie hätten auch eine viel höhere Summe nennen können.

Erhebungen dieser Art sind nie dazu da, um sofort in praktische Maßnahmen umgesetzt zu werden. Abgesehen von gewaltigen organisatorischen Hindernissen tun sich auch grundsätzliche Probleme auf. Eine interessante Frage ist noch nicht gestellt worden, nämlich wie viel die Bevölkerung von den 10 bis 15 Milliarden Euro, die in Form ihrer Steuerzahlungen bereits in die Landwirtschaft (zusätzlich zu Markttransaktionen) flie-

---

[13] Beim niedersächsischen Programm in Übersicht 26 wird die Honorierung aus den Kosten, die für die Hervorbringung der geforderten Pflanzenarten geschätzt werden, abgeleitet. Damit führt das Programm nicht nur seinen Namen kaum zu Recht, denn der Aufwand und nicht das Ergebnis spielt die Hauptrolle. Den teilnehmenden Betrieben werden zudem zwei Hürden errichtet: Erstens wird erwartet, dass Kosten aufgewandt werden, um in den Genuss einer Förderung zu kommen, und zweitens müssen die Kosten auch noch von Erfolg gekrönt sein. Zum Glück gibt es Betriebe als Eulenspiegel, die das Programm täuschen, indem sie als „Mitnehmer" die Honorierung ohne die vorausgesetzten Kosten genießen.

ßen, für Zwecke des Naturschutz umzuleiten wünschen würde. Die politische Dimension und allgemeine distributive Aspekte werden in der Praxis der CVM oft vernachlässigt (vgl. HAMPICKE 2003, 2005).

Zurück zur Bewertung: Ein Vorschlag wäre, die Zahlungsbereitschaft (ZB) für den gesamten Naturschutz in der Kulturlandschaft als „Proxy" für den Volkswillen zu verstehen, die Summe zur Verfügung zu stellen und Experten zu beauftragen, sie optimal auf alle sinnvollen Verwendungen zu verteilen. Unsere Wiese würde entsprechend ihrem Rang als Biotop eine bestimmte Summe pro Hektar und Jahr „abbekommen".

Pragmatisch gesehen wäre ein solches Verfahren durchaus nicht rundweg abzulehnen, es könnte zu besseren Ergebnissen im Naturschutz führen als die, die wir heute kennen. Es bestehen jedoch zwei Einwände: Selbst wenn sich die beauftragten Experten einig würden, wäre dem Expertenwissen ein so großes Gewicht beigemessen, dass von einer Wertbestimmung einzelner Biotoptypen oder gar individueller Biotope durch den Souverän, die zahlungsbereiten Nachfrager, nicht mehr viel übrig bliebe. Vielleicht bewertet die Bevölkerung die Wiese ganz anders als die Experten. Es mag Gründe geben, die Expertenbewertung vorzuziehen (vgl. unten, Kapitel 9.5.4), nur gibt es dann eben eine Expertenbewertung und keine Bewertung durch diejenigen, die auch bezahlen.

Bezüglich des zweiten (und noch wichtigeren) Einwandes möge kurz auf die Abb. 9.1 im Kapitel 9.3.1 zurückgeblickt werden. Wie dort erläutert, wird auf einem Wettbewerbsmarkt nie die gesamte Zahlungsbereitschaft der Nachfrager (Fläche unter der Nachfragekurve) abgeschöpft. Vielmehr erhalten die Nachfrager eine Konsumentenrente (Fläche C), die der Grund für ihre Nachfrage ist. Die bei der CVM ermittelte Zahlungsbereitschaft ist aber die gesamte Fläche unter der Nachfragekurve. Ihre restlose Abschöpfung ist ebenso problematisch wie die restlose Abschöpfung der Ricardianischen Rente auf Seiten der Anbieter, wie es durch die derzeit gültigen Agrarumweltprogramme angestrebt wird, die nur Kosten zu erstatten erlauben. Beide Fälle sind extreme und problematische Randlösungen, die in einem Konzept, welches sich am idealen Markt orientiert, keinen Platz haben.

9.5.3 Individuelle Bewertung von Biotopen

Die (wegen untragbaren Aufwandes nur theoretische) Alternative besteht darin, jeden Lebensraum oder gar individuellen Biotop einzeln bewerten zu lassen. Als erstes ist festzuhalten, dass das soeben angesprochene Rentenproblem hier in gleicher Weise besteht; ein Zahlenbeispiel diene der Veranschaulichung: Die Erhaltung einer Wiese möge pro Hektar und Jahr 400 € kosten, die Wertschätzung des Publikums möge zuverlässig mit 800 € pro Hektar und Jahr ermittelt werden. Der Landnutzer und Anbieter kann 400 € erhalten (vollkommene Abschöpfung der Ricarianischen Rente), er kann 800 € erhalten (vollkommene Abschöpfung der Konsumentenrente) oder er kann jeden Betrag dazwischen, etwa 600 € erhalten. So willkürlich die letzte Zahl auch anmutet, erscheint sie gerechter und dem Ergebnis auf einem funktionierenden Markt bei Privatgütern ähnlicher als die beiden Randlösungen.

Übersicht 27 Untersuchungen zur Zahlungsbereitschaft für Naturschutz in definierten Biotopen

Autoren	Befragungsinhalt	ZB von Anwohnern (€ pro Haushalt und Monat)
DEGENHARDT et al. 1998	Wiederentwicklung von artenreichem Grünland:	
	Erlbach (Vogtland)	1,14
	Wangen (Allgäu), kleines Programm	1,59
	Wangen (Allgäu), großes Programm	2,71
JÄGGIN 1999	Erhalt der Artenvielfalt im Schweizer Jura	16,54–115,17
ROSCHEWITZ 1999	Erhalt der Kulturlandschaft im Zürcher Weinland	18,31
HARTJE et al. 2002	Schutz des Wattenmeeres vor den Folgen des Klimawandels	3,98
MEYERHOFF 2002	Biologische Vielfalt in den Elbauen	0,55–1,23
KARKOW 2003	10 % der Ackerfläche blütenreich, Besucherumfrage Südost-Rügen	3,70
KARKOW & GRONEMANN 2005	10 % der Ackerfläche blütenreich Bewohnerumfrage Berlin	1,58
		ZB von Urlaubern (€ pro Übernachtung)
HACKL 1997	Geplanter Nationalpark Kalkalpen, Österreich	3,93–4,59
DEGENHARDT & GRONEMANN 1998	Erhalt der offenen Kulturlandschaft	
	Solnhofen im Altmühltal	1,17
	Südost-Rügen	0,45
DEGENHARDT et al. 1998	Wiederentwicklung artenreicher Wiesen	
	Erlbach im Vogtland	0,76
	Kisslegg im Allgäu	0,54
BRÄUER 2002	Wiedereinbürgerung des Bibers, Spessart	0,75–1,12
BEIL et al. 2010	Naturschutzgerechte Entwicklung von Salzgrasland, Darß-Zingst	0,21

Vergleich der Ergebnisse von KARKOW 2003 mit denen von BEIL et al. 2010:

Umgerechnet auf ein Jahr beträgt die ZB bei KARKOW 44,40 € pro Haushalt und Jahr. Besucht eine vierköpfige Familie die Ferienregion Darß-Zingst einmal im Jahr für zwei Wochen, so summiert sich ihre ZB laut BEIL et al. auf 4 × 0,21 × 14 = 11,76 € pro Haushalt und Jahr; ein Viertel der bei KARKOW. Dies ist offensichtlich auf die geringere Attraktivität des Salzgraslandes gegenüber Ackerflächen mit Kornblumen etc. zurückzuführen. Zahlreiche schutzwürdige Pflanzenarten auf dem Salzgrasland (z. B. *Bupleurum tenuissimum*) sind für den Laien nicht zu erkennen. Vgl. ferner Übersicht 3, Kapitel 3.4.

Die „brüderliche" Teilung verleiht sowohl der anbietenden als auch der nachfragenden Seite einen Anreiz, das Geschäft abzuschließen. Noch einmal sei daran erinnert, dass der funktionierende Markt die Aufteilung der Renten automatisch bewirkt, während man sich beim Öffentlichen Gut in freier Entscheidung nach Maßstäben der Verteilungsgerechtigkeit, also letztlich politisch einigen muss.

Wie die Übersicht 27 zeigt, gibt es (über das schon im Kapitel 3.4 gezeigte Beispiel hinaus) zahlreiche Untersuchungen über die Zahlungsbereitschaft des Publikums für die Erhaltung oder die Entwicklung einzelner Biotope; eine umfassendere Zusammenstellung findet sich in PLANKL (2010). Hier werden entweder Ortsansässige in der Nähe dieser Biotope oder auch Urlaubsgäste befragt. Die Ergebnisse sind sehr aufschlussreich. Sie widerlegen den Verdacht von Skeptikern, dass die Antworten ein mit wenig Nachdenken verbundenes „Ja-sagen" darstellen könnten, was kaum zur Grundlage von Entscheidungen taugen würde. Wäre das so, so müssten die Antworten der Befragten bei allen erhobenen Biotoptypen ähnlich sein. Tatsächlich gibt es große Unterschiede, die darauf hinweisen, dass die Befragten wie bei einer realen Kaufentscheidung Kosten und Nutzen durchaus gegeneinander abwägen. Wie im Anhang zur Übersicht 27 gezeigt, beträgt die Zahlungsbereitschaft für einen optisch spektakulären und für erlebnisreiche Spaziergänge taugenden Lebensraum ein Mehrfaches der für einen aus der Sicht des Naturschutzes ebenfalls wichtigen, aber den Laien wenig ansprechenden Biotop. Aus den in der Übersicht 27 zusammengestellten Untersuchungen ist also durchaus viel herauszuholen.

Sie begegnen freilich einem wichtigen Einwand, der in der Fachwelt als „Embedding Effect" bekannt ist. Wird die Zahlungsbereitschaft (ZB) für individuelle Biotope oder auch flächenmäßig begrenzte Landschaftsbestandteile in Übersicht 27 mit der für den Naturschutz „überhaupt" in Tab. 4.1, Kapitel 3.4 verglichen, so entsteht zunächst der Eindruck eines grotesken Missverhältnisses. Wer für den Naturschutz „überhaupt" zahlungsbereit in Höhe von 20 € pro Monat ist und in der nächsten Befragung angibt, für einen bestimmten Biotop 10 € opfern zu wollen, muss sich fragen lassen, warum ihm ein bestimmter Biotop 10 € und die große Vielzahl aller anderen, nicht weniger schützenswerten Biotope ebenfalls nur 10 € wert ist. Noch krasser äußert sich der Embedding Effect, wenn die ZB nach dem Schutz von Arten erfragt wird. Ein typisches Ergebnis ist, dass die ZB für eine gefährdete Vogelart ungefähr 5 € und für alle Vogelarten zusammen 15 € beträgt, obwohl es in Deutschland etwa 60 gefährdete Brutvogelarten gibt, sodass die Summierung aller artspezifischen Zahlungsbereitschaften einen Betrag von 300 € ergeben müsste.

Das Thema ist gepflastert mit Missverständnissen – offenbar dürfen Zahlungsbereitschaften nicht addiert werden. DEGENHARDT & GRONEMANN (1998) legen mehrere plausible Erklärungen für das auf den ersten Blick widersprüchliche Antwortverhalten vor (vgl. auch MEYERHOFF 2003). Die überzeugendste unter ihnen bezieht sich auf Betroffenheit und Hochrechnungen. In einer Untersuchung zur ZB für den Naturschutz insgesamt wird das Ergebnis aus der Stichprobe auf die Grundgesamtheit der gesamten Bevölkerung hochgerechnet, womit sich selbst bescheidene individuelle Angaben zu Milliardensummen addieren. Dasselbe Verfahren bezogen auf eine einzelne Wiese führt zu einer Hochrechnung nur auf einen viel kleineren Kreis von Betroffenen. Zur Illustration wieder ein hypothetisches Zahlenbeispiel: Anwohner einer Wiese mögen für den Naturschutz in Deutschland „überhaupt" zahlungsbereit in Höhe von 10 € pro Haushalt und Monat (120 € pro Jahr) sein. Hochgerechnet auf alle etwa 40 Millionen Haushalte ergibt sich eine ZB von 4,8 € Milliarden pro Jahr. Dieselben Anwohner bieten in der nächsten Befragung für die Wiese 50 € pro Jahr, was bezogen auf das individuelle Budget zunächst widersprüchlich erscheint. Genießen die Blumenpracht *dieser* Wiese 10.000 Haushalte, so ergibt sich eine aggregierte ZB von 500.000 € pro Jahr. Dieser Betrag steht durchaus nicht mehr in einem Missverhältnis mit der gesamten ZB von 4.8 Milliarden pro Jahr. Dass die Wiese ein knappes Zehntausendstel davon „abbekommt", erscheint vielmehr völlig plausibel. Die Anwohner der Wiese und/oder die sie genießenden Urlauber, die diese Informationen über ihre ZB geliefert haben, setzen nur voraus, dass der größte Teil ihrer ZB den Biotopen in ihrer Nähe zugute kommen soll. Die Anwohner an anderen Orten setzen dasselbe für ihre interessanten Biotope voraus. Der Embedding Effect entwertet also Untersuchungen zur ZB nicht. Schwerer wiegt, dass es wegen der Kosten praktisch unmöglich ist, die ZB für jeden einzelnen Biotop zu erheben.

9.5.4 (Sehr) vorläufiges Ergebnis

Die Inhalte dieses Kapitels 9.5 sind so wenig erforscht, dass nur eine erste Orientierung für praktische Entscheidungen und vor allem für künftige Forschungen gegeben werden kann. Folgendes wird zur Diskussion gestellt:

- Oberste Priorität im Naturschutz haben ethische Aspekte. Entscheiden die moralischen Fundamente der Gesellschaft, dass keine Arten aussterben dürfen, dann dürfen keine Arten aussterben, gleichgültig auf welche Weise dies bewerkstelligt wird.[14] Notfalls muss gegen den ökonomischen Augenblickswillen entschieden werden. Drücken die Subjekte oder Bürger der Gesellschaft aber eine zahlungsbereite Präferenz zugunsten des moralischen Anspruches aus, so ist dies „umso besser", es entsteht dann kein Konflikt zwischen Moral und Konsumentensouveränität. Der zahlungsbereite Wille der Subjekte ist in die Naturschutzpolitik zu integrieren. Der Anhang 5 enthält eine graphische Veranschaulichung dieses Problems.
- Hinsichtlich des im Kapitel 4.1 definierten Teilzieles N – des wissenschaftlich fundierten Naturschutzes – ist Expertenwissen unverzichtbar. Einer der bedeutendsten Philosophen des 20. Jahrhunderts stellt fest, dass selbst in einem konsequent-liberalen Kontext fachliche Expertise mit Weisungskompetenz ihren Platz hat: Der Passagier

---

[14] Ganz gleichgültig ist es nicht, wenn auf die (auch immateriellen) Kosten geblickt wird. Dieselben moralischen Maßstäbe mögen vorschreiben, dass kein menschliches Leid entstehen darf, auch nicht im Zuge der Gewährleistung von Naturschutz.

vertraut dem Kapitän des Schiffes und verlangt nicht selbst zu steuern (RAWLS 1999, S. 205). So sollte es die Gesellschaft auch bei Fachfragen des Naturschutzes tun. Experten werden intuitiv-emotionelle Urteile unkundiger Personen korrigieren, z. B. auch solchen Tierarten Schutz gewähren, die in Öffentlichkeit und Medien wenig Ansehen genießen.

- Der größte Freiraum für die Nachfrage des allgemeinen Publikums ist beim Teilziel *W* – Wohlbefinden in der Landschaft – zu gewähren. Bürger sollen die Gestalt ihrer Umwelt wählen dürfen, wenn sie die Kosten dafür zu tragen bereit sind.[15] Die Beschränkung auf das Teilziel *W* bedeutet keineswegs, hier eine „Spielwiese" für nach Maßgabe wissenschaftlichen Naturschutzes Unwichtiges freizugeben. Wie schon im Kapitel 4.1 festgestellt, profitieren im Zuge des Teilzieles *W* durchaus auch fachliche Naturschutzziele.

---

[15] Solange es nicht überzeugende distributionspolitische Gründe dafür gibt, dass die Kosten anders verteilt werden müssen. Ein Einwand dergestalt, dass der Steuerzahler zuerst jahrzehntelang dafür bezahlt hat, um die Artenvielfalt mit landwirtschaftlichen Rationalisierungsmaßnahmen zu vernichten, und nun zum weiten Mal dafür zahlen soll, dass sie wiederhergestellt werden soll, ist ernsthaft zu diskutieren.

Ergänzendes zu Sonderproblemen

In diesem Kapitel wird abschließend zu drei Themen kurz Stellung genommen, die jedes für sich ein eigenes Buch füllen könnten. Mögen sie auch etwas unvermittelt nebeneinander stehen, so sind diese Themen doch so stark in der fachlichen und öffentlichen Diskussion präsent, dass zahlreiche Leser es vermissen würden, wenn zu diesen Problemen nicht Position bezogen würde. Es handelt sich um die deutsche Eingriffsregelung, den Energiepflanzenanbau und den Ökologischen Landbau.

10.1 Die Eingriffsregelung

Die Eingriffsregelung in Deutschland (heute §§ 14 ff. BNatSchG) wurde 1976 mit der Verabschiedung des Bundes-Naturschutzgesetzes geboren – mitten im umweltpolitischen Reformeifer der sozialliberalen Koalition unter Bundeskanzler Schmidt. Ihr Grundprinzip ist einfach und intuitiv überzeugend: Wer einen Eingriff in Natur und Landschaft verursacht – gleichgültig ob er oder sie eine Privatperson oder eine staatliche Behörde ist –, hat diesen Eingriff zu kompensieren. Sehr bildlich und symbolisch ausgedrückt: Wer ein Loch in die Landschaft gräbt, hat es gefälligst wieder zu schließen. Die Regel gilt nicht etwa nur in Naturschutzgebieten, sondern überall in der freien Landschaft. Seit 1991 existiert eine etwas abweichende Regelung auch für den Innenbereich von Ortschaften nach dem Baugesetzbuch (Allgemein zur Eingriffsregelung: DRL 2007, WAGNER & DRUCKENBROD 2011, CZYBULKA 2011, WAGNER & CZYBULKA 2012).

Ziel der Eingriffsregelung ist es, einer Verschlechterung der landschaftsökologischen Qualität vorzubeugen. Ein gegebener Zustand, mag er auch nicht überall optimal sein, soll zumindest gehalten werden. Zur Kompensation gibt es drei Instrumente: den Ausgleich, den Ersatz und die Ersatzzahlung. Mit dem Ausgleich soll im Idealfall der alte Zustand vor dem Eingriff wiederhergestellt („das Loch zugebuddelt") werden, während

U. Hampicke, *Kulturlandschaft und Naturschutz,*
DOI 10.1007/978-3-8348-8236-3_10, © Springer Fachmedien Wiesbaden 2013

der Ersatz zum Zuge kommt, wenn dies physisch nicht möglich ist. Die Landschaft soll dann zwar nicht gleich*artig*, aber gleich*wertig* wiederhergestellt werden. Wo immer möglich, sollte früher dem Ausgleich der Vorzug vor dem Ersatz gegeben werden. Seit einer Novelle im Jahre 2010 ist diese Vorzugspflicht zum Missfallen zahlreicher Landschaftsplaner jedoch hinfällig. Ob dies wirklich von Nachteil ist, ist nicht sicher. Ausgleich und Ersatz sollen in einem möglichst engen sachlichen, räumlichen und zeitlichen Bezug zum Eingriff stehen. Die Ersatzzahlung soll als Kompensation nur dann in Frage kommen, wenn weder Ausgleich noch Ersatz greifen, das heißt wenn keine Realkompensation möglich erscheint, sozusagen als Notlösung. In der Landschaftsplanung als eine Art „Ablass" verrufen, wird sie in Kreisen potenzieller Eingriffsverursacher dagegen positiv beurteilt, wie unter anderem eine freilich gescheiterte Gesetzesvorlage zeigt, nach der sie den beiden anderen Instrumenten gleichgestellt werden sollte.[1]

Es ist bemerkenswert, dass Diskussionen über die Eingriffsregelung überwiegend in Kreisen der Rechtswissenschaft und vor allem der Verwaltung und der Landschaftsplanung geführt werden. Die naturwissenschaftlich orientierte Landschaftsökologie nimmt an ihnen nur randlich teil. So verwundert nicht, dass hier Verwaltungsdenken im Zentrum steht; bei 16 eifersüchtig über ihre Anordnungshoheit wachenden Bundesländern, noch viel zahlreicheren „Hausmeinungen" von Behörden und ständigen Veränderungen der Vorschriften haben Kenner der Szene reichlich Stoff, wie die mit Paragraphenhuberei gefüllten Lehrbücher der Landschaftsplanung zeigen (extrem KÖPPEL et al. 2004, gemäßigt JESSEL & TOBIAS 2002). Studierende dieser Disziplin müssen solcher Materie offenbar einen so großen Teil ihrer Aufmerksamkeit widmen, dass der Erwerb wirklichen Wissens über die Landschaft (Artenkenntnis, Ansprache von Biotopen, Geomorphologie, Hydrologie) oft zu kurz kommt.

Ein notorischer Kritikpunkt an der Eingriffsregelung besteht darin, dass die durchgeführten Maßnahmen oft rein handwerklich von schlechter Qualität sind oder auch nur halbherzig durchgeführt werden. Dies wird durch zahlreiche Fallstudien belegt (DIERSSEN & RECK 1998a, 1998b). Wird auch die Realkompensation zuweilen rhetorisch wie eine Monstranz getragen, so werden in der Praxis dennoch Maßnahmen durchgeführt, die mit einem sachlich überzeugenden Verlustausgleich nach einem Eingriff wenig zu tun haben. In der Köln-Aachener Börde werden 80 % aller Eingriffe mit Entzügen von Ackerland dadurch „ausgeglichen", dass Gehölze angepflanzt werden (MUCHOW et al. 2007). Das ist das Gegenteil von Realkompensation. Ein besonderes Problem ist die zeitliche Dimension. Nach einhelliger Literaturmeinung und Rechtssprechung müssen Kompensationsmaßnahmen ebenso lange wirken, wie die Wirkung des Eingriffes andauert, andernfalls wäre er nicht kompensiert. Das bedeutet praktisch, dass eine als Ausgleich oder Ersatz gepflanzte Hecke oder ein angelegtes Kleingewässer über viele Jahre auch gepflegt werden müssen. Daran hapert es in erheblichem Maße. Die zuständigen

---

[1] Entschließungsantrag des Landes Niedersachsen im Gesetzgebungsverfahren 2009, BT-Drucksache 594/1/09.

Behörden „vergessen" diese Langzeitpflichten, weil sie sich personell nicht in der Lage sehen, sie zu erfüllen.

So berechtigt Kritik dieser Art ist, setzt sie doch eher an Äußerlichkeiten an. Man kann sich eine bessere handwerkliche Praxis vorstellen – wäre die Eingriffsregelung dann über jeden Einwand erhaben? Im Jahre 2006 veranstaltete der Deutsche Rat für Landespflege ein Kolloquium anlässlich des 30-jährigen Bestehens der Eingriffsregelung (DRL 2007).[2] Die dazu erschienene Festschrift enthält mit einer Ausnahme von landwirtschaftlicher Seite (PINGEN 2006) nur lobende Beurteilungen – die Regelung habe sich auf der ganzen Linie bewährt. Es ist bedauerlich, dass das Jubiläum nicht zum Anlass genommen werden konnte, eine Erfolgsbilanz zu versuchen. Ist im Großen und Ganzen das Ziel der Regelung erreicht worden? Wenn ja – zu welchen *Kosten* ist es erreicht worden? Diese Fragen sind unmöglich zu beantworten, weil es über 30 Jahre hinweg keinerlei Dokumentation der erfolgten Maßnahmen und der eingegangenen Kosten gibt. Alle Informationen, wenn sie noch vorhanden sind, sind in Archiven irgendwelcher Behörden begraben; es ist unmöglich, sich ein Bild zu machen, wie viel Geld hier geflossen ist und noch fließt. Überhaupt spielt sich die gesamte Szene in der Innenwelt von Behörden, Eingriffsverursachern und mitbeteiligten Landschaftsplanungsbüros ab. Die Abwesenheit jeder Art von Dokumentation und Kontrolle kontrastiert auffällig mit der traditionell detaillierten Agrar- und Flächennutzungsstatistik, in welcher vieles festgehalten wird, was weniger bedeutend für die Nachwelt ist.

Natürlich gibt es zur Eingriffsregelung von Interessen geleitete Ansichten und auch ebensolche Kritik. Behörden und Landschaftsplaner, denen sie ihr tägliches Brot ist, möchten sie nicht missen. Interessanterweise ist die Gegnerschaft gegen sie bei Eingriffsverursachern nur verhalten. Oben ist schon berichtet worden, dass Wirtschaftskreise die Regelung am liebsten dahingehend vereinfacht sehen würden, dass sich jeder Eingriffsverursacher allein mit einem Ersatzgeld aus der Affäre ziehen kann, was gar kein schlechter Gedanke ist. Die Ursache für die relative Gelassenheit dürfte darin bestehen, dass die für die Kompensation geforderten Mittel zwar absolut hoch erscheinen mögen, im Vergleich zu den Kosten des Eingriffs und möglichen Gewinnen aus ihm aber dennoch zweitrangig sind.[3] Eingriffsverursacher wollen vor allem von Planungsverzögerungen und Bürokratie verschont sein.

Die lebhafteste Kritik erfolgt seitens der Landwirtschaft. Oftmals verschlingt ein Eingriff, wie ein Straßenbau oder die Anlage eines Gewerbegebietes, landwirtschaftliche Fläche. Die geforderten Kompensationsmaßnahmen beanspruchen ebenfalls Flächen, sodass die Landwirtschaft zweimal zur Ader gelassen wird. Wenn auch Naturschützer bemerken, dass sich die Landwirte oft einseitig gegen den Flächenentzug durch die Kompensationsmaßnahme und weniger energisch gegen den primären Eingriff ausspre-

---

[2] Man muss hinzufügen: in Westdeutschland.

[3] Erfolgt der Eingriff durch eine Behörde ohne Gewinnerwartung, etwa ein Straßenbauamt, so hat diese offenbar keine Schwierigkeiten, die Kosten der Kompensation in ihre Gesamt-Projektkosten einzurechnen.

chen, muss zugestanden werden, dass hier ein Problem besteht, insbesondere in der Nähe von Ballungsgebieten mit hoher Eingriffsfrequenz und knapper und teurer landwirtschaftlicher Fläche. Unten wird auf eine Möglichkeit zur Abmilderung dieses Konfliktes eingegangen.

Kehren wir noch einmal zu ökonomischen Fragen zurück. Leider hat sich die Umwelt- und Landschaftsökonomie in der Vergangenheit wenig mit der Eingriffsregelung befasst, sodass die hier vorliegenden, wirklich brisanten ökonomischen Fragen noch einer systematischen Bearbeitung harren.[4] Ein zentrales Thema der Wirtschaftswissenschaft ist, wie schon im Kapitel 6.1 dargelegt, das der *Effizienz*. Entweder ist ein gegebenes Ziel mit minimalen Kosten anzustreben, oder gegebene Kosten sind so einzusetzen, dass eine maximale Zielerreichung erfolgt. Man wird wie im Kapitel 6.1.6 zustimmen, dass Effizienz zwar nicht alle anderen Belange im gesellschaftlichen Leben dominieren darf, dass sie aber bei knappen Mitteln ein ernstes Anliegen sein sollte.

Der Eingriffsregelung muss eine systematische Tendenz zur Herstellung von Ineffizienz bescheinigt werden, wie ein Beispiel zeigt: Durch einen Eingriff werde ein für den Naturschutz unwichtiger Biotop zerstört, etwa ein Wäldchen mit uninteressantem Artenbestand. Dem Gebot der Realkompensation gehorchend, legt der Eingriffsverursacher ein ebenso triviales neues Wäldchen an. Die Kosten einer Erstaufforstung sind aber erheblich, die Sache ist also teuer. Nicht weit entfernt befinde sich ein hochwertiger Biotop, etwa ein Magerrasen mit schutzwürdigem Artenbestand. Werden in diesen nicht Mittel investiert (für regelmäßige Mahd oder Beweidung, vgl. die Kostenkalkulationen dafür im Kapitel 5.2.1), büßt er seine Qualität ein. Es wäre viel effizienter, die Mittel, die der Eingriffsverursacher einsetzen muss, in den hochwertigen Magerrasen zu investieren, als ein belangloses Gehölz anzulegen.[5] Nach den Vorschriften der Eingriffsregelung darf er dies aber gleich aus drei Gründen nicht: Erstens soll er Realkompensation üben, das heißt Bäume pflanzen, mag dies Sinn ergeben oder nicht, zweitens wird als Kompensation nur gezählt, was einen Biotop aufwertet – die Regeln erlauben nicht, Geld in einen schon wertvollen Biotop zu investieren, um ihn vor der Abwertung zu schützen. Drittens darf nicht in den Magerrasen investiert werden, wenn dieser aus anderen Gründen schon Schutz genießt, mag dieser wirken oder nicht.

Verschärft wird das Problem dadurch, dass die praktische Abwicklung des Kompensationswesens oft in den Händen der Kreise liegt, die schon im Kapitel 5.4 eines allzu großzügigen Umgangs mit Geld geziehen worden sind. Dort sind einige Beispiele für geradezu phantastische Preise für Maßnahmen der Landschaftspflege genannt worden. Es ist fast zu vermuten, dass die Eingriffsregelung einen systematischen Anreiz setzt,

---

[4] Wo sich ökonomischer Sachverstand zu Wort meldet, geschieht dies besonders bei der Frage nach der anzusetzenden Höhe des Ersatzgeldes, wenn Ausgleich und Ersatz nicht möglich sind. Hier sind verschiedene Verfahren erarbeitet worden (SCHWEPPE-KRAFT 1998). Dies ist gewiss eine interessante Frage, aber nicht *die* Kernfrage der Eingriffsregelung.
[5] Hinzu kommt, dass ein Wäldchen im Zuge der natürlichen Sukzession auch kostenlos von allein wachsen würde, wenn man es nur ließe und Geduld aufbrächte.

möglichst *viel* Geld in eng begrenzte und fachlich wenig ergiebige Vorhaben zu lenken, um den rechtlichen Anforderungen äußerlich zu genügen.

Wir gewärtigen eine kompliziert verknotete Problemstruktur, wie sie für Politik und Verwaltungshandeln typisch zu sein scheint: Die Eingriffsregelung ist eine mächtige Geldsammelmaschine, weil, wie oben schon erwähnt, viele Eingriffsverursacher nicht auf den Pfennig achten müssen. Es wird geschätzt (*geschätzt! – genaues weiß niemand*), dass hier möglicherweise mehr Geld zusammenkommt als in den ordentlichen Naturschutzetats von Bund und Ländern (WAGNER & DRUCKENBROD 2011). Der Ökonom ruft: „Wunderbar – lenkt diese Himmelsgeschenke dorthin, *wo sie am ärgsten fehlen und am dringendsten gebraucht werden!*" Das sind ganz klar Spitzenbiotope mit seltenen und gefährdeten Arten, die aus Geldmangel und/oder anderen Gründen in Gefahr stehen, an Qualität einzubüßen. Im Kapitel 4.4.2.3 dürfte überzeugend klargestellt worden sein, dass in der heutigen mitteleuropäischen Kulturlandschaft mit wenigen Ausnahmen die Abwehr von Verlusten den Vorrang vor problematischen Versuchen der Neuschöpfung von Artenvielfalt einnehmen muss. Übersicht 1 (Kapitel 3.2) dokumentiert den schlechten Zustand zahlreicher FFH-Biotope. In Tab. 7.13 (Kapitel 7.7.1.2) ist festgestellt worden, dass die Finanzierung solcher traditionell genutzter Spitzenbiotope unzureichend und unzuverlässig ist. Ein Mittelzufluss aus der Eingriffsregelung wäre ein Segen.

Schildert ein Ökonom dieses Problem, so wird er belehrt, dass die Fürsorge für Spitzenbiotope eine hoheitliche Aufgabe des Staates ist, die aus Steuermitteln, nicht aber aus Privatmitteln oder zweckbestimmten Etats des Eingriffsverursachers finanziert werde, der ja auch mit der prekären Verfasssung eines Spitzenbiotopes nichts zu tun und sie gewiss nicht verursacht habe. In der Tat – wenn der Staat seiner Pflicht zum Erhalt der Spitzenbiotope nachkäme, dann bestünde das hier dargestellte Problem nicht.

Da es aber in Wirklichkeit doch besteht, hat sich die Praxis von einer buchstabengetreuen Realkompensation vielfach ganz von selbst entfernt. Die in den Bundesländern in unterschiedlichen Varianten erfundenen Wege der Flexibilisierung des Verfahrens sind nichts anderes als eine pragmatische – unzureichende, aber in die richtige Richtung weisende – Antwort auf das hier dargestellte Problem und Eingeständnis dessen, dass man es mit der Versenkung der bei Eingriffsverursachern eingesammelten Mittel in unnütze Maßnahmen in der Landschaft nicht übertreiben darf. Flächenagenturen bevorraten Flächen („Flächenpools"), auf denen sinnvolle Maßnahmen durchgeführt werden können, um sie bei gegebener Gelegenheit, wenn ein Eingriff zu kompensieren ist, dem Verursacher anzubieten. Dies besitzt darüber hinaus den Vorteil, dass das Verfahren beschleunigt wird. „Ökokonten" sind ökonomisch als die Einführung einer Art Ersatzzahlung durch die Hintertür zu interpretieren, wobei nicht richtiges Geld, sondern ein Punktekatalog als Ersatzgeld (Spielgeld) wirksam ist. Finanziert der Eingriffsverursacher bestimmte Maßnahmen, lässt er sich „Ökopunkte" gutschreiben, die er je nach der Schwere seines Eingriffs erwerben muss. Wie bei jedem Punktekatalog hängt die Sinnhaftigkeit natürlich vom Vergabemuster der Punkte ab; wenn das Pflanzen von Bäumen mit höchster Punktzahl bewertet wird, werden eben wieder Bäume gepflanzt, auch dort, wo es schon viele gibt.

Es ist fraglich, ob die genannten Flexibilisierungsmaßnahmen mit den Buchstaben und dem ursprünglichen Geist der Eingriffsregelung verträglich sind; dies wird auch bestritten (BREUER 1999). Von der Sache her sind die Innovationen gewiss begrüßenswert.

Die Eingriffsregelung verschärft den in Deutschland notorischen Flächenknappheitskonflikt. Wie bereits erwähnt, werden zusätzlich zum Eingriff weitere Flächen beansprucht. Man muss freilich anfügen, dass sie diesen Konflikt nicht hervorgerufen hat. Verursacher sind Agrarpolitik, Energiepflanzenförderung (vgl. folgendes Kapitel) und eine zügellose Flächeninanspruchnahme durch Gewerbe, Verkehr und Siedlung. Seit Jahren übt sich die Umweltpolitik in lautstarker Proklamation, die fortschreitende Versiegelung von etwa 100 Hektar pro Tag zu reduzieren – mit wenig Erfolg.

Ungeachtet dessen ist eine ursprünglich vom landwirtschaftlichen Berufsstand vorgeschlagene, in nicht wenigen Praxisfällen erprobte und inzwischen auch wissenschaftlich erforschte Maßnahme zu nennen, die hier in erheblichem Maße Abhilfe schafft, die Produktionsintegrierte Kompensation (PIK) (MUCHOW et al. 2007, CZYBULKA 2011, CZYBULKA et al. 2012). Ihre Vorteile sind in der Übersicht 28 zusammengefasst. Ein Eingriff in landwirtschaftliche Flächen wird dabei nicht in der Weise kompensiert, dass weitere Flächen aus der Nutzung genommen und in ungenutzte Biotope verwandelt werden. Vielmehr werden auf weiterhin landwirtschaftlich genutzten Flächen Maßnahmen getroffen, die deren Wert für den Naturschutz erhöhen. Beispiele sind die Umwandlung von Acker- in Grünland, die Entwicklung artenreicher Grünlandbiotope, die Anlage von Äckern, auf denen Ackerbegleitkräuter toleriert werden, oder auch von reinen Blühstreifen in blütenarmen Ackerbörden (Farbtafel 43). In allen typischen Fällen handelt es sich um Extensivierungen; die kooperierenden Agrarbetriebe werden vertraglich zu den erforderlichen Maßnahmen verpflichtet und dafür finanziell entschädigt bzw. belohnt.

Die PIK hätte nach der ursprünglichen Intention der Eingriffsregelung schon längst das Mittel der Wahl bei Eingriffen in landwirtschaftliche Flächen sein müssen, denn sie kommt der Realkompensation am nächsten. Eingriffe in landwirtschaftliche Flächen lösen bei ihr aus, anderen landwirtschaftlichen Flächen einen Naturschutzwert zu verleihen. Das Interesse der Landwirtschaft trifft sich hier mit dem des Naturschutzes, für den die Wiederentwicklung artenreicher *Nutz*flächen (nicht nur Biotopinseln) ein dringendes Erfordernis ist. Es ist viel wichtiger, Wiesenblumen und Ackerwildkräutern wieder Lebensraum zu gewähren, als belanglose Gehölze zu pflanzen. Die PIK kann auch den Zielen der, wie im Kapitel 7.7 dargestellt, in den letzten Jahren nicht sehr erfolgreich weiterentwickelten Agrarumweltmaßnahmen dienen, zuweilen kann sie es besser.

Eine Umfrage erbrachte, dass Landschaftspflegeverbände, also mit dem Naturschutz besonders verbundene Institutionen, die PIK fast uneingeschränkt befürworten, dass Straßenbauämter als Eingriffsverursacher ebenso wie Landwirte ihr gegenüber vielfach aufgeschlossen sind, während sich Untere Naturschutzbehörden eher reserviert äußern (CZYBULKA et al. 2012, S. 165 ff.).

Übersicht 28 Vorteile der Produktionsintegrierten Kompensation (PIK)

- Wiederherstellung von Artenvielfalt auf *genutzten* Flächen ist hoch prioritär
- Einzige Möglichkeit wirklicher Realkompensation bei Eingriffen in Agrarflächen
- Flächen bleiben im Besitz der Landnutzer, Abbau deren Gegnerschaft zur Eingriffsregelung
- Keine Kosten für Flächenerwerb erforderlich
- Zwang zur Kooperation von Naturschutz und Landwirtschaft

Wir interpretieren dies als Ausdruck der Verlegenheit der Behörden, bei ihrer Personalausstattung den Anforderungen an die lang dauernde Begleitung der PIK genügen zu können. Inoffiziell geben Naturschutzbehörden auch noch andere Gründe zu, z. B., dass sie ungern mit Landwirten zusammenarbeiten. Im Übrigen ist daran zu erinnern, dass auch nicht produktionsintegrierte Kompensationsmaßnahmen oft eine lang dauernde Begleitung verlangen würden.

Pragmatisch lässt sich zusammenfassen, dass sich die Praxis der Eingriffsregelung wesentlich verbessern ließe, sofern sie als Ganzes beibehalten werden sollte. Dazu gehörte unter anderem, der PIK einen größeren Raum zu geben. Voraussetzung jeder Verbesserung wäre dabei, die Unteren Naturschutzbehörden personell so auszustatten, dass sie die erforderlichen langfristigen Pflege- und Überwachungsaufgaben übernehmen können.

Das Fazit der angestellten Betrachtung ist gleichwohl, dass sich die Eingriffsregelung in ihrem ursprünglichen Geist möglicherweise überlebt hat. Sie war eine zündende, intuitiv mitreißende Idee der 1970er Jahre. Wie es aber mit mitreißenden Ideen so ist, können sie ihren Glanz verlieren. Wer heute bei Halle an der Saale der Landwirtschaft 100 Hektar Zuckerrübenacker für ein Möbelhaus mit Parkplatz entreißt, soll realkompensatorisch „Ausgleich" oder „Ersatz" liefern. Wofür? Der Eingriff hat nicht die geringsten Konsequenzen für den Naturschutz – auf dem Zuckerrübenacker gab es auch vorher keinen Naturschutz – er schmälert nur das weltweite landwirtschaftliche Produktionspotenzial. Selbst die PIK als die in diesem Fall der Realkompensation am nächsten kommende Maßnahme stellt in Wirklichkeit keinen durch den Eingriff verursachten Verlust wieder her, sondern führt zu einer wünschbaren Aufwertung der Landschaft, die mit anderen Mitteln ebenso hätte erreicht werden können. Der Eingriffsverursacher beobachtet, dass mit seinem Geld ein für den Naturschutz wertvoller Agrarbiotop angelegt wird, aber er weiß auch, dass er selbst durch seinen Eingriff keinen solchen beschädigt hat. Von Ausgleich oder Ersatz ist keine Rede – er finanziert einfach eine „gute Tat".

Das Leitbild, einen Eingriff in die Landschaft zu kompensieren, lebt davon, dass der Eingriff als „schlecht", die Landschaft vor dem Eingriff aber als „gut" oder zumindest als „besser als nach dem Eingriff" beurteilt wird. Über 30 Jahre Intensivierung der Agrarlandschaft haben aber mit sich gebracht, dass diese Standardsituation immer seltener geworden ist. Wo ein Eingriff stattfindet, ist oft kaum noch etwas an landschaftsökologischer Qualität, speziell an Artenvielfalt vorhanden, was reduziert werden könnte. Im Gegenteil können Eingriffe potenziell wertvolle Biotope schaffen und die Artenvielfalt fördern, etwa an Verkehrswegen (Farbtafel 44).[6] Wo dagegen Eingriffe in wertvolle Landschaftsbestandteile drohen, sind sie wegen deren heutiger Knappheit ganz zu versagen, wie es das Gesetz auch vorsieht. Wird dem genügt, so ist eine Kompensation überflüssig.

Naturschutzbehörden und -verbände haben die Millionen an Kompensationsmitteln aus dem Bau der Autobahn A 20 in Mecklenburg-Vorpommern dankbar entgegengenommen und zum Teil für die Wiedervernässung von Mooren verwendet – eine höchst lobenswerte Maßnahme, die aber mit der A 20 wenig zu tun hat; die meisten Moore waren schon zuvor aus ganz anderen Gründen ausgetrocknet. Die Eingriffsregelung wird von dem sonst so gebeutelten Naturschutz als Goldesel geschätzt und genutzt, was man aus seiner Interessenlage her gut verstehen kann. Freilich sind ordnungspolitische Verwerfungen unverkennbar. Wie bei der Erörterung von Flächenpools und Ökokonten schon andeutet, ist die Praxis hinsichtlich ihrer Ergebnisse vorteilhafter, im Lichte der ursprünglichen Idee der Realkompensation jedoch fragwürdig geworden – man kann sie eine gut gemeinte „Schummelei" nennen. Wer diese pragmatisch akzeptiert, muss dann umso mehr den Geburtsfehler der Eingriffsregelung in Gestalt der Aufwertungspflicht (meist des Minderwertigen) bedauern, die verhindert, dass Mittel in die überragend wichtige Verwendung der Sicherung gefährdeter Biotopqualität fließen dürfen, wie etwa in die rund 20 % noch artenreichen Grünlands.

Eine offensive Sanktionierung der bisher schleichend vorgenommenen Umdeutungen der ursprünglichen Idee und eine verblüffende Wiederherstellung von Ehrlichkeit würde darin bestehen, sich von dem immer künstlicher gewordenen Zusammenhang zwischen Eingriff und Kompensation völlig zu lösen und die bisherige Eingriffsregelung durch eine Abgabe zu ersetzen. Dies würde weitgehend der oben erwähnten Forderung aus Wirtschaftskreisen entsprechen, die Ersatzzahlung zur einzigen Pflicht des Eingriffsverursachers zu machen. Einer solchen Forderung schließt sich der Naturschützer freilich nur dann an, wenn sie, wie man aus der Interessenlage ihrer Vertreter zu schließen geneigt ist, nicht gleichzeitig sehr gering ausfallen soll.

Die Form der Abgabe (Steuer oder Sonderabgabe) ist selbstverständlich verfassungsrechtlich zu prüfen; wir setzen voraus, dass eine einwandfreie Regelung gefunden werden kann und nennen sie „Naturkasse". Keinesfalls darf die Gefahr bestehen, dass die erhobenen Mittel in einem allgemeinen Steuertopf versickern, vielmehr müssen sie zweckgebunden dem Naturschutz dienen. Hiergegen wird regelmäßig das Nonaffektationsprinzip angeführt, wonach es bei Steuern keine Zweckbindung gäbe. Allerdings lassen sich naheliegende Beispiele für eine Zweckbindung anführen, wie bei der „Ökosteuer" auf Kraftfahrzeug-Treibstoffe und Strom, deren Aufkommen zu 90 % der Verbilligung des

---

6 Sollen die Begleitbiotope moderner Verkehrswege ihre Funktion der Förderung der Artenvielfalt optimal erfüllen, sind freilich noch wesentliche Fortschritte bei ihrer Behandlung, insbesondere der Ansaaten und dauerhaften Sicherung von Oligotrophie erforderlich. Dass die Verkehrswege selbst durch die Zerschneidung der Landschaft auch negative Effekte hervorrufen, sei nicht geleugnet.

Produktionsfaktors Arbeit und zu 10 % zur Förderung erneuerbarer Energiesysteme dient. Die Furcht, dass es am Ende doch zu einer Versickerung der Naturkasse kommt, ist zu verstehen, jedoch ist es auch fragwürdig, allein aus dieser Furcht heraus eine schlechte Praxis aufrecht zu erhalten.

Mit der „Naturkasse" könnten die Mittel von kompetenten Behörden ohne einengende Vorschriften in die regional sinnvollsten Verwendungen geleitet werden. Eingriffsverursacher wären von allen überflüssigen Belehrungen über ihren individuellen Anteil am Naturverzehr und über Ökologie im Allgemeinen entlastet, die sie nicht interessieren. Alle zeitraubenden Verhandlungen über die Organisation einzelner Kompensationsfälle wären überflüssig. Die Flexibilisierungen mittels Flächenpools und Ökokonten, die im Rahmen der bestehenden Regelung mühsam erreicht wurden, stünden verzehnfacht und frei von Hindernissen offen. Sollte in einem konkreten Fall tatsächlich die direkte Kompensation des Eingriffes die beste Mittelverwendung darstellen, so stünde nichts im Wege, sich auch dafür zu entscheiden.

Selbst der am schwersten wiegende Einwand gegen den Vorschlag griffe nicht mehr: Berechtigt oder nicht, wird einigen Landesregierungen nachgesagt, sie würden anstreben, ihre geringen Etatmittel für den Naturschutz noch weiter zu reduzieren und die Eingriffsregelung zur hauptsächlichen oder gar einzigen Finanzierungsquelle für den Naturschutz auszubauen. Träfe dies zu, dann entzöge sich der Staat seiner Pflicht zur Daseinsvorsorge und ließe für einen wichtigen Zweck Privatleute bezahlen. Diese Tendenz wäre vor allem deswegen gefährlich, weil sie Nachahmer auf anderen Gebieten züchtete und am Ende beispielsweise die Schule durch Eltern oder Verkehrssünder finanzieren ließe. Sobald die „Naturkasse" aber ein Ergebnis legitimer Abgabenerhebung des Staates wäre, entfiele dieser Einwand. Der Staat führte dann eine ihm zukommende Aufgabe hoheitlich aus. Er ließe sie nur nicht undifferenziert durch die Allgemeinheit finanzieren, sondern teilweise durch die Gruppe, die aufgrund ihrer Eingriffe in die Landschaft der Problematik näher steht als die meisten anderen, auch wenn der immer fiktivere Zusammenhang zwischen Eingriff und Kompensation gelöst ist.

10.2 Energiepflanzenanbau – sehr viel Fläche für sehr wenig Energie

Die industrielle Zivilisation kann nicht dauerhaft auf fossilen Energiequellen beruhen, weil diese begrenzt sind und vor allem, weil lange vor ihrer Erschöpfung die Atmosphäre der Erde mit dem Treibhausgas CO_2 überladen wäre. Zumal auch die Kernenergie mit gutem Grund abgelehnt wird, müssen Alternativen erschlossen werden. Neben den regenerierbaren Energiequellen Wind- und Wasserkraft sowie Photovoltaik spielt die Biomasse eine Rolle. Biomasse ist mittels der Photosynthese in Materie geronnene Sonnenenergie. Diese Energie kann durch Oxidationsvorgänge als Wärme zurückgewonnen werden. Als Biomasseträger (nachfolgend „Energiepflanzen") kommen forstlich erzeugtes Holz sowie landwirtschaftliche Kulturpflanzen in Betracht, unter den letzteren ebenfalls Gehölze (Kurzumtriebsplantagen) sowie Öl und Kohlehydrate liefernde Pflanzen.

Tab. 10.1 Anbau von Energiepflanzen und nachwachsenden Rohstoffen 2010.
(Quelle: FNR 2011, S. 8)

	1.000 ha
Raps für Dieselöl	910
Pflanzen für Biogas/Strom [a]	800
Getreide für Ethanol [b]	250
Festbrennstoffe	6
Energiepflanzen Zusammen	*1.966*
% der landwirtschaftlichen Fläche	11,6
% der Ackerfläche	16,5
Öl für technische Zwecke	131
Stärke für technische Zwecke	165
Zucker	10
Arznei- und Färbepflanzen	10
Faserpflanzen	0,5
Nachwachsende Rohstoffe zusammen	*316,5*

[a] weit überwiegend Mais, [b] geringer Anteil Zuckerrüben.

Tab. 10.2 Aufkommen und Leistung erneuerbarer Energien in Deutschland 2010.
(Quelle: FNR 2011, S. 3, dort nach BMU, verändert)

	PJ/a [a]	GW [b]	%
Biokraftstoffe	128,7	4,08	13,0
Biomasse (Strom)	129,6	4,11	13,1
Biomasse (Wärme)	450,4	14,28	45,5
Wasserkraft	74,2	2,35	7,5
Windkraft	135,5	4,30	13,7
Solarthermie	18,7	0.59	1,9
Fotovoltaik	41,6	1,32	4,2
Geothermie	19,8	0,63	2,0
Zusammen	*990,0*	*31,66*	*100,0*

[a] PJ: Petajoule $= 10^{15}$ J, [b] GW: Gigawatt $= 10^9$ W.

Alle können direkt thermisch (zur Wärmegewinnung) verwertet werden, jedoch stehen
in Deutschland bei Ölpflanzen – fast ausschließlich Raps – die Umwandlung in Moto-
renkraftstoff, bei Getreide und Zuckerrüben die Vergärung zu Ethanol und bei Mais die
Gewinnung von Biogas im Vordergrund, welches seinerseits zu Strom veredelt wird. Wir
betrachten hier allein die landwirtschaftlichen Kulturen.

Im Jahre 2010 nahmen Energiepflanzen fast 2 Millionen Hektar, über 16 % der Ackerfläche bzw. über 11 % der gesamten landwirtschaftlichen Fläche ein, also einen sehr erheblichen Anteil. Die Verteilung auf unterschiedliche Kulturen zeigt die Tab. 10.1. Nach wie vor dominiert der Rapsanbau für „Biodiesel", gefolgt vom Energiemais, während die weltweit bedeutende Ethanolerzeugung in Deutschland nur eine geringere Rolle spielt.

Die Tab. 10.2 gibt amtliche Angaben über Aufkommen und Leistung erneuerbarer Energiequellen in Deutschland im Jahre 2010 wieder. Sie weist auch nicht-landwirtschaftliche Energiequellen, wie Wasser- und Windkraft aus; die Biomasse zur Wärmegewinnung besteht weitgehend aus Brennholz forstlichen Ursprungs. Die Tabelle zirkuliert in allen Medien; wer aber keine Grundkenntnisse in der Energietechnik besitzt und nicht nachrechnet, übersieht dreierlei:

- Erstens wird ignoriert, dass sich die Energieträger stark in ihrer Wertigkeit (Arbeitsfähigkeit oder Exergie) unterscheiden. Eine Energieeinheit Strom aus Windkraft wird einer Energieeinheit Wärme aus Biomasse gleichgesetzt, was technisch unzulässig ist.[7] Hierdurch wird der Biomasseanteil stark überbewertet.
- Zweitens wird ausgeblendet, dass ein großer Teil der Biokraftstoffe auf Importen beruht. Werden die in Übersicht 30 errechneten Flächenleistungen von Ethanol und Biodiesel mit den jeweiligen Anbauflächen aus Tab. 10.2 multipliziert, so ergibt sich, dass die im Inland erzeugten Biokraftstoffe etwa 66 PJ pro Jahr ausmachen, die Hälfte des in der Tab. 10.2 angegebenen Wertes.
- Drittens zeigt ein Vergleich mit der Leistung des Maises bei der Biogaserzeugung in der Übersicht 30, dass der mit etwa 130 PJ ausgewiesene Ertrag nur für das *Biogas*, nicht aber für den Strom gelten kann, der etwa ein Drittel davon beträgt. Leider muss man Schönungen wie diese auch in vielen anderen politisch relevanten Dokumenten vermuten.

Die Übersicht 29 informiert über Maßeinheiten und Umrechnungen. Zunächst sind Größenordnungen zu klären: Die (extrem komprimierte) Energiebilanz für Deutschland in Tab. 10.3 erhellt, dass der Energiegehalt der gesamten geernteten Pflanzenmasse der deutschen Landwirtschaft ein Siebtel des technischen Primärenergieverbrauches beträgt. Trotz hohen Flächeneinsatzes liefern Energiepflanzen im Inland nur etwa 2,5 % des gesamten Endenergieverbrauchs, pflanzliche Motorenkraftstoffe aus eigener Erzeugung 2,6 % des Endenergieverbrauchs im Verkehr. Diese Einsparung und noch erheblich mehr ließe sich leicht durch Sprit sparende (nur etwas langsamere) Fahrweise ohne jeden Flächeneinsatz erzielen.

---

[7] Die Gleichsetzung folgt dem sogenannten Wirkungsgradprinzip, welches die deutsche Energiebilanzierung von der EU übernehmen musste. Beim früher gebräuchlichen Substitutionsprinzip wird Strom mit der Menge an fossilen Energieträgern (und damit höher) bewertet, die zu seiner Erzeugung durchschnittlich erforderlich ist.

Übersicht 29 Einige technische Grundlagen zum Energiewesen

Energie ist die Fähigkeit, Arbeit zu leisten. Die Einheit für die Energie*menge* ist das Joule (J).
1 J = 1 Nm. Mit einem Joule kann eine Kraft von einem Newton auf der Strecke von einem
Meter wirken. Dem entspricht eine Wärmemenge; eine Kilokalorie (veraltetes Wärmemaß)
= 4.187 J. Wärme kann nie vollständig in Arbeit umgewandelt werden; der Anteil, bei dem
dies möglich ist, ist die Exergie. Die Einheit für die Leistung ist das Watt (W). 1 J = 1 Ws;
mit einem Joule kann die Leistung von einem Watt eine Sekunde lang erbracht werden.

Maßeinheiten: 1 kJ (Kilojoule)= 10^3 J, 1 MJ (Megajoule) = 10^6 J, 1 GJ (Gigajoule) = 10^9 J,
1 TJ (Terajoule) = 10^{12} J, 1 PJ (Petajoule) = 10^{15} J.
Umrechnungen: 1 kWh (Kilowattstunde) = 1.000 × 3.600 J = 3,6 MJ (1.000 W werden 3.600
Sekunden lang geleistet).

Umwandlung von Energie in Leistung, Beispiel: Erbringt der Anbau einer Energiepflanze
pro Jahr 100 GJ pro Hektar, so leistet dieser Hektar (brutto, ohne Verluste) $100 \cdot 10^9$ J über
einen Zeitraum von 365 × 24 × 3.600 Sekunden. Die Leistung beträgt also

$$\frac{100 \cdot 10^9}{365 \cdot 24 \cdot 3.600} = 3,17\,\text{kW}$$

Die Rechnung in Leistungseinheiten (W) ist im Allgemeinen eleganter als in Energieeinheiten.

Tab. 10.3 Energiebilanz von Deutschland 2010 und Vergleich mit biologischem Energiefluss.
(Quelle für den technischen Teil: Arbeitsgemeinschaft Energiebilanzen 2011)

	PJ
Primärenergieverbrauch	14.044
Verbrauch im Energiesektor, Umwandlungsverluste [a]	4.002
Nichtenergetischer Verbrauch	982
Endenergieverbrauch, davon	9.060
Übriger Bergbau und verarbeitendes Gewerbe	2.542
Verkehr	2.557
Gewerbe, Handel, Dienstleistungen	1.379
Haushalte	2.583
Primärenergieverbrauch pro Person	*171 GJ*
als Leistung	*5.431 W*
Vergleich (2009): Sonnenenergiebindung der gesamten Landwirtschaft [b]	2.061
davon durch Energiepflanzen	231
davon Lieferung von Motorenkraftstoffen	66
Nahrungsenergieverbrauch [c]	449
pro Person [d]	*4 GJ*
als Leistung [d]	*130 W*

[a] einschließlich statistischer Differenzen, [b] gemäß Tab. 4.4, [c] abgegeben an Endverbraucher gemäß Tab. 4.7, [d] 75 % des Endverbrauchs wegen ungenießbarer Anteile, Abfall und Verderb.

Der Primärenergieverbrauch eines Durchschnittsbürgers beträgt umgerechnet in Leistung über 5,4 kW, während der Mensch als biologische Wärmemaschine eine Durchschnittsleistung von 130 W oder 2,4 % davon abgibt. Der technische Energieumsatz für Kraft (insbesondere Mobilität), Licht und Wärme ist also fast 42-mal so groß wie der biologische.[8] Ein Agrarsystem, welches den biologischen Energie-, sprich den Nahrungsbedarf, trotz luxuriöser Umwege über die tierische Veredlung gut sicherstellt, wäre überfordert, wenn es den gigantischen „unnatürlichen" technischen Energiebedarf weitgehend befriedigen sollte. Gleichgültig wie gerechnet wird: Biomasse kann nur wenige Prozente liefern, die vernünftiger und ökonomischer durch Einsparung entbehrlich gemacht würden. Schon an dieser Stelle wird klar, dass 2010 in Deutschland mit sehr viel kostbarer Fläche sehr wenig technische Energie gewonnen wird. Betrachten wir kurz die „Steckbriefe" der einzelnen Prozesse in der Übersicht 30.

Rapsmethylester (FAME): Aus Rapsöl wird durch Umesterung (Methanol anstatt Glycerin) ein dem Dieselöl ähnliches Produkt gewonnen. Der Umesterungsprozess beinhaltet nur geringe Energieverluste, dennoch ist der Flächenertrag an Energie mit 1,7 kW/ha gering. Wie bei den anderen Prozessen sind im konventionellen Landbau vom Bruttoertrag grob 10–18 GJ/ha.a oder rund 500 W/ha als Aufwand für den Anbau der Pflanzen abzuziehen (HÜLSBERGEN 2008, S. 95). Als Nebenerzeugnis fällt außer Glycerin Eiweißfutter an. Wäre die Biodieselerzeugung in Deutschland nicht so umfangreich, müssten die viel kritisierten Importe an Sojaeiweiß noch erheblich größer sein. Agrarökologisch ist außer dem Verdrängungseffekt bei Nahrungsmitteln auf die häufig zu engen rapsbetonten Fruchtfolgen hinzuweisen.

Ethanol aus Getreide oder Zuckerrüben: Prinzipiell laufen dieselben Verfahrensschritte wie bei der Herstellung von Trinkbranntwein ab. Hefepilze vergären den Traubenzucker, bis eine Ethanolkonzentration von etwa 15 % erreicht ist und sterben dann ab. Das verfahrenstechnische Problem besteht darin, den überwiegenden Wasseranteil abzutrennen, was immer, auch bei nicht-thermischen Verfahren, Energie kostet. Mit Schlempe fällt ein weit weniger wertvolles Nebenprodukt als beim Raps an. Wie erwähnt, nimmt diese Art der Energiebereitstellung in Deutschland nur einen geringeren Raum ein. Die durch EU-Legislation erzwungenen Beimischungen von Ethanol zu Benzin („E-10"-Super) können nur durch Importe gedeckt werden.

Mais und Biogas: Die hohen Biomasse-Flächenerträge des Maises bei relativ geringen Bodenansprüchen sind zunächst beeindruckend, was ihm auch den herausragenden Platz bei der Rauhfuttererzeugung auf dem Acker eingebracht hat. Energetisch beträgt der durchschnittliche Energiemaisertrag mehr als 9,5 kW/ha. Davon verbleiben noch fast 70 % im Biogas – im Vergleich mit den beiden anderen gezeigten Prozessketten ist das respektabel. Könnte dieses Gas in vollem Umfang thermisch genutzt werden, so läge die höchste Energie-Flächenproduktivität aller bisher bekannten Verfahren vor.

---

[8] In den USA und Kanada sogar etwa 90-mal so groß.

Übersicht 30 Kenndaten landwirtschaftlicher Produktionsverfahren zur Energiegewinnung. (Quelle: Alle Daten zu Ethanol, Rapsölmethylester und Biogas aus KTBL 2009a, S. 961 ff. und FNR 2011, zu Kurzumtriebsplantagen aus KTBL 2008c)

Rapsölmethylester (RME oder FAME) aus Raps

Technische Daten		Annahmen	Energieertrag
Dichte [g/cm^3]	0,88	Ernteertrag: 40 dt Rapskorn	Ölernte 1.440 kg/ha
Heizwert [kJ/cm^3]	32,6	Ölgehalt 40 %	Brutto-Energieernte
[kJ/g]	37,1	Abpressgrad 90 % [a]	(gerundet): 53 GJ/ha.a
			Als Leistung: 1,694 kW/ha

[a] Mittel aus zentraler und dezentraler Ölerzeugung, vgl. FNR 2011, S. 24.

Ethanol aus Weizen

Technische Daten		Annahmen	Energieertrag
Dichte [g/cm^3]	0,789	Ernteertrag: 90 dt/ha Weizen	33,333 hl Ethanol
Heizwert [kJ/cm^3]	21,14	1 hl Ethanol aus 2,7 dt Weizen	1 hl = 10^5 cm^3
[kJ/g]	26,78		Brutto-Energieernte
			(gerundet): 70 GJ/ha.a
			Als Leistung: 2,234 kW/ha

Biogas aus Silomais

Technische Daten		Annahmen	Energieertrag
Heizwert von Methan [kJ/g]	55,5	Ernteertrag: 17 t/ha TM	209 GJ/ha.a im Biogas
Molekularmasse [g/Mol]	16,042	Energiegehalt im Mais:	(69,8 % der Energie
Heizwert pro Mol [kJ/Mol]	890,3	18,21 kJ/g org.TM	im Mais)
Molvolumen (StB) [l/Mol]	24,464	650 l Biogas (StB) aus	als Leistung: 6,630 kW/ha
Heizwert [MJ/m^3]	36,39	1 kg Maissilage,	Wirkungsgrad bei der
		52 % CH$_4$	Verstromung: 35 %
		12,29 MJ aus 1 kg org.TM	2,23 kW/ha im Strom

Kurzumtriebsplantage Pappel, hohes Ertragsniveau

Technische Daten		Annahmen	Energieertrag
Brennwert atro H$_s$ [kJ/g]	18,4	Ernteertrag 14 t/ha TM	157 GJ/ha.a
Heizwert H$_i$ = H$_s$(1−w)−wv	13,2	Lagerungsverluste 15 %	4,9 kW/ha
Wassergehalt w 25 %	0,25		
Verdampfungsenergie			
des Wassers v [kJ/g]	2,44		

Leider ist dies aus logistischen Gründen selten der Fall, es fehlen meist hinreichend große Abnehmer in Anbaunähe und die erforderlichen Leitungen. Deshalb und wegen der vorteilhaften Abnahme des Stromes aufgrund des Erneuerbare Energien Gesetzes (EEG) wird das meiste Biogas im Landwirtschaftsbetrieb verstromt und in das Netz eingespeist. Bei einem Nutzungsgrad der Stromerzeugung von durchschnittlich wohl 35 %[9] verbleiben also gut 2 kW/ha Leistung im Strom. Als Nebenprodukt fällt nur der Gärrest zur Düngung an.

Es ist schwer zu verstehen, dass aus verfahrenstechnischer Sicht so wenig Kritik an diesem umständlichen, wenig eleganten und verlustreichen Prozess geübt wird. Mit nicht unbeträchtlichem Energieaufwand werden beeindruckende Pflanzen herangezogen, deren Wirkung auf die heimische Tier- und Pflanzenwelt sowie die Landschaftsästhetik bekanntlich nicht sehr zu schätzen ist (Farbtafel 45). Bei der Ernte werden riesige Mengen an Wasser bewegt. Danach muss das Gut zunächst durch Silierung konserviert werden. Nach Lagerung und erneutem Transport wird in einem zweiten, sehr komplizierten und noch keineswegs in allen Einzelheiten durchschauten[10] mikrobiologischen Schritt Methan gewonnen. Anstatt diesen schon hochwertigen Energieträger thermisch zu nutzen, wird er in einem dritten Schritt mit schlechtem Wirkungsgrad in Strom verwandelt. Im Ergebnis bedarf es 100 bis 500 Hektar Maisfläche, um ebenso viel Strom wie durch ein einziges großes Windkraftwerk zu erzeugen.[11] Die Biogaserzeugung ist weniger negativ zu beurteilen, wenn Substrate eingesetzt werden, die nicht unmittelbar oder gar nicht Flächen beanspruchend sind, wie Ausscheidungen landwirtschaftlicher Tiere oder kommunal-industrielle Abfallstoffe. Die Photovoltaik (Farbtafel 46) ist zwar auch eine teure Energiequelle mit noch nicht absehbaren landschaftsökologischen Konsequenzen, aber sie beruht wenigstens auf einer eleganten Technologie und besitzt eine weitaus höhere Flächeneffizienz.

Holz-Schnellwuchsplantagen: Werden Hackschnitzel erzeugt, so liegt die Bruttoleistung bei ansehnlichen 3 bis 5 kW/ha, die thermisch ohne großen Aufwand mit seit langem bewährten Verfahren genutzt werden können. Sind auch Pappeln und Weiden nicht die Wunschpflanzen des Landschaftsökologen, so zeichnen sich doch diese Lebensräume im Vergleich mit den anderen von Energiepflanzen eingenommenen durch gravierende Vorteile aus. Es entfallen jährlicher Pflug(Energie-)aufwand, Düngung und Pflanzenschutz. Bedauerlich ist, dass diese Form der Energiegewinnung auf dem Acker aufgrund der Architektur des Förderwesens in Deutschland bisher kaum zum Zuge gekommen ist.

Energie von landwirtschaftlichen Nutzflächen kann entweder auf schlichte Weise durch altbewährte Verfahren mit relativ hohem Ertrag und Nutzungsgrad gewonnen werden, dient dann aber der Erzeugung von Niedertemperaturwärme, typischerweise zur Raumheizung. Vorbild ist hier das sprichwörtliche Brennholz. Oder sie kann durch komplizierte Verfahren mit hohem Veredlungsgrad gewonnen werden, dann aber mit

---

[9] Es ist stark zu vermuten, dass er oft auch darunter liegt.

[10] Während der EHEC-Krise im Juni 2011 wurde in den Medien die nicht abwegige Möglichkeit diskutiert, dass der gefährliche Erreger aus der Biogasfermentierung stammen könnte.

[11] Große Windkraftwerke haben eine installierte Leistung von 1 bis 5 MW. Im deutschlandweiten Schnitt beträgt die Auslastung 20 %, die effektive Leistung also 200 bis 1.000 kW, in guten Windlagen und besonders auf See auch darüber. Die Lieferung ist allerdings je nach Windverhältnissen nicht kontinuierlich.

sehr hohen Prozessverlusten. Fast die gesamte landwirtschaftliche Bioenergieerzeugung in Deutschland erfolgt nach der zweiten Variante als Biodiesel, Benzinbeimischung oder Strom. Die Politik, die die Weichen in diese Richtung gestellt hat, ist nicht zu verstehen. Das Bestreben, unbedingt Kraftfahrzeug-Treibstoffe auf dem Acker zu erzeugen, erinnert fast an mittelalterlichen Alchimismus, der Gold aus minderwertigem Material schaffen wollte.[12] Wenn auf Bioenergie gesetzt wird, muss die Niedertemperaturwärme im Mittelpunkt stehen. Raumwärme in Privathaushalten beansprucht über 20 % der gesamten Endenergie in Deutschland, hier besteht ein riesiger Markt. Besonders in ländlichen Gebieten wäre eine dezentrale Versorgung mit (auch forstlicher) Heiz-Biomasse höchst vorteilhaft. In besonderen Fällen, etwa beim Vorliegen umfangreicher Niedermoor- oder Feuchtgrünlandflächen ohne Nutzungsalternativen, können auch andere technische Verfahren zur Raumwärmeerzeugung sinnvoll sein (vgl. Kapitel 4.4.3). Selbst wenn das Ziel besteht, Ölimporte aus politischen Gründen zu reduzieren, ist die Raumwärmevariante das Mittel der Wahl, denn sie erlaubt, Heizöl aus dem Raumwärmesegment zu verdrängen. Dies erzeugt denselben Effekt, wie direkt Diesel auf dem Acker zu ernten, nur mit drei- bis viermal so großer Wirkung.

Ein erklärtes Ziel der Energiepflanzennutzung besteht darin, die Treibhausbilanz der Atmosphäre zu entlasten. Aus dem sehr geringen Substitutionspotenzial der Bioenergie in Deutschland gegenüber fossilen Energieträgern folgt unmittelbar, dass der Effekt selbst bei optimaler Prozessgestaltung nur bescheiden wäre. Die Prozessgestaltung ist aber alles andere als optimal. Sie wäre es nur bei einer vollen Konzentration auf den Niedertemperaturbereich. Selbst dann sind Einwände zu parieren. Das Eindringen von Landnutzungen in Biotope, in denen zunächst Wald- und andere Biomasse vernichtet werden muss, bevor eine Nutzung erfolgen kann, wird weltweit kritisiert. Ein im Ergebnis ähnlicher Effekt ergibt sich, wenn Maisäcker auf vormaligem Grünlandstandort oder gar auf Niedermoor angelegt werden, sodass Bodenhumus oder gar Torf mineralisiert wird. Abgesehen von solchen auch in Deutschland zu beobachtenden Verirrungen ist die CO_2-Effizienz der Energiepflanzennutzung selbst bei richtiger Standortwahl bescheiden. Wirkungen auf andere klimarelevante Spurengase wie N_2O kommen hinzu.

Der Wissenschaftliche Beirat für Agrarpolitik des BMELV hat in seinem wichtigen Gutachten (WBA 2007) nachgewiesen, dass der Energiepflanzenanbau gesamtwirtschaftlich in monetären Begriffen ein zweifelhaftes Unterfangen ist. Auch an anderer Stelle „… plädiert (er) für die Abschaffungen der Subventionierung von Bioenergie über Beimischungsquoten, Einspeisevergütungen etc." (WBA 2012, S. 14). Während die Vermeidung der Zufuhr einer Tonne CO_2 in die Atmosphäre auf dem Wege der Sanierung von Wohn-Altbauten im Schnitt etwa 50 € kostet, kostet dasselbe mit Energiepflanzen außer bei der Holzgewinnung bis zum acht- bis zehnfachen. Wenn überhaupt CO_2 eingespart wird, wird es unnötig teuer eingespart.

---

[12] Gerüchten zufolge soll hiermit eine gewisse Autofahrer-Lobby bedient werden. Wer mit Biosprit und 200 km/ha auf der Autobahn rast, soll sich sagen können, dass er doch „ökologisch" rase.

Insgesamt ist den Stimmen Recht zu geben, die die politischen Entscheidungen zur Energiepflanzennutzung der letzten Jahre auf EU- und Bundesebene gut gemeint, aber unüberlegt und überzogen beurteilen. Die Folgen in Gestalt eines landschaftsökologisch wenig wünschbaren Anbauspektrums (unter anderem der „Vermaisung" von Landschaften) sowie der Steigerung der Flächennutzungskosten trägt auch der Naturschutz. Auf der anderen Seite ist der Bioenergieboom auch ein interessantes Lehrstück, wie landwirtschaftliche Betriebe von der Politik angebotene Alternativen übernehmen. Die Übernahme war und ist bekanntlich begeistert, Biogasanlagen schießen wie Pilze aus dem Boden. Dabei ist die Entscheidung für einen Betrieb, hier einzusteigen, durchaus nicht risikolos. Er vertraut sich einer seiner gesamten beruflichen Erfahrung unbekannten mikrobiologischen Prozessführung an, die nicht einmal die Wissenschaft in allen Einzelheiten ergründet hat. Er tätigt hohe, wohl fast immer mit Krediten finanzierte Investitionen. Er bindet sich für viele Jahre, in denen Unerwartetes passieren kann. Er vertraut darauf, dass sich die politische Seite, der er (oder seine Verbandsspitze) sonst notorische Unzuverlässigkeit nachsagt, ebenso lange an eingegangene Verträge hält. Und er erwartet, dass das Preisgefüge pflanzenbaulicher Erzeugnisse lange so bleiben wird, dass der Energiemais gegenüber dem konkurrierenden Getreide betriebswirtschaftlich vorzuziehen ist, obwohl er, wie mehrfach in diesem Buch berichtet, unlängst einen Preissprung beim Roggen auf das Dreifache erlebt hat.

Die Attraktivität des Biogas-Maises mag auch etwas damit zusammenhängen, dass er – anders als der Naturschutz mit seinem mehr immateriellen Charakter – dem traditionellen landwirtschaftlichen Produktionsdenken (der „Tonnenideologie") entgegenkommt. Die Biogaswirte mögen sich daran erfreuen, ihren Mais um die Wette wachsen zu lassen.[13] Wie aber schon festgestellt, ist der Hauptgrund für die Attraktivität in der großzügigen finanziellen Belohnung, der fürstlichen Einspeisungsvergütung zu sehen. Würde der Naturschutz mit vergleichbaren Angeboten winken, so fänden sich womöglich weniger Landwirte mit Interesse an der Teilnahme als beim Biogas, aber es fänden sich trotzdem genügend, um die Kulturlandschaft aufblühen zu lassen.

10.3 Der Ökologische Landbau

Der Leser informiert sich über den Ökologischen Landbau anhand umfangreicher kompetenter Literatur; das vorliegende Buch braucht hier nichts hinzuzufügen (FREYER 1991, HERRMANN & PLAKOLM 1993, STEIN-BACHINGER et al. 2004). Oben ist bemerkt worden, dass dieser dem Ideal der zünftigen, insbesondere die Bodenfruchtbarkeit mehrenden bäuerlichen Landwirtschaft des 18./19. Jahrhunderts nahesteht, ja diese Ideen in die heutige Zeit trägt. So ist es nicht verwunderlich, dass er, wie umfangreiche Erfahrungen und wissenschaftliche Versuche zeigen, in Bezug auf den Ressourcenschutz große Poten-

---

[13] Dass beim Naturschutz oft *weniger* wachsen soll, ist für zahlreiche Landwirte ein mentales Hindernis, wie nicht verkannt werden sollte, vgl. HABER 2011/2012.

ziale besitzt und auch der Artenvielfalt teils größere Freiräume gewährt. Es ist anzunehmen, dass der Ökologische Landbau den in diesem Buch angesprochenen Perspektiven leichter folgen kann als der konventionelle und dass manche Einwände gegen den letztgenannten ihn nur abgeschwächt oder gar nicht treffen. Es darf jedoch nicht erwartet werden, dass allein die Hinwendung zum Ökologischen Landbau alle in diesem Buch angesprochenen Probleme automatisch löst.[14]

Der Terminus „Öko-Landbau", obwohl eingeführt, könnte nicht sinnwidriger sein. Die Ökologie ist eine sich Wertungen enthaltende, empirische Naturwissenschaft; „Öko" ist kein Heilswort. Mit „Bio-Landbau" besteht ein ähnliches Problem – alles ist „Bio", auch die verrufene Gentechnik. Pest und Cholera sind biologische Erscheinungen. Der Leser wird freilich wissen, was mit „Öko-Landbau" gemeint ist.

Seine Wurzeln werden im deutschen Sprachbereich bei STEINER (1963) gesehen, einem verdienstvollen Goethe-Interpreten, den aber sonst eine schillernde bis zweifelhafte Aura umgibt. Eine besonders strenge Richtung des Öko-Landbaus, die biologisch-dynamische, die Demeter, die griechische Göttin der Bodenfruchtbarkeit im Wahlspruch führt, folgt Steiner bis heute auch in Einzelheiten. Dass es aber daneben mehrere eher pragmatische Richtungen gibt, ist der Beleg dafür, dass ein Bedürfnis entstanden ist, sich in irgendeiner Weise vom heutigen konventionellen Mainstream der Landwirtschaft zu emanzipieren und abzugrenzen. Jedes beherrschende Leitbild erzeugt ein Gegenleitbild, und so hat die beherrschende konventionelle Landwirtschaft eben das des Öko-Landbaus erzeugt.

Der Öko-Landbau organisiert sich in einer Reihe von Verbänden, in denen seine Grundprinzipien in unterschiedlicher Strenge wirken. Alle verfügen über eine recht straffe Organisation, die eine Überprüfung der ihr jeweils beigetretenen Betriebe einschließt. Es gibt jedoch auch Öko-Betriebe, die in keinem Verband organisiert sind, sondern allein die von der EU als Fördervoraussetzung definierten Mindestnormen erfüllen. Innerhalb der Bewegung des Öko-Landbaus werden Diskussionen darüber geführt, wie diese Betriebe und speziell solche, die sich dem Öko-Landbau eher wegen seiner betriebswirtschaftlichen Vorteilhaftigkeit als aus innerer Überzeugung angeschlossen haben, zu beurteilen sind. Es ist die Rede von „Überzeugungstätern" und anderen.

Dass die EU den Öko-Landbau reglementiert, aber auch fördert, ist das deutlichste Kennzeichen dafür, dass diese Bewegung seit längerem öffentliche Anerkennung genießt. In amtlichen Dokumenten, wie dem Agrarbericht der Bundesregierung und dem Statistischen Jahrbuch über Ernährung, Landwirtschaft und Forsten, werden die wichtigsten Daten über ihn veröffentlicht, seine Buchführungsergebnisse werden erhoben und mit denen konventioneller Betriebe verglichen, das KTBL erarbeitet Kalkulationsrichtlinien für ihn, sodass kein Zweifel mehr besteht, dass diese Richtung von Politik und Fachöffentlichkeit ernst genommen und nicht mehr ausgegrenzt wird, wie dies früher der Fall war.

---

[14] Solche „Kielwassertheorien" sind den Anhängern bestimmter Richtungen natürlich immer willkommen, haben sich aber auch auf anderen Gebieten als falsch herausgestellt, wie z. B. im Forstwesen.

In Deutschland wirtschaften je nach Zählung 16.500 bis 21.000 Betriebe nach ökologischen Verfahren auf knapp einer Million Hektar oder 6 bis 7 % der landwirtschaftlichen Fläche (Tab. 10.4). Hier ist allerdings hinzuzufügen, dass ein großer Teil der Fläche besonders in Nordost- und Ostdeutschland von Tiere haltenden, insbesondere Mutterkuhbetrieben auf Grünland beigesteuert wird, die gewiss die einschlägigen Richtlinien einhalten und daher zu Recht Öko-Betriebe genannt werden. Jedoch ist deren Produktionstechnik von konventionellen Mutterkuhhaltern auf gleichem Standort nicht allzu verschieden; auch jene setzen kaum Pestizide und höchstens wenig Mineraldünger ein.[15] Die interessanten Systemunterschiede zwischen konventionellem und ökologischem Landbau kommen im Ackerbau zur Geltung. Der Anteil ökologisch geführten Ackerbaus ist aber deutlich geringer als die oben genannte Zahl.

Der Öko-Landbau lehnt zentrale Produktionshilfsmittel der modernen konventionellen Landwirtschaft ab, wie insbesondere spezifisch wirkende Chemikalien zur Abtötung von Schädlingen und Krankheitserregern („Pestizide") und leicht löslichen Mineraldünger. Dies bewirkt, dass er in mancher Hinsicht dem vorindustriellen Agrarbetrieb ähnelt. Er ist gezwungen, sich differenzierter an die jeweiligen standörtlichen Bedingungen anzupassen, sowohl was die Aktivität von Schadorganismen als auch die Nährstoffverfügbarkeit anbelangt. Insbesondere muss er dem Komplex der Bodenfruchtbarkeit größere Beachtung schenken als der konventionelle Betrieb, der mögliche Unvollkommenheiten durch gesteigerten Einsatz technischer Produktionshilfsmittel ausgleicht oder auszugleichen meint.

Hinsichtlich der Pflanzennährstoffe ist der Öko-Betrieb stärker als der konventionelle auf eine geschlossene betriebliche Kreislaufwirtschaft angewiesen, die eine entsprechende Tierhaltung, am besten eine Milchkuhherde, und einen sorgfältigen Umgang mit deren Abgängen, am besten in einer Festmistkette, voraussetzt. Der Stickstoff muss durch hinreichenden Fabacaeenanbau in das System eingeschleust werden. Unkräutern, tierischen Schädlingen und Erregern von Pflanzenkrankheiten meist pilzlichen Ursprungs wird teils mit mechanischen Bekämpfungsmaßnahmen begegnet, hauptsächlich aber durch gezielte Herstellung von Umständen, die die Aggressivität der letzteren mindert, so wie es frühere Bauern auch taten. Ein sehr wesentliches Element ist hier eine phytosanitär durchdachte Fruchtfolge.

Der Verzicht auf moderne Hilfsmittel hat natürlich zur Folge, dass die Flächenerträge im Ackerbau geringer sind als im konventionellen Landbau, bei zumindest teilweise höherer Produktqualität. Für ein Zurückbleiben tierischer Leistungen gibt es kaum überzeugende Gründe, Öko-Betriebe erreichen fast die Milchleistungen der konventionellen Betriebe (Tab. 10.5).[16] Der beschränkte Raum in diesem Buch erlaubt nur, auf drei oft gestellte Fragen mit Bezug zur Kulturlandschaft einzugehen.

---

[15] Der wichtigste Unterschied dürfte im Bereich des Kraftfutters liegen.

[16] Leistungssteigerungen in der industriellen Tierhaltung, also vor allem bei Geflügel, die durch fragwürdige Methoden, wie routinemäßige vorbeugende Antibiotikagaben (außerhalb der EU sogar mit Hormongaben), erzielt werden, werden vom Öko-Landbau natürlich mit guten Gründen abgelehnt.

Tab. 10.4 Ökologischer Landbau in Deutschland 2010. (Quelle: Statistisches Jahrbuch über ELF 2011, Tabelle 39, S. 47/48, gemäß Landwirtschaftszählung 2010 und Agrarstrukturerhebung 2007. Höhere Werte für Anzahl der Betriebe (21.942) sowie Fläche (990.702 ha) gemäß Erhebung im Rahmen der VO (EG) 834/2007 (Statistisches Jahrbuch über ELF 2011, Tabelle 99, S. 96))

		Anteil (%) [a]
Betriebe (Anzahl)	16.532	5,5
Fläche (1.000 ha)	941	5,6
Ackerland	428	3,6
Getreide	215	3,3
Hülsenfrüchte	31	30,6
Hackfrüchte	9	1,5
Dauerkulturen	12	7,6
Dauergrünland	470	10,6
Rinder (1.000 Stück)	1	4,7
Schweine (1.000 Stück)	0	0,6
Arbeitsleistung (AK)	31.840	5,8

[a] Anteil am Gesamtbestand.

Tab. 10.5 Leistungs- und Kostenvergleich zwischen ökologischem und konventionellem Landbau 2009/2010. (Quelle: Statistisches Jahrbuch über ELF 2011, Tabelle 193, S. 176)

		Ökologischer Landbau	Konventionelle Vergleichsgruppe
Betriebe	Zahl	385	2.554
Genutzte Fläche	ha	92,7	90,0
Arbeitskräfte	AK	2,0	1,7
Viehbesatz	VE/100 ha [a]	60,8	80,2
Weizen	dt/ha	31,0	71,4
Milchleistung	kg/Kuh	5.879	6.412
Weizen	€/dt	26	11,70
Milch	€/100 kg	37,90	27,60
Umsatzerlös	€/ha	1.305	1.408
Direktzahlungen und Zuschüsse	€/ha	543	412
Materialaufwand	€/ha	640	804
Personalaufwand	€/ha	2.038	2.009
Gewinn	€/ha	394	343
Gewinn + Personalaufwand	€/AK	25.881	22.233

Durchschnittswerte zweier Stichproben, ohne Gartenbau-, Dauerkultur- und Veredlungsbetriebe. Die konventionelle Vergleichsgruppe wurde aus Betrieben gebildet, die der Stichprobe ökologisch wirtschaftender Betriebe nach Standortbedingungen und Faktorausstattung ähnlich sind.
[a] VE = Vieheinheit, entspricht etwa der Großvieheinheit.

Die erste lautet, wie stark der Unterschied in der rein quantitativen Erzeugung zwischen konventionellem und ökologischem Landbau ist oder zugespitzt, welche Situation zu gewärtigen wäre, wenn sich Deutschland entschlösse, vollständig auf Öko-Landbau umzusteigen. Hierzu ist in der Vergangenheit sehr wenig und keineswegs abschließend geforscht worden (BECHMANN 1987, BRAUN 1995). Ein Vergleich der Flächenerträge bei einzelnen Kulturen reicht zur Beantwortung nicht aus, denn die Flächennutzung des Ackerlandes wäre bei durchgehend ökologischem Landbau völlig anders. Zur Einschleusung von Stickstoff wäre erforderlich, 20 % oder mehr des Ackerlandes mit Klee- oder Luzernegras zu bestellen. Dieser Anteil ginge der Erzeugung von Pflanzen für die menschliche Ernährung verloren.[17] Die Diversifizierung der Fruchtfolge erforderte auch die Einschaltung weniger ertragreicher Feldfrüchte, was die gesamte Produktionsleistung weiter reduzierte. Der umfangreiche Klee- und Luzernegrasanbau auf dem Ackerland lieferte große Mengen an Rauhfutter für das Rindvieh – so große, dass man besonders in einer Gesellschaft, in welcher der Konsum tierischer Produkte reduziert wäre, fragen müsste, ob noch genug Tiere für die Erhaltung des Grünlandes verfügbar wären. Fragen wie diese können nur in einer quantitativen Analyse, die noch niemand unternahm, beantwortet werden. Insgesamt und wenn sogar nach den Folgen einer weltweiten Umstellung auf Öko-Landbau gefragt wird, dürfte die Antwort lauten, dass die Ernährung einer Weltbevölkerung von 9 Milliarden Menschen wahrscheinlich zu gewährleisten wäre, allerdings nur, wenn mit deutlichen Unterschieden zum Lebensstil in heutigen Industriegesellschaften, insbesondere mit einem geringeren Anteil tierischer Produkte in der Nahrung gerechnet werden könnte.

Die zweite Frage lautet, wie die Rolle des Öko-Landbaus hinsichtlich der in diesem Buch diskutierten Ziele, speziell hinsichtlich des Naturschutzes, einzuschätzen ist. Trägt er dazu bei, die Werte der traditionellen Kulturlandschaft zu fördern? Die Antwort ist tendenziell ein klares „ja" (vgl. FUCHS & STEIN-BACHINGER 2008, STEIN-BACHINGER et al. 2010), jedoch ist vor einigen unbegründeten Erwartungen zu warnen. Eine Umfrage mag ergeben, das der Anteil der Landwirte, der für Fragen des Naturschutzes sensibel ist und sogar ohne finanzielle Belohnung eigene Beiträge leisten würde, im Bereich des Öko-Landbaus größer ist als im konventionellen. Trotzdem wollen auch Öko-Landewirte in erster Linie produzieren.

Die Literatur berichtet von höherem Artenreichtum auf Grünlandflächen des Ökologischen Landbaus (FRIEBEN et al. 2012). Derartige Fälle mögen mit jeweils unterschiedlichen Hintergründen gewiss zu finden sein. Es ist aber fragwürdig, hier eine allgemeine Tendenz zu sehen. Wie schon bemerkt, bestehen bei der Rauhfutterbereitung auf dem Grünland geringe Unterschiede zum konventionellen Landbau. Wegen seiner größeren Reserven gegenüber dem Kraftfutter ist der ökologische Landwirt sogar noch mehr als der konventionelle bestrebt, optimales Grundfutter für laktierende Kühe zu werben. Das

---

[17] Ein Anhänger des Öko-Landbaus argumentiert, dass der derzeitige, im voranstehenden Kapitel 10.2 wenig schmeichelhaft beurteilte Energiepflanzenanbau in gleicher Höhe Flächen beansprucht, die der menschlichen Ernährung verloren gehen.

schließt häufigen und frühen Schnitt sowie reichliche Düngung, wenn auch organischer Art, ein. Im Ergebnis können nur ähnlich artenarme und grasbetonte Bestände wie im konventionellen Landbau erwartet werden. Der Öko-Bauer ist kein automatischer Erzeuger von Artenvielfalt auf dem Grünland.

Sehr positiv ist dagegen im Öko-Landbau die Vielfalt der Fruchtfolgen auf dem Ackerland zu beurteilen sowie die Einschaltung von im konventionellen Landbau kaum noch zu findenden Kulturen, vor allem die von blütenreichem Wechselgrünland. Der weitgehende oder völlige Verzicht auf Pestizide – im Übrigen auch im Anbau von Gemüse, Sonderkulturen und Wein – führt zu einer allgemeinen Ent-Stressung der Natur und kann die Artenvielfalt nur fördern. Dies ist am leichtesten bei Ackerwildkräutern zu beobachten. Zwar können optimierte mechanische Wildkrautbekämpfungsmaßnahmen auch sehr wirkungsvoll sein, dennoch haben Wildkräuter im Öko-Landbau „bessere Karten". Ihre Schadwirkung und ihr Überhandnehmen werden erfolgreich bekämpft, aber nicht ihre bloße Anwesenheit.

Wegen der schon erwähnten Produktionsorientierung auch des Öko-Landbaus ist der Schutz aller Elemente der Halbkulturlandschaft auch bei ihm prekär; hier ist von ihm am wenigsten zu erwarten. Wer wie der Öko-Landbau die Bodenfruchtbarkeit schätzt und sich in dieser Hinsicht dem konventionellen Landbau sogar überlegen fühlt, äußert wenig Verständnis dafür, die *unfruchtbaren* Biotope der Landschaft zu fördern – alles Nasse, Trockene, Steinige, Übernutzte, Hängige und aus landwirtschaftlicher Sicht Verbesserungswürdige. Wie im Kapitel 2 ausgeführt, sind solche Biotope aber Horte besonders hoher und gefährdeter Artenvielfalt, die auf andere Weise als durch Tolerierung oder gar Förderung der schlechten Standorteigenschaften in Mitteleuropa nicht zu erhalten ist. Den Öko-Landwirt hiervon zu überzeugen, bedarf derselben Anstrengung wie beim konventionellen Landwirt. Zusammenfassend ist festzustellen, dass der Öko-Landbau den Zielen des Naturschutzes auf manchen Strecken entgegenkommt, dass aber von einer vollständigen Interessenharmonie zwischen beiden nicht gesprochen werden kann.

Die dritte Frage lautet, welche Maßnahmen zur Förderung des Öko-Landbaus geeignet sind. Hier ist zunächst daran zu erinnern, dass sich diese Richtung historisch in erster Linie durch die Produktqualität definiert und von anderen abhebt. Die Produkte seien rückstandsfrei, nicht durch Stickstoff verwässert aufgebläht, wohlschmeckend und schlicht „gesund". Die eigentliche Belohnung für Sonderaufwand und Verzichte erfolgt daher durch den Markt, durch kostendeckende Preise. Nachdem in der Anfangszeit, in den 1970er und 1980er Jahren Öko-Produkte wie Goldstaub gehandelt wurden, musste die Richtung die Erfahrung machen, dass die Gesetze von Angebot und Nachfrage auch für sie gelten und dass nicht automatisch davon ausgegangen werden kann, dass die höheren Produktionskosten durch die Marktpreise gedeckt werden, auch wenn es ein eher wachsendes Käufersegment gibt, welches höhere Preise akzeptiert. Diskussionen über die Preise verderbende ausländische Konkurrenz, über Preisdruck von Seiten der Lebensmittelketten sowie über unzureichende Organisation der eigenen Vermarktung und ähnliches werden kolportiert.

Die Agrarumweltpolitik erkannte, dass zusätzlich zur über den Markt belohnten Produktqualität die Ressourcen schonenden Produktionsmethoden des Öko-Landbaus als Kollektivgüter eine Honorierung verdienten, sodass es auch eine politische Förderung dieser Richtung gibt. Zwar wird die geringe Höhe der Förderung beklagt, haben sie einige Bundesländer auf den Übergang zum Öko-Landbau reduziert, sodass sie die schon vollzogene Betriebsführung nicht weiter honorieren, aber es gibt sie.

Der Rat für Nachhaltige Entwicklung fordert, diese Unterstützung zu verstärken (RNE 2011). Die Begründung ist deshalb interessant, weil sie nicht als vordergründiges Trommeln für Verbandsinteressen auftritt, sondern weiter ausholt. Sie argumentiert, dass die Honorierung von Einzelleistungen – hier die Schonung eines Baches durch Uferrandstreifen, dort die Anlage eines artenreichen Biotops und anderes mehr – an der Oberfläche verbleibe, weil dies zwar im Einzelfall löbliche, aber nur isolierte Detailverbesserungen schaffe, die innerhalb eines insgesamt naturfeindlichen Systems wenig bedeuten könnten. Stattdessen sollten gesamtsystemare Alternativen gefördert werden, wie eben der Öko-Landbau, der vielleicht im Einzelfall keine Anlage eines Biotops nachweise, aber auf lange Sicht, wie man vertrauen könne, dem Gesamtanliegen am dienlichsten sei.

Diese Argumentation sei nicht generell zurückgewiesen, der Ökonom sieht sie jedoch mit Skepsis. Zum einen ist oben festgestellt worden, dass wichtige Anliegen des Naturschutzes durch den Öko-Landbau auch auf lange Sicht nicht automatisch erfüllt werden. Das Vertrauen auf ein im Ganzen lobenswertes System genügt nicht, um exakt definierte Ziele zu erreichen, z. B. die Erhaltung typischer Pflanzen unerwünschter Nassstellen auf dem Acker. Der Ökonom lehnt zweitens ab, den Zusammenhang zwischen erbrachter Leistung und erfolgter Honorierung zu zerreißen. Wenn es das Ziel ist, Ackerwildkräuter zu erhalten, dann gebührt dem, der dies nachweislich tut, eine Honorierung, nicht aber dem, der ein Ackerbausystem betreibt, bei dem der Erhalt dieser Kräuter im Durchschnitt wahrscheinlicher ist. Es hat immer gute und weniger gute Bauern gegeben, und es gibt gute und weniger gute Öko-Bauern. Es ist problematisch, die bloße Zugehörigkeit zu einer Gruppe bereits als hinreichend für eine Honorierung anzusehen.

Fördert ein Betrieb seltene und gefährdete Ackerwildkräuter oder bewirtschaftet er artenreiches Grünland, so verdient er eine Belohnung, gleichgültig ob er konventionell oder ökologisch wirtschaftet. Wenn ökologische Betriebe größere Leistungen auf solchen Gebieten nachweisen, dann erhalten sie eben auch größere Belohnungen. Sie erhalten sie aufgrund ihrer Leistungen, nicht weil sie sich „ökologisch" nennen. Dies bringt dem Öko-Landbau keine Nachteile. Im Gegenteil erweist sich dieses Prinzip für ihn sogar als vorteilhaft, wenn, wie im Kapitel 9.4.5 erörtert, die ergebnisorientierte Honorierung von Landschaftsleistungen eine größere Bedeutung erreicht, was zu wünschen ist. Bei einer aufwandsorientierten Honorierung geht ein Öko-Betrieb mit hochwertigem Bestand von Ackerwildkräutern leer aus, denn er weicht zu dessen Gewährleistung wenig von seiner Wirtschaftsweise ab und geht geringe speziellen Kosten ein. Eine Honorierung würde ihm sogar als „Mitnahme" ausgelegt (vgl. aber unsere Beurteilung im Kapitel 9.3.4). Die marktnähere ergebnisorientierte Honorierung fragt dagegen nicht nach den Kosten. Wird nicht eine lobenswerte Überzeugung honoriert, sondern ein nachgewiesenes „Produkt", so wird ein Anreiz gesetzt, dieses zu liefern, sowohl bei ökologischen als auch bei konventionellen Betrieben.

Ideen und Ideologien

11

Ganz zum Schluss dieses Buches soll noch einmal das Reich der physischen Welt verlassen und versucht werden, in die „Köpfe" der beteiligten Menschen zu blicken. Die mitteleuropäische Kulturlandschaft ist in ihrer derzeitigen Form das Ergebnis von menschlichen Interessen, Überzeugungen und Ideologien, die in die Tat umgesetzt wurden.

HABER (2011/2012) weist darauf hin, dass in Mitteleuropa heute ein Bauer auf 300 Generationen von Vorfahren zurückblickt, die ebenfalls Bauern waren, Naturschützer höchstens auf fünf bis sechs. Während die Bauern jahrtausendelang in der Landschaft tätig waren, kämen fast alle Naturschützer aus der Stadt und hätten vom wirklichen Landleben keine Ahnung. Haber beurteilt aus diesen Gründen (die er selbstverständlich differenzierter erörtert als in der vorliegenden stichwortartigen Zusammenfassung) die Aussichten auf eine wirkliche Verständigung zwischen Landwirtschaft und Naturschutz pessimistisch. Landwirte hatten stets das Interesse zu *produzieren* und werden es immer haben, so fest habe es sich über 300 Generationen verwurzelt. Dem Produzieren standen Naturreichtum und Artenvielfalt immer entgegen, insbesondere der Acker sollte und soll leer und sauber sein. Das hätten frühere Generationen von Bauern auch angestrebt, wenn auch mit unzureichenden Mitteln. Nun hat die Landwirtschaft perfektionierte Mittel und wird sie sich nicht von Naturschützern aus der Hand nehmen lassen.

Moderne Konzepte, aus der Landwirtschaft eine Kuppelproduktion von Nahrungsmitteln und Landschaftsqualität zu machen, besitzen in der Tat geringe Chancen, wenn der Produktionswille alles dominiert. Man hat erstens zu fragen, ob diese Diagnose richtig ist, und zweitens, was aus ihr gesellschaftlich folgt, wenn sie teilweise oder ganz richtig ist.

Eine Rede eines landwirtschaftlichen Berufsstandsfunktionärs, ein Gespräch mit Beamten eines einschlägigen Ministeriums oder ein Blick in ein landwirtschaftsnahes Publikationsorgan, wie etwa die „DLG-Mitteilungen", scheinen Habers Sicht zunächst voll zu bestätigen. Seit dem Anzug der weltweiten Rohstoffpreise und der erhöhten Pub-

U. Hampicke, *Kulturlandschaft und Naturschutz*,
DOI 10.1007/978-3-8348-8236-3_11, © Springer Fachmedien Wiesbaden 2013

lizität der Welternährungsfrage (vgl. Kapitel 4.6) sind gewisse Meinungsbildner geradezu in einen Produktionsrausch gefallen. Wie immer drücken Bilder solche mentalen Zustände am treffendsten aus. Ein Dutzend Mähdrescher in Formation aus der Luft fotografiert, so als würden sie zur Panzerschlacht ausrücken – so etwas war man von der sowjetischen Landwirtschaft gewohnt und meint, es habe sich mit der Sowjetunion erledigt. Nun erhalten wir dieselben Bilder von der Sojaernte aus Brasilien. In Deutschland erleben wir, wie Landwirte begeistert in das Bioenergiegeschäft einsteigen. Dies hat zwar als ersten Grund dessen finanzielle Attraktivität, aber oben ist schon vermutet worden, dass auch hier der Produktionsgedanke zusätzlich beflügelt.

Eine mächtige Produktionsideologie ist vorhanden, daran gibt es keinen Zweifel. Fraglicher ist allerdings ihre Verwurzelung in 300 Generationen von Bauern. Gegen Habers Auffassung spricht die außerordentliche Flexibilität der Spezies Mensch, ohne die diese Art vor und nach Erfindung der Landwirtschaft nicht überlebt hätte. Auf der einen Seite beobachten wir berufsständische ideologische Verengungen in der Weltanschauung schon in Kreisen, die es wie die Naturschützer auch erst fünf oder sechs Generationen lang gibt. Man unterhalte sich mit einem gestandenen Eisenbahner über was auch immer und wird nichts anderes erfahren als die Sicht des Eisenbahners auf die Dinge. Auf der anderen Seite haben sich ebenso traditionsbewusste Berufsgruppen in kürzester Zeit an Neuerungen angepasst, weil sie dies mussten. Schornsteinfeger haben nie verlangt, bis zum jüngsten Tag Schornsteine kehren zu dürfen, nachdem es bei Öl- und Gasheizungen kaum noch etwas zu kehren gibt. Sie haben ihren Berufsstand gerettet, indem sie sich zu hoch qualifizierten Messtechnikern ausbilden ließen.

Anders als bei den Schornsteinfegern ist zuzugeben, dass die Notwendigkeit der landwirtschaftlichen Kerntätigkeit, das Produzieren, unerschüttert bleibt. Alternativ zu Habers Hypothese lassen sich aber auch andere Gründe für das Beharren oder gar die Verfestigung der Produktionsideologie unter Missachtung der Anliegen von Naturschutz und „Wohlfühlumgebung" (vgl. Kapitel 4.6) anführen. Das Besondere an ihnen ist, dass sie sich, anders als ein durch 300 Generationen eingemeißelter unverrückbarer Charakter, *ändern* lassen.

- Im landwirtschaftlichen Ausbildungswesen sind Aspekte des Naturschutzes immer noch weitgehend bis vollständig abwesend. Die genossene Ausbildung prägt aber ein Leben lang.
- Die auch von Haber festgestellte Rekrutierung des Berufsstandes fast nur aus den eigenen Reihen fördert fest gefügte Weltbilder und eine Abwehrhaltung gegen alles, was von außen kommt.[1]

---

[1] Der unerfreuliche Zustand ist nicht allein der Landwirtschaft anzulasten. Großbetriebe in Mecklenburg-Vorpommern suchen zuweilen händeringend junge Mitarbeiter auch aus nichtlandwirtschaftlichem Milieu. Jeder aufgeweckte Jugendliche aus der Stadt ist als Auszubildender willkommen. Die wenigen, die sich melden, zeigen nicht selten schnell ihre Unbrauchbarkeit.

- Ansprüche von außen an die Landwirtschaft bezüglich des Naturschutzes und überhaupt an ihren Sinneswandel werden oft in einer aggressiven Form vorgebracht, die nur Widerstand schürt. Besonders tun sich hierbei Funktionäre von Naturschutzverbänden hervor.
- Landwirte können inzwischen auf zwei Jahrzehnte Agrarumweltförderung zurückblicken, die manchen Erfolg hatte, aber auch Enttäuschung, Bürokratie, Ärger und uneingelöste Versprechen mit sich brachte und damit Zögerlichkeit in der Bereitschaft zu künftiger Kooperation auslöst.[2]
- Ein ähnlicher Druck wie bei den Schornsteinfegern, sich an neue Gegebenheiten anpassen zu müssen, bestand bisher für die Landwirtschaft auch deshalb in viel geringerem Maße, weil dieser Sektor in den höheren Etagen von Politik und Verwaltung stets verlässliche Fürsprecher besitzt, die dafür sorgen, dass Dinge im Sinne althergebrachter Agrarinteressen und -ideologien geregelt werden.

Ohne die Landwirtschaft von einer Mitverantwortung freizusprechen, muss doch zusammengefasst werden, dass ein großer Anteil der Ursachen für die geschilderte unerfreuliche Situation außerhalb der Landwirtschaft zu suchen ist. Zumindest hatten und haben alle hier tätigen Kräfte größere Möglichkeiten, die Lage zu bessern und haben sie bisher nicht hinreichend genutzt.

Dann gibt es noch die positiven, ja glänzenden Gegenbeispiele (Sammlung in HUBER et al. 2008). Es gibt Landwirte, die allem Verbandstrommeln zum Trotz den Ideen dieses Buches aufgeschlossen und begeisterte Naturschützer sind. Dies könnte als statistischer Effekt abgetan werden (es gibt überall Untypische und Ausreißer), wenn nicht die Ursachen hierfür bekannt wären. Dem Naturschutz aufgeschlossene und mit ihm kooperierende Landwirte kennen vertrauenswürdige, kompetente und verständnisvolle Experten, die ihnen die Notwendigkeit des Naturschutzes und die Bereicherung durch ihn nahegebracht und sie davon überzeugt haben, dass ihre ökonomischen Interessen von ihm kaum verletzt werden bzw. es noch viel weniger würden, wenn der ganze Problemkreis besser organisiert wäre. Auf das beispielhafte Wirken Schumachers ist in den Kapiteln 5.2.4 und 7.7.1.1 hingewiesen worden. Auch anderwärts, etwa in den thüringischen Landkreisen Wartburgkreis, Kyffhäuserkreis und Sömmerda, ist eine vertrauensvolle und sehr erfolgreiche Zusammenarbeit zwischen Agrarbetrieben und Naturschutz zu beobachten. Nicht anders würden noch weit mehr Landwirte reagieren, wenn sie das Glück hätten, verständnisvolle Experten als Gesprächspartner zu finden.

Welche Überlegungen müssten sich aber anschließen, wenn das soeben gegebene Urteil naiv-wohlwollend die potenzielle Gewinnbarkeit der Landwirtschaft für neue Ziele überschätzte und wenn Habers Pessimismus, ob nun wegen der 300 Generationen Bauern oder aus anderen Gründen, doch stärker im Recht wäre?

---

[2] Ein besonders unerfreuliches Kapitel war und ist die Einrichtung der FFH-Flächen. Misstrauischen Landwirten wurde versichert, dass die Ausweisung für sie keinerlei Folgen haben würde. Ihnen wurde nicht gesagt, dass hier ein Nichtverschlechterungsgebot besteht, dessen Einhaltung teuer sein kann (vgl. Kapitel 5.2) und dass aber zuwenig Geld dafür da ist.

Die zivilisierte und dabei dynamische Gesellschaft lebt davon, dass ihre Mitglieder da-zulernen, dass sie neue Notwendigkeiten erkennen und mit Kant stets nach der Verallgemeinerbarkeit des eigenen Tuns fragen (was wäre, wenn alle so dächten und handelten wie ich?). Sie müssen bereit sein, sich zwar nicht an Mode und kurzlebigen Zeitgeist, wohl aber an ernsthafte Innovationen anzupassen, besonders wenn ihnen die Gesellschaft Hilfen gibt, nichts dabei zu verlieren. An Haber angeknüpft: Sicherlich zehn Generationen von Lehrern war es selbstverständlich, ihre Zöglinge zu züchtigen, wenn sie es für erforderlich hielten. Kaum jemand schätzt heute den Wert derartiger „Traditi-onen", kein Lehrer darf mehr züchtigen.[3] Die Auffassung eines Bauern (sollte es sie ge-ben), wonach nur die Produktion zähle und das Überleben von Tier- und Pflanzenarten dabei keine Rolle spiele, ist in gleicher Weise unzeitgemäß wie die Meinung eines Leh-rers, dass der Rohrstock tanzen müsse. Alle müssen dazulernen, auch die Bauern.[4]

Jungen Menschen in der Stadt wird heute vielfach ein Maß an Flexibilität abverlangt, an dessen Zumutbarkeit berechtigte Zweifel bestehen. Wir hören von Politikern und ihren (halb)wissenschaftlichen Adlati, dass sich alle pausenlos anpassen müssen, dass keiner erwarten darf, einen einmal erlernten Beruf lebenslang ausüben zu können und so weiter. Zusätzlich sollen die Stadtmenschen räumlich mobil und ungeachtet der damit verbundenen Kosten stets dort anwesend sein, wo das Kapital sie braucht (anstatt umge-kehrt), von den Möglichkeiten, eine Familie zu gründen, für Kinder da zu sein und so etwas wie Heimat zu empfinden, ganz zu schweigen. Ist es da von der Landwirtschaft zuviel verlangt, Zielen wie dem Naturschutz gegenüber aufgeschlossen zu werden, die nicht Steckenpferd verschrobener Personen, sondern – wird nur an Begriffe wie Nach-haltigkeit, Generationengerechtigkeit usw. gedacht – Gegenstände völkerrechtlicher Konventionen und gültiges nationales Recht sind? Es ist nicht zuviel verlangt, wenn der Landwirtschaft zuverlässige Hilfen und Anreize zur Umorientierung angeboten werden, wie sie in diesem Buch vorgeschlagen werden.

---

[3] Nicht nur haben in den vergangenen Jahrzehnten etliche Lehrer hiervon mühsam überzeugt werden müssen, auch kommt das Planck zugesprochene Zitat in den Sinn, dass falsche Theorien nie dadurch überwunden werden, weil ihre Anhänger überzeugt werden, sondern weil sie ausster-ben. Die Übertragung auf den vorliegenden Zusammenhang sei dem Leser überlassen.

[4] Ironischerweise hätte der Bauer nicht einmal das „Argument" für sich, etwas rechtfertige sich, weil es schon immer so war. Noch vor wenigen Jahrzehnten war die Agrarlandschaft ja artenreich.

Farbtafeln

Die Zahlen in Klammern nennen das Kapitel, auf das sich die Farbtafel bezieht. Alle Fotos ohne Autorangabe vom Verfasser.

Farbtafel 1 Kalkmagerrasen im Oberpfälzer Jura als Rest der früheren Halbkulturlandschaft. Hohe Bedeutung für Artenschutz und Erholung. (Foto: W. Haber) (2.2)

U. Hampicke, *Kulturlandschaft und Naturschutz,*
DOI 10.1007/978-3-8348-8236-3_12, © Springer Fachmedien Wiesbaden 2013

Farbtafel 2 Kalkmagerrasen im Frühjahrsaspekt (*Hippocrepis comosa*) auf Muschelkalk an der Diemel (Nordhessen). (2.2)

Farbtafel 3 Ackerwildkrautgesellschaft am Südhang des Kyffhäuser auf Kalkboden (Caucalidio-Adonidetum) mit hohem Naturschutzwert, ästhetischer Attraktivität und geringen bis mäßigen Erhaltungskosten. (2.2)

Farbtafel 4 „Der König überall" von R. Warthmüller (1886).

Friedrich der Große inspiziert den Kartoffelanbau. Mit freundlicher Genehmigung der Stiftung Preußischer Kulturbesitz. (2.3)

Farbtafel 5 Wegsaum am Fuß der Oderhänge bei Mallnow (Kreis Märkisch-Oderland). Er ist bunt und artenreich, weil er an einen nährstoffarmen Schutzacker grenzt. (2.5)

Farbtafel 6 Saum am selben Weg wie in Farbtafel 5, genau gegenüber. Infolge des Stickstoffeintrags aus der intensiv bewirtschafteten Fläche dahinter gibt es nur unansehnliche Brennesseln, Quecken und Ähnliches. (2.5)

Farbtafel 7 Das eiblättrige Leinkraut (*Kickxia spuria*) besitzt im modernen Acker kaum noch Lebensraum, weil die Ernte lange vor dem Ausreifen der Samen erfolgt und es auch keine Stoppelbrache mehr gibt. (2.5)

Farbtafel 8 Familien, Kinder und Tiere bei der Luzerneernte in Kirgizstan, im Hintergrund der See Issyk-Kul und der Tien-Schan. Die Feldarbeit erfolgt gesellschaftlich anstatt wie heute in Mitteleuropa vereinzelt. (2.5)

Farbtafel 9 Grelle und großflächige Ästhetik: leuchtende Rapsfelder erfreuen im Mai die Städter. (2.5)

Farbtafel 10 Die Daseburg auf dem Desenberg in der Warburger Börde (Kreis Höxter) erhebt sich aus dichtem Teppich intensiven Getreidebaus. (2.5)

Farbtafel 11 Ein trotz Herbizideinsatz mit Klatschmohn (*Papaver rhoeas*) und Kornblume (*Centaurea cyanus*) verunkrauteter Acker vor der Hansestadt Greifswald: Begeisterung bei den Städtern, Stirnrunzeln beim Bauern. (3.5)

Farbtafel 12 Einer Ballonfahrt über das niederbayerische Gäuland offenbart das Ideal der reinen Produktionslandschaft – links Kraftfutter, rechts Grundfutter für die Bullenmast, alle nicht genutzten Arten sind ausgemerzt. Aus HAMPICKE et al. 2005. (3.5)

Farbtafel 13   Historische Bausubstanz wie hier in Quedlinburg ist viel teurer als historische
landwirtschaftliche Flächennutzungen und oft unpraktisch – dennoch wird sie nicht nur geduldet,
sondern gepflegt. (3.5)

Farbtafel 14   Der Lothringer Lein (*Linum leonii*) ist eine sehr seltene Art der Kalkmagerrasen
und unterstreicht die Bedeutung des Fundortes „Kleiner Dörnberg" bei Kassel für den Naturschutz. Aus Czybulka et al. 2012. (4.1)

Farbtafel 15 Naturschützer erfreuen sich an einem vollständig vom Acker-Rittersporn (*Consolida arvensis*) und anderen Wildkrautarten eingenommenen Schutzacker am westlichen Rand des Nördlinger Rieses (Exkursion im Juni 2011). (4.2)

Farbtafel 16 Noch vor 50 Jahren sahen umfangreiche Grünlandflächen so oder ähnlich aus, heute sind es Seltenheiten. (Foto: W. Schumacher). (4.3 und 9.5)

Farbtafel 17 Serradella (*Ornithopus sativus*) als Beispiel für eine so gut wie nicht mehr genutzte Futterpflanze. Aus HAMPICKE et al. 2005. (4.3)

Farbtafel 18 In Deutschland selten gewordenes großflächiges Ensemble aus schwach genutzten Landschaftsteilen mit hohem Erholungswert. Im Vordergrund die Muschelkalkplatte des Kleinen Dörnbergs (vgl. auch Farbtafel 14), rechts der Große Dörnberg, in der Mittel als Segelflugplatz genutztes Weideland und links hinten die Basaltklippen der Helfensteine, Kreis Kassel. (4.4.1.1).

Farbtafel 19 Schafweide auf mehr oder weniger kalkreicher, standörtlich sehr heterogener Stauchmoräne der Zickerschen Berge im Biosphärenreservat Südost-Rügen. Aus CZYBULKA et al. 2012. (4.4.1.1).

Farbtafel 20 Ausgedehnte Rinderweide in den französischen Alpen (Département Savoie, im Hintergrund die Aiguilles d'Arves, 3.500 m). Auf Grund der Höhenlage und des sehr krautreichen Aufwuchses gibt es trotz „extensiv" erscheinender Wirtschaftsweise ansprechende Milchleistungen. (4.4.1.1)

Farbtafel 21   Kontinental getönter Steppenrasen auf dem Rummelsberg bei Brodowin (Kreis Barnim) mit Federgräsern (*Stipa* spec.). Aus CZYBULKA et al. 2012. (4.4.1.1)

Farbtafel 22   Ideal einer „Blumenwiese" im Aspekt des Wiesen-Salbeis. St.-Jean-d'Arves, Départment Savoie, Frankreich, etwa 1.400 m hoch. (4.3, 4.4.1.2 und 9.5)

Farbtafel 23 Kalkreiches Flachmoor im NSG Federsee mit Karlszepter (*Pedicularis sceptrum-carolinum*). Auf derartigen Flächen sollte die Pflege in erster Linie am Arten- und Biotopschutz und weniger am Klimaschutz ausgerichtet sein. (4.4.1.2)

Farbtafel 24 Gemähter Kalkmagerrasen („Mähder") im NSG Vilsenberg oberhalb Reutlingen. Die Mahd erzeugt mit dem Brometum erecti eine andere Pflanzengesellschaft als die Schafweide mit dem Gentiano-Koelerietum pyramidalis. Wegen der sehr geringen Erträge besitzt die Nutzung überwiegend Pflegecharakter. (4.4.1.2)

Farbtafel 25 Streuwiese mit Sibirischer Schwertlilie (*Iris sibirica*) in der noch ausgedehnten Loisachniederung bei Benediktbeuren. (4.4.1.2)

Farbtafel 26 Streuwiese im Spätsommeraspekt am Gründlenried in Oberschwaben (Kreis Ravensburg). Man erkennt das rege Wirken der Netzspinnen. (4.4.1.2)

Farbtafel 27 Der Abbiss-Scheckenfalter (*Euphydrias aurinia*), fotografiert in der Streuwiese von Farbtafel 25, ist ein höchst schutzwürdiger Tagfalter des Anhangs II der FFH-Richtlinie. (4.4.1.2)

Farbtafel 28 Steppenraseninsel im intensiv genutzten Thüringer Becken nordwestlich von Erfurt, hervorragend abgeschirmt durch oligotrophen und artenreichen Ackerrandstreifen. (4.4.2.1)

Farbtafel 29 Mit der unter Laien verbreiteten Bezeichnung „Getreidesteppe" für derartige Landschaften ohne Strukturelemente wird die Steppe unbeabsichtigt herabgesetzt. Die Steppe ist ein
arten*reicher* Biotop. (4.4.2.1).

Farbtafel 30 Die Agrarlandschaft des postfossilen Industriezeitalters, hier bei Halle an der Saale.
Man tröstet sich damit, dass in früheren Jahrhunderten der Energiebedarf die Landschaft auch
verunstaltete, nur auf andere Weise, nämlich durch die Plünderung der Wälder. (4.4.2.1)

Farbtafel 31 „Neubrandenburg" von C. D. Friedrich (1816/17). Das großartige Bild beabsichtigt ganz anderes als die Darstellung der Pflanzendecke. Der aufmerksame Betrachter erkennt dennoch eine mesohemerobe Halbkulturlandschaft im Umkreis der Stadt. Mit freundlicher Genehmigung des Pommerschen Landesmuseums Greifswald. (4.4.2.2)

Farbtafel 32 Die Hummel-Ragwurz (*Ophris holoserica*) auf altem Tulla'schem Rheindamm im NSG Taubergießen (Abb. 4.7) unterstreicht die Bedeutung alter, auch technischer Strukturen für die Artenvielfalt. (4.4.2.3).

Farbtafel 33 Der Alvar, ein paläozoisches Kalkplateau auf der schwedischen Insel Öland liefert wegen seiner Kargheit nur wenigen Tieren Nahrung. Da die Naturschutzkosten stark an das Tier gebunden sind, sind die hier pro Hektar relativ niedrig. (5.2.2)

Farbtafel 34 Nach Vorstellungen im Flachland „ineffiziente" bäuerliche Landwirtschaft in den französischen Alpen, die wegen günstiger Produktpreise dennoch lohnt. (5.2.3)

Farbtafel 35 Erholungssuchende sind meist anspruchslos und genießen auch Intensivgrünland mit Löwenzahn, wie hier in Oberschwaben. Ihre Ansprüche durch Bildung zu steigern, würde langfristig dem Naturschutz entgegenkommen. (5.2.4)

Farbtafel 36 Bezaubernde Erholungslandschaft am Fuß der Zickerschen Berge im Biosphärenreservat Südost-Rügen mit gering produktiven, aber farbenfrohen Sandäckern (vgl. Übersicht 3, Kapitel 3.4). (5.2.5)

Farbtafel 37 Nur sehr wenige Äcker enthalten noch autochthone Vorkommen der Kornrade wie dieser bei Müncheberg-Dahmsdorf (Landkreis Märkisch-Oderland). Aus CZYBULKA et al. 2012. (5.2.5.2)

Farbtafel 38 Der Acker-Schwarzkümmel (*Nigella arvensis*) kommt nur noch an wenigen Stellen in Deutschland vor. (5.2.5.2)

Farbtafel 39 Der gelbe Günsel (*Ajuga chanaepitys*) ist ebenso selten wie der Schwarzkümmel. Die Aufnahme stammt aus Aserbaidschan. Für die Arten der Farbtafeln 37 bis 39 ist ein langfristig und zuverlässig funktionierendes System von Schutzäckern zu entwickeln. (5.2.5.2)

Farbtafel 40   Der Apollofalter (*Parnassias apollo*) hat sich fast vollständig in die Alpen zurückgezogen. Seine Vorkommen in Deutschland wurden überwiegend durch Maßnahmen zerstört, die keinen Gewinn erbrachten, sondern nur Geld kosteten. (5.4)

Farbtafel 41   Wo das Schachbrett (*Melanargia galathea*) in guten Populationen vorkommt, muss es traditionell bewirtschaftetes, nährstoffarmes Grünland geben. Der Falter ist daher ein guter, auch leicht erkennbarer Indikatororganismus. Aus Czybulka et al. 2012. (9.4.5)

Farbtafel 42 Die gemeine Keiljungfer (*Gomphus vulgatissimus*) war in Norddeutschland wegen der Gewässerverschmutzung nahezu ausgerottet. Erfolgreichem technischen Umweltschutz ist zu verdanken, dass sie sogar wieder am Rand von Großstädten vorkommt, wie hier am Tegeler See in Berlin. Auch sie ist ein guter Indikator. (9.4.5)

Farbtafel 43 Blühstreifen, erfreuen Spaziergänger in hoch produktiven Ackerlandschaften, wie hier im Gäuland bei Veitshöchheim, und versorgen Insekten, darunter Honigbienen, mit Nektar. Sie dürfen allerdings keine schützenswerten Ackerwildkrautgesellschaften verdrängen. (10.1)

Farbtafel 44 Die Autobahn (hier A 38 bei Querfurt) besitzt einen artenreichen Saum, der Feldweg nicht. Verkehrswege könnten überall nützliche, teils sogar sehr wertvolle Begleitbiotope besitzen. (10.1)

Farbtafel 45 Mäßiger Maisanbau in der Landschaft wird auch vom Naturschutz toleriert. Leider verdrängt er nicht zuletzt wegen der Förderung der Energiepflanzen in manchen Regionen andere Nutzungen zu stark. (10.2)

Farbtafel 46 Direkte Stromgewinnung in der Landschaft durch Fotovoltaik ist teuer, liefert aber je Flächeneinheit ein Vielfaches der Energiepflanzen. (10.2)

Anhang

Anhang 1: Intensität

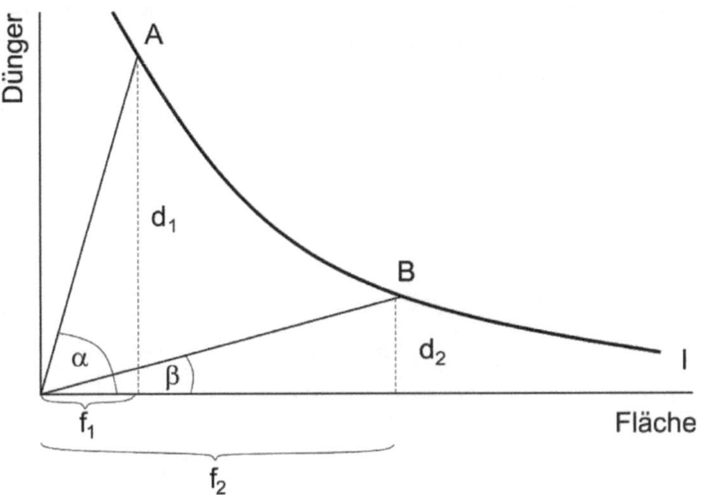

Die Achsen der Abbildung bezeichnen das Einsatzniveau zweier Produktionsfaktoren, hier Fläche (horizontal) und Dünger (vertikal). Die beiden Faktoren können sich in bestimmtem Maße gegenseitig ersetzen oder substituieren. Man kann mit wenig Fläche und viel Dünger (Punkt A) dieselbe Produktmenge, z. B. Weizen erzeugen wie mit viel Fläche und wenig Dünger (Punkt B). Alle Faktorkombinationen, die dieselbe Menge erzeugen, liegen auf der Isoquante I. Isoquanten nordöstlich von I (nicht gezeichnet) repräsentieren eine höhere, solche südwestlich von I eine geringere Erzeugungsmenge. Die Düngerintensität in Bezug auf die Fläche im Punkt A ist d_1/f_1 oder tan α, jene im

U. Hampicke, *Kulturlandschaft und Naturschutz,*
DOI 10.1007/978-3-8348-8236-3_13, © Springer Fachmedien Wiesbaden 2013

Punkt B ist d_2/f_2 oder tan β. Die Produktion im Punkt A ist düngungs*intensiv*, jene im Punkt B ist düngungs*extensiv*. Statt des Düngers kann auf der vertikalen Achse auch jeder andere mit der Fläche kombinierte Produktionsfaktor aufgetragen werden, wie z. B. Arbeit. Auch die Summe aller in Geldeinheiten bewerteten Faktoren kann auf der Vertikalen aufgetragen werden, womit nicht eine spezielle, sondern die Gesamtintensität der Erzeugung in Bezug auf die Fläche abgebildet wird.

Eine ausführliche Behandlung der mathematischen Probleme in diesen Anhängen erfolgt im Skript „Ökonomie für Landschaftsökologen an der Universität Greifswald", erhältlich beim Verfasser.

Anhang 2: Theorie des Tausches: Die Edgeworth-Box

Die genial-einfache Darstellung des Tauschprozesses zum gegenseitigen Vorteil stammt von F. Y. Edgeworth (1845–1926). Gegeben sei eine Menge an Äpfeln im Gesamtumfang Q und eine an Birnen im Umfang von R. Q und R sind die Länge und Breite des Kastens in der Abbildung. Jeder Punkt im Kasten und auf seinen Rändern stellt eine Kombination von Äpfeln und Birnen dar, die auf zwei Personen X und Y verteilt werden kann. X besitze zu Beginn des Prozesses q_X an Äpfeln und r_X an Birnen, Y demzufolge q_Y an Äpfeln und r_Y an Birnen (Ausgangspunkt A).

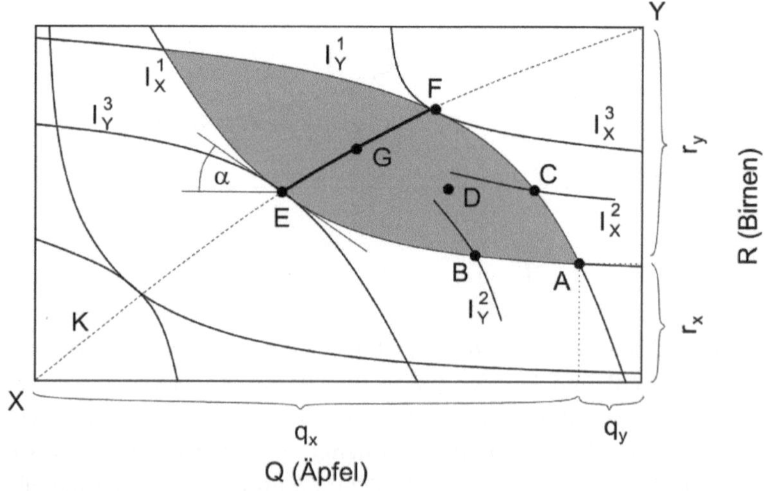

Äpfel und Birnen stiften Nutzen und lassen sich in bestimmtem Maße gegenseitig ersetzen (substituieren). Alle Kombinationen, die dem X dasselbe Nutzenniveau wie im Ausgangspunkt A stiften, liegen auf der Indifferenzkurve I_X^1, alle Kombinationen, die dem Y dasselbe wie im Ausgangspunkt A stiften, auf dessen Indifferenzkurve I_Y^1. Indifferenzkurven sehen aus wie die Isoquanten im Anhang 1 und sind ihnen in mancher Hinsicht analog. Sie bezeichnen aber nicht eine bestimmte Erzeugungsmenge eines Produktes durch zwei substitutive Faktoren, sondern ein bestimmtes Nutzenniveau einer Person, erzielt durch zwei substitutive Konsumgüter. Alle Punkte auf einer Indifferenzkurve stiften denselben Nutzen, deswegen ist die Person indifferent – dem X ist gleichgültig, ob er sich im Punkt A, B oder E befindet. Indifferenzkurven nordöstlich von $I_X{}^1$ stiften dem X einen höheren, alle südwestlich davon einen geringeren Nutzen als in A. Für Y gilt dasselbe, nur steht seine Indifferenzkurvenkarte „auf dem Kopf" (man drehe die Abbildung um 180° und hat dann den Nullpunkt von Y's Indifferenzkurvenkarte wie gewohnt links unten).

X und Y möchten ihren jeweiligen Nutzen gegenüber den Ausgangspunkt A heben. Y schlägt dem X vor, von A nach B zu gehen; Y erhält einige Äpfel aus X's Anfangsbestand und X dafür einige Birnen aus dem von Y. Y vergrößert seinen Nutzen erheblich, er begibt sich auf eine höhere Indifferenzkurve $I_Y{}^2$. X ist nicht gegen diesen Tausch, denn er verschlechtert sich nicht, da er auf $I_X{}^1$ bleibt. Ihm wäre aber lieber, man ginge zu Punkt C, womit er seinen Nutzen auf $I_X{}^2$ steigerte und Y indifferent bliebe. Am fairsten erscheint es dem Beobachter, die beiden gingen von A nach D, womit beide ihren Nutzen steigern würden. Offenbar sind alle Punkte innerhalb der schattierten Linse für *beide* Tauschpartner besser als die Ausgangssituation A, sodass sie bei rationalem Verhalten aus A in die Linse „gesogen" werden. Die Frage ist aber: Welches ist das *beste* Tauschergebnis? Will sich X gegenüber A weder verbessern noch verschlechtern, dann liegt das beste Ergebnis für Y im Punkt E (Indifferenzkurve $I_Y{}^3$); noch weiter nach Nordwesten auf X's Indifferenzkurve zu wandern, würde Y's Nutzen wieder verringern. Bleibt Y indifferent, so ist das beste Ergebnis für X im Punkt F (Indifferenzkurve $I_X{}^3$). Punkt G kann analog D als die fairste „beste Lösung" für beide erscheinen. Auf jeden Fall liegen alle besten Lösungen auf dem dick markierten Teilstück der diagonal durch den Kasten ziehenden *Kontraktkurve* K, dem *Core*. Die Kontraktkurve verbindet alle Punkte im Kasten, auf denen sich die Indifferenzkurven von X und Y nicht schneiden, sondern tangieren. Definieren wir die Steigung der Tangente an eine Indifferenzkurve als *Grenzrate der Substitution* ($-\tan \alpha$ im Punkt E), dann verbindet die Kontraktkurve alle Punkte im Kasten, auf denen die Grenzraten der Substitution von X und Y gleich sind.

Alle Punkte auf dem Core sind *pareto-optimal* in Bezug auf A, es ist dort nicht mehr möglich, den Nutzen eines der Teilnehmer noch zu erhöhen, ohne den eines anderen zu senken. In allen übrigen Punkten innerhalb der schraffierten Linse ist dies noch möglich, deswegen sind diese nicht pareto-optimal (nach V. Pareto, 1848–1923). Ob der Tauschprozess zwischen X und Y bei G oder mehr bei E oder mehr bei F endet, ist mit dem Instrumentarium der Edgeworth-Box nicht zu entscheiden, man sagt, dass hier die „Verhandlungsstärke" den Ausschlag gebe.

Ein sehr wichtiger Punkt wird in ökonomischen Lehrbüchern fast immer vernachlässigt: Die Abbildung zeigt, dass dem Tauschprozess und – geht man von zwei Teilnehmern auf viele über – dem Prozess auf dem Markt eine *Ethik* unterliegt. Warum tauscht überhaupt ein starker X mit einem schwachen Y, der sich nicht wehren könnte – warum nimmt er ihm nicht einfach alle Birnen und Äpfel weg? Weil er das Ausgangs-Nutzen-niveau von Y achtet. Für X ist der gesamte Raum nordöstlich von $I_Y{}^1$ tabu, und für Y gilt dasselbe für den Raum südwestlich von $I_X{}^1$.

Es sei $U_X(q_X, r_X)$ der Nutzen von X in Abhängigkeit von den Argumenten q_X und r_X sowie entsprechend $U_Y(q_Y, r_Y)$ der von Y. U_X sei unter Konstanthaltung von U_Y zu maximieren, wir wandern in der Abbildung von A nach F. Ferner gilt $q_X + q_Y = Q$ und $r_X + r_Y = R$. Für die Zielfunktion mit drei Nebenbedingungen wird die Lagrange-Funktion gebildet, nach den vier unabhängigen Variablen sowie drei Lagrange-Multiplikatoren partiell differenziert und werden diese Ableitungen gleich Null gesetzt.

$$L = U_X\left(q_X, r_X\right) + \lambda\left(U_Y\left(q_Y, r_Y\right) - U_Y^*\right) + \mu\left(q_X + q_Y - Q\right) + \nu\left(r_X + r_Y - R\right)$$

$$\frac{\partial L}{\partial q_X} = \frac{\partial U_X}{\partial q_X} + \mu = 0$$

$$\frac{\partial L}{\partial r_X} = \frac{\partial U_X}{\partial r_X} + \nu = 0$$

$$\frac{\partial L}{\partial q_Y} = \lambda \frac{\partial U_Y}{\partial q_Y} + \mu = 0$$

$$\frac{\partial L}{\partial r_Y} = \lambda \frac{\partial U_Y}{\partial r_Y} + \nu = 0$$

Die Nullsetzungen der Ableitungen nach λ, μ und ν sichern die Einhaltung der Nebenbedingungen und brauchen hier nicht ausgeschrieben zu werden. Aus den ersten beiden Ableitungen folgt

$$\mu = -\frac{\partial U_X}{\partial q_X} \quad \text{und} \quad \nu = -\frac{\partial U_X}{\partial r_X}$$

$-\mu$ und $-\nu$ sind die Grenznutzen des X beim Konsum vom q und r, die Steigerung des Nutzens, wenn ein Apfel oder eine Birne mehr verfügbar ist. μ in die dritte Ableitung eingesetzt ergibt

$$\lambda = \frac{\dfrac{\partial U_X}{\partial q_X}}{\dfrac{\partial U_Y}{\partial q_Y}}$$

Alles zusammen in die vierte Ableitung eingesetzt und umgeformt ergibt

$$\frac{\dfrac{\partial U_Y}{\partial q_Y}}{\dfrac{\partial U_Y}{\partial r_Y}} = \frac{\dfrac{\partial U_X}{\partial q_X}}{\dfrac{\partial U_X}{\partial r_X}},$$

in Worten: Das Verhältnis der Grenznutzen beim Genuss von q und r muss bei beiden Tauschpartnern gleich sein. Nur dann gibt es keine Möglichkeit mehr, den Nutzen des einen zu steigern, ohne den des anderen zu senken. Eine weitere Überlegung zeigt, dass diese Bedingung identisch mit der in der Abbildung graphisch gewonnenen ist. Wie oben schon definiert, ist die Steigung der Tangente an eine Indifferenzkurve an jeder Stelle die negative *Grenzrate der Substitution*, im Punkt E (für beide gleich)

$$\frac{dr}{dq} = -\tan\alpha$$

Das Totale Differential einer Nutzenfunktion ist bei der Bewegung auf einer Indifferenzkurve gleich Null, denn der Nutzen ist an jeder Stelle identisch:

$$\delta U_Y = \frac{\partial U_Y}{\partial q_Y}dq + \frac{\partial U_Y}{\partial r_Y}dr = 0$$

Eine einfache Umformung ergibt wie oben gefordert

$$-\frac{dr_Y}{dq_Y} = \frac{\dfrac{\partial U_Y}{\partial q_Y}}{\dfrac{\partial U_Y}{\partial r_Y}}$$

Die Grenzrate der Substitution ist der Quotient aus beiden Grenznutzen.

Anhang 3: Optimale Verteilung von Faktoren auf konkurrierende Verwendungen

Ein Betrieb verfügt über einen Produktionsfaktor im Gesamtumfang von R. Es kann sich um Fläche, Arbeitskraft oder einen anderen wichtigen Faktor handeln. Er betreibt eine Verbundproduktion und kann einen Teil r_q der Erzeugung von Produkten q (z. B. Getreide) und einen anderen Teil r_N dem Naturschutz N (z. B. einem Wildkrautacker) zuführen. Wir ignorieren zur Vereinfachung, dass auch auf dem Wildkrautacker etwas verkaufsfähiges Getreide erzeugt wird. Für das Produkt erzielt der Betrieb den konstanten Preis p_q pro Einheit, für den Naturschutz den Preis p_N. Welche ist die optimale Aufteilung des Faktors auf die beiden Verwendungen?

Es gibt eine Zielfunktion

$$Max!\ q(r_q)p_q + N(r_N)p_N \text{ unter der Nebenbedingung } r_q + r_N = R\ .$$

Die Lagrange-Funktion lautet mithin

$$L = q\left(r_q\right)p_q + N\left(r_N\right)p_N + \lambda\left(r_q + r_N - R\right)$$

mit ihren wichtigsten Ableitungen

$$\frac{\partial L}{\partial r_q}\,p_q + \lambda = 0$$

$$\frac{\partial L}{\partial r_N}\,p_N + \lambda = 0$$

Das erste Ergebnis lautet, dass die *Grenzprodukte* bei beiden Erzeugungen gleich sein müssen.

$$\frac{\partial q}{\partial r_q}\,p_q = \frac{\partial N}{\partial r_N}\,p_N$$

Das Grenzprodukt ist die Grenzproduktivität (Produktionszuwachs bei Verfügung über eine zusätzliche Einheit des Produktionsfaktors) multipliziert mit dem Produktpreis. Ist das Grenzprodukt bei der einen Produktion (z. B. dem Naturschutz) höher als bei der anderen (der Weizenerzeugung), dann ist auch intuitiv klar, dass es sinnvoll ist, etwas mehr von dem Faktor der Produktion mit dem höheren Grenzprodukt zuzuführen – so lange, bis sich beide Grenzprodukte angleichen.

Das zweite Ergebnis lautet, dass sich die Grenzproduktivitäten umgekehrt zu den Produktpreisen verhalten müssen.

$$\frac{\dfrac{\partial q}{\partial r_q}}{\dfrac{\partial N}{\partial r_N}} = \frac{p_N}{p_q}$$

Auch das leuchtet ein. Normalerweise sinkt die Grenzproduktivität eines Faktors mit zunehmendem Einsatz, er wird immer weniger effektiv. Eine gewöhnliche Produktionsfunktion ist rechtsgekrümmt (Abbildung A). Wird z. B. N gut und q weniger gut bezahlt, so ist die rechte Seite der voran stehenden Gleichung groß. Die linke Seite muss dann auch groß sein. Das verlangt, dass die Grenzproduktivität bei q hoch (steile Tangente an $q(r)$) und bei N weniger hoch ist, mit anderen Worten mehr von N als von q erzeugt werden sollte.

Eine analoge Überlegung mit Hilfe des Totalen Differentials wie in Anhang 2 zeigt ferner, dass das Preisverhältnis p_N/p_q bei der optimalen Verteilung der Faktoren gleich sein muss der *Grenzrate der Transformation*, der (negativen) Steigung der Tangente an die *Transformationskurve* (Abbildung B). Jene gibt alle mit der Faktorausstattung eines Unternehmens erzielbaren Kombinationen der beiden Güter q und N an.

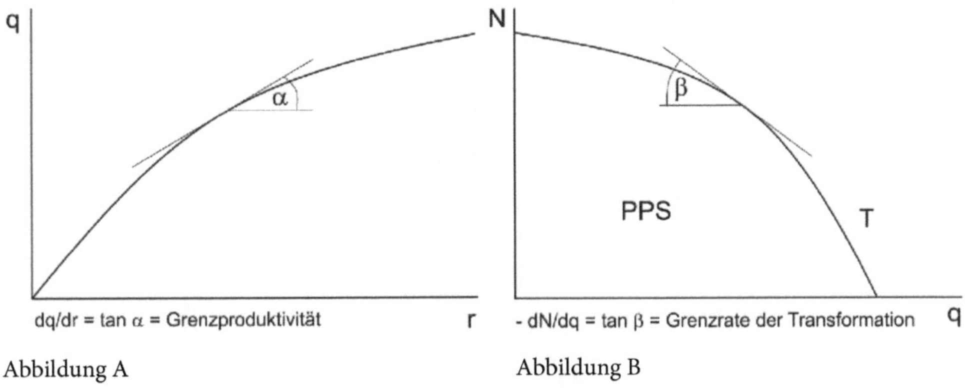

Abbildung A   Abbildung B

Die Transformationskurve und der unter ihr liegende *Production Possibility Set (PPS)* sind in Verbindung mit Fragen der Konvexität Konzepte der ökonomischen Theorie, die außerordentlich tief blicken lassen, insbesondere wenn von elementaren, graphisch darstellbaren Fällen wie in diesem Anhang auf Vektoren in höheren Dimensionen übergegangen wird.

Anhang 4: Elementare Theorie des Kollektivgutes

Die Abbildung zeigt das in der Tat vertrackte Spiel um ein Kollektivgut, wenn es egoistische und unkooperative Subjekte spielen und demonstriert die Anforderungen an Ehrlichkeit, Vertrauen und Kooperativität, die erfüllt werden müssen, wenn zum Wohle aller entschieden werden soll. In der Abbildung bewirtschaften zwei Subjekte X und Y einen Garten. Dieser ist umso schöner und Nutzen stiftender, je mehr Arbeit hineingesteckt wird, und zwar von beiden. X und Y profitieren jeweils von ihrer eigenen Arbeit und von der des anderen.

Die genaue Herleitung der Graphik entnimmt der Leser CORNES & SANDLER (1996) oder dem im Anhang 1 erwähnten Skript des Autors; sie ist hier zu aufwändig. Vertikal nach oben sind der Nutzen U_X von X und die Arbeitsleistung q_Y des Y, horizontal nach rechts der Nutzen U_Y von Y und die Arbeitsleistung q_X des X aufgetragen. Die nach oben offenen Kurven sind die Indifferenzkurven des X, die nach rechts offenen die des Y. Die Tiefpunkte (bei Y die extrem links liegenden Punkte) der Indifferenzkurven werden durch die *Nash-Reaktionskurven* N_X und N_Y des X und des Y verbunden. Angenommen, unkooperative Subjekte hätten zufällig den Punkt A realisiert, mit den entsprechenden Arbeitsleistungen von X und Y. Sofort würde X seine Arbeitsleistung von A nach B auf seiner Nash-Reaktionskurve reduzieren, denn dann genösse er bei unveränderter Arbeitsleistung des Y den höchsten Nutzen. Y, nicht faul, würde dann seine Arbeitsleistung von B auf C reduzieren.

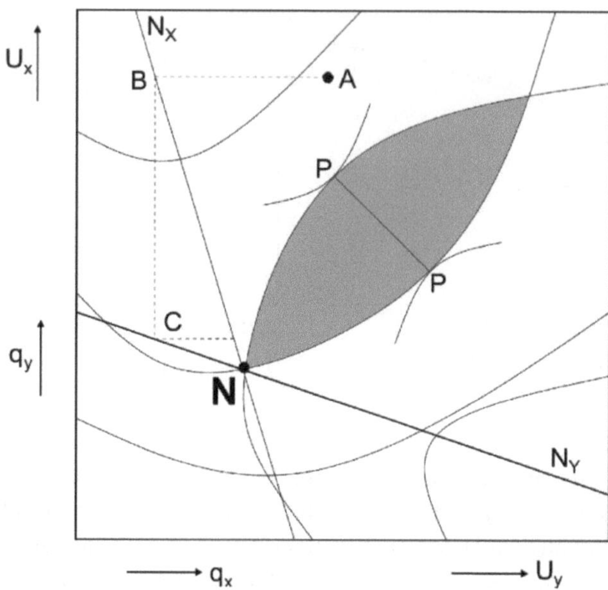

Dieses Wettrennen der Drückeberger fände sein Ende im *Nash-Gleichgewicht* N im Schnittpunkt beider Nash-Reaktionskurven. Das ist in der Tat ein Gleichgewicht, aber ein wenig erstrebenswertes. Man erkennt sofort, dass alle Punkte in der schattierten Linse pareto-superior, das heißt für beide besser sind als N. Die Pareto-Optima liegen auf der Verbindungslinie P–P, in gewisser Analogie zum Core in Anhang 2.

Während beim Privatgut in der Edgeworth-Box (Anhang 2) inkrementelle Schritte, die entweder beiden oder mindestens einem einen Vorteil und nie einem einen Nachteil bringen, zum Pareto-Optimum führen, ist dies beim Kollektivgut nicht möglich. Hier bringen inkrementelle Vorteile für den einen inkrementelle Nachteile für den anderen und man endet im Nash-Gleichgewicht. Nur ein kollektiver Beschluss, eine gemeinsame Absprache, *an die sich auch jeder hält*, erbringt ein für beide besseres Ergebnis in der schraffierten Linse oder gar ein pareto-optimales Ergebnis. Ist dieses erreicht, muss auf individuelle Vorteilserringung auf Kosten des anderen verzichtet werden, es muss Solidarität herrschen. Diese einfache Überlegung ist der Hintergrund für schwere und nie endende gesellschaftliche Konflikte im Zusammenhang mit Kollektivgütern – in Gesundheitswesen, Bildung und eben auch im Naturschutz.

Gegeben sei ein Kollektivgut q, ein Privatgut R, welches sich als r_X und r_Y auf die beiden Subjekte X und Y aufteilt. Man bemerke, dass sich q *nicht* aufteilt, denn es wird gemeinsam genossen. Wie in der Abbildung B im Anhang 3 ist die Produktionskapazität durch die Transformationskurve begrenzt, sodass R und q in einer funktionalen Beziehung stehen. Wir maximieren wieder den Nutzen des X bei Konstanthaltung des von Y und erhalten die Lagrange-Funktion und die notwendigen Ableitungen

$$L = U_X(q, r_X) + \lambda\big(U_Y(q, r_Y) - U_Y^*\big) + \mu\big(r_X + r_Y - f(q)\big)$$

$$\frac{\partial L}{\partial r_X} = \frac{\partial U_X}{\partial r_X} + \mu = 0$$

$$\frac{\partial L}{\partial r_Y} = \lambda \frac{\partial U_Y}{\partial r_Y} + \mu = 0$$

$$\frac{\partial L}{\partial q} = \frac{\partial U_X}{\partial q} + \lambda \frac{\partial U_Y}{\partial q} - \mu f'(q) = 0$$

Mit

$$\mu = -\frac{\partial U_X}{\partial r_X} \quad \text{und folglich} \quad \lambda = \frac{\dfrac{\partial U_X}{\partial r_X}}{\dfrac{\partial U_Y}{\partial r_Y}}$$

wird aus $\partial L / \partial q$ nach Umformung

$$\frac{\dfrac{\partial U_X}{\partial q}}{\dfrac{\partial U_X}{\partial r_X}} + \frac{\dfrac{\partial U_Y}{\partial q}}{\dfrac{\partial U_Y}{\partial r_Y}} = -f'(q)$$

Im Anhang 2 wurde gezeigt, dass der Quotient aus den Grenznutzen zweier Konsumgüter gleich der Grenzrate der Substitution ist. $-f'(q)$ ist nichts anderes als die Grenzrate der Transformation zwischen R und q (vgl. Abbildung B in Anhang 3). Die Bedingung für die optimale Allokation bei einem Kollektivgut lautet also, dass die Summe der Grenzraten der Substitution der Teilnehmer der Grenzrate der Transformation gleich sein muss. Interpretieren wir das Privatgut r_X und r_Y in den Händen von X und Y schlicht als Geld (gegen alles andere tauschbares Universalgut), dann sind die Grenzraten der Substitution die Preise (hier *Lindahl-Preise*), die die Subjekte für eine Einheit des Kollektivgutes zahlen würden. Wir haben hier die theoretische Grundlage für die in den Kapiteln 3.4 und 9.5 behandelte Contingent Valuation Method (CVM). Die Grenzrate der Transformation ist gleich den Grenzkosten des Kollektivgutes. Im so genannten *Lindahl-Gleichgewicht* ist die Summe der individuellen Zahlungsbereitschaften gleich den Grenzkosten. Es ist pareto-optimal, aber aus den oben ausgeführten Gründen leider kein stabiles Gleichgewicht.

Anhang 5: Optimaler Umfang des Naturschutzes

Wie viel Naturschutz soll es in einer Gesellschaft geben – entweder nach den Präferenzen der Bürger oder nach moralischen Grundsätzen? Diese Frage beantwortet am besten eine einfache graphische Analyse.

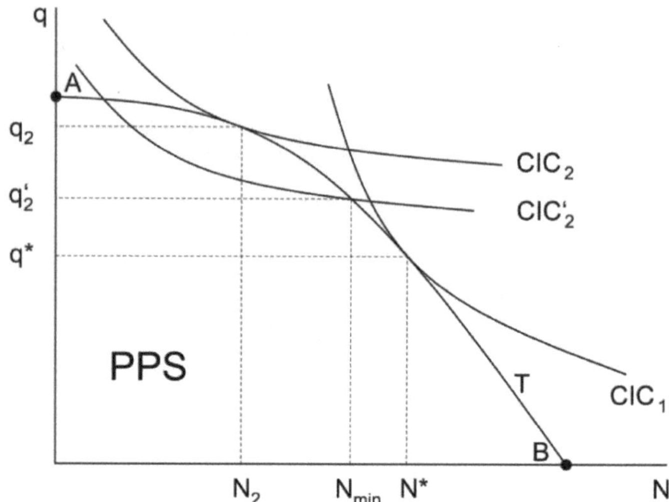

Die Abbildung stellt die Transformationskurve T der Gesellschaft und ihren Production Possibility Set (PPS, vgl. Anhang 3) in Bezug auf Agrarproduktion q und Naturschutz N dar. Alle Kombinationen unter der Kurve sind möglich, alle auf ihr sind technisch effizient. Im Punkt A würde nur produziert und überhaupt kein Naturschutz betrieben, im Punkt B gäbe es nur Naturschutz und keine Produktion. Beide Extreme sind unsinnig, wo liegt aber der goldene Kompromiss?

Die linksgekrümmten Kurven sind gesellschaftliche Indifferenzkurven („Community Indifference Curves", CIC). Der normative Individualismus der ökonomischen Theorie lässt eigentlich nur Indifferenzkurven eines *Individuums*, nicht aber eines Kollektivs zu. Der kritische Leser sollte stutzen, wenn er in zahlreichen Lehrbüchern einen allzu lockeren Umgang mit der CIC bemerkt. Es gibt sie jedoch wirklich, ohne die Prinzipien des Individualismus zu verlassen. Man muss freilich ihre Herleitung, wie etwa in MISHAN (1981) nachvollziehen, um sie zu verstehen. Auch für die CIC gilt, dass nordöstlich von ihr ein höherer und südwestlich von ihr ein geringerer Gesamtnutzen realisiert ist. Daraus folgt, dass die nach den Präferenzen der Bürger optimale Kombination von Produktion und Naturschutz nur dort liegen kann, wo sich Transformationskurve und CIC tangieren.

Die Gesellschaft möge sich in ihrer Verfassung (nicht zwingend in den Präferenzen aller einzelnen Bürger) zur Nachhaltigkeit bekennen. Experten mögen überzeugend feststellen, dass Nachhaltigkeit nur dann gewährleistet ist, wenn das Mindestniveau an Naturschutz N_{min} gewährleistet ist. Nun gibt es zwei Fälle:

Die Gesellschaft mit der CIC_1 gewährleistet das Mindestniveau aus freien Stücken. Sie fühlt sich am glücklichsten mit dem Naturschutzniveau $N^* > N_{min}$ und der Agrarproduktion q^*. Sie geht die Kosten für den Naturschutz ein, weil sie seinen Nutzen höher schätzt. Es bedarf keiner zentralen Anordnung des Naturschutzes, sondern allein eines

Systems von Institutionen, insbesondere Märkten, die den Willen der Bürger umzusetzen gestatten.

Die Gesellschaft mit CIC_2 ist dagegen dem Naturschutz zu wenig gewogen, nach dem Willen der Bürger sollte es die Kombination $N_2 < N_{min}/q_2$ geben. Soll der moralische Imperativ der Nachhaltigkeit gelten, dann darf dieses Ergebnis nicht umgesetzt werden. Die Bürger werden gezwungen, N_{min} zu realisieren. Dabei müssen sie ihr Nutzenniveau von CIC_2 auf CIC_2' reduzieren; die genossene Gütermenge reduziert sich von q_2 auf q_2'.

Welche CIC in der deutschen Gesellschaft von 2012 tatsächlich vorliegt, ist eine fundamentale Frage, die von Wissenschaft und Politik sträflich vernachlässigt wird. Ihre Antwort entscheidet darüber, ob Naturschutz eher mit ökonomischen oder mit ordnungsrechtlichen Mitteln zu betreiben ist. Wie in den Kapiteln 3.4 und 9.5 bemerkt, finden sich gewisse Anzeichen dafür, dass CIC_1 vorliegen könnte.

Anhang 6: Zur Dynamik auf Agrarmärkten

Mit q als der Menge und p als dem Preis eines Produktes ist die *Preiselastizität der Nachfrage*

$$\varepsilon = \frac{\dfrac{dq}{q}}{\dfrac{dp}{p}} . \qquad\qquad \frac{dq}{q}, \frac{dp}{p} \quad \text{usw. sind } relative, \text{ näherungsweise}$$

prozentuale Änderungen. Führt z. B. eine Preissteigerung um 3 % zu einem Nachfragerückgang um 6 %, so ist $\varepsilon = -2$. Im Allgemeinen trägt ε ein negatives Vorzeichen. Für $\varepsilon < -1$ ist die Nachfrage *elastisch*; geringe Preisänderungen führen zu größeren Mengenänderungen, offenbar weil die Käufer Alternativen als Substitute haben. Für $0 > \varepsilon > -1$ ist die Nachfrage unelastisch. Wird ein Gut nur wenig knapper, wird es gleich viel teurer, ist es reichlicher verfügbar, sinkt sein Preis stark.

Agrarprodukte, insbesondere Grundnahrungsmittel werden unelastisch nachgefragt. Dies bringt bei guter Versorgung für die Verkäufer gravierende Nachteile mit sich. Der Erlös aller Bauern zusammen beträgt $E(q) = qp(q)$. Der Preis hängt von der verkauften Menge ab. Der Grenzerlös (zusätzlicher Erlös bei Verkauf einer zusätzlichen kleinen Menge) beträgt mithin

$$\frac{dE}{dq} = p(q) + q\frac{dp}{dq}$$

Eine einfache Umrechnung führt auf die Formel von *Amoroso und Robinson*:

$$\frac{dE}{dq} = p\left(1 + \frac{1}{\varepsilon}\right)$$

Bei unelastischer Nachfrage ($0 > \varepsilon > -1$) ist der Grenzerlös negativ! Jede zusätzlich verkaufte Menge senkt nicht nur den Preis, sondern den gesamten Erlös. Es ist besser, weniger zu verkaufen – ein Monopolist, der den Markt beherrscht, würde genau so handeln. Bauern, die sich nicht abstimmen können, können das nicht. Das erklärt, dass bei einer „Pflaumenschwemme" die Pflaumen am Baum hängen bleiben.

Die *Einkommenselastizität der Nachfrage* ist definiert als prozentuale Mehrnachfrage nach einem Produkt bei einer gegebenen prozentualen Einkommensänderung und konstantem Produktpreis:

$$\eta = \frac{\dfrac{dq}{q}}{\dfrac{dm}{m}},\, p_q const.$$

Erfährt ein Verbraucher eine Einkommenssteigerung um 5 % und fragt dabei nur um 1 % mehr Agrarprodukte nach, so beträgt $\eta = 0{,}2$. Erfahren alle nichtlandwirtschaftlichen Verbraucher eine solche Einkommenssteigerung und steigt der Preis der Agrarprodukte nicht, so kann das Einkommen der Landwirtschaft nicht mit derselben Rate wachsen, wie das außerlandwirtschaftliche Einkommen; daher die „Einkommensdisparität".

Wir definieren ferner die *Produktionselastizität der Arbeitskraft* in der Landwirtschaft mit

$$\beta = \frac{\dfrac{dq}{q}}{\dfrac{dB}{B}},$$

was uns angibt, um wie viel % sich das erzeugte landwirtschaftliche Produkt ändert (wächst oder schrumpft), wenn sich die eingesetzte Arbeitskraft B um 1 % ändert, und das *Wachstum der Durchschnittsproduktivität der Arbeitskraft* mit

$$\pi = \frac{d\left(\dfrac{q}{B}\right)}{\left(\dfrac{q}{B}\right)} = \frac{dq}{q} - \frac{dB}{B}$$

Die Landwirtschaft arbeite immer unter Vollauslastung, das heißt die angebotene Menge (A) sei preisunabhängig (senkrechte Angebotskurve), daher

$$\frac{dq}{q}(A) = \frac{dB}{B}\beta + \pi$$

Bei gegebener Nachfragekurve beträgt die entsprechende Preisänderung

$$\frac{dp}{p} = \frac{dq}{q}(A)\frac{1}{\varepsilon} = \left(\frac{dB}{B}\beta + \pi\right)\frac{1}{\varepsilon}$$

Verschiebt sich auch die Nachfragekurve nach Maßgabe von dm/m und η, dann beträgt die Preisänderung

$$\frac{dp}{p} = \left(\frac{dq}{q}(A) - \frac{dq}{q}(N)\right)\frac{1}{\varepsilon} = \left(\frac{dB}{B}\beta + \pi - \frac{dm}{m}\eta\right)\frac{1}{\varepsilon}$$

Nach kleiner Umrechnung ergibt sich die Rate der Abwanderung aus der Landwirtschaft, die erforderlich ist, um das Pro-Kopf-Einkommen der in der Landwirtschaft verbleibenden Arbeitskraft mit derselben Rate wie das außerlandwirtschaftliche Einkommen steigen zu lassen mit

$$\frac{dB}{B} = \frac{\pi\left(1 + \dfrac{1}{\varepsilon}\right) - \dfrac{dm}{m}\left(1 + \dfrac{\eta}{\varepsilon}\right)}{1 - \beta\left(1 + \dfrac{1}{\varepsilon}\right)}$$

Werden als typisch für die 1960er und 1970er Jahre in Westdeutschland $\varepsilon = -1/3$, $\eta = 0{,}2$, $\beta = 0{,}7$ sowie π und dm/m mit je 0,05 angenommen, dann liefert dieses extrem vereinfachte Modell eine Gleichgewichts-Abwanderungsrate von $dB/B = -0{,}04$, in guter Übereinstimmung mit den weit genaueren Berechnungen von HENRICHSMEYER (1971) und TANGERMANN (1976), vgl. Kapitel 7.1 und 7.4.1. Die Unterschätzung der Abwanderungsrate im Vorliegenden resultiert wahrscheinlich aus der Ausklammerung der Kostensteigerungen der Vorleistungen. Modelle wie dieses sind nützliche heuristisch-didaktische Übungen, die ein Problem auf das Wesentliche reduzieren, dies dann aber exakt durchdringen.

Literaturverzeichnis

Agrarbericht der Bundesregierung 1991. Bonn, 165 S. + Materialanhang.

Agrarpolitischer Bericht 2011 der Bundesregierung. Köln (Bundesanzeiger Verlagsgesellschaft), 108 S.

Agrarbericht 2011 des Landes Mecklenburg-Vorpommern, Hrsgg. vom Ministerium für Landwirtschaft, Umwelt und Verbraucherschutz. Schwerin, 98 S.

Agrarstruktur und Landwirtschaftszählung – Situationsbericht 2012: www.situations_bericht.de/detail.asp?bild=AMI_2011_C-615_Pachtpreise_.jpg&kap=8ukap=

Arbeitsgemeinschaft Energiebilanzen 2011. Auswertungstabellen zur Energiebilanz für die Bundesrepublik Deutschland 1990 bis 2010, 13 S. ag-energiebilanzen.de/viewpage.php?idpage=1

Asafu-Adjaye, J. 2000. Environmental economics for non-economists. Singapore (World Scientific), 319 S.

Bartmer, C.-A. 2011. Europas Agrarpolitik muss die globalen Folgen mitbedenken. DLG Newsletter vom 28.7.2011. www.dlg.org/news_interview.html

Bauer, S. 1994. Naturschutz und Landwirtschaft. Konturen einer integrierten Agrar- und Naturschutzpolitik, Vorschläge und politische Handlungsempfehlungen. Bonn-Bad Godesberg (BfN), 104 S. Schriftenreihe Angewandte Landschaftsökologie, Heft 3.

Bauernzeitung für Mecklenburg-Vorpommern, 48. Jahrgang, 48. Woche vom 30.11.2007.

Bechmann, A. 1987. Landbau-Wende. Gesunde Landwirtschaft – gesunde Ernährung. Frankfurt am Main (S. Fischer), 287 S.

Becker, J.W. 1988. Aggregation in landwirtschaftlichen Gesamtrechnungen über physische Maßstäbe. Gießen (Wissenschaftlicher Fachverlag), 366 S.

Beil, T., Hampicke, U., Kowatsch, A. 2010. Ökonomische Bewertung der Biodiversität von Salzgrasland. In Schickhoff, U., Seiberling, S. Entwicklung der Biodiversität in Salzgrasländern der Vorpommerschen Boddenlandschaft. Bonn-Bad Godesberg (BfN), S. 268–311. Naturschutz und Biologische Vielfalt, Heft 102.

Beinlich, B., Plachter, H. (Hrsg.) 1995. Schutz und Entwicklung der Kalkmagerrasen der Schwäbischen Alb. Karlsruhe, 520 S. Beihefte zu den Veröffentlichungen für Naturschutz und Landschaftspflege in Baden-Württemberg 83.

Berg, S. 2006. Statistischer Überblick. In Fukarek, F., Henker, H. Flora von Mecklenburg-Vorpommern. Farn- und Blütenpflanzen. Jena (Weissdorn-Verlag), S. 377–378.

Berg, C., Litterski, B., Müller, D., Abdank, A. 2007. Prioritätensetzung im Florenschutz Mecklenburg-Vorpommerns – Grundlagen zur Erhaltung der Biodiversität. Naturschutzarbeit in Mecklenburg-Vorpommern 50 (2): 1–11.

U. Hampicke, *Kulturlandschaft und Naturschutz,*
DOI 10.1007/978-3-8348-8236-3, © Springer Fachmedien Wiesbaden 2013

Berger, G., Pfeffer, H. 2011. Naturschutzbrachen im Ackerbau, Praxishandbuch. Rangsdorf (Natur und Text), 160 S.

Berger, W. 2011. Leistungen und Kosten zur Hüteschafhaltung mit Stallablammung und Lämmermast im benachteiligten Gebiet. Manuskript, 9 S.

Berichte über Landwirtschaft, Neue Folge, Band 50 (1972): Sammelbericht Umweltschutz in Land- und Forstwirtschaft. 3 Hefte: Erster Teil, Naturhaushalt: 1–208, Zweiter Teil, Pflanzliche Produktion: 209–516, Dritter Teil: Tierische Produktion: 517–792.

BfN (Bundesamt für Naturschutz) 2000. Kriterien für die gute fachliche Praxis der Landwirtschaft aus der Sicht des Naturschutzes. Natur und Landschaft 75:40.

BfN (Bundesamt für Naturschutz)(Hrsg.) 2006. Anreiz. Ökonomie der Honorierung ökologischer Leistungen. Workshopreihe „Naturschutz und Ökonomie", Teil 1. Projektleitung: Hampicke, U. und Arbeitsgruppe Landschaftsökonomie Greifwald. Bonn-Bad Godesberg, 175 S., BfN-Skripten 179.

Bick, H., Röser, B. 1984. Die Projektgruppe „Aktionsprogramm Ökologie" – Arbeitsweise und Ergebnisse. Zeitschrift für Umweltpolitik 7: 61–85.

Biehler, H., Hampicke, U., Richter, U., Weise, P. (Hrsg.)(2007). Regionale Wertschöpfungssysteme von Flachs und Hanf. Marburg (Metropolis), 374 S.

Blackbourn, D. 2008. Die Eroberung der Natur. Eine Geschichte der deutschen Landschaft. München (Pantheon), 592 S.

BMELV (Bundesministerium für Ernährung, Landwirtschaft und Verbraucherschutz) 2010. Gute fachliche Praxis im Pflanzenschutz. Broschüre, 71 S. auch www.bmelv.de/SharedDocs/Downloads/Broschueren/GutePraxisPflanzenschutz.pdf?_blob=publicationFile

BMELV (Bundesministerium für Ernährung, Landwirtschaft und Verbraucherschutz) 2011. Pressemitteilung Nr. 164 vom 25.8.2011. Staatssekretär Dr. Müller: Agrarexporte bleiben auf Rekordkurs.

BMI (Bundesminister des Innern) 1985. Bodenschutzkonzeption der Bundesregierung. Bundestags-Drucksache 10/2977. Stuttgart u. a. (Kohlhammer), 229 S.

BMU (Bundesministerium für Umwelt, Naturschutz und Reaktorsicherheit)(Hrsg.) 2007. Nationale Strategie zur Biologischen Vielfalt. Berlin, 178 S.

BMVEL (Bundesministerium für Verbraucherschutz, Ernährung und Landwirtschaft) 2002. Gute fachliche Praxis zur Vorsorge gegen Bodenschadverdichtungen und Erosion. Broschüre, 104 S. auch www.smul.sachsen.de/umwelt/download/boden/Broschuere_GfP_Bodenschutz.pdf

Bonus, H. 1981. Instrumente einer ökologieverträglichen Wirtschaftspolitik. In Binswanger, H. C., Bonus, H., Timmermann, M. Wirtschaft und Umwelt. Stuttgart u. a. (Kohlhammer), S. 84–163.

Bosshard, A., Schläpfer, F., Jenny, M. 2010. Weissbuch Landwirtschaft Schweiz. Analysen und Vorschläge zur Reform der Agrarpolitik. Vision Landwirtschaft (Hrsg.). Bern Stuttgart Wien (Haupt), 272 S.

Boulding, K.E. 1976. Ökonomie als Wissenschaft. München (Piper), 163 S. Original: Economics as a science. New York u. a. 1970.

Bowers, J.K., Cheshire, P. 1983. Agriculture, the countryside and land use. London New York (Methuen), 170 S.

Bräuer, I. 2002. Artenschutz aus volkswirtschaftlicher Sicht. Marburg (Metropolis), 322 S.

Brandes, W., Odening, M. 1992. Investition, Finanzierung und Wachstum in der Landwirtschaft. Stuttgart (Ulmer), 303 S.

Brandes, W., Recke, G., Berger, T. 1997. Produktions- und Umweltökonomik, Band 1. Stuttgart (Ulmer), 534 S.

Brauckmann, H.-J. 2009. Tierwelt der Versuchsflächen – Laufkäfer und Spinnen. In Schreiber et al., S. 314–332.

Braun, J. 1995. Auswirkungen einer flächendeckenden Umstellung der Landwirtschaft auf ökologischen Landbau. Agrarwirtschaft 44:247–256.

Breuer, W. 1999. Ökokonto – Chance oder Gefahr? Naturschutz und Landschaftsplanung 31: 113–117.

Briemle, G. 2009. Möglichkeiten zur Erhöhung der Artenvielfalt im Feuchtgrünland – Beispiele aus den Aulendorfer Feldversuchen. In Schreiber et al., S. 333–-346.

Briemle, G., Eickhoff, D., Wolf, R. 1991. Mindestpflege und Mindestnutzung unterschiedlicher Grünlandtypen aus landschaftsökologischer und landeskultureller Sicht. Karlsruhe, 160 S. Beihefte zu den Veröffentlichungen Naturschutz Landschaftspflege Baden-Württemberg 60.

Brinkmann, T. 1922. Die Oekonomik des landwirtschaftlichen Betriebs. Grundriß der Sozialökonomik, VII. Abteilung: Land- und Forstwirtschaftliche Produktion und Versicherungswesen. Tübingen (Mohr), S. 27–124.

Broggi, M.F., Schlegel, H. 1989. Mindestbedarf an naturnahen Flächen in der Kulturlandschaft. Dargestellt am Beispiel des Schweizerischen Mittellandes. Büro für Siedlungs- und Umweltplanung Zürich. Liebefeld-Bern, 180 S.

Buchwald, K., Engelhardt, W. (Hrsg.) (1968/1969). Handbuch für Landschaftspflege und Naturschutz. 4 Bände. Band 1: Grundlagen, 245 S., Band 2: Pflege der freien Landschaft, 504 S., Band 3: Pflege der besiedelten Landschaft, Schutz der Landschaft, 271 S., Band 4: Planung und Ausführung, 252 S. München Basel Wien (BLV).

Bundesanzeiger 1999. Gute fachliche Praxis der landwirtschaftlichen Bodennutzung. Bundesanzeiger Nr. 73 vom 20.4.1999. www.agrarrecht.de/download/gfPBoden.pdf

Bunzel-Drüke, M. 1999. Großherbivore und Naturlandschaft. In Klein, M., Riecken, U., Schröder, E. (Bearbeiter) Alternative Konzepte des Naturschutzes für extensiv genutzte Kulturlandschaften, S. 109–128. Bonn (BfN), Schriftenreihe für Landschaftspflege und Naturschutz, Heft 54, 2. Auflage.

Butterbach-Bahl, K., Kiese, R. 2008. Emissionen von N_2O und anderen umweltrelevanten Spurengasen (VOC, NO_x) beim Anbau von Biomasse. In KTBL (Hrsg.), Ökologische und ökonomische Bewertung nachwachsender Energieträger, S. 211–223.

Carson, R. 1979. Der stumme Frühling. München (Beck), 348 S. Original: Silent spring. Boston 1962.

CBD (Convention on Biological Diversity) 2008. Biodiversity and agriculture. Safeguarding biodiversity and securing food for the world. Montreal, 56 S.

Cezanne, W. 2005. Allgemeine Volkswirtschaftslehre. 6. Auflage München (Oldenbourg), 712 S.

Cornes, R., Sandler, T. 1996. The theory of externalities, public goods and club goods. 2nd ed. Cambridge, U.K. (Cambridge University Press), 590 S.

Czybulka, D. 1999. Naturschutz und Verfasssungsrecht. In Konold, W., Böcker, R., Hampicke, U. (Hrsg.), Kapitel III–5.1.

Czybulka, D. (Hrsg.) 2011. Produktionsintegrierte Kompensation. Broschüre Greifswald, 54 S.

Czybulka, D., Hampicke, U., Litterski, B. 2012. Produktionsintegrierte Kompensation – Rechtliche Möglichkeiten, Akzeptanz, Effizienz und naturschutzgerechte Nutzung. Berlin (Erich Schmidt Verlag), 281 S. Initiativen zum Umweltschutz, Band 86.

Dabbert, S., Braun, J. 2006. Landwirtschaftliche Betriebslehre. Stuttgart (Ulmer), 288 S. UTB 2792.

Degenhardt, S., Gronemann, S. 1998. Die Zahlungsbereitschaft von Urlaubsgästen für den Naturschutz. Theorie und Empirie des Embedding-Effektes. Frankfurt a. M. (Lang), 353 S.

Degenhardt, S., Hampicke, U., Holm-Müller, K., Jaedicke, W., Pfeiffer, C. 1998. Zahlungsbereitschaft für Naturschutzprogramme. Bonn-Bad Godesberg (BfN), 199 S. Schriftenreihe für Angewandte Landschaftsökologie, Heft 25.

DER SPIEGEL vom 5.6.1989, S. 79: Wen geniert's?

DER SPIEGEL vom 28.10.2011: Die meisten Hähnchen bekommen Antibiotika. www-spiegel.de/wissenschaft/natur/0,1518,794592,00.html

Derissen, S. 2007. Chancen eines marktwirtschaftlich orientierten Naturschutzes. Die Honorierung ökologischer Leistungen aus Sicht der WTO. Diplomarbeit Greifswald, 80 S. + Anhänge.

Dierschke, H., Briemle, G. 2002. Kulturgrasland. Stuttgart (Ulmer), 239 S.

Dierßen, K., Reck, H. 1998a. Konzeptionelle Mängel und Ausführungsdefizite bei der Umsetzung der Eingriffsregelung im kommunalen Bereich. Teil A: Defizite in der Praxis. Naturschutz und Landschaftsplanung 30: 341–345.

Dierßen, K., Reck, H. 1998b. Konzeptionelle Mängel und Ausführungsdefizite bei der Umsetzung der Eingriffsregelung im kommunalen Bereich. Teil B: Konsequenzen für künftige Verfahren. Naturschutz und Landschaftsplanung 30: 373–381.

Dierßen, K., Dierßen, B. 2008. Moore. Stuttgart (Ulmer), 230 S.

Döhler, H., Horlacher, D. 2010. Ammoniakemissionen organischer Düngemittel. In KTBL (Hrsg.), Emissionen landwirtschaftlich genutzter Böden, S. 51–71.

Döring, R., Rühs, M. (Hrsg.) 2004. Ökonomische Rationalität und praktische Vernunft. Festschrift für U. Hampicke. Würzburg (Königshausen & Neumann), 452 S.

DRL (Deutscher Rat für Landespflege) (Hrsg.) 2007. 30 Jahre naturschutzrechtliche Eingriffsregelung – Bilanz und Ausblick. o. O., 68 S. Schriftenreihe des Deutschen Rates für Landespflege 80.

Drösler, M. und 11 Koautoren 2012. Beitrag von Moorschutz- und revitalisierungsmaßnahmen zum Klimaschutz am Beispiel von Naturschutzgroßprojekten. Natur und Landschaft 87: 70–76.

Droste-Hülshoff, A.v. ohne Jg. Bilder aus Westfalen. Gesammelte Schriften in 2 Bänden, Band 2. Stuttgart (Phaidon), S. 87 ff.

DVL und NABU (Deutscher Verband für Landschaftspflege und Naturschutzbund Deutschland) 2005. Agrarreform für Naturschützer. Broschüre, 47 S. Text: Osterburg, B., Reiter, K., Roggendorf, W.

DVL (Deutscher Verband für Landschaftspflege e. V.) u. a. 2011. Grünlandpflege und Klimaschutz. Broschüre, 48 S.

DVS (Deutsche Vernetzungsstelle Ländliche Räume in der Bundesanstalt für Landwirtschaft und Ernährung)(Hrsg.) 2008. ELER – ein Fonds, viele Möglichkeiten. LandInForm, Magazin für ländliche Räume 1/2008.

Ebert, J. 2005. Americans face drop in life expectancy. www.nature.com/news/2005/050314/full/050314-11.html

Ehrlich, P., Ehrlich, A. 1983. Der lautlose Tod. Frankfurt a.M. (Fischer), 373 S. Original: Extinction. The causes and consequences of the disappearance of species. New York 1981.

Ellenberg, H. (1996). Vegetation Mitteleuropas mit den Alpen. 5. Auflage Stuttgart (Ulmer), 1096 S.

Elsasser, P., Meyerhoff, J. (Hrsg.) 2001. Ökonomische Bewertung von Umweltgütern. Methodenfragen zur Kontingenten Bewertung und praktische Erfahrungen im deutschsprachigen Raum. Marburg (Metropolis), 351 S.

Elsen, T. van, Gaertner, A.-C., Albrecht, H., Kollmann, J., Wiesinger, K., Wegele, J. o. J. Gefährdete Ackerwildkräuter wieder ansiedeln! Faltblatt über ein vom BMELV gefördertes Projekt.

Finck, P., Härdtle, W., Redecker, B., Riecken, U. (Bearbeiter)(2004). Weidelandschaften und Wildnisgebiete. Bonn-Bad Godesberg (BfN), 539 S. Schriftenreihe für Landschaftspflege und Naturschutz, Heft 78.

Fischer, S.F., Poschlod, P., Beinlich, B. 1995. Die Bedeutung der Wanderschäferei für den Artenaustausch zwischen isolierten Schaftriften. In Beinlich, B., Plachter, H. (Hrsg.), S. 229–256.

FNR (Fachagentur Nachwachsende Rohstoffe) 2011. Basisdaten Bioenergie Deutschland. Broschüre, 47 S.

Fontane, T. 1931. Frau Jenny Treibel. Romane, 2. Band. Berlin (Karl Voegels Verlag), S. 257–456.

France, A. o.J. Die Götter dürsten. Roman aus der Französischen Revolution (Les dieux ont soif). Übersetzt von F. v. Oppeln-Bronikowski. Leipzig (Kurt Wolff Verlag), 443 S.

Freese, J. 2012. Natur- und Biodiversitätsschutz in ELER. Finanzielle Ausgestaltung der Länderprogramme zur Ländlichen Entwicklung. Naturschutz und Landschaftsplanung 44: 69–76.

Frey, R.L., Blöchliger, H. 1991. Schützen oder Nutzen. Ausgleichszahlungen im Natur- und Landschaftsschutz. Chur Zürich (Rüegger), 167 S.

Freyer, B. 1991. Ökologischer Landbau. Planung und Analyse von Betriebsumstellungen. Weikersheim (Margraf), 229 S. + Anhänge.

Frieben, B., Prolingheuer, U., Meyerhoff, E. 2012. Aufwertung der Agrarlandschaft durch den ökologischen Landbau, Teil 2. Naturschutz und Landschaftsplanung 44: 154–160.

Fuchs, S., Stein-Bachinger, K. 2008. Naturschutz im Ökolandbau. Praxishandbuch für den ökologischen Ackerbau im nordostdeutschen Raum. Mainz (Bioland Verlags GmbH), 144 S.

Geiger, F. und 27 Koautoren. 2010. Persistent negative effects of pesticides on biodiversity and biological control potential on European farmland. Basic and Applied Ecology 11: 97–105.

Geisbauer, C. 2011. Ökonomie schutzwürdiger Ackerflächen am Beispiel landwirtschaftlicher Betriebe in Brandenburg. Diplomarbeit Greifswald, 119 S.

Geisbauer, C., Hampicke, U. 2012. Ökonomie schutzwürdiger Ackerflächen. Was kostet der Schutz von Ackerwildkräutern? Broschüre Greifswald, 50 S.

Gemeinsames Papier von Verbänden aus Umwelt- und Naturschutz, Landwirtschaft, Entwicklungspolitik, Verbraucherschutz und Tierschutz 2011. EU-Agrarpolitik jetzt konsequent reformieren. www.agrarkoordination.de/fileadmin/dateiupload/PDF-Dateien/Positionspapiere/Plattform-Papier-EU-GAP-2013-Juni_2011.pdf

Gerowitt, B., Höft, A., Mante, J., Richter gen. Kemmermann, A. 2006. Agrarische pflanzliche Vielfalt ergebnisorientiert honorieren. In BfN (Hrsg.) Anreiz ..., S. 107–122.

Goltz, Th. Freiherr von der 1902/1903. Geschichte der deutschen Landwirtschaft. Band 1, 485 S., Band 2, 420 S. Stuttgart (Cotta). Neudruck Aalen (Scientia Verlag) 1963.

Gorke, M. 1999. Artensterben. Von der ökologischen Theorie zum Eigenwert der Natur. Stuttgart (Klett Cotta), 376 S.

Gowdy, J., O'Hara, S. 1995. Economic theory for environmentalists. Delray Beach (St. Lucie Press), 192 S.

Gradmann, R. 1950, Erstveröffentlichung 1898. Das Pflanzenleben der Schwäbischen Alb. 4. Auflage Stuttgart (Schwäbischer Albverein), 2 Bände, 407 und 449 S.

Groth, M. 2010. Kosteneffizienter und effektiver Vertragsnaturschutz durch Ausschreibungen und eine ergebnisorientierte Honorierung? Ausgestaltung und Ergebnisse des Modellprojekts Blühendes Steinburg. Zeitschrift für Umweltpolitik & Umweltrecht 33: 217–240.

Gruttke, H. (Bearbeiter) 2004. Ermittlung der Verantwortlichkeit für die Erhaltung mitteleuropäischer Arten. Bonn-Bad Godesberg (BfN), 278 S. Naturschutz und Biologische Vielfalt, Heft 8.

Güthler, W., Oppermann, R. 2005. Agrarumweltprogramme und Naturschutz weiter entwickeln. Bonn-Bad Godesberg (BfN), 226 S. Naturschutz und Biologische Vielfalt, Heft 13.

Güthler,W., Orlich, I. 2009. Naturschutzförderung in Deutschland im Rahmen der EU-Agrarpolitik. Naturschutz und Landschaftsplanung 41: 133–138.

Güthler, W., Heppner, S., Heusinger, G., Joswig, W. 2012. Erfolgskontrollen zum bayerischen Vertragsnaturschutzprogramm. Naturschutz und Landschaftsplanung 44: 197–204.

Gutser, R., Ebertseder, T., Schraml, M., Tucher, S.v., Schmidhalter, U. 2010. Stickstoffeffiziente und umweltschonende organische Düngung. In KTBL (Hrsg.), Emissionen landwirtschaftlich genutzter Böden, S. 31–50.

Haber, W. 1972. Grundzüge einer ökologischen Theorie der Landnutzungsplanung. Innere Kolonisation 24: 294–298.

Haber, W. 2006. Kulturlandschaften und die Paradigmen des Naturschutzes. Stadt + Grün 12/2006; 20–25.

Haber, W. 2011/2012. Landwirtschaft. In: Konold, W., Böcker, R., Hampicke, U. (Hrsg.), Kapitel VII-2.

Hackl, F. 1997. Contingent Valuation als Instrument zur ökonomischen Bewertung der Landschaft. Frankfurt a. M. (Lang).

Haenel, H.-D., Freibauer, A., Rösemann, C., Poddey, E., Gensior, A., Eurich-Menden, B., Döhler, H. 2010. Emissionen landwirtschaftlich genutzter Böden im Rahmen der deutschen Klimaberichterstattung. In KTBL (Hrsg.), Emissionen landwirtschaftlich genutzter Böden, S. 11–25.

Hampicke, U. 1985. Die volkswirtschaftlichen Kosten des Naturschutzes in Berlin. Berlin (Technische Universität), 545 S. Landschaftsentwicklung und Umweltforschung Nr. 35.

Hampicke, U. 1988. Extensivierung der Landwirtschaft für den Naturschutz – Ziele, Rahmenbedingungen und Maßnahmen. Schriftenreihe Bayerisches Landesamt für Umweltschutz, Heft 84: 9–35. Beiträge zum Artenschutz 7.

Hampicke, U. 1991. Naturschutz-Ökonomie. Stuttgart (Ulmer), 342 S. UTB 1650.

Hampicke, U. 1998. Ökonomische Bewertungsgrundlagen und die Grenzen einer „Monetarisierung" der Natur. In W. Theobald (Hrsg.) Integrative Umweltbewertung. Berlin Heidelberg (Springer), S. 95–117.

Hampicke, U. 1999. The limits to economic valuation of biodiversity. In J.C. O'Brien (Ed.) Essays in honour of Clement Allan Tisdell, Part VI. International Journal of Social Economics 26: 158–173.

Hampicke, U. 2003. Die monetäre Bewertung von Naturgütern zwischen ökonomischer Theorie und politischer Umsetzung. Agrarwirtschaft 52: 404–414.

Hampicke, U. 2005. Naturschutzpolitik. Zeitschrift für angewandte Umweltforschung, Sonderheft 15: Umweltpolitik und umweltökonomische Politikberatung in Deutschland, S. 162–177.

Hampicke, U. 2009a. Kosten der Renaturierung. In Zerbe, S., Wiegleb, G. (Hrsg.) unter Mitwirkung von Fronczek, R. Renaturierung von Ökosystemen in Mitteleuropa. Heidelberg (Spektrum), S. 441–457.

Hampicke, U. 2009b. Die Höhe von Ausgleichszahlungen für die naturnahe Bewirtschaftung landwirtschaftlicher Nutzflächen in Deutschland. Fachgutachten im Auftrag der Michael Otto Stiftung für Umweltschutz. 31 S.

Hampicke 2011a. Naturschutz als Problem der Gerechtigkeit unter Zeitgenossen. In Gethmann, C.F., in Verbindung mit Bottek, J.C. und Hiekel, S. (Hrsg.), Deutsches Jahrbuch für Philosophie, Band 2: Lebenswelt und Wissenschaft. Hamburg (Meiner), S. 1215–1226.

Hampicke 2011b. Wie teuer ist ein Blaukehlchen? Auch Ökonomie ist eine Wissenschaft. Naturschutz und Landschaftsplanung 43:218–220.

Hampicke 2011c. Naturschutz persönlich betrachtet. Mein (Um)weg zum Naturschutz – mit Kopf und Herz. Natur und Landschaft 86: 493–497.

Hampicke, U. in Vorbereitung. Energiefluss in der deutschen Landwirtschaft.

Hampicke, U., Horlitz, T., Kiemstedt, H., Tampe, K., Timp, D., Walters, M. 1991. Kosten und Wertschätzung des Arten- und Biotopschutzes. Forschungsbericht 101 03 110/04 UBA-FB 91-008 im Auftrag des Umweltbundesamtes. Berlin (Erich Schmidt Verlag), 629 S. + Anhang. UBA-Berichte 3/91.

Hampicke, U., Holzhausen, J., Litterski, B., Wichtmann, W. 2004. Kosten des Naturschutzes in offenen Ackerlandschaften Nordostdeutschlands. Berichte über Landwirtschaft 82: 225–254.

Hampicke, U., Litterski, B., Wichtmann, W. (Hrsg.) 2005. Ackerlandschaften. Nachhaltigkeit und Naturschutz auf ertragsschwachen Standorten. Berlin Heidelberg (Springer), 311 S.

Hanau, A. 1958. Die Stellung der Landwirtschaft in der Sozialen Marktwirtschaft. Agrarwirtschaft 7: 1–15.

Hartje, V., Meyer, I., Meyerhoff, J. 2002. Kosten einer möglichen Klimaveränderung auf Sylt. In Daschkeit, A., Schottes, P. (Hrsg.) Sylt – Klimafolgen für Mensch und Küste. Berlin (Springer), S. 181–218.

Haub, H., Weimann, H.-J. 2000. Neue Alterswertfaktoren der Bewertungsrichtlinien. Allgemeine Forst-Zeitung 22: 1194–1198.

Henrichsmeyer, W. 1971. Der landwirtschaftliche Sektor im wirtschaftlichen Wachstum. Berichte über Landwirtschaft 49: 129–183.

Hentschel, A. 2001. Zur Integration von Landwirtschaft und Naturschutz in Grünlandgebieten der Westeifel (NRW). Dissertation Universität Bonn, 293 S.

Herrmann, G., Plakolm, G. 1993. Ökologischer Landbau. Grundwissen für die Praxis. Wien (Österreichischer Agrarverlag u. a.), 428 S.

Hill, J. O., Wyatt, H.R., Reed, G.W., Peters, J.C. 2003. Obesity and the environment: Where do we go from here? Science 299: 853–855.

Hochberg, H., Neubert, G. 1999. Agrarumweltmaßnahmen der Agenda 2000. Schriftenreihe des Deutschen Grünlandverbandes e.V. 1/1999: 82–85.

Hofmann, H., Rauh, R., Heißenhuber, A., Berg, E. 1995. Umweltleistungen der Landwirtschaft. Konzepte zur Honorierung. Stuttgart Leipzig (Teubner), 116 S.

Hofmeister, H., Garve, E. 1986. Lebensraum Acker. Hamburg Berlin (Parey), 272 S.

Holzner, W., Glauninger, J. 2005. Ackerunkräuter. Graz Stuttgart (Stocker), 264 S.

Horlitz, T. 1994. Flächenansprüche des Arten- und Biotopschutzes. Eching (IGW-Verlag), 209 S. Libri Botanici, Band 12.

Huber, S., Krüger, N., Oppermann R. 2008. Landwirtschaft schafft Vielfalt – Natur fördernde Landwirtschaft in der Praxis. Mannheim (IFAB und SÖL), 104 S.

Hülsbergen, K.-J. 2008. Energieeffizienz ökologischer und integrierter Anbausysteme. In KTBL (Hrsg.), Energieeffiziente Landwirtschaft, S. 87–99.

Isensee, E., Schwark, A. 2006. Langzeitwirkung von Bodenschonung und Bodenverdichtung auf Ackerböden. Berichte über Landwirtschaft 84: 17–48.

Iwd (Informationsdienst des Instituts der deutschen Wirtschaft Köln) 2005. Milliardenschwere Muse. 10. Februar 2005, S. 1.

Jäggin, B. 1999. Der monetäre Wert der Artenvielfalt im Jura. Amberg (Difo-Druck), 117 S. + Anhänge. Dissertation Universität Zürich.

Janssen, T., Ripl, W. 2008. Grundlagen für eine nachhaltige und klimastabilisierende Landnutzung in den Einzugsgebieten von Este, Seeve, Oste und Wümme. Hamburg (Edmund Sievers Stiftung), 83 S. + Anhang.

Jedicke, E. 1990. Biotopverbund. Stuttgart (Ulmer), 254 S.

Jeroch, H., Flachowski, G., Weißbach, F. 1993. Futtermittelkunde. Stuttgart (Gustav Fischer), 510 S.

Jessel, B., Tobias, K. 2002. Ökologisch orientierte Planung. Stuttgart (Ulmer), 470 S., UTB 2280.

Jessel, B., Schöps, A., Gall, B., Szaramowicz. 2006. Flächenpools in der Eingriffsregelung und regionales Landschaftswassermanagement. Bonn-Bad Godesberg (BfN), 410 S. Naturschutz und Biologische Vielfalt, Heft 33.

Joosten H., Clarke, D. 2002. Wise use of mires and peatlands. o.O. (International Mire Conservation Group and International Peat Society), 304 S.

Kant, I. 1984, Erstveröffentlichung 1785. Grundlegung zur Metaphysik der Sitten. Stuttgart (Reclam), 157 S.

Kant, I. 1985, Erstveröffentlichung 1784. Idee zu einer allgemeinen Geschichte in weltbürgerlicher Absicht. In Riedel, M. (Hrsg.) Immanuel Kant, Schriften zur Geschichtsphilosophie. Stuttgart (Reclam), bibliographisch ergänzte Ausgabe, S. 21–39.

Kaphengst, T., Prochnow, A., Hampicke, U., 2005. Ökonomische Analyse der Rinderhaltung in halboffenen Weidelandschaften. Naturschutz und Landschaftsplanung 37: 369–375.

Karkow, K. 2003. Wertschätzung von Besuchern der Erholungslandschaft Groß Zicker auf Rügen für naturschutzgerecht genutzte Ackerstandorte in Deutschland. Diplomarbeit Greifswald, 98 S.+ Anhang.

Karkow, K., Gronemann, S. 2005. Akzeptanz und Zahlungsbereitschaft bei Besuchern der Ackerlandschaft. In Hampicke, U. et al. (Hrsg.), S. 115–128.

Kaule, G. 1991. Arten- und Biotopschutz. 2. Auflage Stuttgart (Ulmer), 519 S.

Katzenberger, M. 2000. Akzeptanzprobleme des Naturschutzes im Nationalpark Vorpommersche Boddenlandschaft. Diplomarbeit Greifswald, 148 S.

Kinser, A. Scheller, W., Wernicke, P., Münchhausen, H. Freiherr von 2011. Sicherung und Optimierung von Lebensräumen des Schreiadlers in Mecklenburg-Vorpommern. Natur und Landschaft 86: 350–354.

Kirchgässner, M. 1992. Tierernährung. Frankfurt a.M. (DLG-Verlag), 533 S.

Klapp, E. 1956. Wiesen und Weiden. 3. Auflage Berlin Hamburg (Parey), 519 S.

Klapp, E. 1965. Grünlandvegetation und Standort. Berlin Hamburg (Parey), 384 S.

Kleijn, D., Sutherland, W. 2003. How effective are European agri-environmental schemes in conserving and promoting biodiversity? Journal of Applied Ecology 40: 947–969.

Knickel, K., Janßen, B., Schramek, J., Käppel, K. 2001. Naturschutz und Landwirtschaft: Kriterienkatalog zur „Guten fachlichen Praxis". Bonn-Bad Godesberg (BfN), 152 S. Schriftenreihe für Angewandte Landschaftsökologie, Heft 41 .

Köck, W., Möckel, S. 2008. Der europäische und nationale Rechtsrahmen für den Naturschutz. In BfN (Hrsg.): Ökonomische Effizienz im Naturschutz, Workshopreihe „Naturschutz und Ökonomie", Teil II. Projektleitung: Wätzold, F., Hampicke, U. und Arbeitsgruppe Landschaftsökonomie Greifswald. Bonn-Bad Godesberg (BfN), S. 185–211. BfN-Skripten 219.

Köppel, J., Peters, W., Wende, W. 2004. Eingriffsregelung, Umweltverträglichkeitsprüfung, FFH-Verträglichkeitsprüfung. Stuttgart (Ulmer), 365 S. UTB 2512.

Körber-Grohne, U. 1988. Nutzpflanzen in Deutschland, Kulturgeschichte und Biologie. 2. Auflage Stuttgart (Theiss), 490 S.

Kommission der EU 2010. Mitteilung der Kommission an das Europäische Parlament, den Rat, den Europäischen Wirtschafts- und Sozialausschuss und den Ausschuss der Regionen: Die GAP bis 2020. http:/eur-lex.europa.eu/LexUriServ/LexUriServ.de?uri=COM:2010:0672: FINÄ:de:PDF

Kommission der EU 2011. Vorschlag für eine Verordnung des Europäischen Parlaments und des Rates mit Vorschriften über Direktzahlungen an Inhaber landwirtschaftlicher Betriebe. http://ec.europa.eu/agriculture/cap-post-2013/legal-proposals/com625/625_de.pdf

Konold, W. 2005. Nutzungsgeschichte und Identifikation mit der Kulturlandschaft. In: Hampicke et al. (Hrsg.), S. 7–16.

Konold, W., Böcker, R., Hampicke, U. (Hrsg.) 1999 ff. Handbuch Naturschutz und Landschaftspflege. Loseblattsammlung Weinheim (VCH Wiley), bisher 27 Ergänzungslieferungen. Bis 2007 Landsberg a.L. (ecomed), seitdem Weinheim (Wiley VCH).

Korneck, D., Sukopp, H. 1988. Rote Liste der in der Bundesrepublik Deutschland ausgestorbenen, verschollenen und gefährdeten Farn- und Blütenpflanzen und ihre Auswertung für den Arten- und Biotopschutz. Bonn-Bad Godesberg (Bundesforschungsanstalt für Naturschutz und Landschaftsökologie), 210 S. Schriftenreihe für Vegetationskunde, Heft 19.

Korneck, D., Schnittler, M., Klingenstein, F., Ludwig, G., Talka, M., Bohn, U., May, R. 1998. Warum verarmt unsere Flora? Auswertung der Roten Liste der Farn- und Blütenpflanzen Deutschlands. Bonn-Bad Godesberg (BfN) Schriftenreihe für Vegetationskunde, Heft 29: 299–444.

Krämer, I. 2005/2006. Verrohrte Fließgewässer bei der Umsetzung der EU-Wasserrahmenrichtlinie – mögliche Lösungen und deren ökonomische Auswirkungen im Peeneeinzugsgebiet. Diplomarbeit Universität Greifswald, auch Norderstedt 2006, Books on Demand, hrsg. Von der Edmund-Siemers-Stiftung, 117 S.

Krafft, G., Lehmann, C., Thaer, A., Thiel, H. (Hrsg.) 1880. Albrecht Thaer's Grundsätze der rationellen Landwirthschaft. Berlin (Wiegandt, Hempel & Parey), 1100 S. + Anhang.

Kratz, R., Pfadenhauer, J. (Hrsg.) 2001. Ökosystemmanagement für Niedermoore. Stuttgart (Ulmer), 317 S.

KTBL (Kuratorium für Technik und Bauwesen in der Landwirtschaft)(Hrsg.) 1993. Eingestreute Milchviehlaufställe. Darmstadt, 130 S. KTBL-Schrift 365.

KTBL (Kuratorium für Technik und Bauwesen in der Landwirtschaft)(Hrsg.) 2008a. Energieeffiziente Landwirtschaft. Darmstadt, 248 S. KTBL-Schrift 463.

KTBL (Kuratorium für Technik und Bauwesen in der Landwirtschaft)(Hrsg.) 2008b. Ökologische und ökonomische Bewertung nachwachsender Energieträger. Darmstadt, 230 S. KTBL-Schrift 468.

KTBL (Kuratorium für Technik und Bauwesen in der Landwirtschaft)(Hrsg.) 2008c. Produktion von Pappeln und Weiden auf landwirtschaftlichen Flächen. Darmstadt, 44 S. KTBL-Heft 79.

KTBL (Kuratorium für Technik und Bauwesen in der Landwirtschaft)(Hrsg.) 2009a. Faustzahlen für die Landwirtschaft. 14. Auflage Darmstadt, 1180 S.

KTBL (Kuratorium für Technik und Bauwesen in der Landwirtschaft)(Hrsg.) 2009b. Fleischschafhaltung. Produktionsverfahren planen und kalkulieren. Darmstadt, 122 S. KTBL-Datensammlung.

KTBL (Kuratorium für Technik und Bauwesen in der Landwirtschaft)(Hrsg.) 2010a. Emissionen landwirtschaftlich genutzter Böden. Darmstadt, 384 S. KTBL-Schrift 483.

KTBL (Kuratorium für Technik und Bauwesen in der Landwirtschaft)(Hrsg.) 2010b. Betriebsplanung Landwirtschaft 2010/2011. Darmstadt, 784 S.

Küster, H. 2010. Geschichte der Landschaft in Mitteleuropa. 4. Auflage München (Beck), 447 S.

Kuhlmann, F. 2003. Betriebslehre der Agrar- und Ernährungswirtschaft. 2. Auflage, Frankfurt a. M. (DLG-Verlag), 603 S.

LABO (Bund/Länderarbeitsgemeinschaft Bodenschutz) 2010. Positionspapier „Boden und Klimawandel". Manuskript o.O., 22 S.

LELF (Landesamt für Ländliche Entwicklung, Landwirtschaft und Flurneuordnung Brandenburg) 2010. Datensammlung für die Betriebsplanung und die betriebswirtschaftliche Bewertung landwirtschaftlicher Produktionsverfahren im Land Brandenburg. Frankfurt a.d. Oder, 131 S.

LVLF (Landesamt für Verbraucherschutz, Landwirtschaft und Flurneuordnung Brandenburg). 2008. Datensammlung für die Betriebsplanung und die betriebswirtschaftliche Bewertung landwirtschaftlicher Produktionsverfahren im Land Brandenburg. Teltow/Ruhlsdorf, 125 S.

MacArthur, R., Wilson, E.O. 1967. The theory of island biogeography. Princeton (University Press), 203 S.

Madsen, B.L., Tent, L. 2000. Lebendige Bäche und Flüsse. Praxistipps zur Gewässerunterhaltung und Revitalisierung von Tieflandsgewässern. Hamburg (Edmund Siemers-Stiftung), 156 S.

Mährlein, A. 1990. Einzelwirtschaftliche Auswirkungen von Naturschutzauflagen. Kiel (Vauk), 339 S. + Anhang.

Manthey, M. 2003. Vegetationsökologie der Äcker und Ackerbrachen Mecklenburg-Vorpommerns. Berlin Stuttgart (Cramer), 209 S. Dissertationes Botanicae Band 373.

Markl, H. 1991. Natur als Kulturaufgabe. Über die Beziehung des Menschen zur lebendigen Natur. München (Knaur), 391 S.

Masius, P., Sprenger, J., 2012. Die Geschichte vom bösen Wolf – Verfolgung, Ausrottung und Wiederkehr. Natur und Landschaft 87: 11–16.

MEA (Millenium Ecosystem Assessment) 2005. Ecosystems and human well-being: Synthesis. Washington, DC (World Resources Institute), 86 S.

Meisel, K., Hübschmann, A von 1976. Veränderungen der Acker- und Grünlandvegetation im nordwestdeutschen Flachland in jüngerer Zeit. Bonn-Bad Godesberg (Bundesforschungsanstalt für Naturschutz und Landschaftsökologie). Schriftenreihe für Vegetationskunde, Heft 10: 109–124.

Metzner, J., Jedicke, E., Luicke, R., Reisinger, E., Tischew, S. 2010. Extensive Weidewirtschaft und Forderungen an die neue Agrarpolitik. Zeitschrift für Naturschutz und Landschaftsplanung 42: 357–366.

Meyerhoff, J. 2002. Der Nutzen aus einem verbesserten Schutz biologischer Vielfalt in den Elbeauen: Ergebnisse einer kontingenten Bewertung. In Dehnhardt, A., Meyerhoff, J.: Nachhaltige Entwicklung der Stromlandschaft Elbe. Kiel (Vauk), S. 155–184.

Meyerhoff, J. 2003. Verfahren zur Korrektur des Embedding-Effektes bei der Kontingenten Bewertung. Agrarwirtschaft 52: 370–378.

Meyerhoff, J., Lienhoop, N., Elsasser, P. (Eds.) 2007. Stated preference methods for environmental valuation: applications from Austria and Germany. Marburg (Metropolis) 324 S.

Meyerhoff, J., Angeli, D., Hartje, V. 2012. Valuing the benefits of implementing a national strategy on biological diversity – The case of Germany. Environmental Science and Policy 23: 109–119.

Michael Otto Stiftung 2010. Positionspapier zum Thema Biodiversität im landwirtschaftlich genutzten Raum Deutschlands. Hamburg, 7 S.

Mill, J.S. 1869. Grundsätze der politischen Ökonomie nebst einigen Anwendungen derselben auf die Gesellschaftswissenschaft. 3. deutsche Auflage Leipzig (Fues's Verlag). Bd. 1: 321 S., Bd. 2: 295 S., Bd. 3: 384 S. Erstveröffentlichung „Principles of political economy" 1848.

Miosga, O. 2011. Wie teuer ist ein Blaukehlchen? Naturschutz und Landschaftsplanung 43: 147–153.

Mishan, E.J. 1981. Introduction to normative economics. New York Oxford (Oxford University Press), 548 S.

MLUV MV (Ministerium für Landwirtschaft, Umwelt und Verbraucherschutz Mecklenburg-Vorpommern) 2009. Konzept zum Schutz und zur Nutzung der Moore. Fortschreibung des Konzeptes zur Bestandssicherung und Entwicklung von Mooren. Broschüre Schwerin, 109 S.

Muchow, T., Becker, A., Schindler, M., Wetterich, F., Schumacher, W. 2007. Naturschutz in Börde-Landschaften durch Strukturelemente am Beispiel der Kölner Bucht. Abschlussbericht zum Projekt, gefördert durch die DBU. Bonn., 131 S.

Müller-Motzfeld, G., Schmidt, J., Berg, C. 1997. Zur Raumbedeutsamkeit der Vorkommen gefährdeter Tier- und Pflanzenarten in Mecklenburg-Vorpommern. Natur und Naturschutz in Mecklenburg-Vorpommern 33: 42–70.

Münchhausen, S. von, Knickel, K., Rehbinder, E., Güthler, W., Rimpau, J., Metera, D. 2009. Gemeinsame Agrarpolitik (GAP): Cross Compliance und Weiterentwicklung von Agrarumweltmaßnahmen. Bonn-Bad Godesberg (BfN), 305 S. Naturschutz und Biologische Vielfalt, Heft 77.

Mußhoff, O., Hirschauer, N. (2011) Modernes Agrarmanagement. Betriebswirtschaftliche Analyse- und Planungsverfahren. 2. Auflage München (Vahlen), 571 S.

Nationaler Bericht 2007 gemäß FFH-Richtlinie. www.bfn.de/fileadmin/MDB/documents/themen/natura2000/Bew_Ergebnis_LRT_DE_gesamt.pdf

Nentwig, W. (Hrsg.) 2000a. Streifenförmige ökologische Ausgleichsflächen in der Kulturlandschaft. Ackerkrautstreifen, Buntbrache, Feldränder. Bern Hannover (Verlag Agrarökologie), 293 S.

Nentwig, W. 2000b. Die Bedeutung von streifenförmigen Strukturen in der Kulturlandschaft. In Nentwig, W. (Hrsg.), S. 11–40.

Nieberg, H. 2010. Kosten der Offenhaltung der Landschaft. In Plankl et al., S. 17–21.

Niehaus, H. 1957. Leitbilder der Wirtschafts- und Agrarpolitik in der modernen Gesellschaft. Stuttgart (Seewald), 426 S.

Nitsche, S., Nitsche, L. 1994. Extensive Grünlandnutzung. Radebeul (Neumann), 247 S.

Nowak, B., Schulz, B. 2002. Wiesen. Nutzung, Vegetation, Biologie und Naturschutz am Beispiel der Wiesen des Südschwarzwaldes und Hochrheingebietes. LfU (Landesanstalt für Umweltschutz Baden-Württemberg) (Hrsg.). Heidelberg u. a. (Verlag Regionalkultur), 368 S.

OECD 1997. Investing in Biological Diversity. Proceedings of the OECD International Conference on incentive measures for the conservation and the sustainable use of biological diversity in Cairns, Australia, 25–28 March 1996. Paris (OECD), 403 S.

OECD-FAO 2011. Agricultural Outlook. o.O. (OECD Publishing), 196 S.

Opitz von Boberfeld, W. 1994. Grünlandlehre. Stuttgart (Ulmer), 336 S. UTB 1770.

Oppermann, R., Gujer, H.U. (Hrsg.) 2003. Artenreiches Grünland. MEKA und ÖQV in der Praxis. Stuttgart (Ulmer), 199 S.

Oppermann, R., Kronenbitter, J., Bissels, S. 2010a. Effiziente EU-Agrarpolitik zur Erreichung einer umfassenden ökologischen Nachhaltigkeit. Instrumente zur Bewältigung der „new challenges" für die Gemeinsame Agrarpolitik (GAP) nach 2013. Mannheim (Institut für Agrarökologie und Biodiverstät), 30 S.

Oppermann, R., Blew, J., Haack, S., Hötker, H., Poschlod, P. 2010b. Gemeinsame Agrarpolitik und Biodiversität. Bonn-Bad Godesberg, 361 S. Naturschutz und Biologische Vielfalt, Heft 100.

Ott, K. 1999. Ethik und Naturschutz. In Konold, W., Böcker, R., Hampicke, U. (Hrsg.), Kapitel II-7.

Ott, K. 2004a. Geistesgeschichtliche Ursprünge des deutschen Naturschutzes zwischen 1850 und 1914. In Konold, W., Böcker, R., Hampicke, U. (Hrsg.), Kapitel II-4.1.

Ott, K. 2004b. Essential components of future ethics. In Döring, R., Rühs, M. (Hrsg.), S. 83–108.

Ott, K. 2010. Umweltethik zur Einführung. Hamburg (Junius), 251 S.

Pearce, D. 1993. Economic values and the natural world. London (Earthscan), 129 S.

Penker, M., Wytrzens, H.K., Kornfeld, B. 2004. Natur unter Vertrag – Naturschutz für das 21. Jahrhundert. Wien (Facultas), 111 S.

Piechocki, R. (2010) Landschaft Heimat Wildnis. Schutz der Natur – aber welcher und warum? München (C.H. Beck), 266 S.

Piehl, M. 2000. Zukunftssicherung der extensiven Rindermast und Mutterkuhhaltung. Schriftenreihe des Deutschen Grünlandverbandes e.V. 2/2000: 58–65.

Pingen, S. 2007. Landwirtschaft und Eingriffsregelung. In DRL (Hrsg.), 30 Jahre naturschutzrechtliche Eingriffsregelung, S. 22–24.

Plachter, H. 1991. Naturschutz. Stuttgart (Gustav Fischer), 463 S. UTB 1563.

Plachter, H. 2004. Naturschutz und Landwirtschaft – Widerspruch oder Allianz? In Döring, R., Rühs, M. (Hrsg.), S. 421–439.

Plachter, H., Stachow, U., Werner, A. 2005. Methoden zur naturschutzfachlichen Konkretisierung der „Guten fachlichen Praxis" in der Landwirtschaft. Bonn-Bad Godesberg (BfN), 330 S. Naturschutz und Biologische Vielfalt, Heft 7.

Plachter, H., Hampicke, U. (Eds.) 2010. Large-scale livestock grazing. A management tool for nature conservation. Berlin Heidelberg (Springer), 478 S.

Plankl, R. 1999. Synopse zu den Agrarumweltprogrammen der Länder in der Bundesrepublik Deutschland. Maßnahmen zur Förderung umweltgerechter und den natürlichen Lebensraum schützender landwirtschaftlicher Produktionsverfahren gemäß VO (EWG) 2078/92. Institut für Strukturforschung der Bundesforschungsanstalt für Landwirtschaft Braunschweig-Völkenrode (FAL), Arbeitsbericht 1/1999. 4. Auflage Braunschweig, 180 S.

Plankl, R., Weingarten, P., Zimmer, Y., Isermeyer, F., Krug, J., Haxsen, G. 2010. Quantifizierung „gesellschaftlich gewünschter, nicht marktgängiger Leistungen" der Landwirtschaft. Arbeitsbericht 01/2010 aus der vTI-Agrarökonomie. Braunschweig (Johann-Heinrich-von-Thünen-Institut), 147 S.

Plankl, R. 2010. Anhang 1: Übersicht über Studien zur Quantifizierung „gesellschaftlich gewünschter, nicht marktgängiger Leistungen" durch die Landwirtschaft. In Plankl, R. et al.: 51–110.

Pommerehne, W.W., Schneider, F. 1980. Wie steht's mit den Trittbrettfahrern? – Eine experimentelle Untersuchung –. Zeitschrift für die gesamte Staatswissenschaft 136: 286–308.

Poschlod, P., Baumann, A., Karlik, P. 2009. Grünland – Wie ist es entstanden, wie hat es sich entwickelt? In Schreiber, K.-F. et al., S. 37–48.

Prance, G.T., Elias, T.S. 1976. Extinction is forever. Proceedings of a symposium held at the New York Botanical Garden, May, 11–13. New York, 395 S.

Priebe, H. 1962. Problem und Verantwortung der europäischen Agrarpolitik. Offene Welt, Zeitschrift für Wirtschaft, Politik und Gesellschaft Nr. 77: Das Weltagrarproblem, S. 313–321.

Prochnow, A., Schlauderer, R. 2003. Ökonomische Bewertung von Verfahren des Offenlandmanagements auf Truppenübungsplätzen. Bornimer Agrartechnische Berichte, Heft 33: 7–19.

Rawls. J. 1999, Erstveröffentlichung 1971. A theory of justice. Revised Edition. Oxford (Oxford University Press), 538 S.

Regan, T. 1981. The nature and possibility of an environmental ethic. Environmental Ethics 3: 19–34.

Reisinger, E., Pusch, J., van Elsen, T. 2005. Schutz der Ackerwildkräuter in Thüringen – eine Erfolgsgeschichte des Naturschutzes. Landschaftspflege und Naturschutz in Thüringen 42: 130–136. Sonderheft: Vertragsnaturschutz in Thüringen.

Ringler, A. 1987. Gefährdete Landschaft. Lebensräume auf der Roten Liste. Eine Dokumentation in Bildvergleichen. München u. a. (BLV), 195 S.

RNE (Rat für Nachhaltige Entwicklung)(Hrsg.) 2011. „Gold-Standard Ökolandbau“: Für eine nachhaltige Gestaltung der Agrarwende. Empfehlungen des Rates. Broschüre, 44 S.

Rodehutscord, M. 1994. Verwertung der Aufwüchse langfristig extensiv genutzter Grünlandflächen im Milchviehbetrieb. Lehr- und Forschungsschwerpunkt „Umweltverträgliche und Standortgerechte Landwirtschaft“ an der Universität Bonn, Forschungsberichte, Heft 15, S. 36–42.

Röder, N., Hoffmann, H., Kantelhardt, J. 2002. Entwicklung und ökonomische Bewertung einer naturschutzgerechten Beweidung auf Feuchtgrünland, dargestellt am Naturschutzgebiet „Arnegger Ried“. Berichte über Landwirtschaft 80: 571–589.

Röder, N., Grützmacher, F. 2012. Emissionen aus landwirtschaftlich genutzten Mooren – Vermeidungskosten und Anpassungsbedarf. Natur und Landschaft 87: 56–61.

Roschewitz, A. 1999. Der monetäre Wert der Kulturlandschaft. Kiel (Vauk), 167 S. + Anhänge. Dissertation ETH Zürich.

Roth, D., Berger, W. 1999. Kosten der Landschaftspflege im Agrarraum. In Konold, W., Böcker, R., Hampicke, U. (Hrsg.), Kapitel VIII-6.

Rühs, M., Hampicke, U., Schlauderer, R. 2005. Die Ökonomie tiergebundener Verfahren der Offenhaltung. Naturschutz und Landschaftsplanung 37: 325–335.

Rühs, M., Hampicke, U. 2010. The economics of large-scale livestock grazing in the German low mountain ranges with the example of the Rhoen. In Plachter, H., Hampicke, U. (Eds.), S. 349–382.

Rühs, M., Wüstemann, H., Schäfer, A., Hartje, V., Heiland, S. 2012. Measures and costs necessary for implementing a national strategy on biological diversity in Germany. Manuskript Berlin, 24 S.

Ruthsatz, B. 1983. Die Verbreitung unserer heimischen und eingebürgerten Heil- und Giftpflanzen in Mitteleuropa. Göttinger Floristische Rundbriefe 17: 8–23.

Samuelson, P.A. 1954. The pure theory of public expenditure. Review of Economics and Statistics 36: 387–389.

Schäfer, A. 2004. Umwelt als knappes Gut – Ökonomische Aspekte von Niedermoorrenaturierung und Gewässerschutz. Archiv für Naturschutz und Landschaftsforschung 43: 87–105.

Schäfer, A., Joosten, H. (Redaktion) 2005. Erlenaufforstung auf wiedervernässten Niedermooren – ALNUS-Leitfaden. Hrsgg. vom Institut für Dauerhaft Umweltgerechte Entwicklung von Naturräumen der Erde (DUENE) e.V. Broschüre Greifswald, 68 S.

Schilling, A. Baron von. 2003. Akzeptanz von Ökosystementwicklung nach natürlicher Wiedervernässung einer Moorlandschaft am Beispiel des Anklamer Stadtbruches. Diplomarbeit Greifswald.

Schlauderer, R., Prochnow, A. 2004. Grundlagen der ökonomischen Bewertung des Offenlandmanagements. In Anders, K., Mrzljak, J., Wallschläger, D., Wiegleb, G. (Hrsg.) Handbuch Offenlandmanagement am Beispiel ehemaliger und in Nutzung befindlicher Truppenübungsplätze. Berlin Heidelberg (Springer), S. 75–86.

Schlosser, S. 1982. Heimische Farn- und Blütenpflanzen als Genressource für Forschung und Nutzung. Naturschutzarbeit in den Bezirken Halle und Magdeburg 19: 49–89.

Schmitt, G. 1971. Die Landwirtschaft in der volkswirtschaftlichen Entwicklung der Bundesrepublik, der EWG und einer erweiterten EWG. In: Presse- und Informationszentrum des Deutschen Bundestages (Hrsg.): Landwirtschaft 1980. Zur Sache 2/71, S. 9–22.

Schmitt, G. 1972. Landwirtschaft in der Marktwirtschaft. Das Dilemma der Agrarpolitik. In Guthmann, G., Thieme, H.J. (Hrsg.) 25 Jahre Soziale Marktwirtschaft in der Bundesrepublik Deutschland. Stuttgart (Fischer), S. 329–350.

Schmitt, G. 1976. Entwicklung und Stand der wissenschaftlichen Agrarpolitik im Spiegel von 25 Jahren „Agrarwirtschaft". Agrarwirtschaft 25: 23–43.

Schneider, C., Sukopp, U., Sukopp, H. 1994. Biologisch-ökologische Grundlagen des Schutzes gefährdeter Segetalpflanzen. Bonn-Bad Godesberg (BfN), 356 S. Schriftenreihe für Vegetationskunde, Heft 26.

Schnittler, M., Günther, K.-F. 1999. Central European vascular plants requiring priority conservation measures – an analysis from National Red Lists and distribution maps. Biodiversity and Conservation 8: 891–925.

Schreiber, K.F., Brauckmann, H.-J., Broll, G., Krebs, S., Poschlod, P. 2009. Artenreiches Grünland in der Kulturlandschaft. 35 Jahre Offenhaltungsversuche Baden-Württemberg. LUBW (Landesanstalt für Umwelt, Messungen und Naturschutz Baden-Württemberg)(Hrsg.). Heidelberg u.a (Verlag Regionalkultur), 420 S.

Schroeder, F.-G. 1998. Lehrbuch der Pflanzengeographie, Heidelberg Wiesbaden (Quelle & Meyer), 459 S. UTB Große Reihe.

Schröder, M., Claussen, M., Grunewald, A., Hense, A., Klepper, G., Lingner, S., Ott, K., Schmitt, D., Sprinz, D. 2002. Klimavorhersage und Klimavorsorge. Berlin u. a. (Springer), 493 S. Wissenschaftsethik und Technikfolgenbeurteilung, Band 16, hrsgg. von K.-F. Gethmann.

Schumacher, W. 1984. Gefährdete Ackerwildkräuter können auf ungespritzten Feldrändern erhalten werden. LÖLF-Mitteilungen 9: 14–20.

Schumacher, W. 2005. Erfolge und Defizite des Vertragsnaturschutzes im Grünland der Mittelgebirge Deutschlands. In Brickwedde, F., Fuellhaas, U., Stock, R., Wachendörfer, V, Wahmhoff, W. (Hrsg.) Landnutzung im Wandel – Chance oder Risiko für den Naturschutz. 10. Internationale Sommerakademie St. Marienthal. Berlin (Erich Schmidt Verlag), S. 191–200.

Schumacher, W. 2007. Bilanz – 20 Jahre Vertragsnaturschutz. Naturschutz-Mitteilungen 2/07; 21–28.

Schumacher, W., Hansen, H., Saakel, M. 1994. Schutz langfristig extensiv genutzter Grünlandflächen durch Integration in landwirtschaftliche Nutzung. Lehr- und Forschungsschwerpunkt „Umweltverträgliche und Standortgerechte Landwirtschaft" an der Universität Bonn, Forschungsberichte, Heft 15, S. 27–35.

Schweppe-Kraft, B. 1998. Monetäre Bewertung von Biotopen. Bonn-Bad Godesberg (BfN). Schriftenreihe Angewandte Landschaftsökologie, Heft 24: 314 S.

Schweppe-Kraft, B. Habeck, K., Schmitz, T. 1989. Ökonomische Bewertung von Eingriffen in Natur und Landschaft, am Beispiel Industriegebiet Schichauweg, Berlin (West). Berlin (Technische Universität), 84 S. Landschaftsentwicklung und Umweltforschung Nr. 60.

Seifert, A., Todt, F. 1938. Die Versteppung Deutschlands? Sonderdruck mit Aufsätzen aus der Zeitschrift „Deutsche Technik", Leipzig Berlin (Verlag Theodor Welcher), 36 S.

Settele, J. 1999. Isolation und Metapopulation. In Konold, W., Böcker, R., Hampicke, U. (Hrsg.), Kapitel II–5.2.

Smith, A. 2000a. Erstveröffentlichung 1759. The theory of moral sentiments. New York (Prometheus Books), 538 S.

Smith, A. 2000b, Erstveröffentlichung 1776. The wealth of nations. New York (The Modern Library), 1154 S.

Sohmen, E. 1976. Allokationstheorie und Wirtschaftspolitik. Tübingen (Mohr), 468 S.

SRU (Rat von Sachverständigen für Umweltfragen) 1985. Sondergutachten „Umweltprobleme der Landwirtschaft". Stuttgart (Kohlhammer), 423 S. Bundestags-Drucksache 10/3613.

SRU (Rat von Sachverständigen für Umweltfragen) 1996. Sondergutachten „Konzepte einer dauerhaft-umweltgerechten Nutzung ländlicher Räume". Bundestags-Drucksache 13/4109, 127 S.

SRU (Rat von Sachverständigen für Umweltfragen) 2002. Sondergutachten „Für eine Stärkung und Neuorientierung des Naturschutzes" Stuttgart (Metzler-Poeschel), 211 S.

SRU (Sachverständigenrat für Umweltfragen) 2009. Für eine zeitgemäße gemeinsame Agrarpolitik (GAP), Stellungnahme Nr. 14, 28 S.

Ssymank, A. 2002. Naturschutz in der Europäischen Union. In Konold, W., Böcker, R. Hampicke, U. (Hrsg.), Kapitel III–6.2.

Statistisches Bundesamt 2012: www.destatis.de/DE/ZahlenFakten/GesamtwirtschaftUmwelt/Preise/Bauimmobilienpreise/Tabellen/VerkaeufeLandwirtschaftlicherGrund.html

Statistisches Jahrbuch über ELF 2002 (Ernährung, Landwirtschaft und Forsten) 2002 (46. Jahrgang). Hrsgg. vom Bundesminsterium für Verbraucherschutz, Ernährung und Landwirtschaft). Münster-Hiltrup (Landwirtschaftsverlag), 535 S.

Statistisches Jahrbuch über ELF (Ernährung, Landwirtschaft und Forsten) 2010 (54. Jahrgang). Hrsgg. vom Bundesministerium für Ernährung, Landwirtschaft und Verbraucherschutz. Bremerhaven (Wirtschaftsverlag NW), 589 S.

Statistisches Jahrbuch über ELF (Ernährung, Landwirtschaft und Forsten) 2011 (55. Jahrgang). Hrsgg. vom Bundesministerium für Ernährung, Landwirtschaft und Verbraucherschutz. Münster-Hiltrup (Landwirtschaftsverlag), 602 S.

Statistisches Landesamt Mecklenburg-Vorpommern 2003. Arbeitskräfte in den landwirtschaftlichen Betrieben – einschließlich Gartenbaubetrieben – in Mecklenburg-Vorpommern 2003. Broschüre Schwerin, 24 S.

Stein, W. (Hrsg.) 1920. L'histoire de deux enfants. Saarbrücken u. a., 96 S.

Stein-Bachinger, K., Bachinger, J., Schmitt, L. 2004. Nährstoffmanagement im Ökologischen Landbau. Hrsgg. vom KTBL (Kuratorium für Technik und Bauwesen in der Landwirtschaft). Darmstadt, 136 S. KTBL-Schrift 423.

Stein-Bachinger, K., Fuchs, S., Gottwald, F., Helmecke, A., Grimm, J., Zander, P., Schuler, J., Bachinger, J., Gottschall, R. 2010. Naturschutzfachliche Optimierung des Ökologischen Landbaus, „Naturschutzhof Brodowin". Bonn-Bad Godesberg (BfN), 409 S. Naturschutz und Biologische Vielfalt, Heft 90.

Steiner, R. 1963, Erstveröffentlichung 1925. Geisteswissenschaftliche Grundlagen zum Gedeih der Landwirtschaft. Dornach (Verlag der Rudolf-Steiner-Nachlassverwaltung), 255 S.

Steinhauser, H., Langbehn, C., Peters, U. 1982. Einführung in die landwirtschaftliche Betriebslehre, Band I: Allgemeiner Teil. 3. Auflage Stuttgart (Ulmer), 329 S.

StMELF (Bayerisches Staatsministerium für Ernährung, Landwirtschaft und Forsten und Ministerium für Umwelt und Gesundheit) (Hrsg.) 2009. Cross Compliance 2009. Einhaltung der anderweitigen Verpflichtungen. München, Broschüre, 89 S.

Succow, M., Joosten, H. (Hrsg.) 2001. Landschaftsökologische Moorkunde. 2. völlig neu bearbeitete Auflage Stuttgart (Schweizerbart'sche Verlagsbuchhandlung), 622 S.

Succow, M., Jeschke, L., Knapp, H.D. (Hrsg.) 2012. Naturschutz in Deutschland. Berlin (C. Links Verlag), 333 S.

Sukopp, H.. Trepl, L. 1987. Extinction and naturalisation of plant species related to ecosystem structure and function. Ecological Studies 61: 245–276.

Tampe, K., Hampicke, U. 1995. Ökonomik der Erhaltung bzw. Restitution der Kalkmagerrasen und des mageren Wirtschaftsgrünlandes durch naturschutzkonforme Nutzung. In: Beinlich, B., Plachter, H. (Hrsg.), S. 361–389.

Tangermann, S. 1976. Entwicklung von Produktion, Faktoreinsatz und Wertschöpfung in der deutschen Landwirtschaft seit 1950/51. Agrarwirtschaft 25: 154–164.

Tanneberger, F., Wichtmann, W. (Eds.) 2011. Carbon credits from peatland rewetting. Science, policy, implementation and recommendations of a pilot project in Belarus. Stuttgart (Schweizerbart Science Publishers), 223 S.

Taylor, P.W. 1986. Respect for nature. A theory of environmental ethics. Princeton (University Press), 329 S.

TEEB (2010): The economics of ecosystems and biodiversity: Mainstreaming the economics of nature. A synthesis of the approach, conclusions and recommendations of TEEB. http://www.teebweb.org.

Thomas, F., Denzel, K., Hartmann, E., Luick, R., Schmoock, K. 2009. Kurzfassungen der Agrarumwelt- und Naturschutzprogramme. Darstellung und Analyse von Maßnahmen der Agrarumwelt- und Naturschutzprogramme in der Bundesrepublik Deutschland. Bonn-Bad Godesberg (BfN), 271 S. BfN-Skripten 253.

Titze, A. Martin, J. 1999. Aspekte der Mutterkuhhaltung in benachteiligten Gebieten. Mitteilungen der Landesforschungsanstalt für Landwirtschaft und Fischerei Mecklenburg-Vorpommern, Nr. 20. Gülzow. www.landwirtschaft-mv.de

TLL (Thüringer Landesanstalt für Landwirtschaft)(Hrsg.) 2011. Leitlinie zur effizienten und umweltverträglichen Erzeugung von Winterweizen. Broschüre, 7. Auflage Jena, 24 S. auch www.tll.de/ainto/pdf/II_ww.pdf

TLUG (Thüringer Landesanstalt für Umwelt und Geologie) (Hrsg.) 2002. Tier- und Pflanzenarten, für deren globale Erhaltung Thüringen eine besondere Verantwortung trägt. Landschaftspflege und Naturschutz in Thüringen 39, Heft 4 (Sonderheft), 97–136.

TMLNU (Thüringer Ministerium für Landwirtschaft, Naturschutz und Umwelt) 2008. Programm zur Förderung von umweltgerechter Landwirtschaft, Erhaltung der Kulturlandschaft, Naturschutz und Landschaftspflege in Thüringen (KULAP 2007). Förderrichtlinie vom 30.4.2008. Erfurt, 57 S. www.thueringen.de/imperia/md/content/thueringenagrar/tmluv-fo.../kulap_2007_fr.pdf

Tönniessen, J. 1999. Lüneburger Heide. In: Konold, W., Böcker, R., Hampicke, U. (Hrsg.), Kapitel VI – 2.1.

Van Leeuwen, C.G. 1965. A relation theoretical approach to pattern and progress in vegetation. Wentia 15: 25–46.

Vester, F. 1987. Der Wert eines Vogels. München (Kösel)

Wagner, A., Druckenbrod, C. 2011. Eingriffsregelung. In: Konold, W., Böcker, R., Hampicke, U. (Hrsg.), Kapitel III – 1.7.

Wagner, A., Czybulka, D. 2012. Das System der Eingriffsregelung. In Czybulka et al. 2012, S. 13–38.

WBA (Wissenschaftlicher Beirat für Agrarpolitik beim Bundesministerium für Ernährung, Landwirtschaft und Verbraucherschutz) 2007. Nutzung von Biomasse zur Energiegewinnung – Empfehlungen an die Politik. 255 S. www.bmelv.de/SharedDocs/Downloads/Miniswterium/Beiraete/Agrarpolitik/GutachtenWBA.pdf?_blob=publicationFile

WBA (Wissenschaftlicher Beirat für Agrarpolitik beim Bundesministerium für Ernährung, Landwirtschaft und Verbraucherschutz) 2010. Gutachten: EU-Agrarpolitik nach 2013. Plädoyer für eine neue Politik für Ernährung, Landwirtschaft und ländliche Räume. 34 S. www.bmelv.de/beirat_agrarpolitik_gutachten

WBA (Wissenschaftlicher Beirat für Agrarpolitik beim BMELV) 2011. Kurzstellungnahme zur Mitteilung der Europäischen Kommission über die Ausgestaltung der Gemeinsamen Agrarpolitik bis 2020, 3 S. www.bmelv.de/SharedDocs/Downloads/Ministerium/Beiraete/Agrar politik/Kurzstellungnahme-WBA.pdf?_blob=publicationFile 1.2.2012

WBA (Wissenschaftlicher Beirat für Agrarpolitik beim BMELV) 2012. Ernährungssicherung und nachhaltige Produktivitätssteigerung. Stellungnahme, 32 S. www.bmelv.de/SharedDocs/ Downloads/Ministerium/Beiraete/Agrarpolitik/Stellungnahme-Ernährungsicherheit.pdf?_blob=publicationFile 1.2.2012

Weinschenck, G. 1971. Agrarpolitik in diesem Jahrzehnt. In: Presse- und Informationszentrum des Deutschen Bundestages (Hrsg.): Landwirtschaft 1980. Zur Sache 2/71, S. 167–180.

Weinschenck. G., Henrichsmeyer, W. 1970. Landwirtschaft bis 1980. Agrarwirtschaft 19: 2–11.

Weise, P., Brandes, W., Eger, T., Kraft, M. 2005. Neue Mikroökonomie. 5. Auflage, Heidelberg (Physica Verlag), 645 S.

Welk, E. 2001. Verantwortung Deutschlands für die weltweite Erhaltung von Gefäßpflanzen aus pflanzengeographischer Sicht. Pulsatilla 4: 7–27.

Wellisz, S. 1964. On external diseconomies and the government-assisted invisible hand. Economica 31: 345.

Werner, W. 2005. Nährstoffströme in der Landwirtschaft – Umweltrelevanz und Perspektiven. In Konold, W., Böcker, R., Hampicke, U. (Hrsg.), Kapitel VII–2.1.

Werner, W., Brenk, C. 1997. Regionalisierte und einzelbetriebliche Nährstoffbilanzierung als Informationsgrundlage zur gezielten Quantifizierung der Wirkungspotentiale von Maßnahmen zur Vermeidung auftretender Überschüsse. Bonn (Agrikulturchemisches Institut der Rheinischen Friedrich-Wilhelms-Universität), 74 S.

Wesche, K., Krause, B., Culmsee, H., Leuschner, C. 2009. Veränderungen in der Flächen-Ausdehnung und Artenzusammensetzung des Feuchtgrünlandes in Norddeutschland seit den 1950er Jahren. Berichte der Reinhold-Tüxen-Gesellschaft 21: 196–210, Hannover.

Westhoff, V. 1968. Die „ausgeräumte" Landschaft. Biologische Verarmung und Bereicherung der Kulturlandschaften. In Buchwald, K., Engelhardt, W. (Hrsg.), Band 2, S. 1–10.

Wichtmann, W., Wichmann, S., Tanneberger, F. 2010. Paludikultur – Nutzung nasser Moore: Perspektiven der energetischen Verwertung von Niedermoorbiomasse. Naturschutz und Landschaftspflege in Brandenburg 19: 211–218.

Wilhelm, J. 1999. Umweltwirkungen von Fördermaßnahmen gemäß VO (EWG) 2078/92. Münster-Hiltrup (Landwirtschaftsverlag), 217 S. Schriftenreihe des BELF Angewandte Wissenschaft, H. 480.

Wilmanns, O. 1993. Ökologische Pflanzensoziologie. 5. Auflage Heidelberg Wiesbaden (Quelle & Meyer), 479 S. UTB 269.

Wöbse, H.H. 2002. Landschaftsästhetik. Stuttgart (Ulmer), 304 S.

Wöhe, G., Döring, U. 2000. Einführung in die allgemeine Betriebswirtschaftslehre. München (Vahlen), 1260 S.

Zimmer, Y., Haxsen, G., Isermeyer, F., Krug, J. 2010. Kosten der Umweltregulierung für die deutsche Landwirtschaft unter besonderer Berücksichtigung des Ackerbaus. In Plankl et al., S. 23–46.

www.aelf-sw.bayern.de/pflanzenbau
www.schutzaecker.de
www.thueringen.de/de/tmlfun/themen/naturschutz/steppenrasen/content.html

Sachverzeichnis

U. Hampicke, *Kulturlandschaft und Naturschutz,*
DOI 10.1007/978-3-8348-8236-3, © Springer Fachmedien Wiesbaden 2013